高等教育服装设计与工程专业规划教材

服装CAD应用

刘　哲　主编

汪秀琛　陈　谦　副主编

中国轻工业出版社

图书在版编目（CIP）数据

服装CAD应用/刘哲主编．—北京：中国轻工业出版社，2011.3

高等教育服装设计与工程专业规划教材

ISBN 978-7-5019-7996-7

Ⅰ．①服…　Ⅱ．①刘…　Ⅲ．①服装－计算机辅助设计－高等学校－教材　Ⅳ．①TS941.26

中国版本图书馆CIP数据核字（2010）第249223号

内 容 简 介

本书是服装CAD专业教材，内容较为全面，主要包括对加拿大派特服装CAD系统、中国富怡服装CAD系统的打板、放码、排料等模块的详细介绍，以及各系统典型综合应用实例的操作步骤及技巧详解。此外，第一章对服装CAD的原理、组成及应用进行了阐述，最后一章对与服装CAD系统相关的硬件设备也做了介绍。

本书精选国外及国内服装CAD软件的代表，强调对系统操作过程的理解和灵活应用。语言简练易懂，注重操作细节和难点的讲解，并配有大量图片，使各知识点更加易于理解。每套系统均精选两个代表性实例，读者可快速将所学知识融会贯通，熟练掌握服装CAD的使用方法。

本书可作为大专院校服装类专业教材，也适合服装企业技术人员的培训和各类自学者选用。

责任编辑：杨晓洁

策划编辑：杨晓洁　　责任终审：张乃柬　　封面设计：锋尚设计

版式设计：宋振全　　责任校对：吴大鹏　　责任监印：吴京一

出版发行：中国轻工业出版社（北京东长安街6号，邮编：100740）

印　　刷：河北高碑店市德裕顺印刷有限责任公司

经　　销：各地新华书店

版　　次：2011年3月第1版第1次印刷

开　　本：787×1092　1/16　　印张：14.25

字　　数：320千字

书　　号：ISBN 978-7-5019-7996-7　　定价：38.00元

邮购电话：010-65241695　传真：65128352

发行电话：010-85119835　85119793　传真：85113293

网　　址：http://www.chlip.com.cn

Email：club@chlip.com.cn

如发现图书残缺请直接与我社邮购联系调换

090720J1X101ZBW

前　言

服装 CAD 系统是计算机技术在服装企业应用的典型范例，可大幅度提高服装企业的生产效率。服装 CAD 软件正在被越来越多的服装企业所使用，熟练掌握服装 CAD 软件的操作方法是现代服装类专业学生及服装企业技术人员的必备素质。目前，有关服装 CAD 软件的图书较少，针对多个软件的服装 CAD 书籍则更是几乎没有。本书系作者根据多年教学经验，精选国外、国内服装 CAD 软件的代表，力求全面、深入、重点突出，对软件的使用方法和技巧进行详细介绍，增加实例的讲解篇幅，促使读者更加熟练地掌握各软件。

本书首先介绍服装 CAD 的基本组成、原理及现状，然后针对两种企业常用的服装 CAD 软件加拿大派特系统及富怡系统进行深入阐述，从制板、放码及排料三个方面详细阐述两个软件的操作方法，并且给出典型的综合实例。最后，对与服装 CAD 系统相关的硬件设备也做了介绍。本书根据多年从事服装 CAD 教育的一线教师的教学经验，对学习服装 CAD 时经常出现的问题及难点进行专门的讲解和分析，并总结服装 CAD 打板的一般规律，以帮助读者快速掌握服装 CAD 的实际操作方法。

本书的编写宗旨是使读者在学习该课程的同时，迅速掌握基本操作技能及服装 CAD 的操作规律。同时，本书兼顾服装 CAD 知识的完整性，对服装 CAD 的原理、组成、应用状况及相关硬件进行了介绍。

本书第一章、第四章第二节、第八章由中原工学院汪秀琛副教授编写，第二章、第三章、第四章第一节由中原工学院刘哲博士编写，第五章、第六章、第七章由中原工学院陈谦博士编写。全书经刘哲策划、审阅和统稿。本书编写中，还得到张启泽、姚艳菊及郑艳等老师的积极帮助，在此表示衷心的感谢。

由于作者水平有限，书中难免有不妥之处，热忱欢迎读者指正。

编　者

2010 年 6 月

前 言

目　　录

第一章 服装 CAD 概述

随着科学技术的发展，计算机辅助设计（Computer Aided Design，简称 CAD）技术逐渐渗透到现代化的各个领域，推动了各行业的技术革新，传统的服装行业同样受到这一新技术革命的冲击。从 20 世纪 70 年代初开始，服装计算机辅助设计系统（服装 CAD 系统）的应用为服装企业提高快速反应能力打下了坚实的基础，服装生产从色彩、款式设计、样板制作、样板规格缩放到排料描样、工艺图编制等都可通过计算机进行辅助设计。进入 80 年代以后，又出现了自动裁剪和自动缝制等计算机辅助制造系统（服装 CAM 系统）。进入 90 年代后，更进一步与企业的计算机管理系统结合起来，如与成本系统、计划系统、情报信息系统、商品管理系统、数据库系统、办公自动化系统等联合，构成了计算机综合生产管理系统。服装 CAD 技术的应用不仅是服装企业规模和效益的标志，也是服装企业提高竞争力的技术保证，更为传统的服装生产方式带来一场深刻变革。

第一节 服装 CAD 简介

一、服装 CAD 概念

计算机辅助设计是指借助于计算机完成设计并产生图形图像的一种方法和技术。CAD 是设计及工程技术人员以计算机为工具，用自己的专业知识对产品或工程进行总体设计、绘图、分析和编写技术文档等设计活动的总称。

服装 CAD 即计算机辅助服装设计，是利用计算机的软硬件对服装产品和服装工艺过程，按照服装设计的基本要求，进行输入、设计及输出等的专门技术，是一项综合性的，集计算机图形学、数据库、信息网络、计算机及其他领域知识于一体的高新技术，用以实现产品技术开发和工艺设计。它被人们称为艺术和计算机科学交叉的边缘学科，是以尖端科学为基础的、不同于以往任何一门艺术的、全新的艺术流派。

服装设计从广义的角度包括从服装设计师构思款式开始，到服装生产前的准备工作的整个过程，基本上可分为款式设计、结构设计和工艺设计三个部分。服装 CAD 涉及这一系列过程的方方面面，它的优势在于集人之丰富的想象力和创造力与计算机的精确快速的特点于一体，高效率、高水准地辅助服装设计师、工艺师完成设计工作。服装 CAD 是一个复杂的过程，它既要有大量的计算和作图，又要有许多经验和技巧，实现了计算机与人工的相互沟通、相互交融，并有机地结合成一体。

二、服装 CAD 研究的主要内容

服装 CAD 系统主要包括：款式设计系统（Fashion Design System）、结构设计系统（Pattern Design System）、推板设计系统（Grading System）、排料设计系统（Marking System）、试衣设计系统（Fitting Design System）及服装管理系统（Management System）等，

如图 1－1－1 所示。

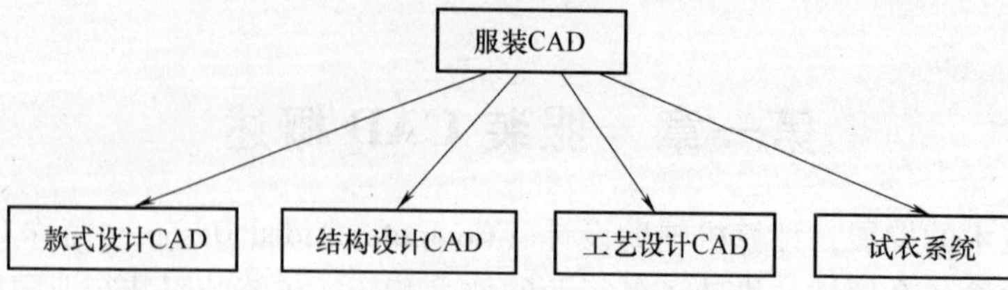

图 1－1－1　服装 CAD 研究内容

服装款式设计 CAD 的主要目标是辅助设计构思新的服装款式，需要考虑的因素很多，如流行式样、流行色、流行面料、图案、民族特征、气候条件和当地习惯等，另外还需要有创作灵感。目前，国内外均在研制基于存储服装部件库的组合式拼接设计系统，这种系统能给予设计师一定的启发。用计算机存储服装部件的量很大，调出来速度很快，这样可以增加设计师的思维，激发设计师的想象力和创造性。

服装结构设计 CAD 的主要目标是，输入款式的样式图及有关说明信息，辅助设计人员设计出衣片的裁剪图（亦称平面图）。但是各类式样设计图展开成平面图的算法时，不确定的经验性因素很多，如何来描述这些因素是算法设计的关键。结构设计过程可通过结构线设计和轮廓线设计来完成。

服装工艺设计 CAD 的主要目标是，输入服装的衣片结构及人体尺寸，输出衣片的排料图。主要研究内容有：能按多种放码规则进行衣片放码的算法，衣片放缝边算法，提供交互排料的手段及其实现算法，机器自动排料算法，面料利用率计算方法及样片的存取，几何变换等处理算法。

服装试衣系统的主要目标是，在一定人体尺寸的基础上，设立人体模特，对设计的服装进行平面向立体的转化并实现人体三维试衣，从而进一步调整服装和各项参数，实现服装的合体性。主要研究内容有：不同人体的尺寸和不同人体模特的选择，服装缝制试衣，服装着装效果展示，三维服装平台展示，根据服装、面料、色彩库进行服装试衣和调整等。

第二节　服装 CAD 技术的发展

一、服装 CAD 技术的发展历史

CAD 是近 60 年来迅速发展起来的新兴的综合计算机应用系统技术，它利用计算机强有力的计算功能和高效率的图形处理能力，辅助完成设计中的计算、分析、模拟、制图、编制技术文件等工作，是计算机帮助设计人员实现产品设计和工程设计的一项专门技术。

20 世纪 60 年代末，美国麻省理工学院的 Ivan E. Sutherland 教授首次使用“Computer Graphics”这个术语，确定了计算机图形学作为一个崭新的科学分支的独立地位。从而使计算机不仅能进行科学计算和文字处理，而且有了处理和显示图形的能力，为 CAD 技术的发展开辟了道路。经过 60 多年的发展，目前在发达国家已普遍应用于各行业的工程设计和产品设计，为计算机应用与传统产业相结合开拓了先河，也为先进信息技术发展及其

产业化打下了开创性的基础。对此，在 1993 年美国技术预测与评估资料报告中，CAD 技术被评为 20 世纪十大关键技术之一。

相比之下，服装 CAD 技术的起步较晚，20 世纪 80 年代，CAD 技术开始被应用在服装工业中。服装 CAD 是建立在交互式计算机图形学（ICG）基础上的，设计师可以通过计算机来开发、分析、修改自己的设计，而 ICG 可以使计算机以图形或符号的形式来处理数据。1972 年美国 Gerber 公司研制出首套服装 CAD 系统——MARCON，并率先把服装 CAD 系统推向市场，受到服装企业的欢迎，该系统包括放码、排料两大功能的系统，为缓解工业化大批量服装制作过程的瓶颈环节——服装工艺设计，起到了重要的作用。之后，法国、加拿大、日本、英国、西班牙、瑞士等国也纷纷推出了类似的系统。例如，加拿大的 PAD 系统，该系统具有输入与输出衣片功能，有良好的人机交互功能，模块操作方便，功能齐全，且具有三维模拟试衣功能。法国的 Lectra 公司推出的服装 CAD 系统，该系统具有自动扫描输入衣片的功能，大幅面绘图机，有较高的精度和绘图速度；具有真彩色图像效果的款式设计系统等。西班牙 Investronica 公司的单裁单量的 Tailoring 系统，该系统功能包括由顾客选定款式、面料，对顾客进行体型测量，自动计算、放码、自动裁剪，直到完成顾客服装的制作，是一个高度自动化的面向顾客的服装制作系统。美国 Cdi 公司 80 年代中推出的 3D 服装设计软件包，在 SGI 图形工作站环境下运行，提供了从二维到三维空间的综合和从三维到二维平面展开衣片的功能。还有如日本的 Tomy 公司、ShimaSeikj 公司以及美国的 Modacad 公司等推出的服装 CAD 系统。

从国内的情况来看，我国服装 CAD 技术起步较晚，但是发展速度很快。20 世纪 80 年代初，我国服装业在引进国外先进技术的同时，科技界也积极地对服装 CAD 技术进行开发和研究。短短三十多年来，一些国外较成熟的服装 CAD 基本占领了国内市场，同时服装 CAD 在我国的应用近年来也连续上升。目前，我国的服装 CAD 市场的开发商也很多，有深圳的华怡电脑机械有限公司开发了 Richpeace（富怡）电脑绣花及服装 CAD 系统，杭州时高服装 CAD 和 ECHO（爱科）服装 CAD，北京六合生科技发展有限公司开发 MODASOFT（智尊宝坊）服装 CAD，航天工业总公司第 710 研究所研制的航天 ARISA 服装 CAD 系统软件，NAC2000（日升天辰）服装 CAD/CAM 系统，上海吉隆浦软件科技有限公司开发的 CONYCAD（康尼凯德）服装 CAD，上海双九实业有限公司与日本丰岛公司合作开发的 4Dbox 纺织服装设计系统 CAD，金合海泰的 GENIS2000 服装 CAD 系统，同时超泽服装 CAD 也研制了三维服装设计软件 Charse Design 2000。与国外同类产品相比，国内服装 CAD 系统功能简单，技术水平有一定差距，硬设备方面还有很大的差距。

二、服装 CAD 技术的发展趋势

随着计算机网络技术、智能技术的发展和应用，一个以信息流为核心，从设计制造、生产管理到市场营销数字化、集成化的新型生产模式正在成为服装工业的发展方向。计算机技术辅助下的服装工业生产将包括计算机辅助设计（CAD）、计算机辅助工艺规划（CAPP）和计算机辅助制造（CAM）等模块。采用计算机辅助设计与制造（CAD/CAM）技术，将是服装行业技术改造的重要内容之一，其发展的趋势主要有以下几方面：

（一）信息和网络技术的应用

随着计算机网络和远程通信技术的飞速发展，使人类社会进入了信息时代。在当今激烈的市场竞争中，信息的及时获取、传送和迅速的处理，是企业生存和发展的基础。而服装的流行趋势、服装市场的动向、服装技术的交流、服装信息的发布、服装用户服务、服装的电子商务等，对于服装设计和生产都是至关重要的信息。因此，服装 CAD 技术与信息数据化、网络化，以及远程交流技术结合与应用，将是服装企业发展的方向。

（二）多媒体技术的应用

多媒体技术在服装设计与加工领域有着广泛的影响和直接的应用。例如，多媒体领域中的图像压缩技术和光盘存储技术的结合，使以图形、图像为主的服装设计信息能以数字化形式存储在计算机内。多媒体图文数据库、图像/图形编辑软件和信息咨询等软件技术的发展，为服装信息数据库的研制和发展提供了理论基础和开发环境及工具。多媒体技术与现代通信技术相结合，将使服装信息的收集、传播和应用进入新时代。

（三）三维动态的发展

由于服装的质量和合体程度已成为服装市场竞争的重要方面，所以服装的研究开始走向更加科学化和个性化。而目前服装 CAD 多停留在二维领域，尽管许多服装 CAD 系统含有三维试衣等技术，但仍属探索阶段，与实用要求尚存距离。从目前各 CAD 公司开发方向看，对三维领域深入研究的空间很大，然而难度更大。但这无疑是服装 CAD 的一大发展方向，如果这一技术能真正突破，将会给服装产业及相关领域带来革命。从平面设计到立体设计，如何应用交互式计算机图形学和计算几何中的最新技术成果，建立三维动态的服装模型，解决服装设计中的二维到三维、三维 - N 维的转换，是服装 CAD 研究的重要课题之一。

（四）智能化的发展

迄今为止，服装 CAD 系统仍是辅助设计系统，其设计的指导原则是采取交互式工作方式，为设计师提供灵活而有效的设计工具。随着新一代计算机和人工智能技术的发展，知识工程、专家系统将逐渐渗透到服装 CAD 系统中去。智能化服装 CAD 系统是使 CAD 系统能够在某种程度上具有设计师般的职能和思维方法，而不只是一个重演过程，从而把设计自动化引向深入。利用人工智能技术可以帮助服装设计师启发设计灵感，激发创造力和想象力，进行新颖的服装款式设计。这种具有学习能力、应用专家系统的服装 CAD 技术，将是服装 CAD 系统的发展方向之一。

（五）集成化的发展

随着国际服装业向更新、更快、批量小、款式多、时装化以及高质量方向的发展，为了在服装市场竞争中获得优势，服装生产的全面自动化已成为当今服装业发展的趋势。这意味着企业从设计、生产、工艺、设备、管理等诸多方面需要改革调整，也就是需要有先进的设计、制造、管理、迅速应变能力，因而迫切需要一种强有力的支持环境—计算机集成制造系统（Computer Integrated Manufacturing System，简称 CIMS）。CIMS 是一个综合多学科的新领域，是在信息技术、计算机技术、自动化技术的现代管理科学的基础上，将设计、制造、管理、工厂经营活动所需的各种自动化系统，通过新的生产管理模式，工艺理论和计算机网络有机地集成起来，从而能根据竞争多变的市场要求，使产品从设计、加工、管理到投放市场所需的工作量降到最低限度。服装 CAD 系统与自动裁床、吊挂运输和单元生产系统以及企业信息管理系统的集成，构成服装企业的 CIMS 系统，正在被先进的企业所接受和发展，成为企业技术改造和向现代化迈进的目标和方向。国际上一些著名的服装CAD系统制造商顺应这一潮流，正在推出服装CAD、自动裁床和柔性加工单元等组成的一体化的计算机集成制造系统，例如美国Gerber公司、法国Lectra公司和西班牙的Investronic公司等都推出了类似的技术和系统。

（六）简单化的发展

软件的设计思路的逻辑关系、操作平台的舒适性、界面的人机交互性等，都对运用软件进行设计的过程产生很大影响。这关系到是否能激发灵感、简化设计，从而提高服装的生产效率。从实用角度来讲，现在的很多软件界面操作十分不便，设计逻辑思维混乱，缺乏自主设计的智能化功能，可以说只是以计算机代替纸笔进行设计而已。其面向的对象是专业的服装设计师，且对其软件操作能力要求较高。从今后的发展趋势来看，应用系统面向更多的是非设计专业的操作使用人员。因此，系统应该具有易学、易懂和操作方便的用户界面。开发先进的、友好的、适合多媒体的用户管理界面（User Interface Management System，简称UIMS）是服装CAD软件的发展方向之一。

（七）自动量体和试衣系统的应用

随着服装生产方式从大批量向小批量、多品种以至单件生产的方向发展，将使服装的供销方式也发生改变，即顾客从商店按号型规格选购到针对顾客的身材体型量体定制，从顾客选定款式、面料，对顾客进行人体尺寸测量，经过自动样片设计、放码、排料、自动单件裁片机、单元生产系统，到高速度、高质量地完成顾客所需的服装制作，是一个高度自动化的面向顾客的服装制作系统。该系统可以在几分钟内，不经接触测量出人体的外形数据，相对于传统的手工测量，不仅精度高速度快，而且测量数据全面。随着人们对服装合体性的要求不断提高，这种面向顾客的量体裁衣系统将会受到越来越广泛的重视。

第三节 服装CAD系统

一、服装CAD系统硬件

服装CAD系统硬件主要包括计算机、显示器以及一系列适于图形图像处理的输入设备和输出设备等。

（一）计算机

计算机按照其结构、性能可以分为巨型机、大型机、小型机、工作站、微机等不同的类型和档次。20世纪60和70年代的服装CAD系统往往采用中、小型机为主机，例如美国Gerber公司80年代初推出的服装CAD系统就是以HP1000小型机为主机。随着计算机的性能指标以每五年上升一个数量级的速度发展，80年代末，PC微机的性能（计算速度与存储能力等）已达到了70年代小型机的水平，因此当前选用微机作为服装CAD系统的主机已成为国内外服装CAD系统的主流。

（二）显示器

显示器是微机系统的重要设备之一，也是实现人机对话的主要工具。微机显示系统由显示适配卡（图形卡）和显示器两部分组成。当前显示器大多数采用阴极射线管（CRT）

作为显示器件，它由电子枪、片卷控制系统和荧光屏三部分组成。在水平偏转和垂直偏转的同步信号控制之下，电子束从左到右、从上到下的扫描，在荧光屏上产生光点，而显示出图形。彩色显示系统的 CRT 内按品字形安装三个电子枪，同时发出三条电子束，分别轰击到荧光屏的三个荧光点上，这三个荧光点分别由红、绿、蓝三种颜色的荧光粉构成，从而显示出不同的颜色。另外，分辨率是显示系统的另一个重要的反映图像清晰程度的技术指标，通常用一定显示面积上的扫描线数来表示。

（三）数字化仪

数字化仪是一种重要的图形输入装置，能方便地实现图形数据的输入。在服装 CAD 系统中，往往采用大型数字化仪作为服装样板的输入工具，因此大幅画数字化仪是服装 CAD 系统的重要外设之一。

（四）绘图机

绘图机是计算机常用的图形输出设备，可以把计算机所生成的图形用绘图或喷墨方式画在绘图纸上保存下来。服装 CAD 系统中样片设计和放码系统所生成的样片图，排料系统生成的排料图，都需要以 1:1 的比例绘制在绘图纸上，以供裁减工序使用。因此大幅面的绘图机是服装 CAD 的重要的输出设备。

（五）彩色扫描仪

扫描仪是 20 世纪 80 年代发展起来的一种图形/图像输入设备，它可以把彩色图像（如服装模特照片、时装画、款式效果图等）逼真地输入到计算机内。首台只有 64 级灰度级黑白扫描仪是（HP）惠普公司于1987 年推广到市场上的。1990 年，具有256 级灰度的彩色扫描仪进入市场。目前，彩色扫描仪已经成为计算机系统的通用外设和主要的图像输入设备。

（六）打印机

打印机是最广泛应用的一种计算机输出设备。打印机的种类很多，主要有针式、激光、喷墨和热感应四类。

针式打印机是击打式的低速打印机，由打印头、打印头驱动定位机构、走纸机构、打印控制线路及接口逻辑电路等组成。其成本低、维修方便。

激光打印机的原理是，首先用激光束把要打印的图像“写”在圆柱形转鼓上，再把这一图像转移到纸上。激光打印机速度最高，可达到 400 ~ 6020CPS（每秒字符数），分辨率也远远高于针式打印机，一般可达 300DPI，因此可产生高质量的图形和图像输出。但常用的激光打印机都为黑白打印机，彩色激光打印机由于价格昂贵，尚未被广泛使用。

目前，应用最为普遍的彩色打印机是彩色喷墨打印机，它能产生色彩鲜艳、清晰的彩色图形和图像。打印精度高，分辨率已达到 300DPI 以上，价格低廉，已与针式打印机基本相当。只是打印速度比激光打印机相差较多。

热感应打印机是一种能产生高质量彩色图像的输出设备，这种打印机有两种类型：一种利用热感应纸，由热感应头的温度变化在纸上形成图像；另一种用热感应色带，感应出热感应头的温度变化，把色带上的油墨转印到纸上形成图像。

（七）摄像机

为了能直接拍摄模特图像或输入彩色款式照片，需要在计算机上连接摄像输入设备。

目前主要有两种类型的摄像设备，即监控系统所用的彩色摄像头和专业或家庭使用的彩色摄像机。为了获得好的输入图像，应选择扫描线数较高的型号，如400线或以上以及彩色保真度较高的设备。

（八）图像采集板

为了把摄像信号转换为计算机可以识别和存储的数字信号，在主机内需要配置图像采集板。过去，由于这种设备需要高速数字/模拟信号转换器件，价格比较昂贵。随着多媒体技术的推广和普及，多媒体图像采集卡已经成为性能价格比较最佳的选择。当前所采集的图像质量还不尽如人意，但随着多媒体技术的发展，这一问题将会逐步得到解决。随着服装 CAD 技术的发展，在系统中将会应用到更多的计算机外部设备。例如，具有海量存储能力的可读写光盘、价格低的只读光盘、具有联网通信能力的网络卡、具有声音综合功能的多媒体声卡、具有图像压缩功能的图像压缩板、具有三维作图功能的图像处理板等。

二、服装 CAD 软件系统

服装 CAD 软件系统主要包括服装款式设计系统、服装制板系统、服装放码系统、服装排料系统、服装试衣系统等。

（一）款式设计系统

款式设计系统是计算机辅助服装设计师构思和表达新的服装款式，通过选择系统提供的绘画调色板绘制新的图案、时装画、款式图、效果图等。系统内还可以储存丰富的款式库、面料库、配饰库等。可以调用计算机内库存的花型、图案、色彩等生成新的花型、图案，并可以覆盖到指定的图形区域中；还可以调用图形库存的部件并对其进行修改、调整，实现部件的装配。除了可以用绘画工具绘制新图样与图形，也可以用彩色扫描仪、摄影机、录像机、数码相机等输入新图样，或者可以通过互联网等下载有价值的图样等来扩充数据库。

（二）制板系统

制板系统又称为结构设计系统，是服装设计师利用计算机进行结构设计与工业制板的过程。系统可以提供各种制图工具和相关数据库，可以进行衣片的结构绘制、衣片的连接、衣片的对称生成、标注尺寸、放缝、对刀眼、衣片修改、衣片输出等。系统还可以采用直接设计样板法、自动设计样板法和输入衣片样板法等进行衣片结构设计。

（三）放码系统

放码系统是在基样衣片的基础上完成各种号型样板的放缩和绘制。系统可以对已完成了样片结构设计的基样衣片，按一定的放码规则和档差设计对各号型进行放缩自动计算，自动生成各号型样板，而且还可以对一些关键部位进行适当的调整和修正。在放码系统中，放码规则可以变化，满足服装设计师的各种需求，完成各种板型设计。同时，还可以利用各种输出设备输出所需要的衣片。系统可以进行交互式放码和全自动放码，也就是可以按工艺师要求根据指定的档差进行放码，也可以由计算机自动完成全新的各号型衣片。

（四）排料系统

排料系统是把在结构设计系统完成的样板进行排料，可以根据需要实现排料参数编辑、排放规则、剪刀线设置、衣片操作、显示、输出打印等功能。系统可以提供全自动排料、半自动排料和交互式排料方式。全自动排料方式只需要在排料前进行各种参数设置，计算机会完成自动排料；交互式排料方式是设计师可以根据各种需求，使用系统的各种工具，类似手工排料操作；半自动排料方式可以结合两种方式，完成样板的排料操作。

（五）试衣系统

试衣系统是采用计算机仿真技术，为服装设计师提供三维服装试衣效果，也就是将二维的平面样板转换为三维的穿着效果。客户可以根据自己的尺寸要求，获得符合规格的计算机人体模型，实现服装试衣效果展示。系统还可以根据其内在的存贮功能，提供各种色彩、图案、肌理的服装面料，各种姿势的模特，各种环境效果等，使设计师和客户能从不同角度、姿态观看最终的试衣效果，甚至可以通过网络技术实现网上的试衣间。

第二章 派特系统的纸样系统

第一节 系统介绍

一、派特服装 CAD 介绍

加拿大派特（PAD）公司成立于1988年，总部设在加拿大蒙特利尔。派特公司致力服装 CAD/CAM 集成解决方案领域，在服装和皮革等行业享负盛名，建立了遍及全球五大洲的经销商网络和服务培训中心，用户遍布世界50多个国家，产品支持英文、法文、德文、意大利文、简繁体中文等二十多个国家文字。

派特公司的主打产品——派特服装 CAD 系统是目前世界上优秀的三大服装 CAD 软件之一，包括打板放码、排料、三维试衣等三个基本模块，可与数字化仪、绘图仪、自动裁床等设备配套形成完整的服装 CAD/CAM 系统。

（一）打板放码模块

派特服装 CAD 系统的打板放码模块（Pattern Design）具有全面的自由打板、辅助线设计打板、原型打板及结构线智能打板功能。操作界面开阔简洁，全部纸样制作工具以图符按钮显示。

派特服装 CAD 系统打板放码模块具有以下特点：弥补了很多服装 CAD 用户仍沿用手工打板、再读图入样的缺陷，提高制作纸样的效率；打板真正实现量身定做及自动放码；全面自由打板、辅助线设计打板、原型打板及结构线智能打板等；界面简洁，三十多种纸样制作工具，全部图标按钮显示；直观自由，易学易用；配合快捷键使用，每种工具具备至少三种以上相关功能，兼容其他服装 CAD 系统（如 Gerber\Lectra 等）文件，以及图形和文本软件（如 Photoshop\Illustrator\Office 等）文件；独有“模板”功能；具有强大的复制及粘贴功能；灵活快速的作省、裥、褶及省道转移功能；计算机可自动生成特定圆滑的曲线功能，具有方便的计算机精确圆顺功能；可自由编辑打孔、剪口形状及尺寸，并可存储成资料库随时调用；全面的逐点放码、自动放码及资料库放码；独有智能化记忆功能的资料库放码；结构线智能打板实现自动放码。

派特服装 CAD 系统对打板方法进行了一定革新，综合建立快速高效的纸样设计、放码和生产纸样的工序。与其他软件相比较，派特系统的快速性、可靠性、功能性、兼容性、方便性和设计能力较优越。

（二）排料模块

排料系统（AutoMarker）分为仿手工排板、计算机自动排板、人机交互排板，可在排板图中对样片做预缩水的放缩处理。

派特服装 CAD 系统排料模块具有以下特点：仿手工排板，完全模拟手工情景排板；计算机自动排板，在规定的时间内全自动排板，瞬间完成；人机交互式排板，计算机的

“快速”和人脑的“省料”完全结合；可输出任意比例的排板图；自动计算用布长度、耗料率；独有智能化记忆功能的自动“参考排板”和“仿制排板”；后台监视器排板，实现单人同时控制多床次自动排板；可做相反方向插排的自动锁定排板；针对有方向性的面料（如倒顺毛）的单向排板；对花对格的专业排板功能；针对单面、折叠及圆筒布料的分类排板；可随时修改排板中的相关数据资料（如床次、布种、规格尺寸、衣片数量、增加其他款式等）；可在排板图中对衣片做预缩水的放缩处理；可随意对衣片做重叠、空隙、旋转、对幅、丝缕倾斜的处理；直接在排板模块中准确快速的通过绘图仪输出排板图及相关资料。

（三）三维试衣模块

三维试衣模块是派特服装 CAD 的特色之一，是目前最为逼真的三维试衣系统，可将二维平面纸样转化为三维立体纸样，可瞬间预知样板缝合后的效果，逼真体现成衣的立体造型。虽然在最高的版本中显示三维试衣模块已经被取消，但由于该模块在早期版本中存在并且在实际中正在应用，因此本书对此模块只做简要介绍。

其主要特点如下：将平面纸样转化为立体纸样，多视角、360°旋转，逼真体现成衣的立体造型；可观察由平面纸样转化成的立体外部造型，以及内部贴合度；人体模型的性别、年龄、尺寸可以自由设定，从而实现量身定做；三维试衣中的面料替换显示功能，实现真正的三维仿真试衣；可仿真各种面料、背景、灯光、颜色的调节，使立体效果更为逼真；调用的面料图片文件，可直接与 Photoshop 等绘图软件相互调用、编辑、修改。

派特公司在中国多所大专院校设有培训基地，例如香港理工大学、中原工学院、青岛大学等。目前市场上销售的派特服装 CAD 系统版本有 PAD3.7、PAD4.0、PAD4.5、PAD4.8 等。PAD4.5 及之前版本均有学习版，可在单台计算机上运行。本书打板放码及排料系统的讲解以 PAD4.5 学习版为基础。由于 PAD4.5 学习版本没有三维试衣系统，故三维试衣系统的讲解以 PAD3.7 学习版为基础。

二、系统安装及基本操作

PAD4.5 包含有打板放码系统（Master Pattern Design）及排料系统（Opticut AutoMarker）。两个系统均不需要安装，需要打开打板放码系统时，鼠标双击【打板放码系统】文件夹中的图标【Master Pattern Design. exe】。需要打开排料系统时，鼠标双击【排料系统】文件夹中的图标【Master Pattern Design. exe】。打板放码系统打开后的界面（部分）如图 2-1-1所示。该窗口为一个标准的 WINDOWS 应用程序，由标题栏、菜单栏及主窗口组成。

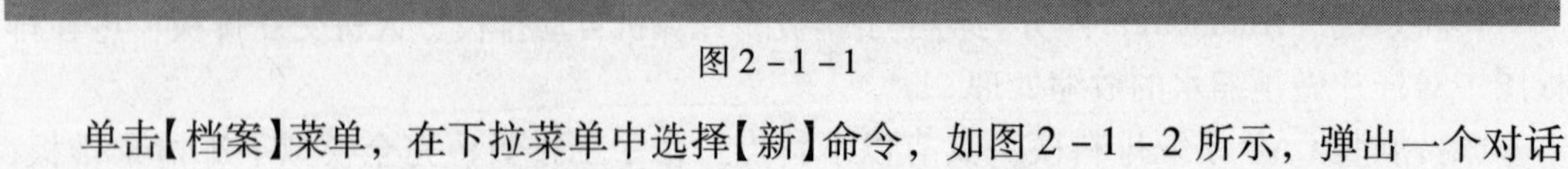

图 2-1-1

单击【档案】菜单，在下拉菜单中选择【新】命令，如图 2-1-2 所示，弹出一个对话框，如图 2-1-3 所示，选择【裙】、【上身】、【裤】、【袖】等选项，单击该对话框中【新款】按钮，建立一个新的纸样文件，从而进入打板工作窗口，如图2-1-4所示。

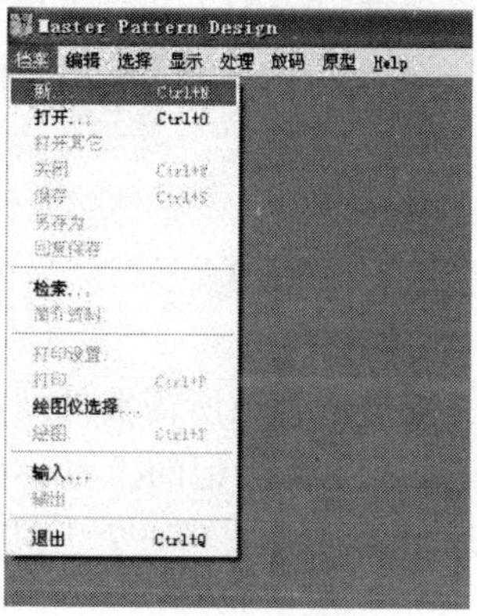

图2-1-2

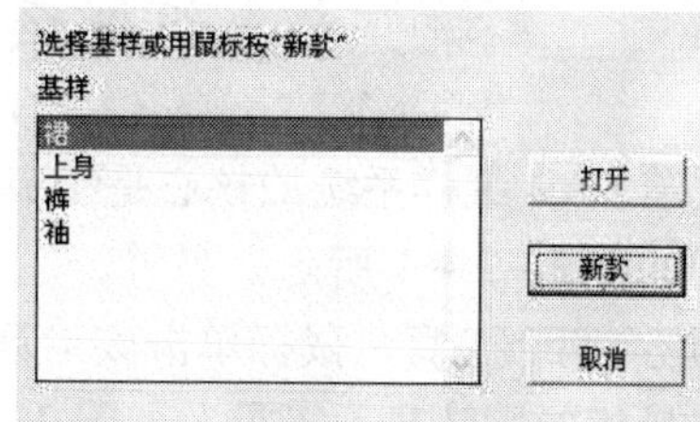

图2-1-3

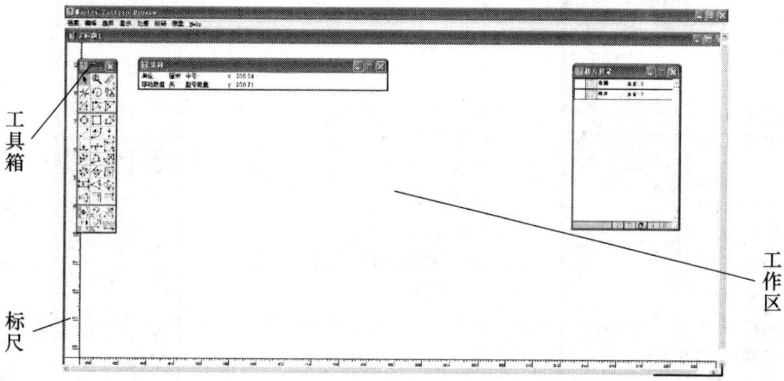

图2-1-4

由于是学习版，图2-1-3中只能单击【新款】按钮才能进入可编辑的工作状态。若单击【打开】按钮，则仅能显示相应的原型，无法对原型进行编辑。如图2-1-5所示，是选择【裙】所进入的窗口，无法进行后续编辑。

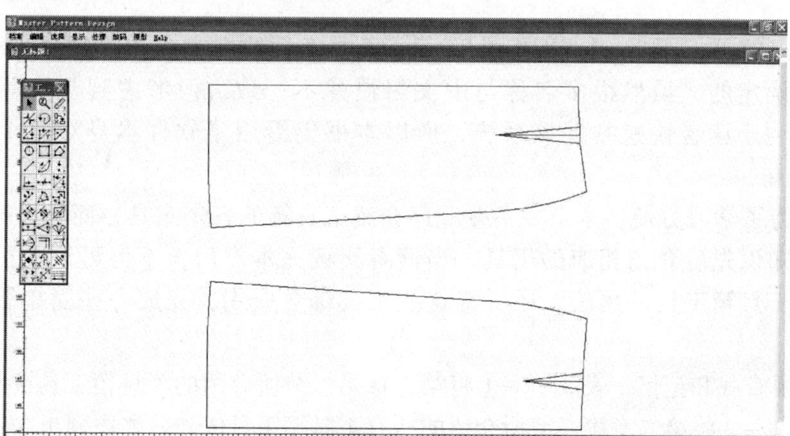

图2-1-5

图2－1－4是建立一个新款，即从无到有绘制一个纸样的工作窗口，除了【标题栏】、【菜单栏】外，还包括【工具箱】、【资料】及【样片目录】悬浮窗口。为了初学方便，选择窗口中的【关闭】按钮，将【资料】及【样片目录】窗口关闭，仅留【工具箱】窗口。派特服装CAD系统的学习就从工具箱开始。

第二节　纸样系统工具箱介绍（一）

派特服装CAD纸样系统的核心是工具箱，其中几乎囊括了打板所需要的所有绘图及变换工具，如图2－2－1所示。另外，工具箱中右侧有红色三角标记的工具称为"工具组"，其中均有两个工具。鼠标单击该工具组不放，可弹出工具组另外一个工具，选择后即成为该工具组的默认显示工具，如图2－2－2所示。

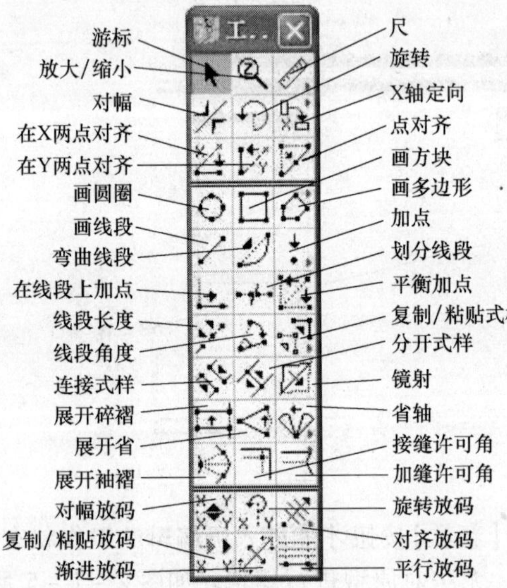

图2－2－1

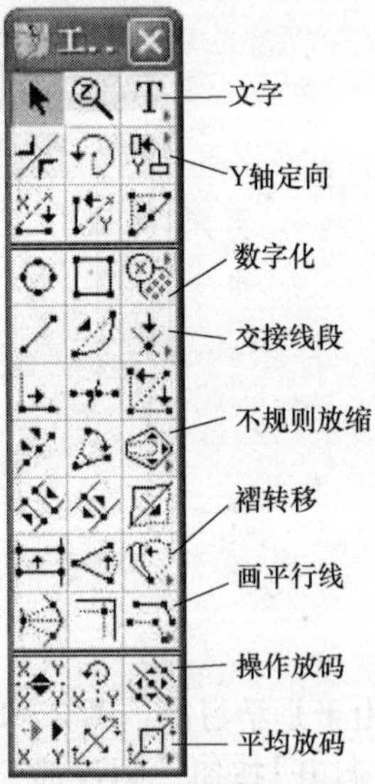

图2－2－2

需要指出的是，图2－2－1及图2－2－2中工具的中文名称是根据CAD软件本身的名称而确定的，虽然很多名称与中文习惯并不一致，但考虑到与实际软件一一对应更加有利于读者快速掌握该系统，所以本书仍沿用了软件本身对各个工具名称的叫法。

另外，为了学习方便，本章并不按顺序介绍工具箱的各个工具，而是根据计算机打板所需要的知识先后介绍相应的工具。当读者阅读完本章后，不但可以掌握除放码工具外的所有工具箱工具的用法，还可将这些工具综合应用，完成一些简单服装款式的打板操作。

为了方便查找和记忆，表2－2－1将第二章第二节所介绍的工具箱工具按照先后顺序列出，表2－2－2将第二章第三节所介绍的所有工具箱工具按先后顺序列出。这样读者可在需要时进行快速查阅。

表 2－2－1　　第二章第二节工具箱工具先后顺序

本节标题顺序	名　　称	本节标题顺序	名　　称
一、	画方块	二、	游标
五、	画线段	六、	弯曲线段
七、	在线段上加点	八、	加点
九、	交接线段	十、	加点
十一、	划分线段	十二、	线段长度
十五、	对幅	十六、	旋转
十七、	X 轴定向	十八、	Y 轴定向
十九、	画圆圈	二十、	画多边形

表 2－2－2　　第二章第三节工具箱工具先后顺序

本节标题顺序	名　　称	本节标题顺序	名　　称
一、	在 X 两点对齐	二、	在 Y 两点对齐
三、	点对齐	四、	线段角度
五、	样片数字化	六、	放大/缩小
七、	文字	八、	尺
九、	复制/粘贴式样/尺寸	十、	不规则放缩
十一、	连接式样	十二、	分开式样
十三、	镜射	十五、	展开碎褶
十六、	展开抽褶	十七、	展开省
十八、	省轴	十九、	褶转移
二十、	画平行线		

一、画方块

采用【画方块】工具可在屏幕工作区绘制矩形。一般情况，派特服装 CAD 的打板都是从做辅助矩形开始，因此【画方块】工具是频繁用到的一个重要绘图命令。它有两种用法：

（一）任意绘制矩形

单击工具箱中的【画方块】工具，在工作区内将鼠标移动到起始点并单击鼠标左键，按住鼠标左键不放，将鼠标移动到所需要的终点位置，松开鼠标左键，即完成任意矩形的绘制。这种方法通常在已确定起始点及终点的情况下使用，由于无法得知矩形的精确尺寸，在打板过程中，用得最多的是精确绘制矩形方法。

（二）精确绘制矩形

单击工具箱中的【画方块】工具，将鼠标移动到工作区中的某点，左手按下键盘上的【Alt】键，右手单击鼠标左键，出现【画方块】对话框，如图 2－2－3 所示。在【宽度】及【高度】文本框内输入矩形的长和宽数据，如其分别为 50cm 及 20cm，得到矩形如图 2－2－4 所示。

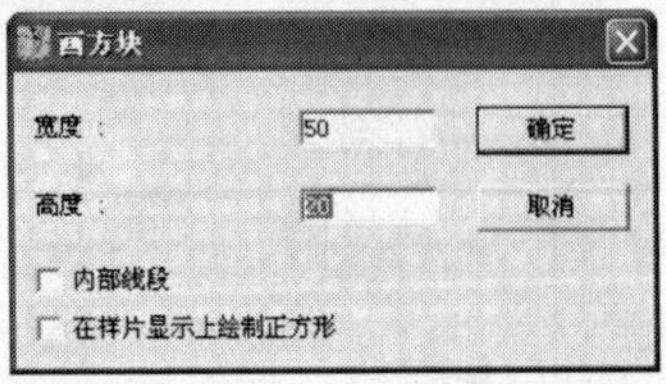

图 2－2－3

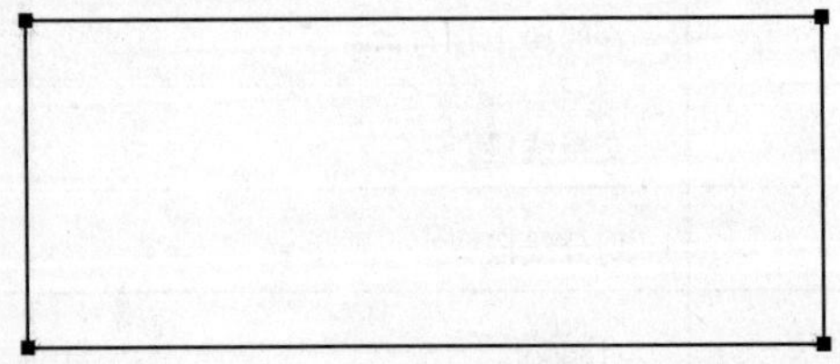

图 2－2－4

在图 2－2－3 中的画方块对话框下方有两个复选框，其中【内部线段】是一个重要概念，在学完基本绘图工具后本书会做详细讲解。【在样片显示上绘制正方形】是指加上“样片说明”在绘制矩形，如图 2－2－5 所示，矩形的中间有“T”符号的标记是对样片的设定信息。具体样片设定方面的知识后续会给读者介绍。

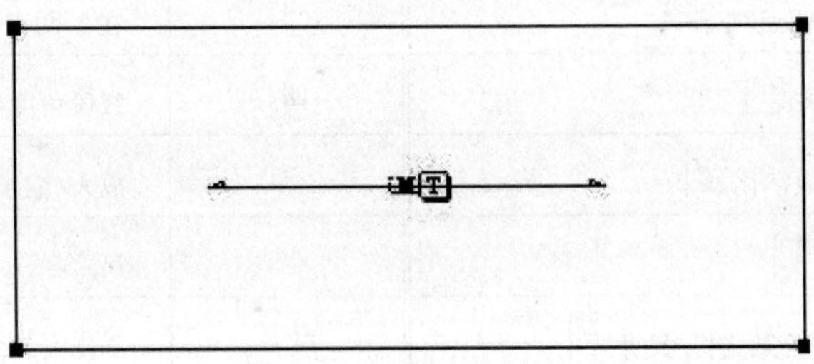

图 2－2－5

二、游　标

游标是派特服装 CAD 系统中的一个重要命令，包括选择、移动、变形、精确定位样片的功能，具体功能如下：

（一）选取对象

选取一个点或多个点，选取一条线段或弧线。方法很简单，只需在选择【游标】工具后，在绘图工作区按下鼠标左键拖动鼠标，将所需要的一个点或多个点选择。

重点：当按下键盘上的【Alt】键不放，鼠标单击图形的任意一点，可将整个图形全部选择。

图形上的某个点被选择后，变为实心状态，称为“全激活”点。一般情况下，点要处于“全激活”状态才能执行命令。有时在选择一个图形上的某一点时，附近其他的点变为空心状态，称为“半激活”点，一些命令对这种点状态也有效。当一个点不被选择而未显示时，称为“未激活”点，所以命令对这些点都无效。如图 2－2－6 所示。

（二）移动对象

当采用【游标】工具选择一个或若干个点后，再单击这些点之间连线的任意处，可将这些点所联系的图形部分在画面上进行移动。若将图形上的所有关键点选择，单击任意连线时可移动整个图形。若选择的是图形上的部分点，则移动时会使图形发生变形。

（三）任意选点

按下键盘上的【Shift】键不放，鼠标依次单击需要选择的点，可将图形上的任意点选取。这个方法比用矩形框选点方法更具灵活性，可选择复杂图形上的多个任意点。

（四）精确移动对象

选择图形上一个或多个点，同时按下键盘上的【Ctrl】及【Alt】键，弹出【删除】对话框，如图 2－2－7 所示。在该对话框中可以采取两种方法将所选择的一个或多个点移动，一种是以【X 轴距离】和【Y 轴距离】设定水平和垂直方向移动的距离，一种是以极坐标方式的【距离】及【自 X 轴角度】设定一个或多个点的移动距离和角度。

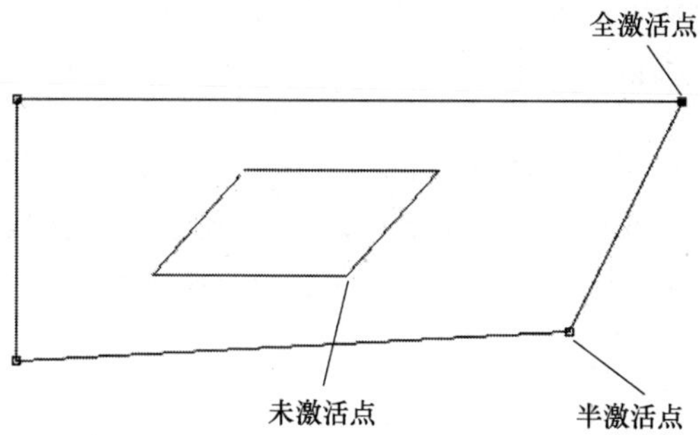

图 2－2－6

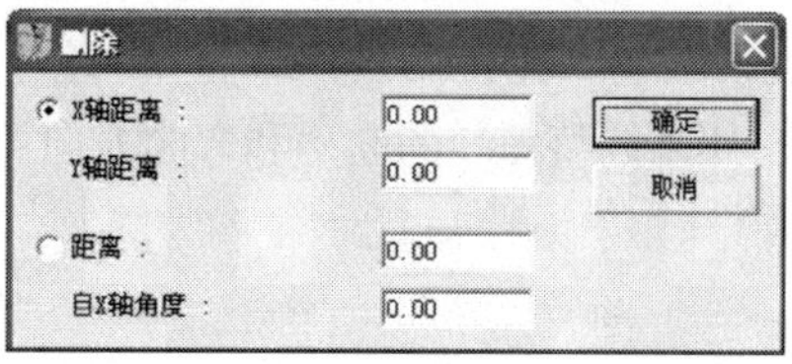

图 2－2－7

提示：【游标】工具的精确移动功能非常重要，在绘制衣片结构图时，经常用此功能将一个点、一条直线或曲线进行精确移动，以完成对结构图的调整。另外需要解释的是，由于加拿大派特软件的汉化工作并非由中国内地人员完成，有些命令和工具的翻译并不符合中国人的习惯，例如图 2－2－7 中对话框的名称“删除”的含义与【游标】的精确移动功能就相去甚远。类似的例子在工具箱和菜单中也有出现。

三、编辑常用命令

学习【游标】工具后，还应该掌握很多相关命令，配合【游标】工具对图形进行编辑和操作。虽然一些命令采用键盘操作或菜单操作都可以，但为了绘图更加方便，本书建议使用键盘快捷键辅助【游标】工具对图形进行快速编辑，具体见表 2－2－3。

表 2－2－3　　常用编辑命令

键盘命令	功　能	键盘命令	功　能
【Ctrl】+【A】	全选	【Ctrl】+【空格】	鼠标单击工作区时放大对象
【Ctrl】+【Z】	撤销上一操作	【Ctrl】+【Alt】+【空格】	鼠标单击工作区时缩小对象
【Ctrl】+【Y】	还原撤销	【空格】	鼠标拖动时移动整个工作区
【Backspace】	删除所选对象	【↑】【↓】【←】【→】	对选择的对象进行上下左右移动
【Ctrl】+【C】	复制	【Ctrl】+【V】	粘贴

四、点的类型

派特服装 CAD 系统中将点分为三种类型，如图 2－2－8 所示。

规则点：方形，一般为各个线段的交叉点；

标记点：圆形，一般为线段或曲线除端点外的所有点；

控制点：菱形，是控制弧线曲率和弯曲方向的点。

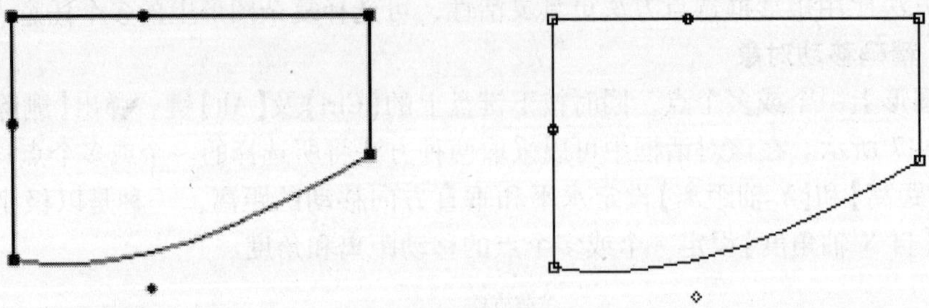

图 2－2－8

一般情况下规则点及标记点的性质是一样的，都是直线或曲线上的点，所不同的是前者一般表示直线或曲线的端点，后者一般表示直线或曲线除端点外的点。控制点仅对弧线而言，用来调整弧线的曲率和弯曲方向。通过单击菜单【处理】—【点】，可将点改变成其他类型。

五、画 线 段

【画线段】工具有两种用法：

（一）任意绘制线段

选取【画线段】工具，鼠标单击工作区中的起始点且不松开鼠标，将鼠标移动到所需位置松开，即可完成任意线段的绘制。这种方法通常是在已确定起始点及结束点的情况下绘制连线，对于精确作图并不适用。

技巧：按住【Shift】键绘制任意线段时，可绘制水平、垂直及 45°、135°角等规则线段。这一技巧在打板时作辅助线时经常用到。

（二）精确绘制线段

选择【画线段】工具，按住【Alt】键，单击工作区某点作为直线的起始点，弹出【绘画线段】对话框，在其中输入相应的参数，单击【确定】按钮，完成线段的绘制。如图 2－2－9 所示，可绘制一条长度为 20cm，与 X 轴夹角为 0 的线段。

【绘画线段】对话框中除【展开值】选项的含义同图 2－2－7 选项含义。展开值的含义为：以一条线段的一端为原点做垂直坐标轴，在坐标轴 X 轴正方向截取与该线段长度一致的线段，则新截取的线段的终点与原线段的终点的连线长度称为展开值。展开值与“自 X 轴角度”类似，决定了线段与水平轴的夹角。如图 2－2－10 所示，*BC* 是线段 *AB* 的展开值。

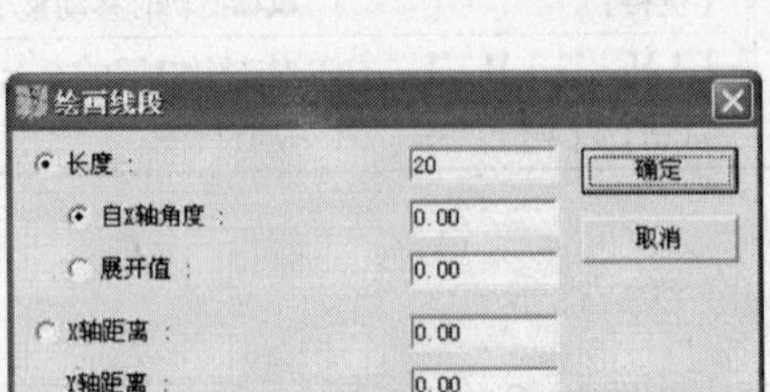

图 2－2－9

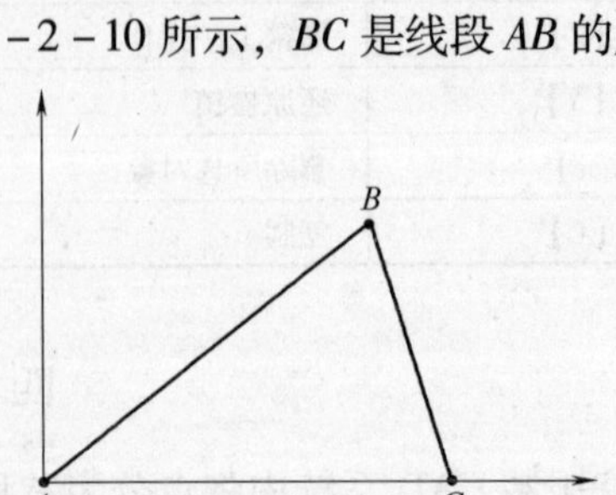

图 2－2－10

六、弯曲线段

弯曲线段用于弯曲已有的线段。用【游标】工具选取线段，再选择【弯曲线段】，单击所选线段且不松开，拖动鼠标将线段弯曲到所需形状。作为专业性服装 CAD 软件，派特系统没有提供类似很多绘图软件采用贝塞尔工具绘制任意弧线的功能，而是将绘制弧线改成先做直线，然后采用【弯曲线段】工具将该直线再调整成弧线的方法。

若想查看弧线的具体信息，单击菜单【处理】—【项目资料】，可显示该弧线的具体参数，如图 2－2－11 所示。其中【长度】指弧线的长度，【深度】指两个端点之间的直线与弧线最凹点的垂直距离。

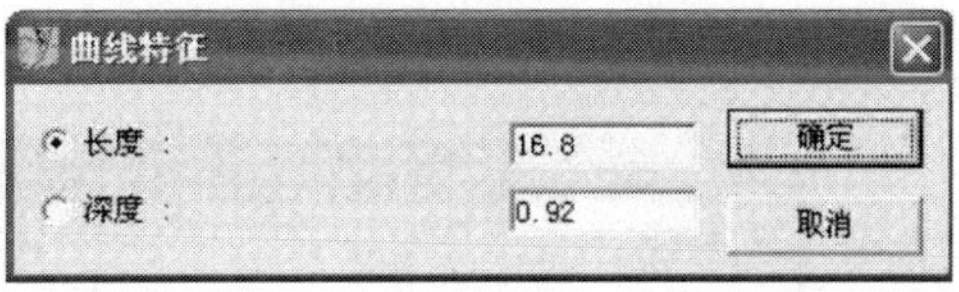

图 2－2－11

弯曲线段后若想调节该弧线，应选择【游标】工具调节其菱形控制点改变弧线的曲率和弯曲方向。

七、在线段上加点

【在线段上加点】工具是在服装结构图的某一线段上定位关键点的重要工具。其作用是在任意线段上以一端为起始点量取所要求的距离，然后进行加点。如图 2－2－12 所示，首先选择一条线段，然后选择【在线段上加点】工具，单击线段的左端作为起始点，弹出【线段加点】对话框，如图 2－2－12 所示，对话框中显示该线段的长度为 15.29cm，在【距离】文本框中输入 10cm，单击【确定】按钮，则在该线段上距离左端点 10cm 处加点完毕，如图 2－2－14 所示。

图 2－2－12

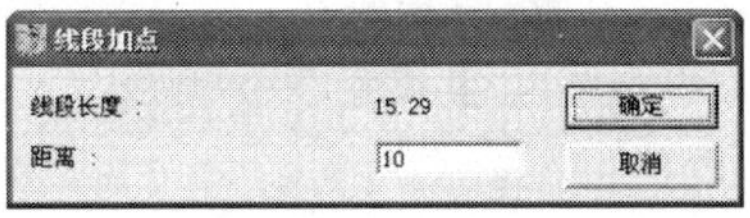

图 2－2－13

图 2－2－14

【在线段上加点】可对水平线段加点，也可对任意斜线加点，可对一个线段内部的某个局部线段加点，也可对封闭图形轮廓上的任意线段加点。无论对什么形式的线段加点，其核心就是必须保证想要加点的线段的起始点及结束点被选择成“全激活”状态。

思考：请读者练习，若在图 2－2－13 中的【距离】文本框中输入 －10 或者大于 15.29 的值，如 20，会出现什么情况？

八、加　点

【加点】工具不受限制，可在工作区任意位置加点。若在某个线段上加点，则该点属于这个线段，若在空白区域加点，则该点成为一个独立的点，与其他任何对象都无关。

（一）任意加点

选择【加点】工具，在需要加点的地方单击鼠标。

（二）精确加点

选择【加点】工具，按下【Alt】键不放，在工作区内单击所选择的参考点，弹出对话框，如图 2－2－15 所示。该对话框中的各个参数含义同图 2－2－7。若输入【X 轴距离】为 5，【Y 轴距离】为 6，加点结果如图 2－2－16 所示。

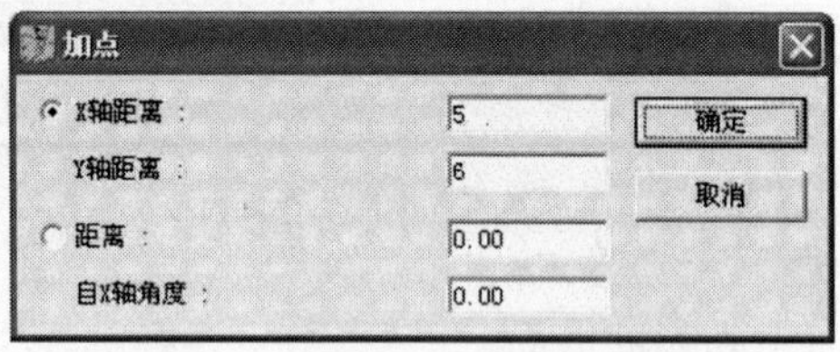

图 2－2－15

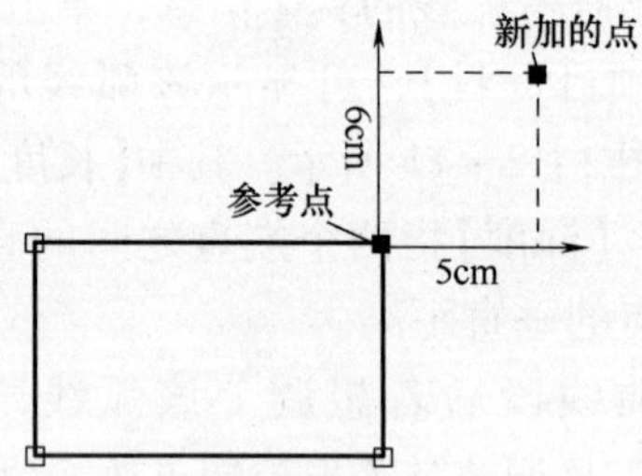

图 2－2－16

九、交接线段

【交接线段】用于在两条线段的相交处加点。选取该工具，用鼠标单击两条线段的交叉处即可。对图形内部线段的相交处可直接加点，如图 2－2－17 所示。对于任意两条线段的相交处，必须选择该两条直线，选择菜单【处理】—【组合】，如图 2－2－18 所示，才能在线段相交处加点，如图 2－2－19。

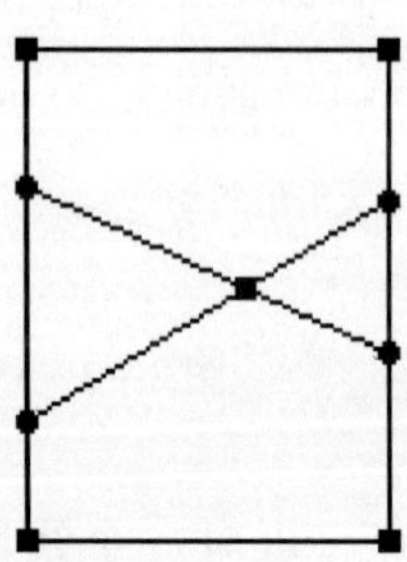

图 2－2－17

图 2－2－18

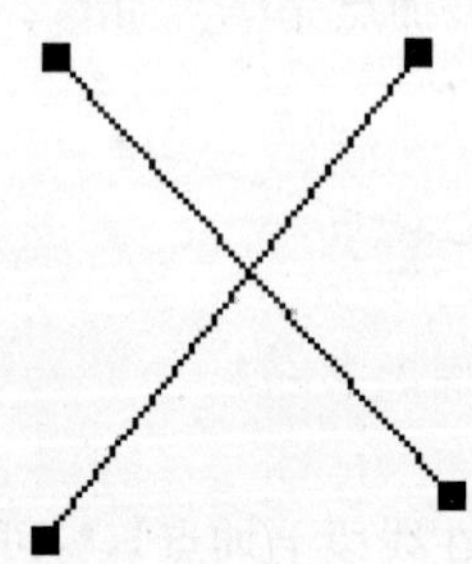

图 2－2－19

十、加　点

【加点】工具虽然和同名，但功能却区别较大，较早版本称为【平衡加点】。该工具对两条线段同时加点，可选择水平方式、垂直方式或斜线方式，也分为任意平衡加点及精确平衡加点两种类型。

（一）任意平衡加点

选取两条线段并在工具箱中单击该【加点】工具，鼠标单击线段上的第一个参考点，拖动鼠标移动至第二个参考点，出现一闪烁线段，如图 2－2－20 所示，将闪烁线段拖到所需位置松开鼠标，即在两条线段之上分别添加两个点，如图 2－2－21 所示。

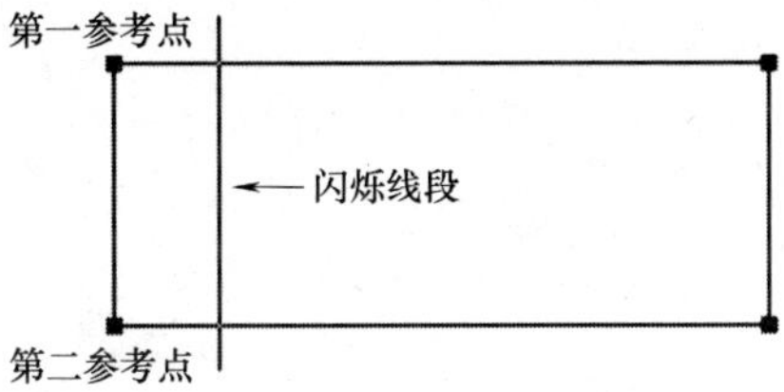

图 2－2－20

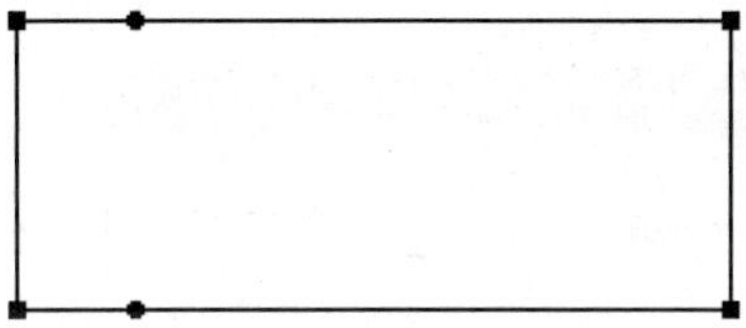

图 2－2－21

提示：平衡加点不仅可以水平或垂直线段的方式同时为两条线段加点，而且可以任意斜线的方式为两条直线加点。图 2－2－20 中第一和第二参考点可为任意点，即可属于矩形轮廓上的点，也可属于其他空白区域的任意点。

（二）精确平衡加点

选取两条线段并在工具箱中单击该【加点】工具，按下【Alt】键，选择一条线段的一个端点作为参考点，在其上单击，弹出【加点】对话框，如图 2－2－22 所示。选择【水平】单选按钮，在【距离】文本框中输入 12，则两条线段上距离参照点 12cm 处同时加点，如图 2－2－23 所示。

图 2－2－22

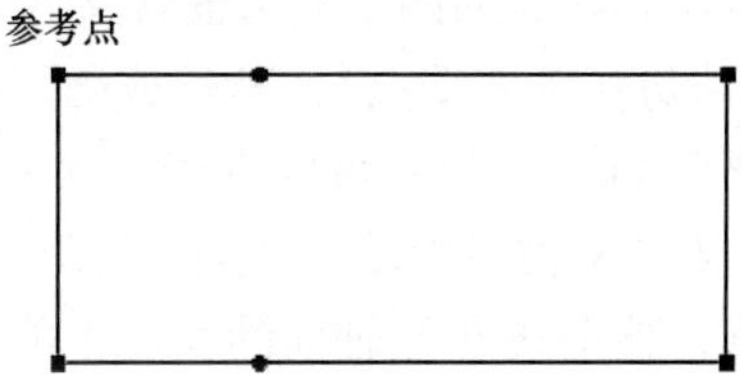

图 2－2－23

提示：精确加点选择参考点是关键，决定了度量加点距离的起始点。【距离】文本框中可以输入负值，此时加点方向与坐标轴的反方向一致。【水平】及【垂直】单选按钮则根据加点的方向而选择。

十一、划分线段

【划分线段】的功能是将选中线段平均划分为若干份。选择线段，在工具箱中单击【划分线段】工具，对准线段中除端点外的任一点单击，弹出【线段划分】对话框，如图 2－2－24 所示，在【等分数量】文本框中输入需要划分的份数，单击【确定】按钮，线段被划分成相应的段数。

【划分线段】对任意直线适用，对任意弧线也一样适用。需要注意的是，对弧线划分时，不仅要选择弧线的两个端点，还一定得选择弧线的控制点。直线划分的分段仍为直线，弧线划分的结果仍为弧线。

在对封闭图形中的某一段直线或弧线划分时，一定要正确选择表示该直线或弧线的起始点和控制点。千万不能多选其他的点，否则将不能正确划分。图 2－2－25 是将弧线 *AB*

平分三段的结果，原有的弧线控制点消失，取而代之的是划分形成的新弧线的三个控制点。

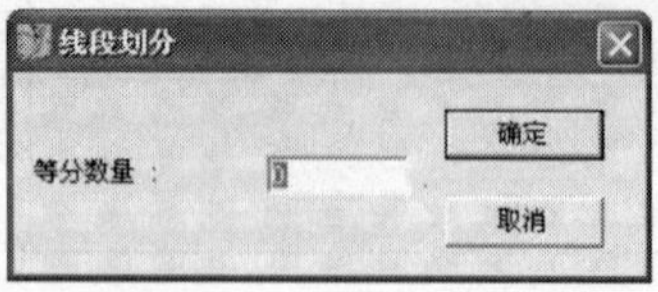

图 2－2－24

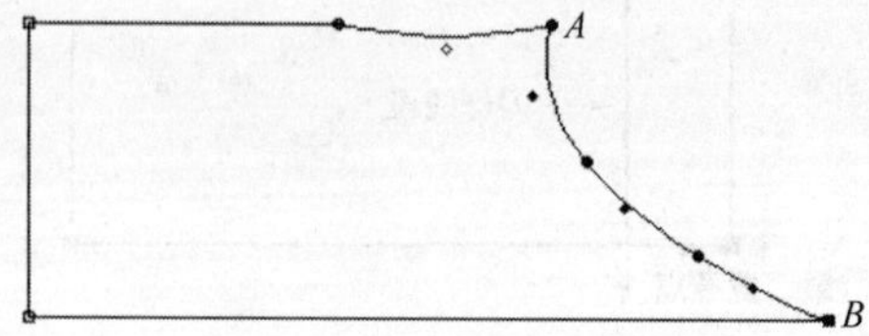

图 2－2－25

十二、线段长度

【线段长度】用于收集线段长度资料，并以线段的一侧端点为基准，按各种方式精确修改线段的长度。

选择一条线段，单击工具箱中【线段长度】工具，单击所选线段的一侧端点，弹出【线段长度】对话框，如图 2－2－26 所示。其上参数与图 2－2－7 与图 2－2－9 中的参数含义一致，即采用绝对值、增加值、当前长度的百分比及轴上增加值等不同方法延长或缩短线段。右侧的四个复选框含义为：

【请勿移动末端点】：延长或缩短线段时将末端点固定，仅改变始端点。

【仅“贫”点】：翻译有误，含义为延长或缩短线段时仅改变末端点。

【仅在 X 轴向移动】：延长或缩短线段时仅通过在 X 轴方向增加长度的方式改变线段的长度，整个线段 Y 轴向的长度不能改变。

【仅在 Y 轴向移动】：延长或缩短线段时仅通过在 Y 轴方向增加长度的方式改变线段的长度，整个线段 X 轴向的长度不能改变。

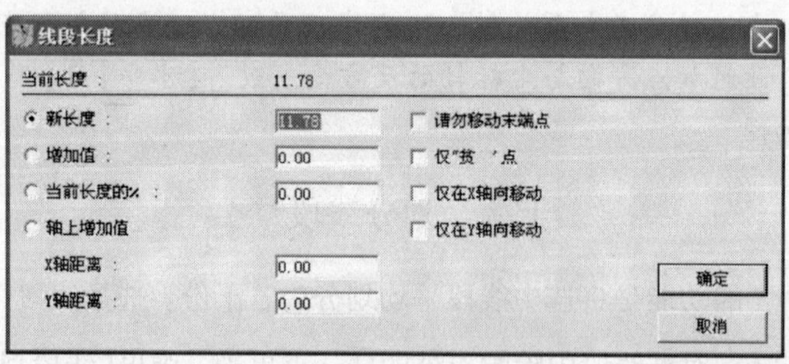

图 2－2－26

提示：【线段长度】工具不仅可以调整直线的长度，也可调整弧线的长度。调整弧线时，必须要将弧线控制点一起选中。对于弧线，【线段长度】刚弹出时【新长度】文本框中测得的是弧线的长度，而不是弧线两端点间的直线距离。

到此为止，初步给大家介绍了工具箱中的一些基本工具。为加深印象，我们采用以上工具绘制一个简单衬衫的前片，让读者初步感受一下派特服装 CAD 打板的过程与特点。

十三、打板实例：简单衬衫的前片制作

为了使读者能快速感受系统的制板方法，结合多年的教学培训经验，此处将衣片的规格尺寸简化，尽量省略小数，选择容易记忆又较为合理的整数作为衣片尺寸，见表2-2-4。本例的目的是让大家对派特服装CAD制图方法先有一个初步了解，在后续的综合实例中，对尺寸的精确和合理性则有严格的要求。

表2-2-4　　**制板规格尺寸**　　（单位：cm）

名　称	尺　寸	名　称	尺　寸	名　称	尺　寸
胸围	25	前领宽	7	前领深	8
前肩宽点	20	前落肩	4	袖窿深	25
后领宽	7	后领深	2.5	后肩宽	7
后落肩	2	衣长	65	袖长	60
袖山高	10	袖口宽	15	肩突	1.5

（一）作65cm×25cm的矩形

选择【画方块】工具，按下【Alt】键，在工作区适当位置单击鼠标，弹出【画方块】对话框，如图2-2-27所示输入数据，单击【确定】按钮，得到如图2-2-28所示的矩形。

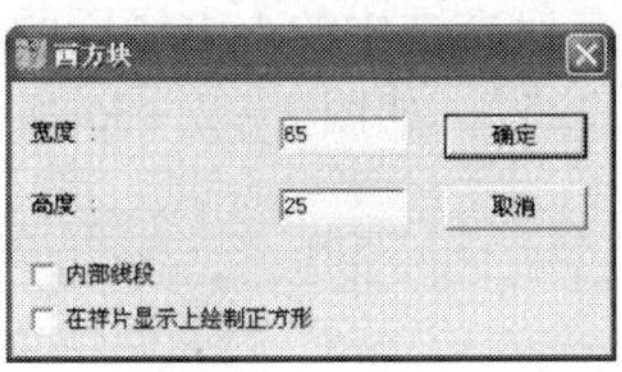

图2-2-27

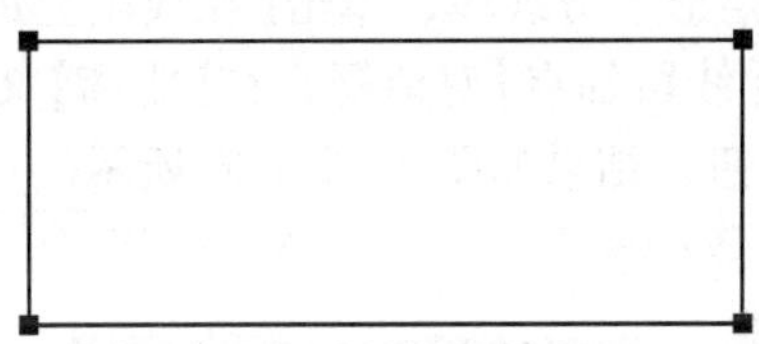

图2-2-28

（二）定位领宽点

选择矩形右侧线段，单击【在线段上加点】工具，对准选中的右侧线段的下端点单击，弹出【线段加点】对话框，在【距离】文本框中输入“7”，如图2-2-29所示。单击【确定】按钮，结果如图2-2-30所示。

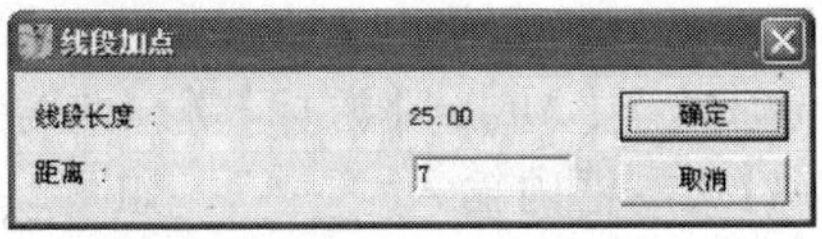

图2-2-29

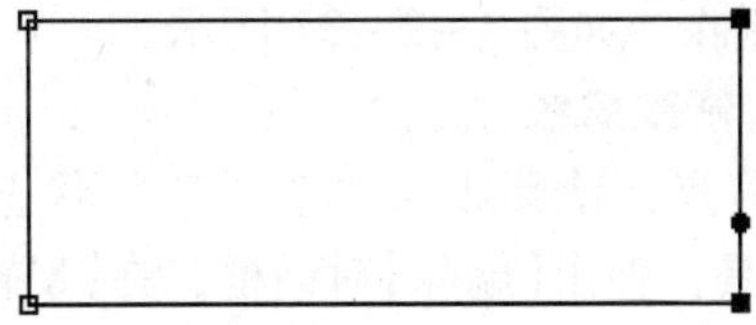

图2-2-30

（三）定位领深点

选择矩形下方线段，单击【在线段上加点】工具，对准选中的下方线段的右端点单击，弹出【线段加点】对话框，在【距离】文本框中输入“8”，如图2-2-31所示。单击【确定】按钮，结果如图2-2-32所示。

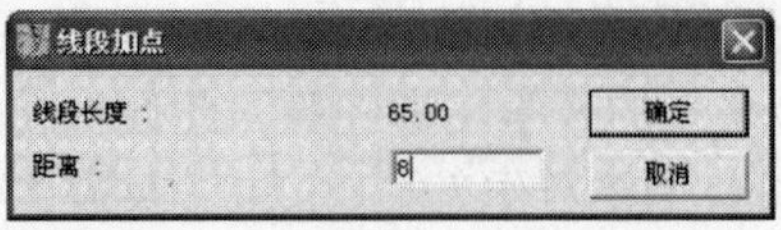

图 2－2－31

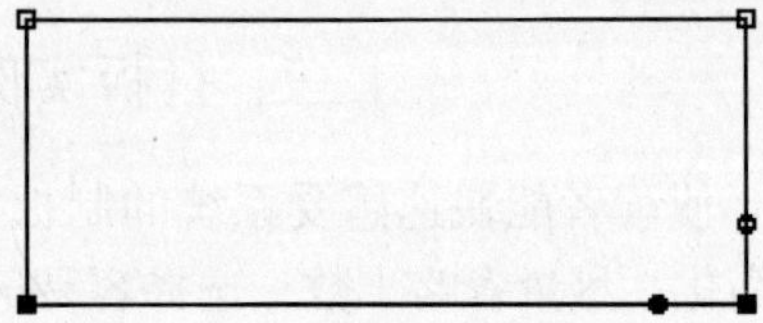

图 2－2－32

（四）定位肩点

选择矩形右侧线段，单击【在线段上加点】工具，对准选中的右侧线段的下端点单击，弹出【线段加点】对话框，在【距离】文本框中输入“20”，如图 2－2－33 所示。单击【确定】按钮，结果如图 2－2－34 所示。

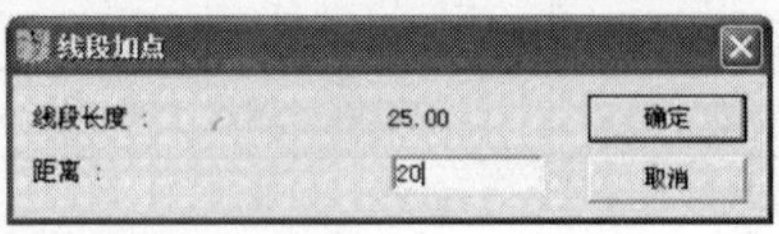

图 2－2－33

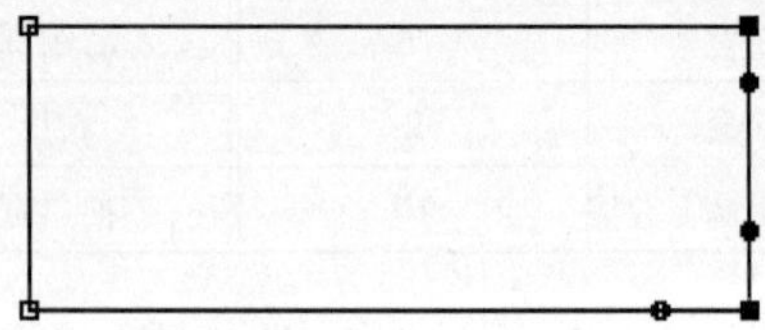

图 2－2－34

（五）定位袖窿深点

选择矩形上方线段，单击【在线段上加点】工具，对准选中的上方线段的右端点单击，弹出【线段加点】对话框，在【距离】文本框中输入“25”，如图 2－2－35 所示。单击【确定】按钮，结果如图 2－2－36 所示。

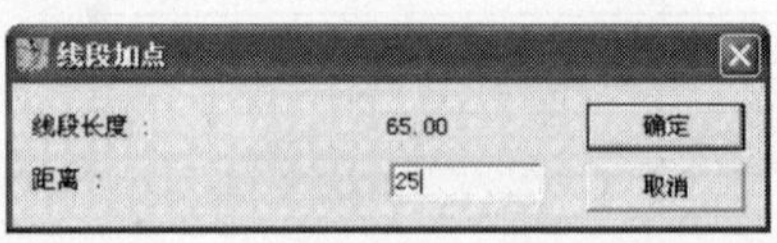

图 2－2－35

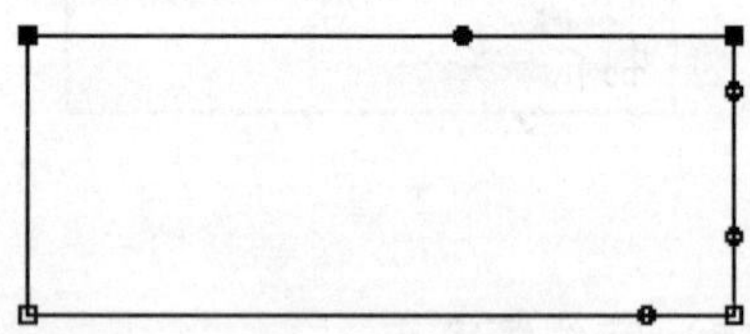

图 2－2－36

（六）删除不需要的点

选择矩形的右上端点，按下【Backspace】键删除；选择矩形右下端点，按下【Backspace】键删除。如图 2－2－37 所示。

（七）修改肩线

选择肩点，使其成为“全激活”状态，同时按下【Alt】+【游标】键，此时鼠标单击【游标】工具，弹出【删除】对话框，在【X 轴距离】文本框内输入“－4”，如图2－2－38所示。单击【确定】按钮，此时肩点向左水平精确移动 4cm，形成落肩，如图2－2－39所示。

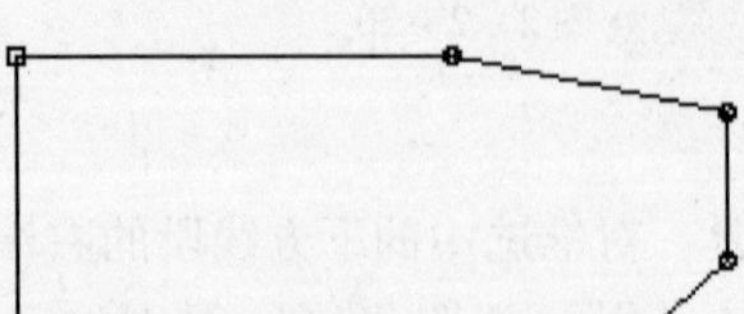

图 2－2－37

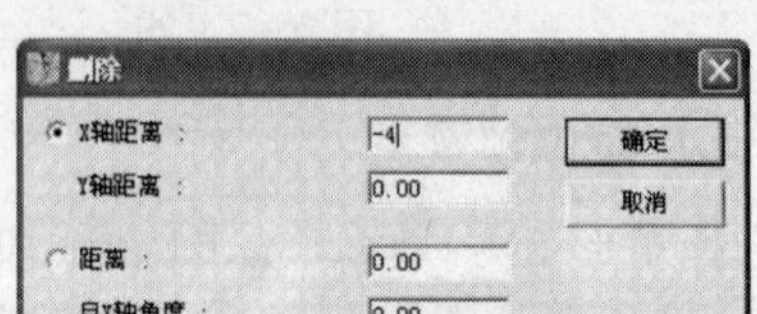

图 2－2－38

（八）制作肩突

选择整条肩线，单击【线段长度】工具，单击肩线的下端点（领宽点），弹出【线段长度】对话框，在【增加值】文本框中输入“1.5”，如图2－2－40所示，得出的结果如图2－2－41所示。由于后续还要用到原来的肩点作辅助线前宽线，因此需要将原来的肩点位置标记出来。选择刚制作完肩突后的整个肩线，选择【在线段上加点】工具，对准新肩点单击，弹出【线段加点】对话框，在【距离】文本框中输入“1.5”，如图2－2－42所示，单击【确定】按钮，结果如图2－2－43所示。

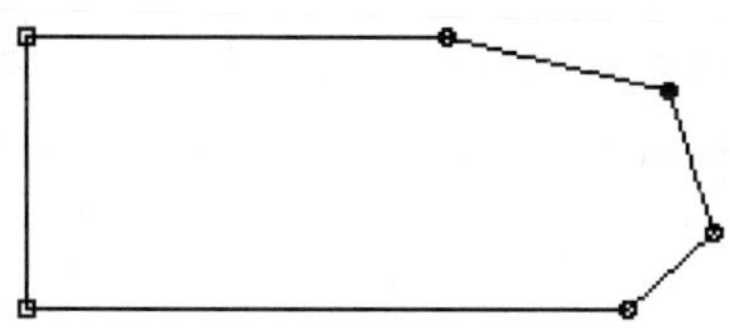

图2－2－39

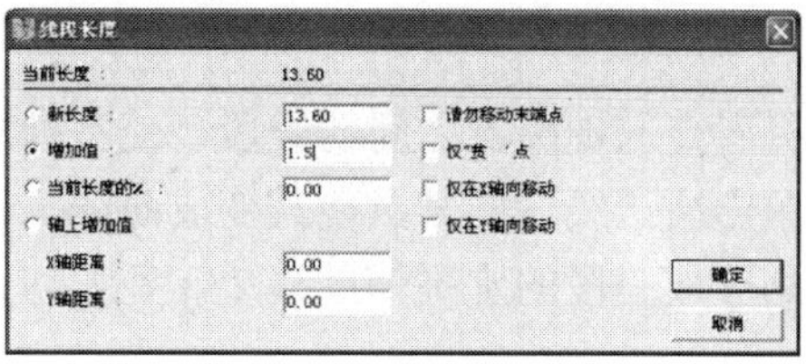

图2－2－40

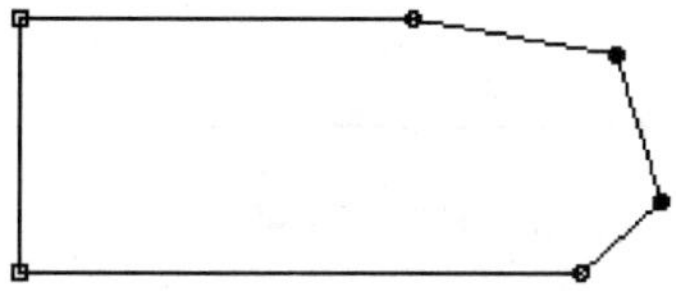

图2－2－41

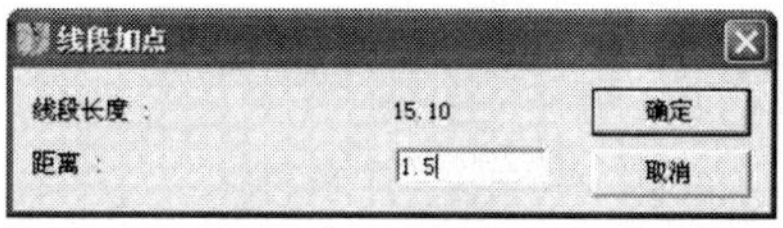

图2－2－42

（九）制作袖窿弧线辅助线

选择【画线段】工具，按住【Shift】键不松开，单击肩线上端点下方的辅助点，向左作水平辅助线与衣片下摆线相交，如图2－2－44所示。按住【Shift】键不松开，单击袖窿点向下作垂直辅助线，与水平辅助线相交，如图2－2－45所示。

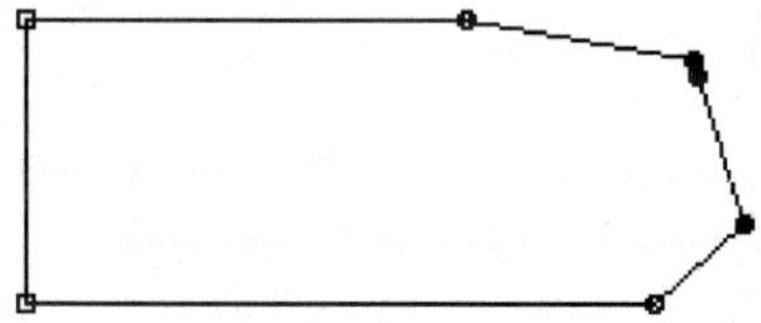

图2－2－43

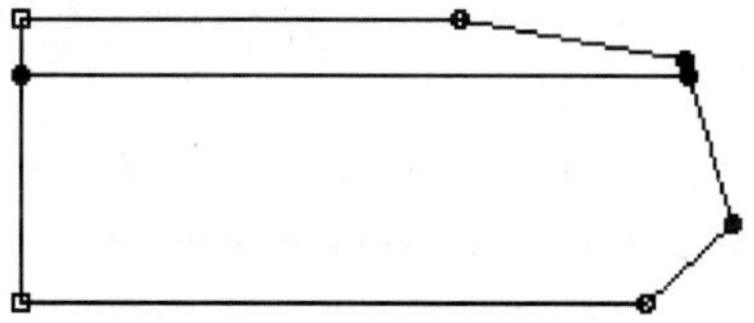

图2－2－44

提示：定位制作袖窿弧线的辅助线还有很多方法。例如，首先在身长方向绘制与肩点相交的水平线，然后在水平线上从左到右40cm处加点；或从右到左25cm处加点；或者首先在胸宽方向处绘制与袖窿点相交的垂直线，然后在垂直线上从上到下5cm处加点，或从下到上20cm处加点；还可以从肩点和袖窿点分别画垂直线，然后加交叉点，完成该辅助线的绘制。

（十）平分辅助线段

选择肩线与垂直辅助线之间的水平线段，单击【划分线段】工具，单击所选择的线段的任意点，弹出【线段划分】对话框，在【等分数量】文本框中输入 3，如图 2－2－46 所示。单击【确定】按钮，结果如图 2－2－47 所示。

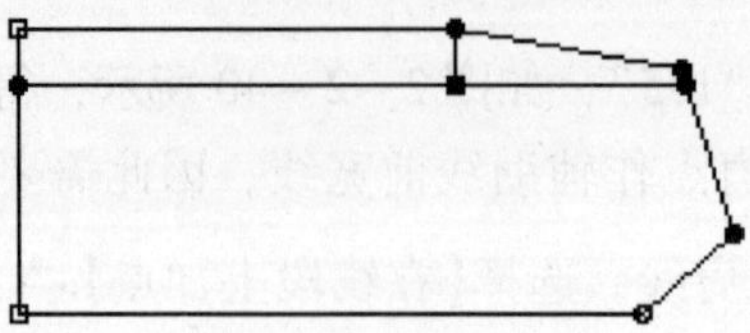

图 2－2－45

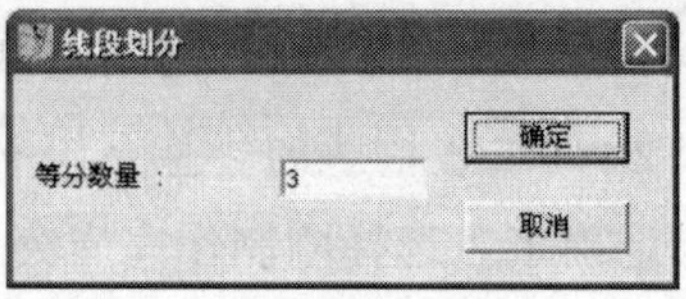

图 2－2－46

（十一）制作袖窿弧线

选择肩点与袖窿点之间的线段，使其处于半激活或全激活状态，选择【弯曲线段】工具，单击所选线段的某点使其变成曲线。不松开鼠标继续拖动，并左右调整，使弯曲的弧线与划分成三段的水平辅助线 2/3 处相切，如图 2－2－48 所示。

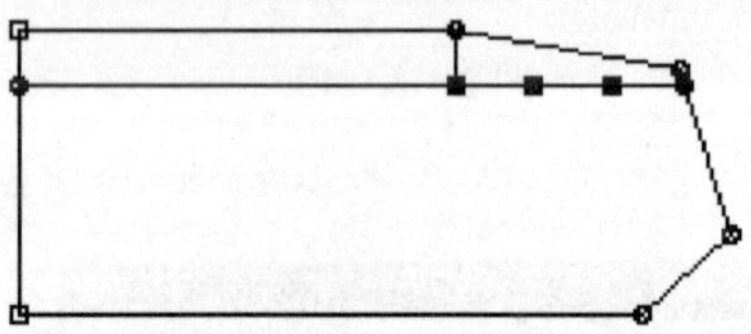

图 2－2－47

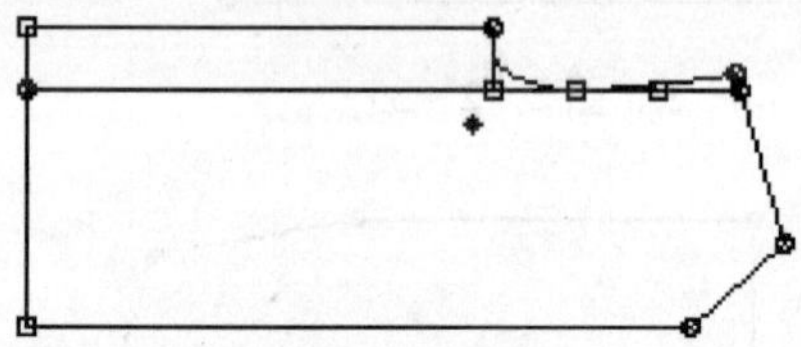

图 2－2－48

（十二）制作领部弧线

选择领宽及领深之间的线段，使其处于激活或半激活状态。选择【弯曲线段】工具，单击所选线段的某点使其变成曲线，调整并使其圆顺，结果如图 2－2－49 所示。

（十三）删除辅助线

依次选择水平和垂直辅助线，按下【Backspace】键将其删除，如图 2－2－50 所示。

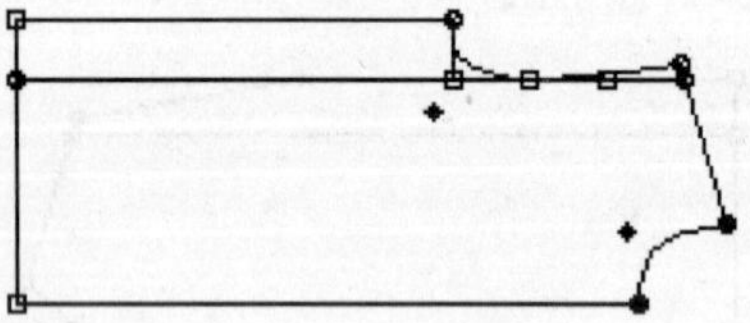

图 2－2－49

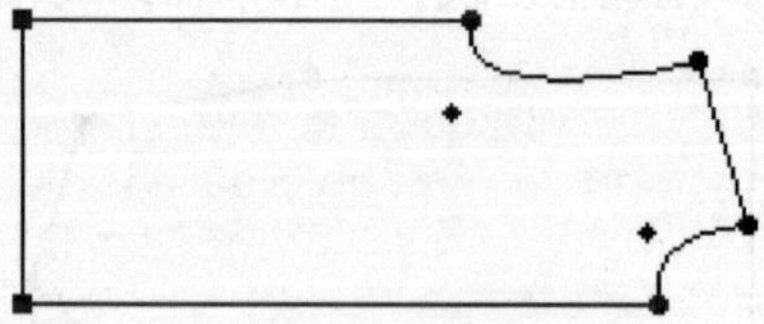

图 2－2－50

十四、派特服装 CAD 制板特点

通过上述简单衬衫原型的前片制作，读者对使用派特服装 CAD 制板的过程有了初步了解，初步总结一下有以下几个特点。

（一）几乎所有衣片的制板都是从矩形开始的

当然，千万不要认为这个辅助矩形可以任意绘制，它是有一定要求的。简单来说，就是尽量使这个辅助矩形的尺寸在横向和纵向最大化，能包括几乎所有的关键点。如图 2－2－28中的辅助矩形，将领宽点、领深点、袖窿深点、落肩线、下摆线等都进行覆盖，保证了辅助线基本上都是在这个矩形内部绘制或者删除。有些读者初学时习惯将衣片的局部尺寸当做辅助矩形首先进行绘制，然后在辅助矩形外围添加辅助线，极易导致辅助线的混乱，使很多线段无法删除或者移动。

（二）制板过程要以“调整辅助矩形各边使之成为最终衣片”为原则

这句话的含义指在任何情况下，都应优先考虑将辅助矩形的一个边修改调整成所需要的衣片轮廓线，如图 2－2－51 所示。这样做可以保证衣片的完成性，以利于后续的很多操作。

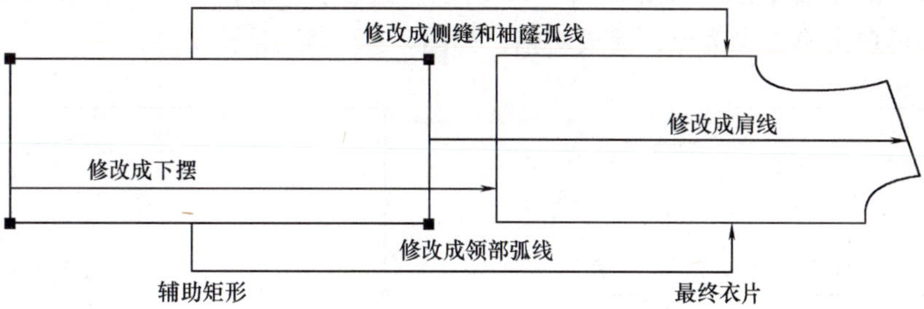

图 2－2－51

（三）尽量少作辅助线

之所以要用计算机代替人工绘制衣片结构图，其目的就是节省时间，提高效率，利于修改。因此能通过工具箱精确定位的点和线，就应该尽量直接定位，避免作辅助线浪费时间。如图 2－2－29 在作肩斜线时，有些读者喜欢先做落肩线，然后再将肩点沿身长方向移动到落肩线位置，这样做不但浪费时间，而且很容易造成两点重叠，给后续绘图带来麻烦。因此，应该学会利用计算机的特点，用直观简单的方法完成结构图的绘制。如果还像手工绘图频繁绘制辅助线的方法，就失去了服装 CAD 的优势。

（四）保持轮廓线的完整性

不要试图连接轮廓线上的两点绘制新的直线，应利用删点的方式形成新的线段，以保证轮廓线的完整性。如图 2－2－36 中，就是通过删除辅助矩形的右上角点和右下角点形成袖窿和领部位置的斜线。

（五）灵活运用沿线加点

当两条直线相交时，若改变一条直线的位置或长度，很容易影响另外一条直线，使该直线变形。如图 2－2－52 中，若增加线段 AB 的长度，则会导致线段 CD 变形，如图 2－2－53所示。此时可选择需要延长的线段 AB，用【在线段上加点】工具，在该线段长度以外加点 C，如图 2－2－54 所示，然后再将新加的点 C 与该线段端点 B 连接即可，如图 2－2－55 所示。

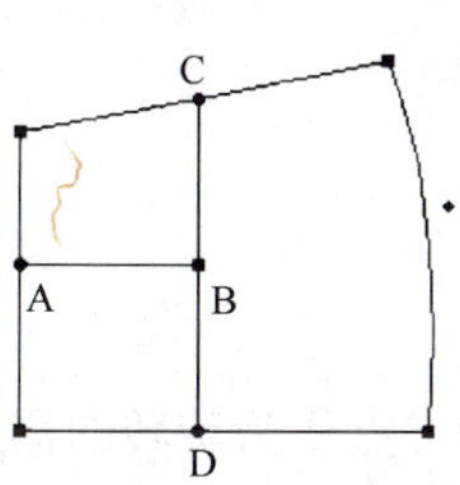

图 2－2－52

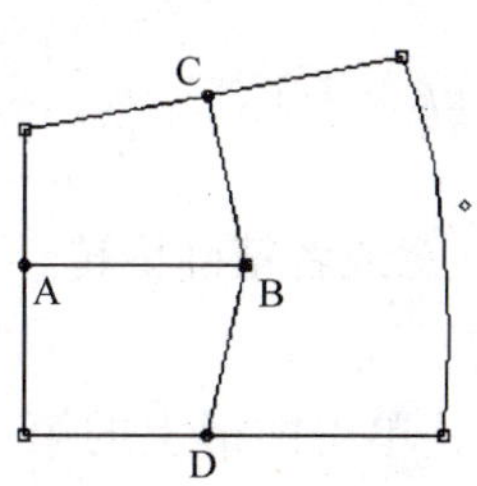

图 2－2－53

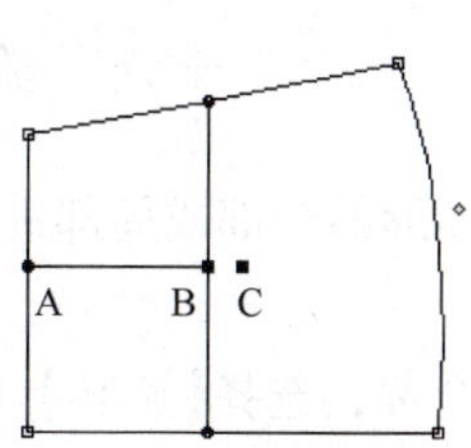

图 2－2－54

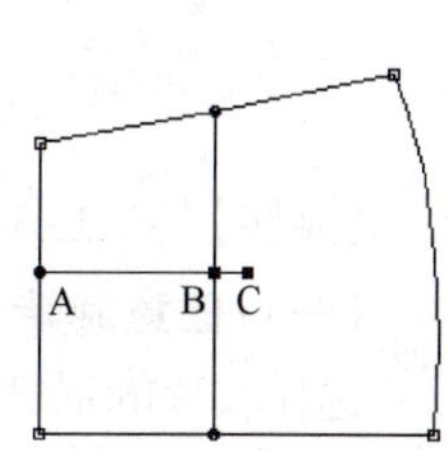

图 2－2－55

十五、对　幅

【对幅】工具的功能是将选择的对象沿任意轴或固定轴进行对称翻转。操作的要点是一定要选择所要对幅的图形部位的所有点。

(一) 任意对幅

选择衣片的对幅部分，如图 2－2－56 所示。选取【对幅】工具，鼠标左键单击第一参考点，再单击第二参考点，完成对幅，如图 2－2－57 所示。

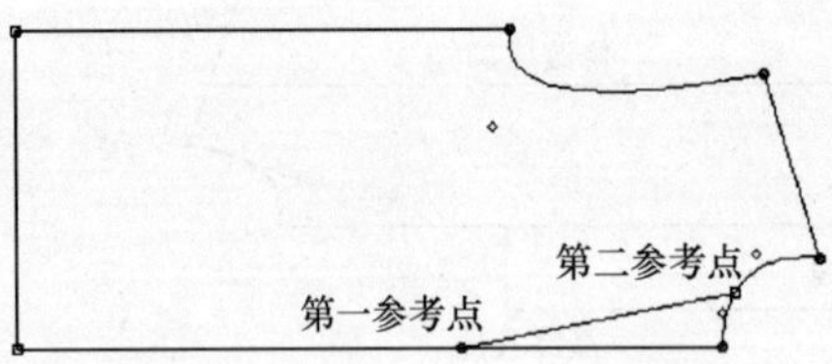

图 2－2－56

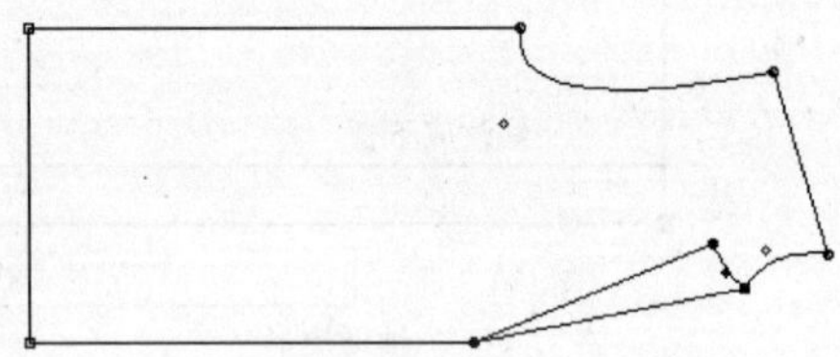

图 2－2－57

任意对幅不仅可以将图形的局部进行对幅，还可将整个图形对幅，操作方法与上述一致，需要注意的是一定要把整个图形都选中。

(二) 精确对幅

在打板过程中，经常要将衣片以垂直轴或者水平轴翻转，或者以固定角度斜线为轴进行对称翻转，这时需要用到精确对幅。选择整个衣片，选择【对幅】工具，按下【Alt】键不放，单击衣片的任一点，弹出【对幅】对话框，如图 2－2－58 所示，可选择【水平轴】、【垂直轴】及【自 X 轴角度】。当选择【自 X 轴角度】时，需输入斜线与 X 轴的夹角度数。例如，选择【水平轴】，单击【确定】，则衣片沿其中心水平轴进行对称翻转，如图 2－2－59所示。

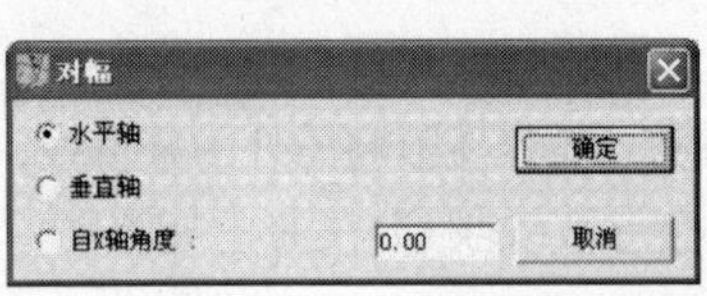

图 2－2－58

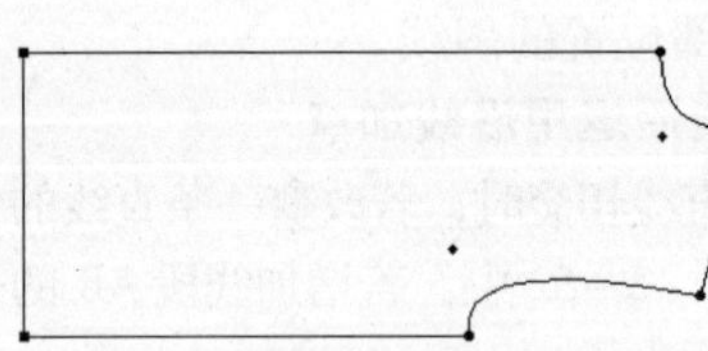

图 2－2－59

十六、旋　转

【旋转】工具将图形的全部或局部进行任意或者精确旋转。

(一) 任意旋转

选择衣片的局部或全部，选择【旋转】工具，单击图形上的第一参考点作为旋转的固定原点，再单击第二参考点，按住鼠标键不要松开将图形的局部或全部旋转到合适位置，如图 2－2－60 所示，松开鼠标得到如图 2－2－61 所示的结果。

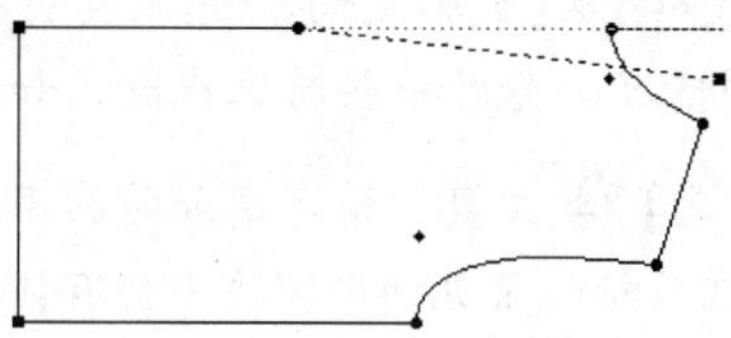

图 2－2－60

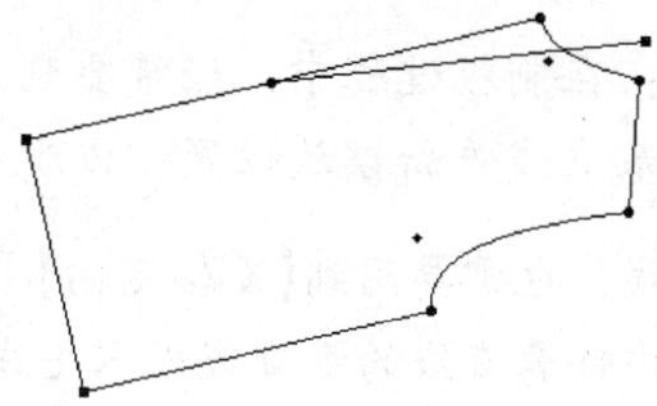

图 2－2－61

（二）精确旋转

选择衣片的局部或全部，选择【旋转】工具，按下【Alt】键，单击衣片上的任意一点，弹出【旋转】对话框，在【旋转】文本框中输入角度，如图 2－2－62 所示，可将衣片以水平轴为基准精确旋转 30°，结果如图 2－2－63 所示。

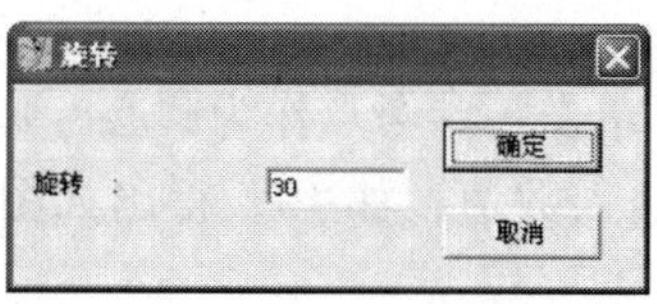

图 2－2－62

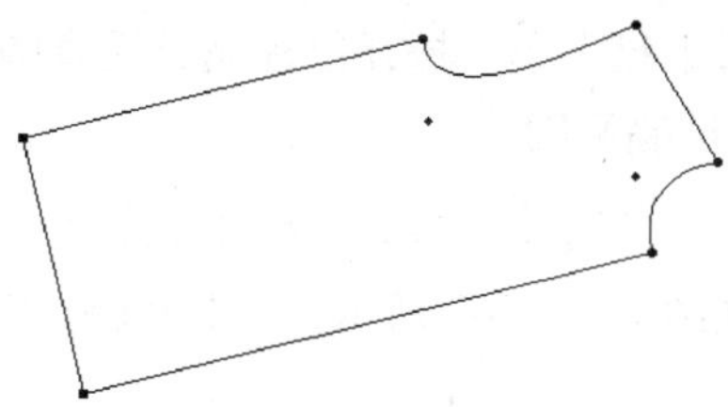

图 2－2－63

十七、X 轴定向

【X 轴定向】工具是将衣片中某一线段调整为水平线，衣片整体随之调整至新的位置，并保持整个衣片形状不变。

选中衣片至半激活或全激活状态，选择【X 轴定向】，单击需要改变成水平线的线段的一端点，例如图 2－2－64 中的侧缝下摆点，再单击该线段的另一端点，如图 2－2－64 中的侧缝袖窿深点，使该线段成水平状，从而完成衣片的重新定位，结果如图 2－2－65 所示。

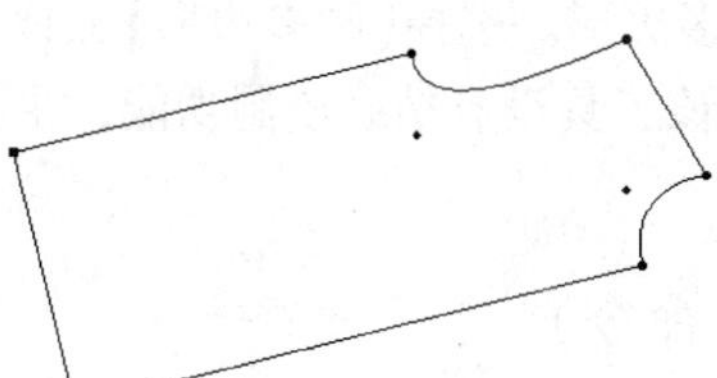

图 2－2－64

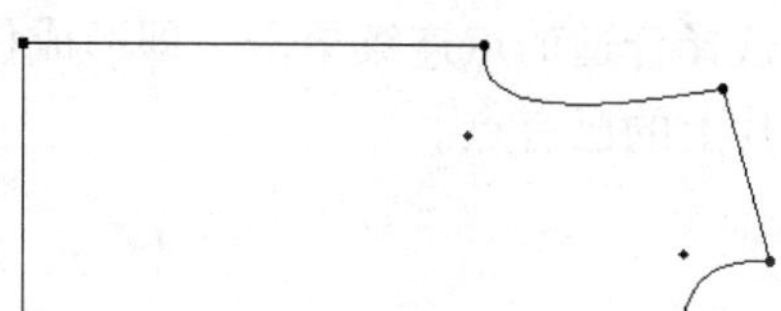

图 2－2－65

十八、Y 轴定向

【Y 轴定向】工具是将衣片某一线段调整为垂直线，衣片整体随之至新的位置，并保持整个衣片形状不变。其操作方法同【X 轴定向】，此处不再赘述。

提示：在制板过程中，经常要利用【X轴定向】及【Y轴定向】工具将整个衣片按照一条基准线重新摆放位置，以观察衣片的绘制情况。另外一些特殊线段，如衣片某线段的垂直线，也需要用到【X轴定向】及【Y轴定向】工具。请考虑如何利用这两个工具作衣片内任意直线的垂直线或水平线？具体答案在后续的常见问题解决中会有详细论述。

十九、画圆圈

【画圆圈】工具在工作区内以一点为圆心绘制一个正圆，分为任意画圆和精确画圆。

（一）任意画圆

选取【画圆圈】工具，在工作区单击一参考点作为圆心，不松开鼠标左键继续拖动鼠标到合适半径大小，松开鼠标完成任意圆的绘制，如图2－2－66所示。

（二）精确画圆

选取【画圆圈】工具，按下【Alt】键，在工作区单击一参考点作为圆心，弹出【画圈】对话框，如图2－2－67所示，在【半径】文本框内输入数值，如10，得出如图2－2－68所示结果。

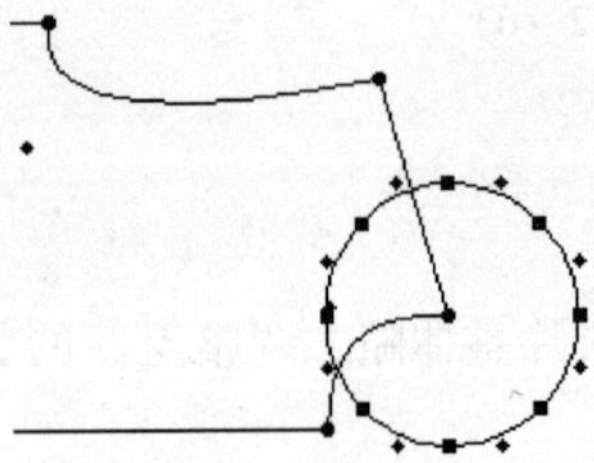

图2－2－66

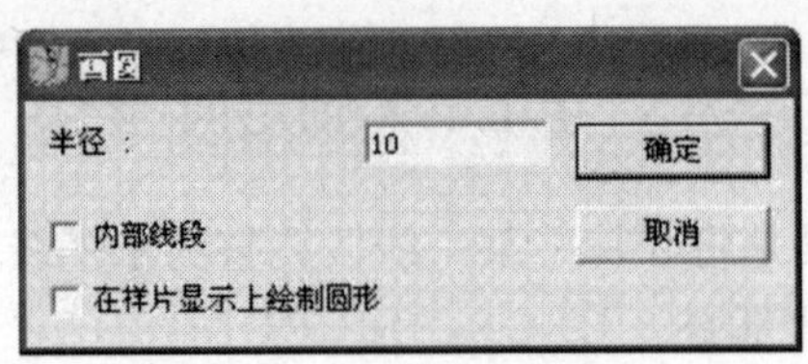

图2－2－67

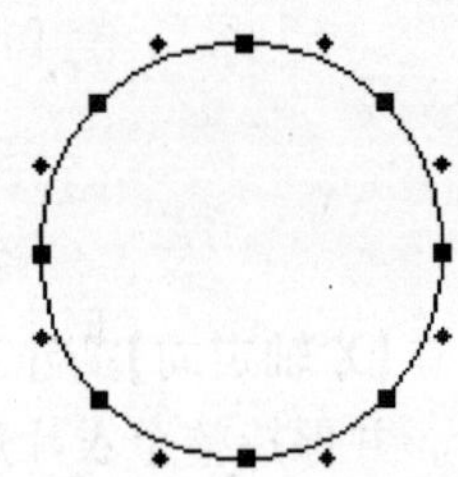

图2－2－68

二十、画多边形

【画多边形】工具可在工作区绘制一个封闭的多边形。选择【画多边形】工具，在工作区内选择合适的点连续单击，即形成任意多边形。该工具没有精确绘制功能，主要用作连接样片上的已有点。

二十一、模板（菜单命令）

在进行纸样制作时，往往一个新的衣片会参照前一个衣片。例如衬衫的后片制作，就是以前片为基础调整得到的。通常读者会想到用复制、粘贴的方法将前片复制，然后再将复制的衣片和原有衣片完全对齐后再进行调整。这样做是可行的，但存在缺点，一是复制的衣片与前片不能很好地对齐，二是调整后片时容易将前片一起调整，从而造成错误。针对这种情况，系统给出【模板】命令。

选择菜单【处理】→【样片资料】，如图2－2－69所示，弹出【样片资料】对话框，如图2－2－70所示。该对话框主要为排料做前期设置准备，后续章节中还会阐述。对话框下方有【模板】复选框，则是此处所学内容。

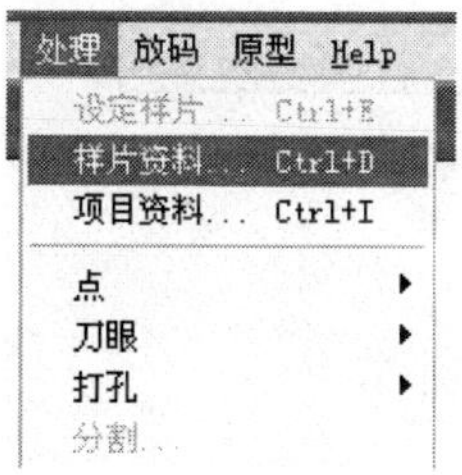

图 2－2－69

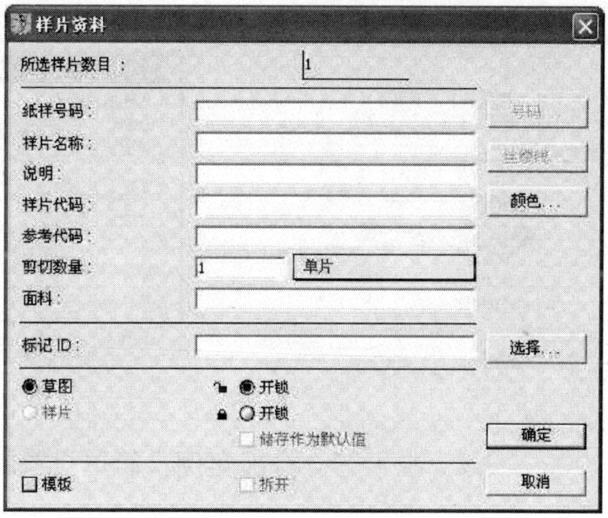

图 2－2－70

选择衣片，勾选【模板】复选框，若想使生成的模板改变成其他颜色，则单击【颜色】按钮，弹出【样片颜色】对话框，如图 2－2－71 所示。

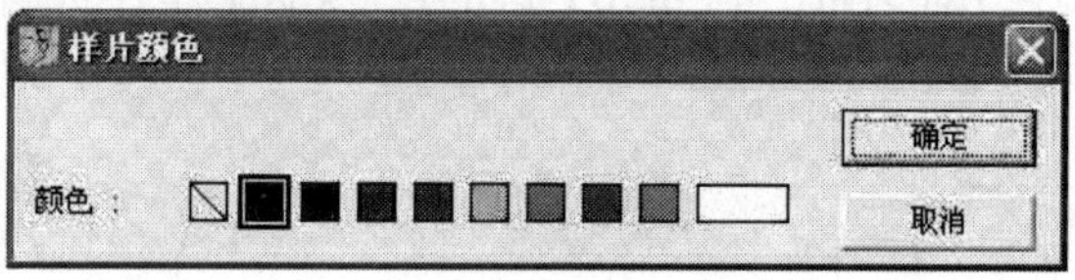

图 2－2－71

选择合适的颜色，例如红色，单击【确定】按钮，回到【样片资料】对话框，再单击【确定】按钮，原衣片上生成一个一模一样并覆盖在其上面的衣片模板，用户可对该模板随意调整，不会影响到原衣片。

在调整好新的模板衣片后，若想拆开模板，则仍通过菜单打开【样片资料】对话框，不勾选【模板】，而是勾选【拆开】，单击【确定】后，模板与原衣片分开，并且成为一个独立的新衣片。

二十二、形　对　齐

【形对齐】也是菜单命令，可将两个对象按照一定方式对齐。单击菜单【处理】→【形对齐】，如图 2－2－72 所示，弹出【形对齐】对话框，如图 2－2－73 所示。根据所选对象是整体对齐，则【在封闭的矩形上】选项组起作用，两个对象可以水平轴和垂直轴的顶部、中心线、底部方式对齐。若分别选择两个对象的对应点，使两个对象以该点为准对齐，【在已选点上】按钮组起作用。

下面结合标题“十三、打板实例：简单衬衫的前片制作”中后衣片的制作来说明上述新讲的知识。

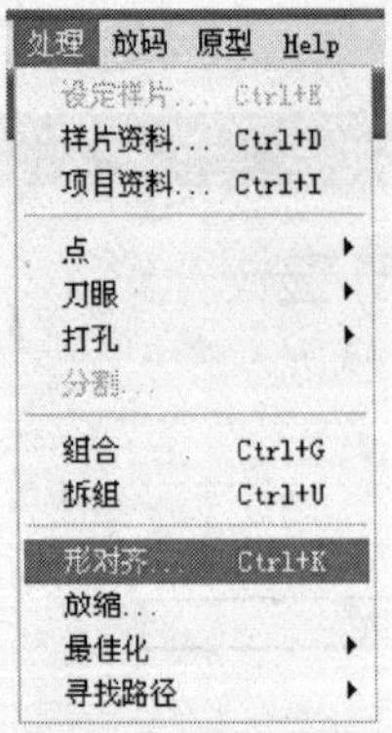

图 2－2－72

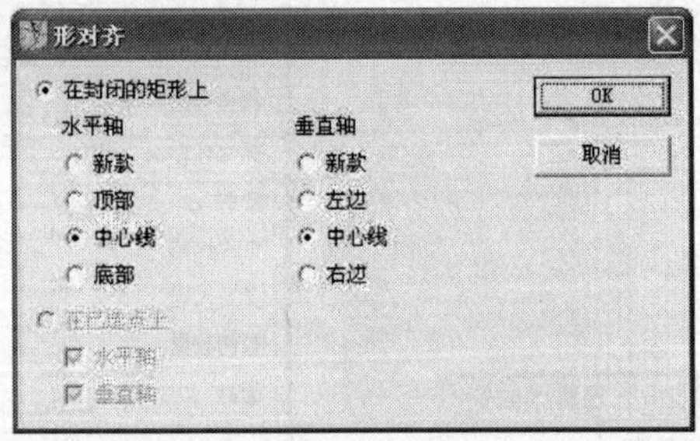

图 2－2－73

二十三、打板实例：简单衬衫的后片制作

（一）制作前片模板

选择图 2－2－50 中已制作好的整个前片，单击【X 轴向定位】工具，依次单击前片下摆的两个点，将前片按垂直方向放置，如图 2－2－74 所示。选择菜单【处理】→【样片资料】，弹出【样片资料】对话框，勾选【模板】复选框，单击【颜色】按钮，选择蓝色，单击【确定】，关闭【样片颜色】对话框，再单击【确定】，关闭【样片资料】对话框，生成模板，如图 2－2－75 所示。

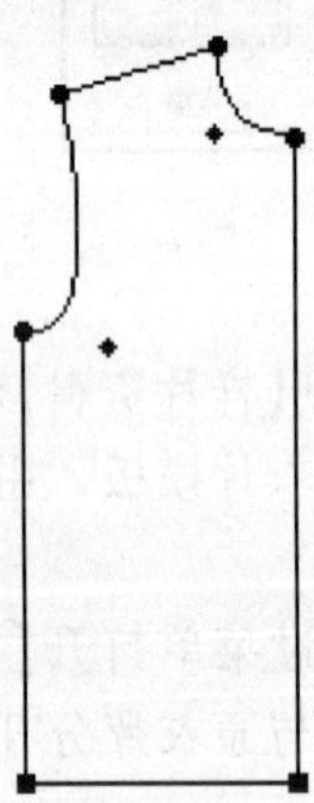

图 2－2－74

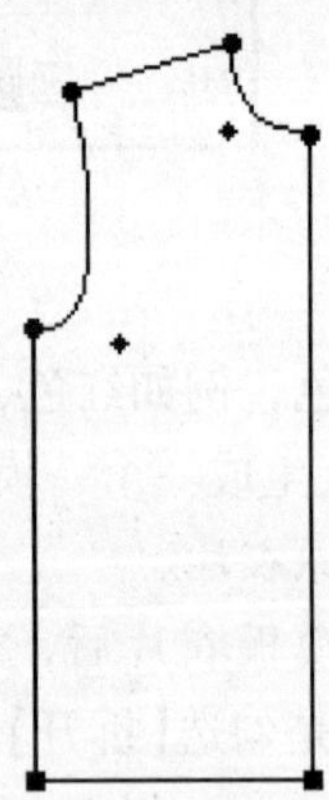

图 2－2－75

（二）做后领深

选择领深点，按下【Ctrl】+【Alt】键，单击工具箱中的【游标】按钮，弹出【删除】对话框，按图 2－2－76 所示输入数值，单击【确定】按钮，则模板领深点向上移，形成 2.5cm 的领深，如图 2－2－77 所示。

（三）调整肩斜

选择肩端点，按下【Ctrl】+【Alt】键，单击工具箱中的【游标】按钮，弹出【删除】对话框，按图 2－2－78 所示输入数值，单击【确定】按钮，则模板肩点上移，形成 2cm 的落肩，如图 2－2－79 所示。

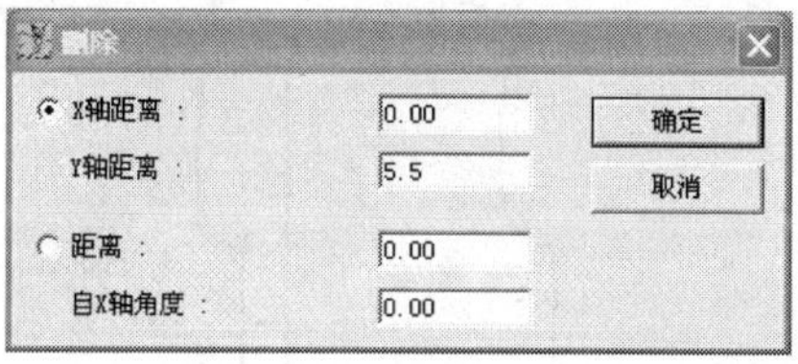

图 2－2－76

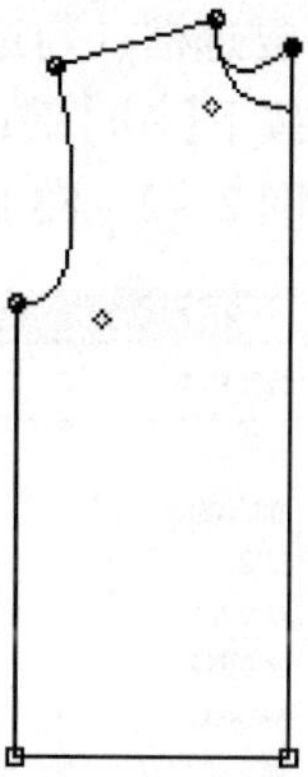

图 2－2－77

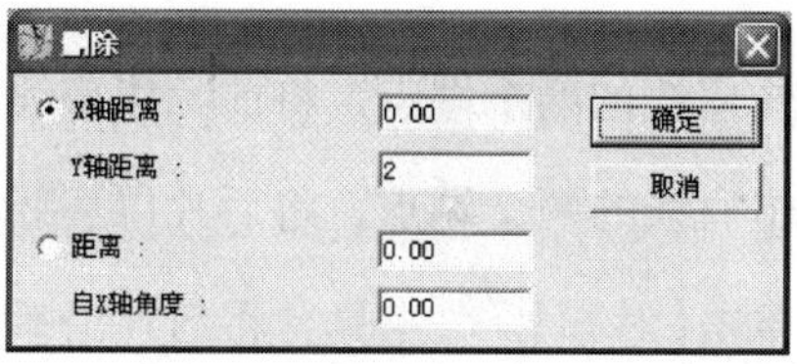

图 2－2－78

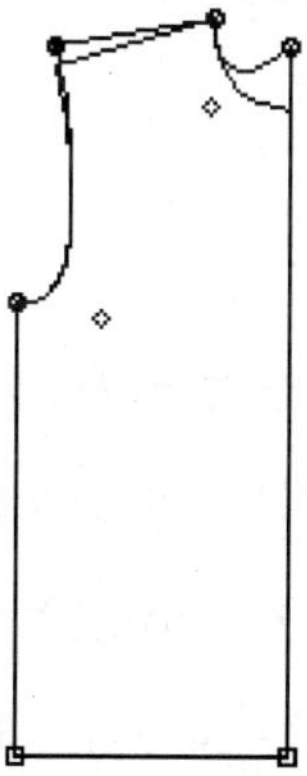

图 2－2－79

（四）增加肩突

选择肩点，按下【Ctrl】+【Alt】键，单击工具箱中的【游标】按钮，弹出【删除】对话框，按图 2－2－80 所示输入数值，单击【确定】按钮，则模板肩点左移，增加 1cm 的肩突，如图 2－2－81 所示。

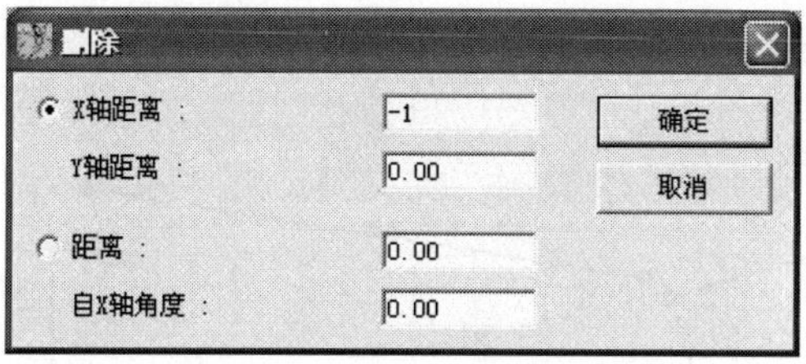

图 2－2－80

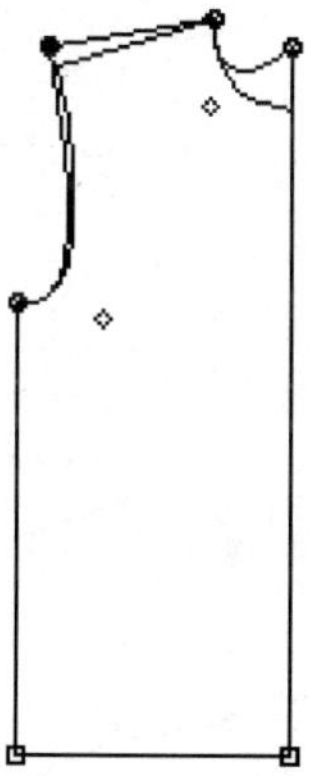

图 2－2－81

（五）分开模板

选择整个模板和原衣片，选择菜单【处理】→【样片资料】，弹出【样片资料】对话框，取消【模板】复选框，勾选【拆开】复选框，如图 2－2－82 所示，单击【确定】，则模板与原衣片拆开。按下【Alt】键，单击【游标】工具，单击“模板”或原衣片的任意点，将两个衣片分开，如图 2－2－83 所示。此时已不存在模板，分开的是两个独立衣片。

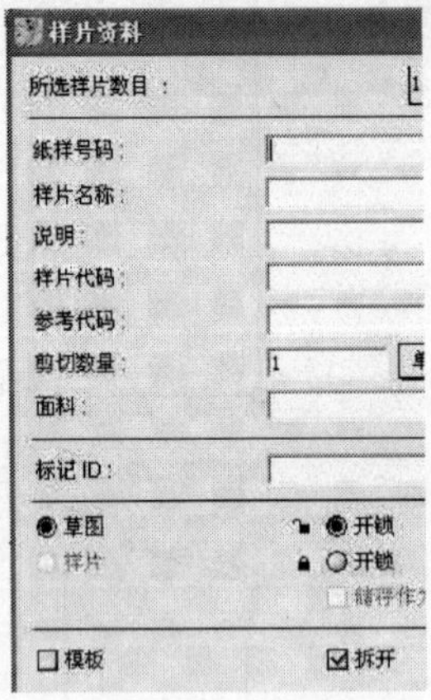

图 2－2－82

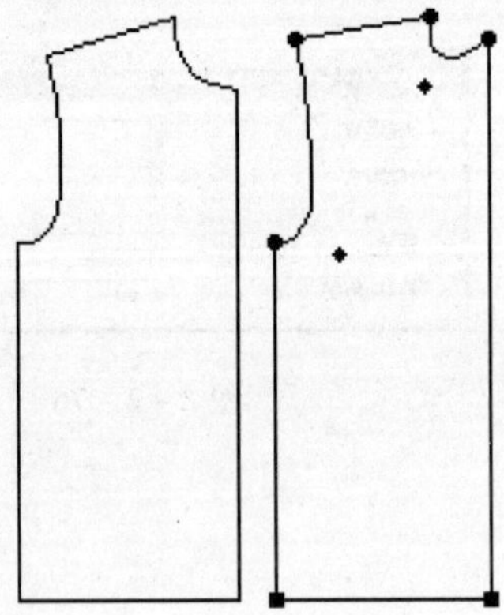

图 2－2－83

（六）两个衣片以肩线形对齐

选择前衣片，单击【Y 轴定向】，单击肩线的两个端点，将前片以肩线为基准垂直定向。选择后衣片，单击【Y 轴定向】，单击肩线的两个端点，将后片以肩线为基准垂直定向，如图 2－2－84 所示。选择整个后片，单击【对幅】工具，将后片沿垂直轴对幅，如图 2－2－85 所示。鼠标单击工作区空白点，使两个衣片均处于未激活状态，再按下【Shift】键，依次选择前片的领宽点、后片的领宽点，选择菜单【处理】→【形对齐】，弹出【形对齐】对话框，如图 2－2－86 所示。不用选择选项，直接单击【确定】，得到如图 2－2－87 所示的结果。

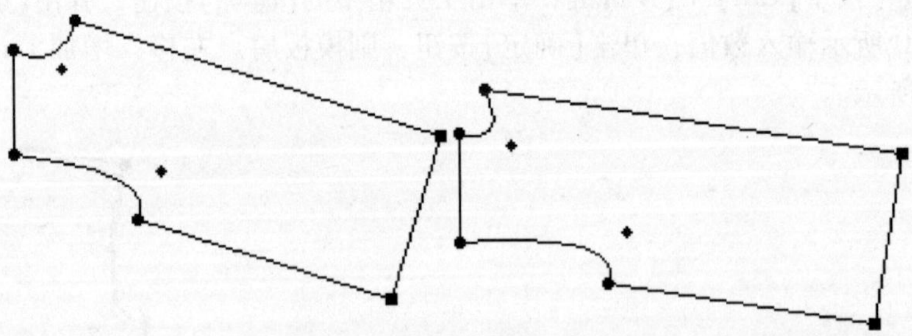

图 2－2－84

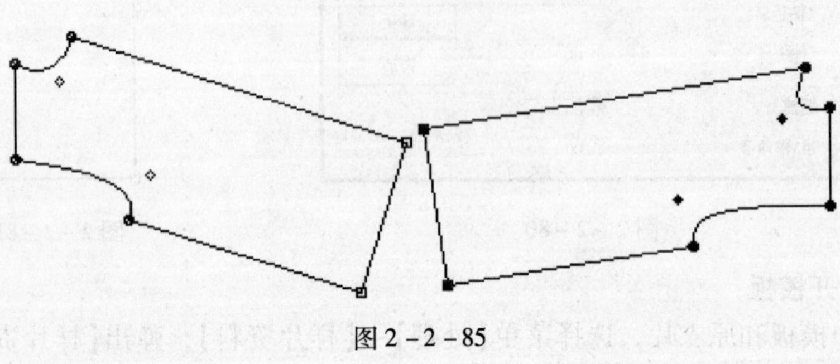

图 2－2－85

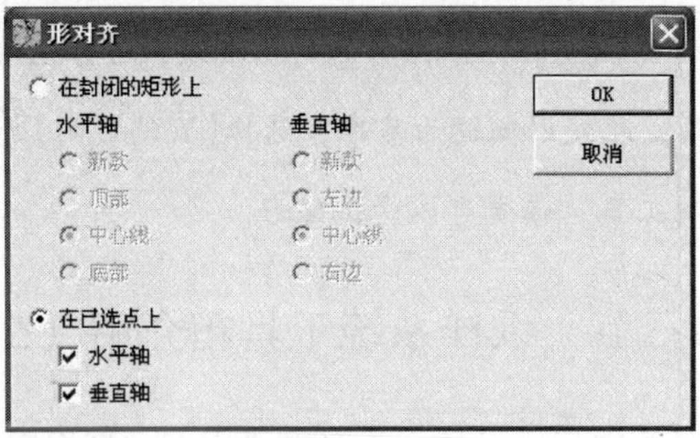

图 2－2－86

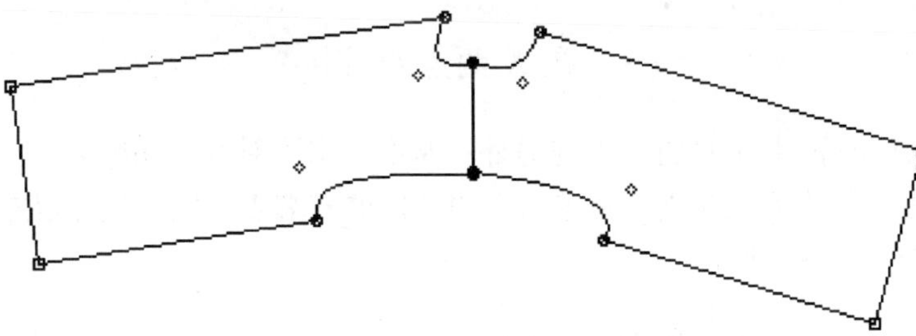

图 2－2－87

（七）圆顺领部弧线及袖窿弧线

选择【游标】工具，单击后片领部弧线的控制点和前领弧线的控制点，分别将两条弧线调整圆顺，使前后领部弧线过渡自然。同样调节后片的袖窿弧线，使之与前片袖窿之间过渡自然圆顺。由于前片的袖窿弧线以辅助线为基准绘制，所以此处仅调整后片袖窿弧线，保持前片袖窿弧线不动，结果如图 2－2－88 所示。

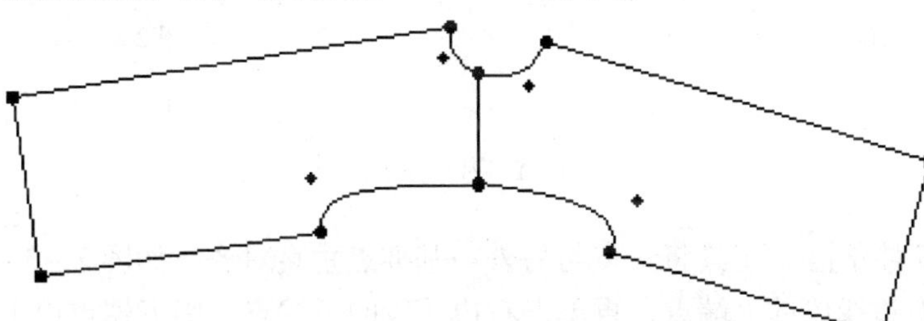

图 2－2－88

（八）将两衣片沿侧缝排列

选择前片，单击【Y 轴定向】，单击侧缝两个端点，使前片垂直显示。选择后片，单击【Y 轴定向】，单击侧缝两个端点，使后片垂直显示。若两衣片侧缝在同一侧，则单击【对幅】工具，按下【Alt】键，将其中一个衣片垂直翻转即可。选择【游标】工具，按下【Shift】键，依次选择两衣片的下摆点，单击菜单【处理】→【形对齐】，在弹出的【形对齐】对话框中单击【确定】按钮，完成两衣片的沿侧缝排列，如图 2－2－89 所示。

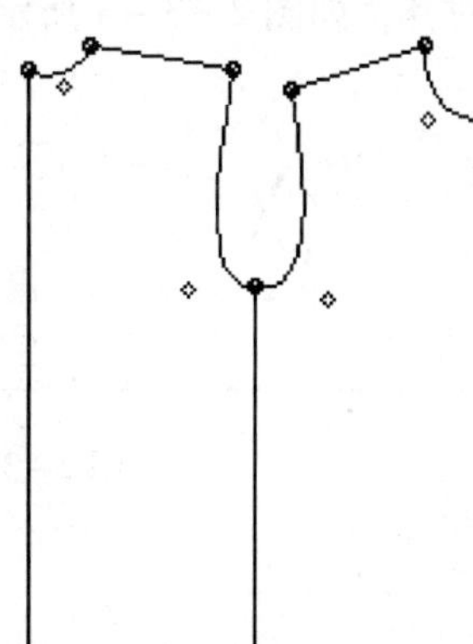

图 2－2－89

提示：在进行衣片位置调整时，根据所选的基准线，可分别相应采用【X 轴定向】或者【Y 轴定向】工具。此处以侧缝为基准，选择【Y 轴定向】，若以下摆线为基准，则可选择【X 轴定向】工具。读者可以尝试练习。

第三节　纸样系统工具箱介绍（二）

本节进一步讲解工具箱中其他工具，并完成“十三、打板实例：简单衬衫”实例中的袖片制作。

一、在 X 两点对齐

【在 X 两点对齐】工具将一点与另外一基准点水平对齐。如图 2－3－1 所示，选取该工具，单击上边线段的左端点，再单击上边线段的右端点，则右端点以左端点为固定点水平对齐，如图 2－3－2 所示。

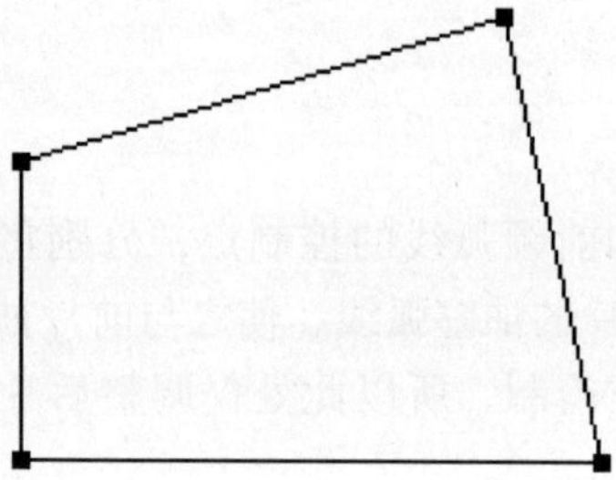

图 2－3－1

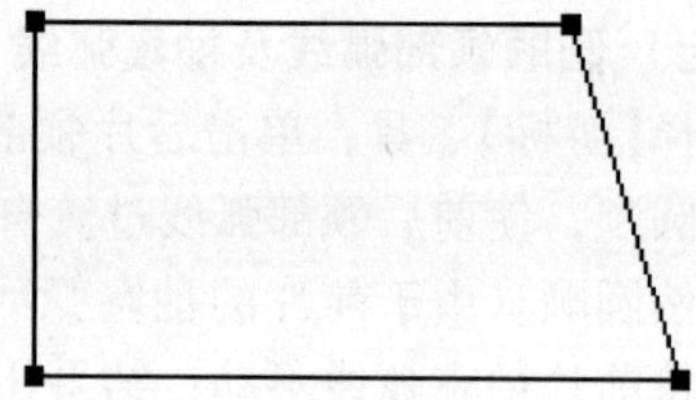

图 2－3－2

二、在 Y 两点对齐

【在 Y 两点对齐】工具将一点与另外一基准点垂直对齐，如图 2－3－3 所示，选取该工具，单击右边线段的上端点，再单击右边线段的下端点，则下端点以上端点为固定点垂直对齐，如图 2－3－4 所示。

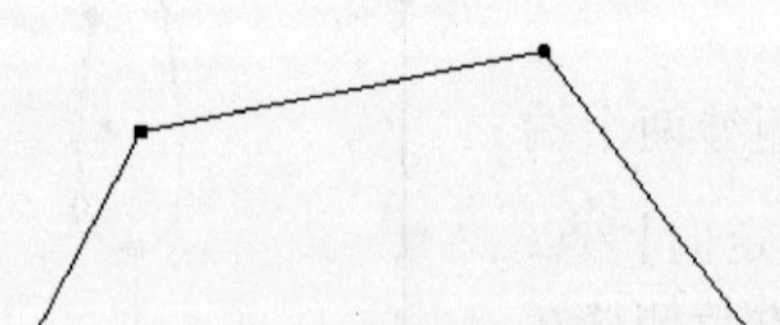

图 2－3－3

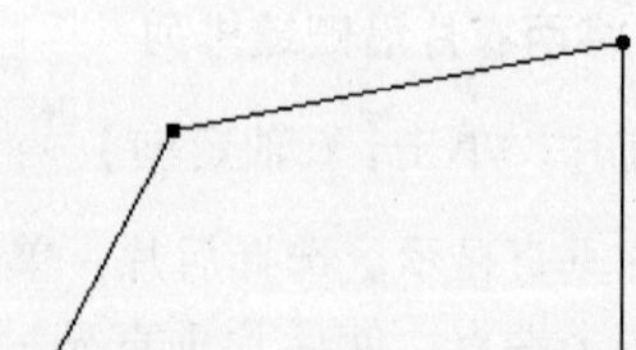

图 2－3－4

三、点 对 齐

【点对齐】工具将选中的点对齐于两个参考点所确定的直线上。选择需要对齐的点，如图 2-3-5 所示，单击【点对齐】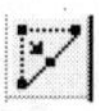工具，从左数单击第一个点及最后一个点，则其他点调整到这两个点所确定的直线上，如图 2-3-6 所示。两个参考点可任意选择，例如依次单击图 2-3-7 中的第二及第四个点，则其他点被对齐到这两点所确定的直线上。

图 2-3-5

图 2-3-6

图 2-3-7

四、线段角度 

【线段角度】工具用于显示线段的角度信息，并可进行精确修改。此工具常用来操作衣片的一部分，如切缝和展开。

（一）改变线段水平夹角

选择线段，单击【线段角度】工具，单击线段的一端作为原点，弹出【线段角度】对话框，如图 2-3-8 所示，可通过【新角度】或【展开值】输入新的数值来改变线段的水平夹角。

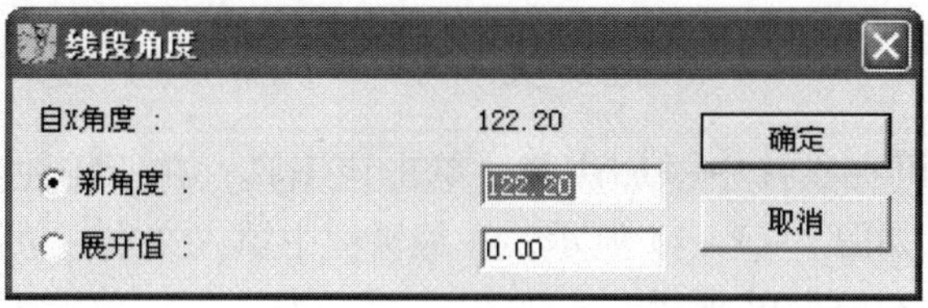

图 2-3-8

（二）精确尺寸切缝或展开纸样

选取样片需要展开的线段，如图 2-3-9 所示，按下【Alt】键，单击所选线段的右端点，弹出【切缝和展开】对话框，在【尺寸】文本框内输入“5”，如图 2-3-10 所示，衣片以线段左端点为固定原点在右端点处展开 5cm，结果如图 2-3-11 所示。若单击所选线段的左端点，在弹出的【切缝和展开】对话框中输入“-5”，则衣片以右端点为固定原点，在左端点处展开 5cm，结果如图 2-3-12 所示。

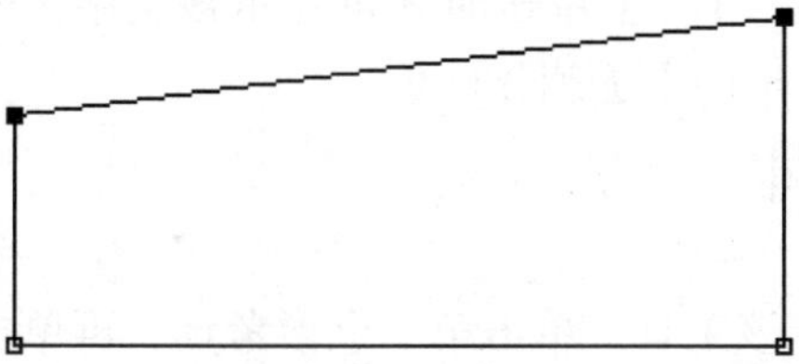

图 2-3-9

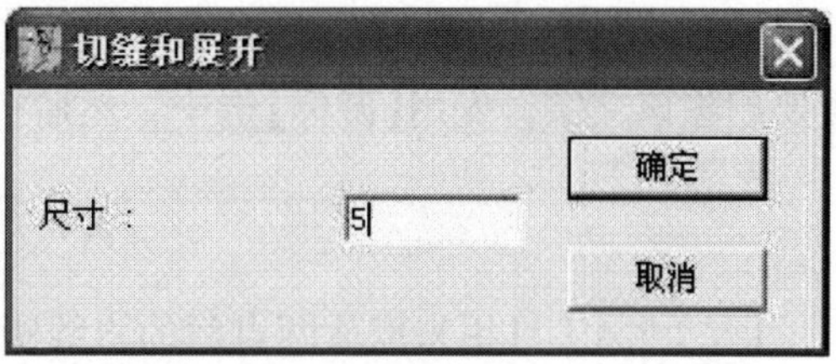

图 2-3-10

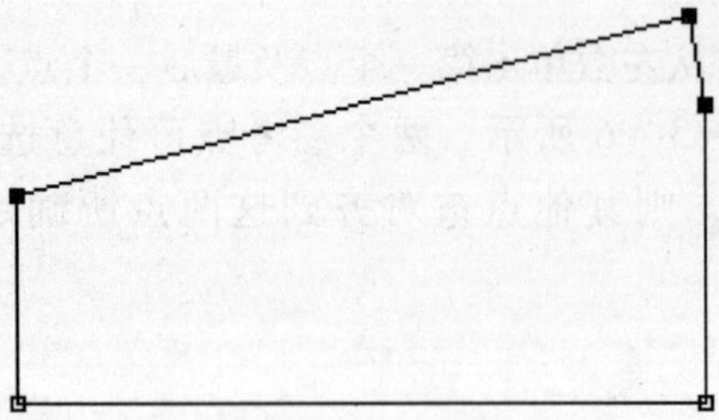

图 2－3－11

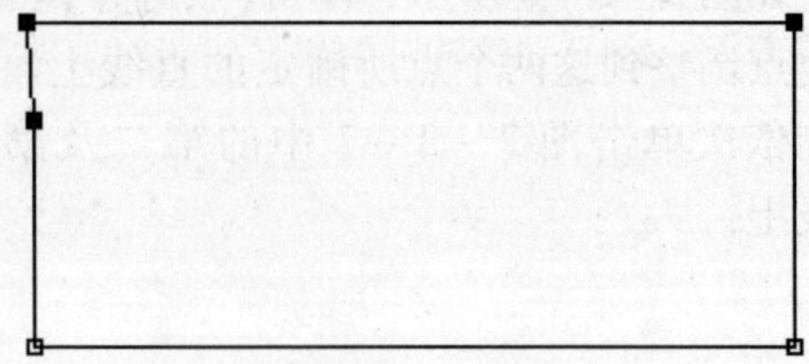

图 2－3－12

五、样片数字化

样片数字化工具可使系统通过数字化仪输入卡纸纸样式样。选择该工具后，用鼠标左键单击工作区，则工作区变成读图状态，鼠标指针也变为读图器形状，该工具需要与硬件相连方能使用。

六、放大/缩小

放大/缩小工具可以放大或缩小对象。单击【放大/缩小】工具，鼠标指针变为“放大”形状，此时单击工作区，可放大工作区内图形。按下【Alt】键，鼠标指针变为“缩小”形状，此时单击工作区，可缩小工作区内图形。【放大/缩小】工具的放大功能与缩小功能分别可用【Ctrl】+【Space】及【Ctrl】+【Alt】+【Space】键盘快捷键完成。

七、文　字

【文字】工具可在衣片中添加注释，单击该工具，在所需注释的位置单击，弹出【文字资料】对话框，如图 2－3－13 所示，在编辑框中填入文本，单击【确定】按钮，文字注释添加成功，如图 2－3－14 所示。

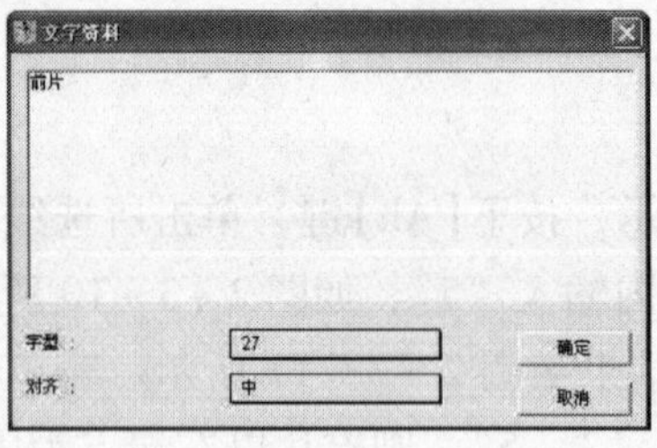

图 2－3－13

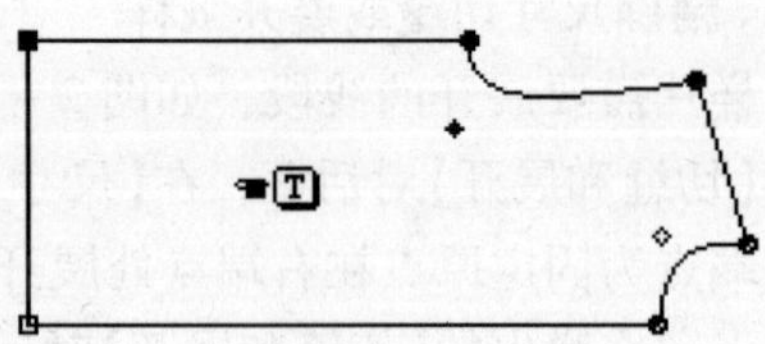

图 2－3－14

图 2－3－14 中的文字内容并不显示，当鼠标在“T”上单击时才可显示该文字。若需要删除该文字，先用【游标】选中，然后按下【Backspace】键删除即可。

八、尺

【尺】工具用来度量两点间的直线距离。选择该工具，单击第一个参考点，再单击第二个参考点，弹出【逐点距离】对话框，显示两参考点间直线距离的各种信息，如图 2－3－15所示。对话框中的各个参数含义前文已经介绍，此处不再赘述。

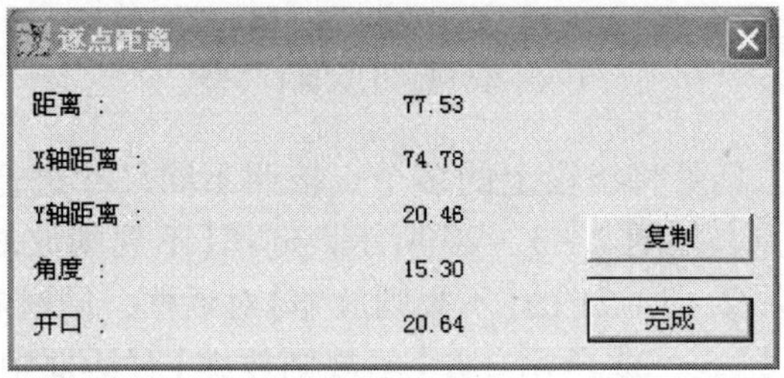

图 2－3－15

九、复制/粘贴式样/尺寸

【复制/粘贴式样/尺寸】工具将一块样片中所选的线段或曲线复制到另一个样片中。

选择两个衣片的两条边，如图 2－3－16 所示，选择【复制/粘贴式样/尺寸】工具，单击下方衣片侧缝的左端点，再单击上方衣片的左端点，弹出用鼠标单击第一条线段的起始点，再单击第二条线段的起始点，弹出【复制/粘贴式样/尺寸】对话框，如图 2－3－17 所示，勾选【粘贴式样】及【粘贴尺寸】，单击【确定】，结果如图 2－3－18 所示。

【粘贴式样】指粘贴来源对象的形状，不粘贴来源对象的尺寸。【粘贴尺寸】指粘贴来源对象的尺寸，不粘贴来源对象的形状。【请勿移动末端点】指不移动目标对象的两个端点，若勾选该项，图 2－3－16 的复制结果如图 2－3－19 所示。

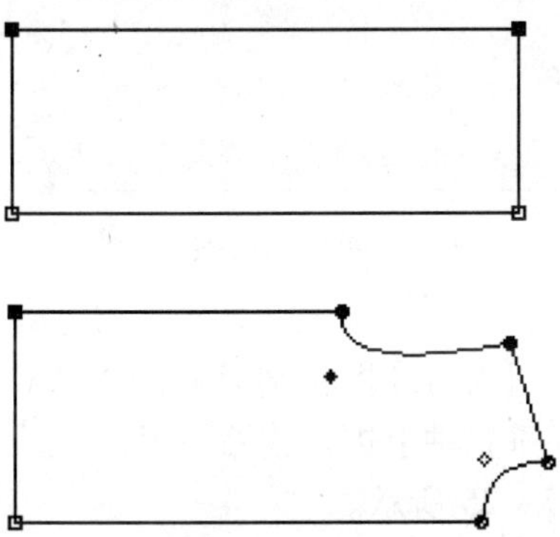

图 2－3－16

图 2－3－17

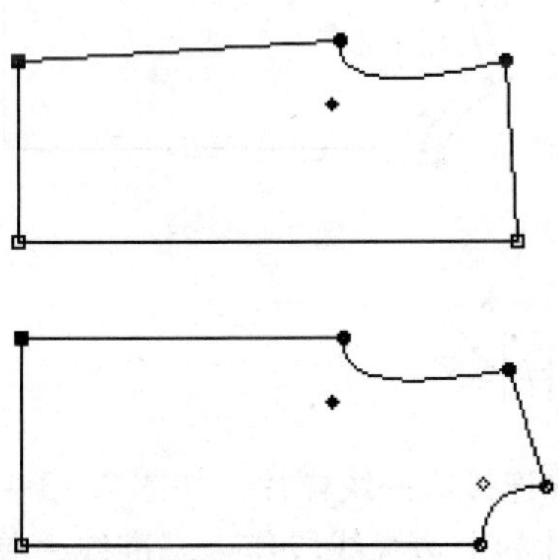

图 2－3－18

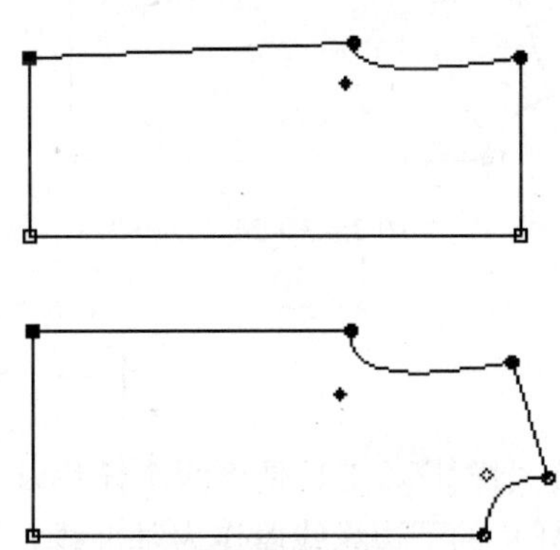

图 2－3－19

十、不规则放缩

【不规则放缩】工具可将线段上的多个点按照不同尺寸进行放缩。采用【游标】工具选择衣片上至少三个点，如图 2－3－20 所示，选择【不规则放缩】工具，单击左端点，再单击右端点，弹出如图 2－3－21 的【不规则放缩】对话框，同时衣片从左到右编号，并在每个点旁显示，如图 2－3－22 所示。在【不规则放缩】对话框中依次选择 1、2、3 点，分别在【Y 轴距离】上输入“2”，单击【确定】按钮，结果如图 2－3－23 所示。

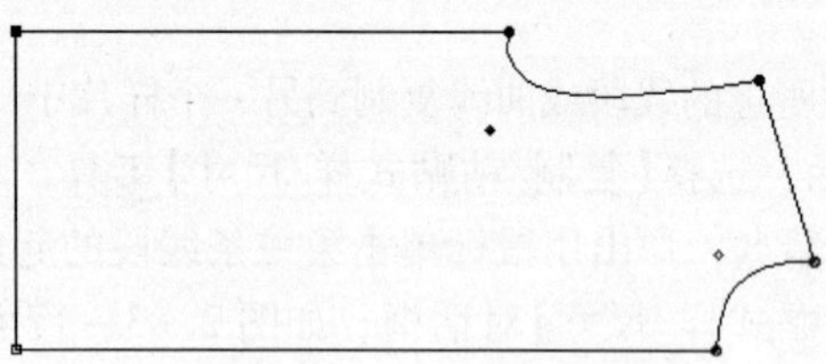

图 2－3－20

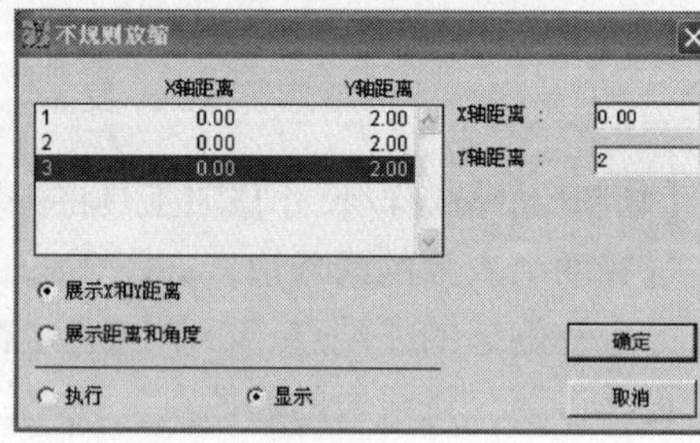

图 2－3－21

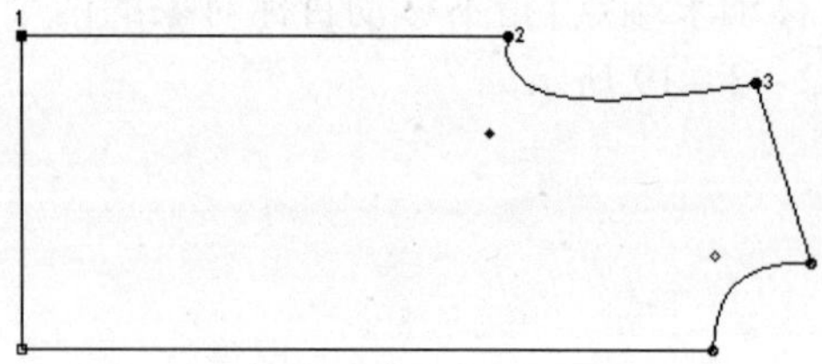

图 2－3－22

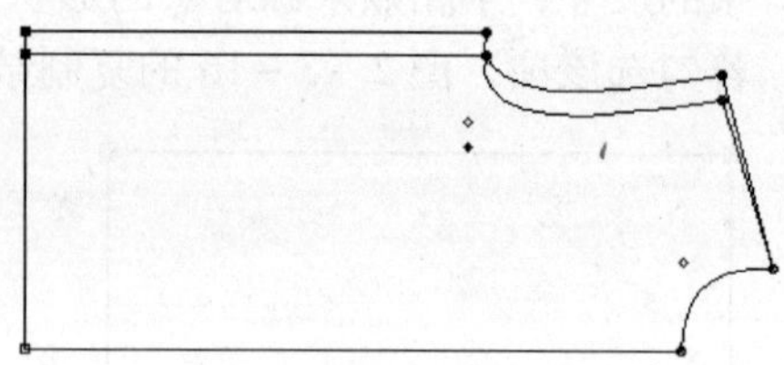

图 2－3－23

【不规则放缩】对话框中，【执行】指仅显示结果，【显示】指将结果和原先式样都显示。图 2－3－21 中每个点的放缩值都一样，并且都在垂直轴上进行放缩。图 2－3－24 是在 X 轴及 Y 轴同时进行不等距离放缩，结果如图 2－3－25 所示。

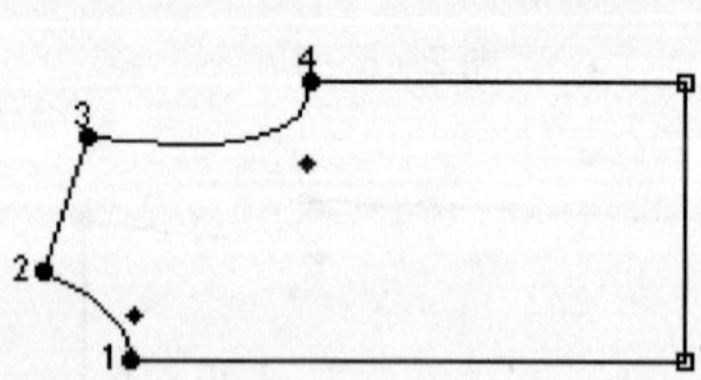

图 2－3－24

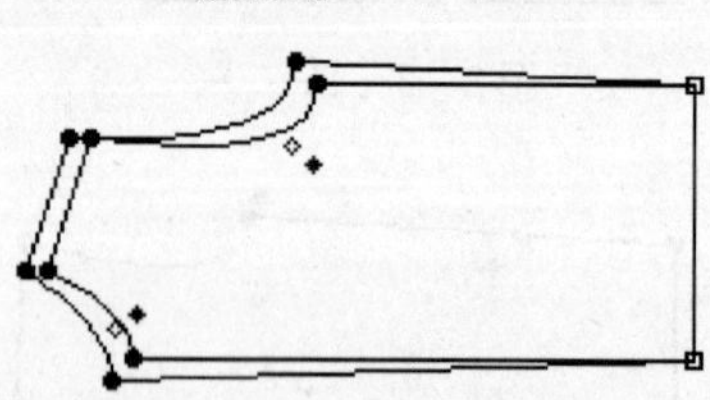

图 2－3－25

十一、连接式样

【连接式样】工具是将两个样片以一基准线连接成一块样片。如图 2－3－26 所示，选择上方样片的下边缘线段作为基准线，下方样片的上边缘线段作为基准线，单击【连接式样】工具，在左端分别单击上方样片的基准线左端和下方样片的基准线左端，两块样片以基准线合成一片，结果如图 2－3－27 所示。

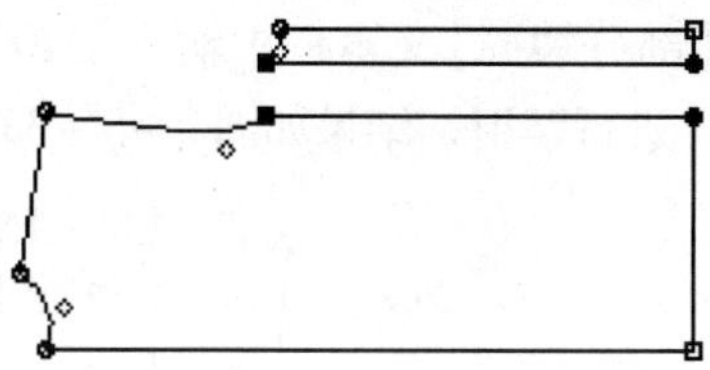

图 2－3－26

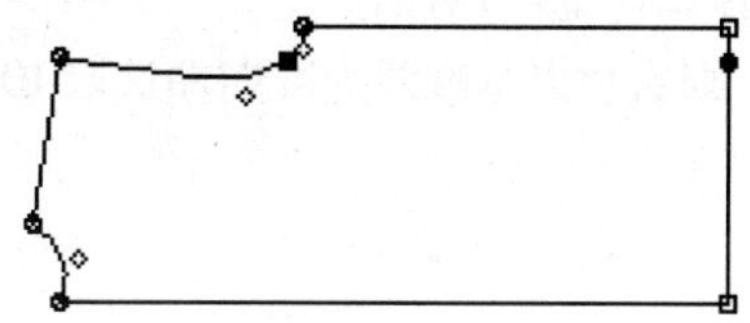

图 2－3－27

十二、分开式样

【分开式样】是【连接式样】的反操作，可将一块样片在分割线处分开，生成两块样片。如图 2－3－28 所示，衣片内绘制一条分割线，用【游标】工具将分割线上端的衣片部分全部选中，弧线控制点也一定要选择，单击【分开式样】，在分割线除两端点外的任意一点单击，将衣片沿分割线分开，结果如图 2－3－29 所示。

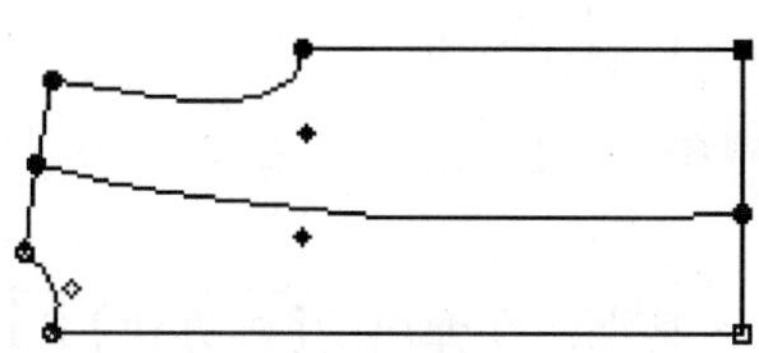

图 2－3－28

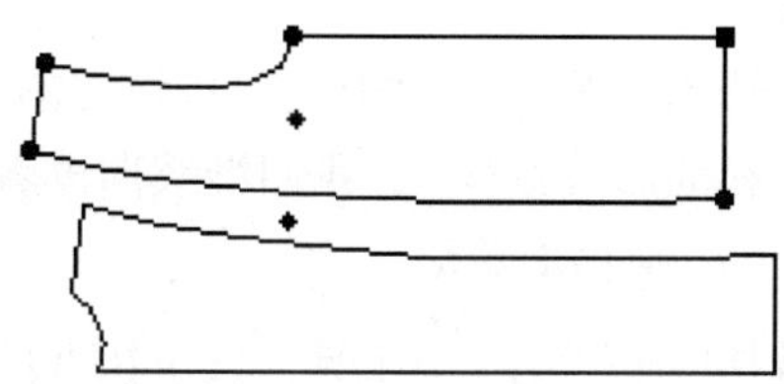

图 2－3－29

十三、镜　射

【镜射】工具将衣片复制再沿基准线翻转，且复制的新衣片和原衣片沿基准线进行连接。

如图 2－3－30 所示，选择衣片右侧边线为基准线，单击【镜射】工具，单击基准线的任一端点，将该衣片复制并合并，结果如图 2－3－31 所示。

图 2－3－30

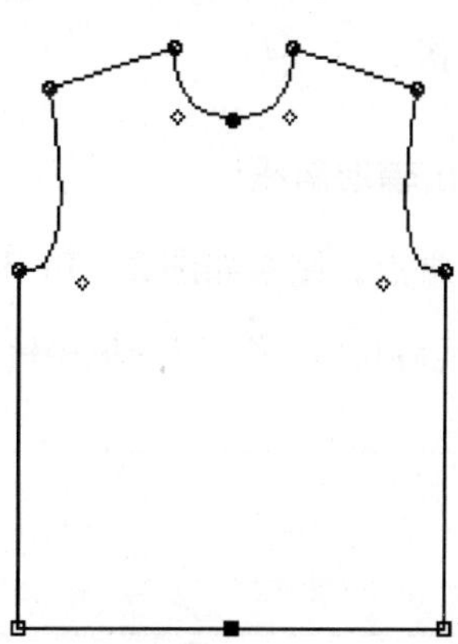

图 2－3－31

仍以图2－3－30为例，在选择【镜射】按钮后，若按下【Alt】键，单击基准线的任一端点，则弹出【镜射】对话框，如图2－3－32所示。在【部分镜射】文本框中输入“10”，单击【确定】，则衣片以基准线为准向左选取10cm的局部衣片进行镜射，结果如图2－3－33所示。

图2－3－32

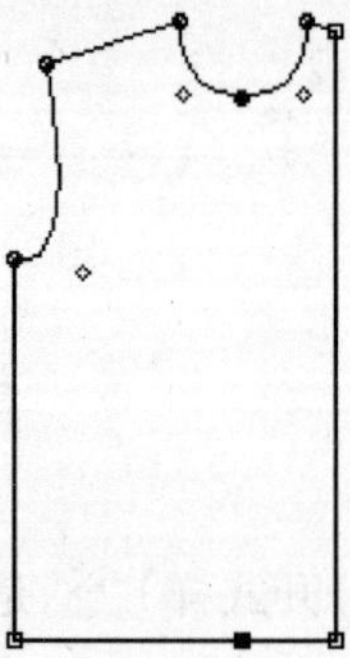
图2－3－33

十四、打板实例：简单衬衫的袖片制作

延续本章第二节“十三、打板实例：简单衬衫的前片制作”及“二十三、打板实例：简单衬衫的后片制作”，我们继续向读者介绍袖片的制作。

（一）画辅助矩形

选择【画方块】工具，按下【Alt】键，单击工作区某点，在弹出的【画方块】对话框中【宽度】输入“60”，【高度】输入“15”，绘制60cm×15cm的矩形，如图2－3－34所示。

（二）定袖山高点

选择矩形上边线段，选择【在线段上加点】，单击右端点，在弹出的【线段加点】对话框中输入“10”，结果如图2－3－35所示。

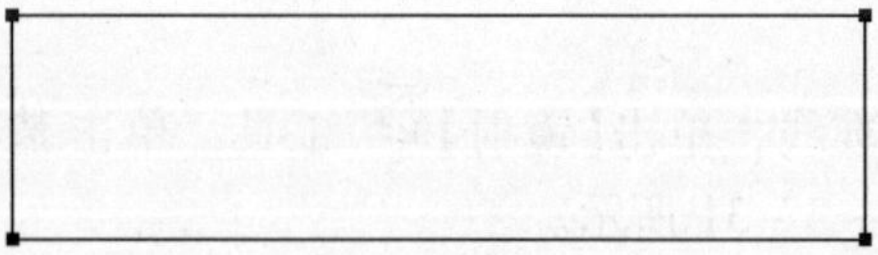
图2－3－34

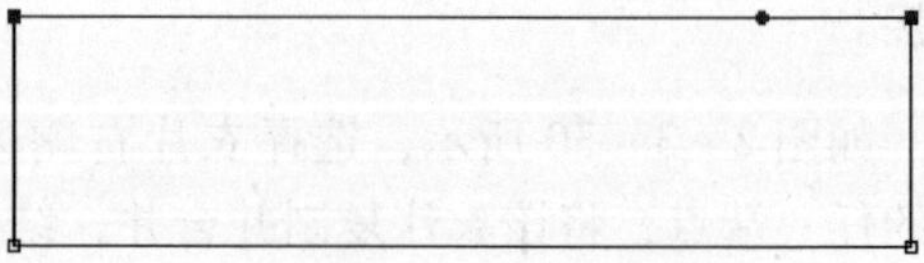
图2－3－35

（三）作袖山辅助斜线

删除矩形右端点，结果如图2－3－36所示，选择【线段长度】工具，单击斜线下端点，在弹出的【线段长度】对话框中输入【新长度】为“23”，结果如图2－3－37所示。

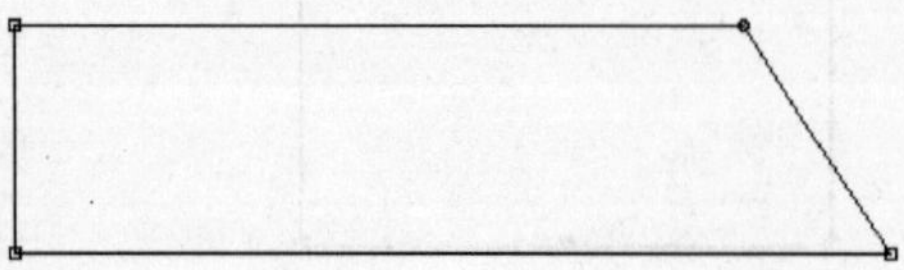
图2－3－36

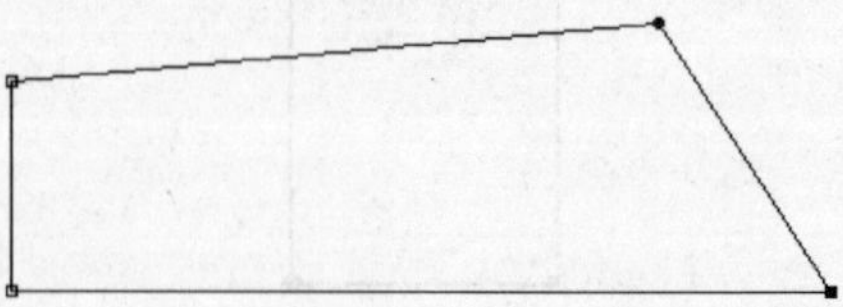
图2－3－37

（四）平分袖山斜线

选择袖山斜线，选择【划分线段】工具，单击该线段，在弹出的【线段划分】对话框中输入【等分数量】为“4”，结果如图 2－3－38 所示。

（五）调整袖山斜线点

选择【在 Y 两点对齐】，按顺序单击袖山斜线第 1 个和第 2 个点，将两点在 Y 轴对齐，继续按顺序单击第 5 个和第 4 个点，将两点在 Y 轴对齐，结果如图 2－3－39 所示。

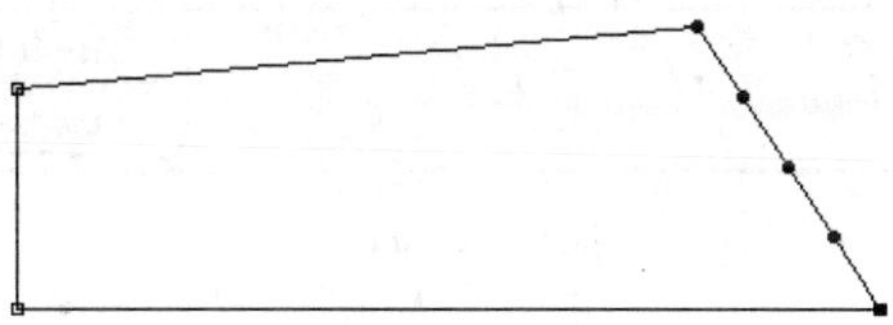

图 2－3－38

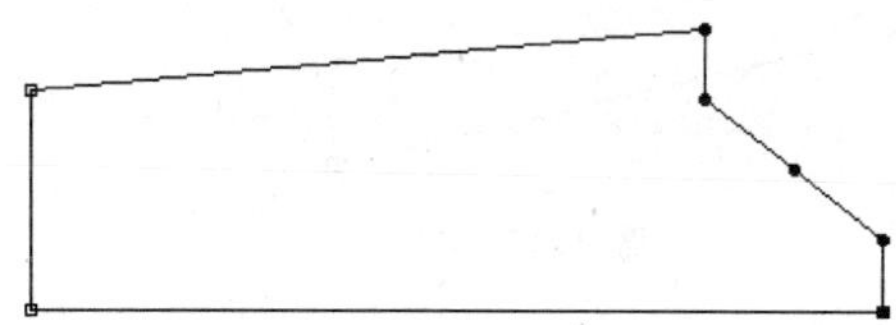

图 2－3－39

（六）作袖山弧线

同时选择袖山斜线的第 2 个和第 4 个点，选择菜单【处理】→【点】→【控制】，得到袖山弧线，如图 2－3－40 所示。

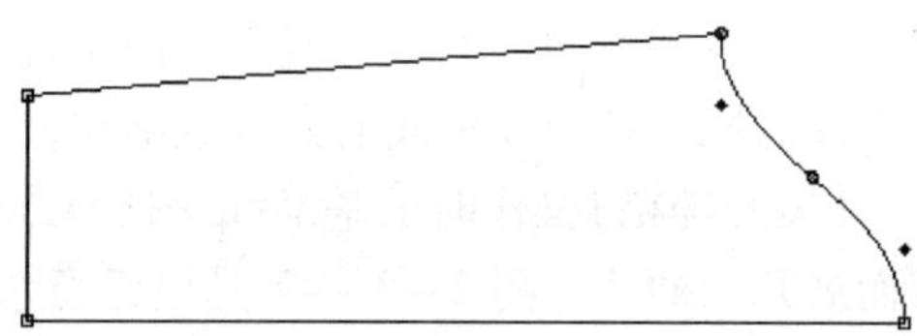

图 2－3－40

（七）镜射袖片

选择袖片下边水平线段，如图 2－3－41 所示。选择【镜射】工具，单击所选线段左端点，结果如图 2－3－42 所示，袖片制作完成。

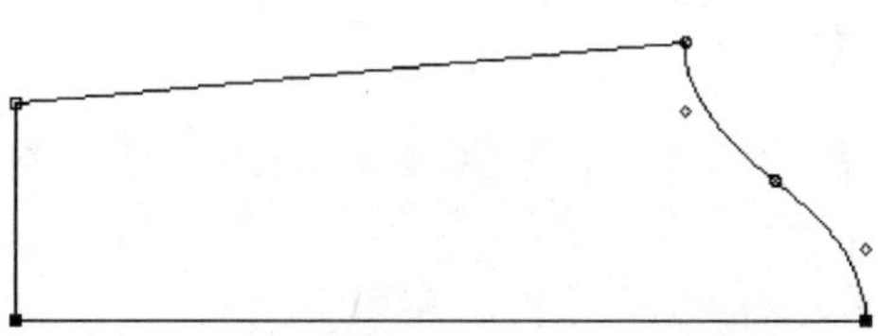

图 2－3－41

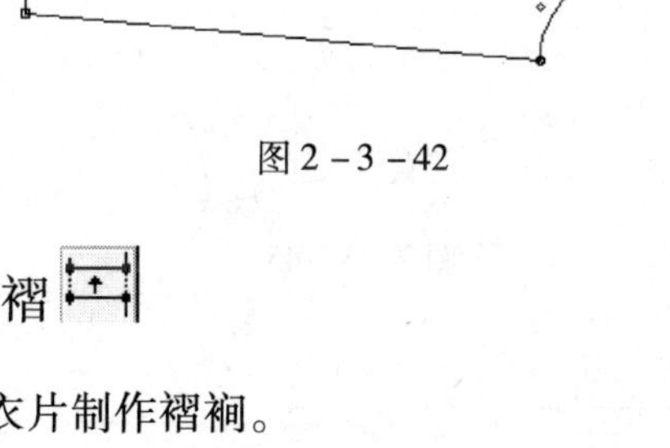

图 2－3－42

十五、展开碎褶

【展开碎褶】工具以一条直线为基准展开衣片制作褶裥。

如图 2－3－43 所示，从袖片左边中点绘制线段与袖山弧线中点相交，选择袖片中线以上部分，选择【展开碎褶】工具，单击中线左端点，再单击中线右端点，继续单击中线下方，弹出【褶裥特征】对话框，在【A】区【省大】中输入“3”，在【B】区【省大】中输入“5”，单击【确定】，在袖片上以中线为基准加褶，左端点处加褶量为“3”，右端点处加褶量为“5”，如图 2－3－44 所示。

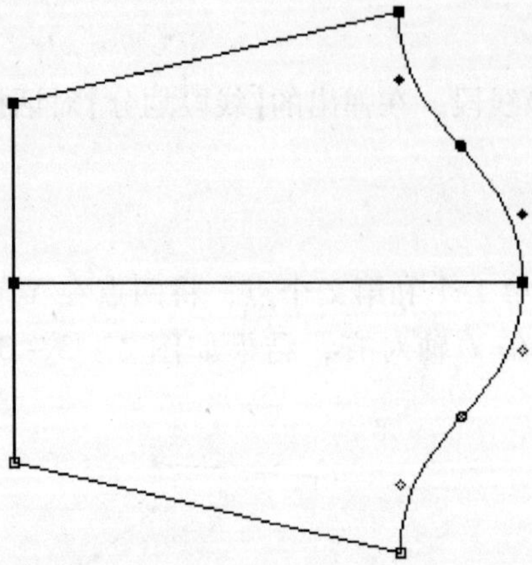

图 2－3－43

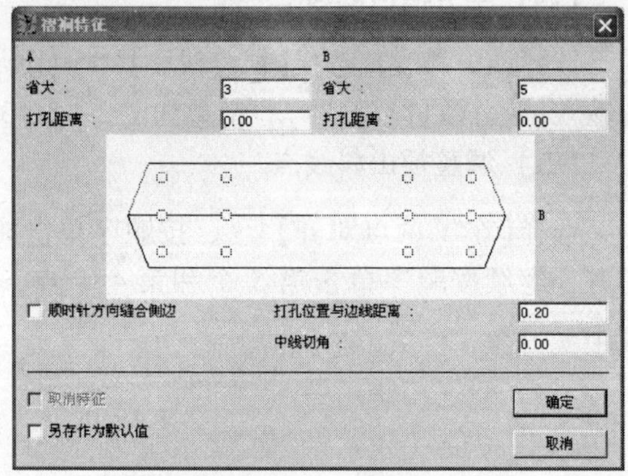

图 2－3－44

在使用此工具操作时，需要注意最后一步选择衣片内部区域的位置。如图 2－3－45 中，若选择袖片的上半部分，则在单击中线的左右端点后，单击中线下方衣片区域，袖片中线下方区域不动，上方区域因加褶进行转动。若在单击中线的左右端点后，单击中线上方衣片区域，则袖片中线上方区域不动，下方区域因加褶进行转动。

【展开碎褶】操作时的基准线是任意线段，不一定是中线，图 2－2－46 是以一斜线作褶而展开的袖片。图 2－3－47 是以任意水平线作褶展开的衣片，图 2－3－48 则是该衣片删除褶后的结果，其形状尺寸与原有衣片保持一致。

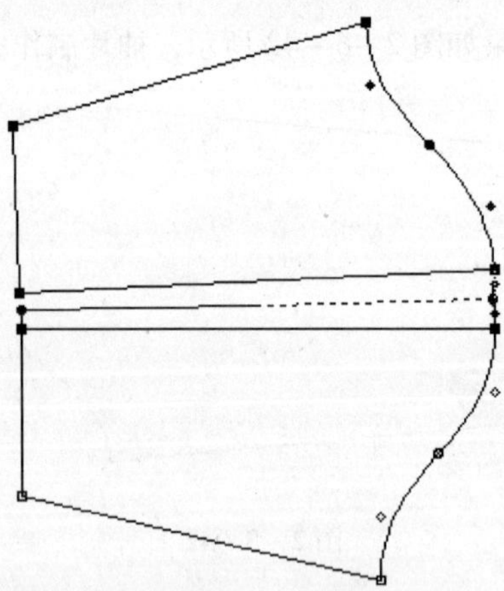

图 2－3－45

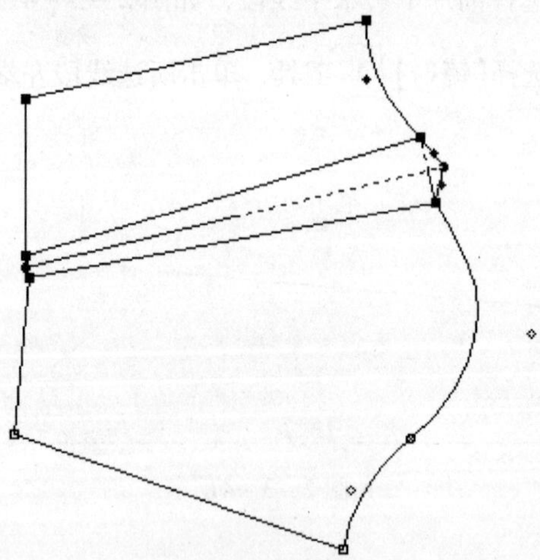

图 2－3－46

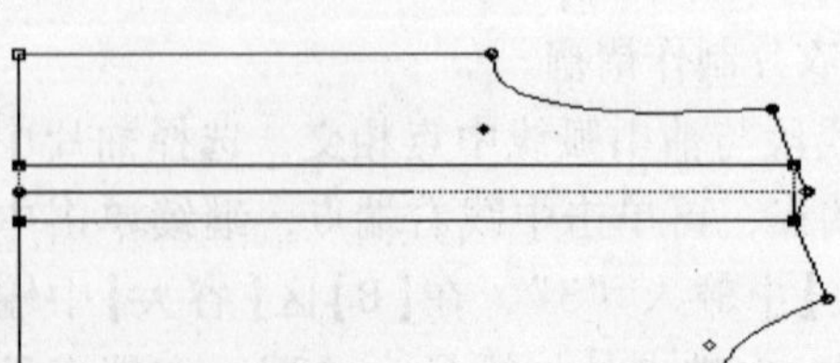

图 2－3－47

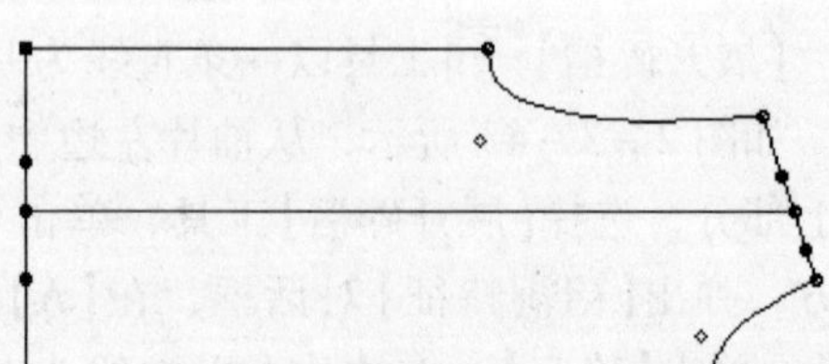

图 2－3－48

十六、展开抽褶

【展开抽褶】工具用于在样片中的两条线段之间制作褶。

在衣片中绘制两线段并同时选中，如图 2－3－49 所示，选择【展开抽褶】工具，单击任意线段的起点，弹出【抽褶特征】对话框，如图 2－3－50 所示，在对话框中输入数值，如在【A】部分【增加值】中输入“5”，【B】部分【增加值】中输入“4”，单击【确定】按钮，得出如图 2－3－51 的结果。

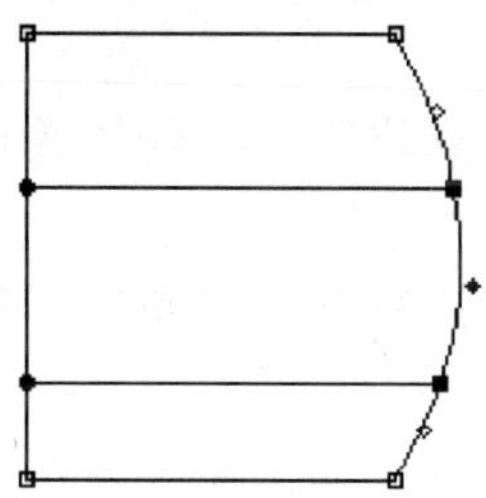

图 2－3－49

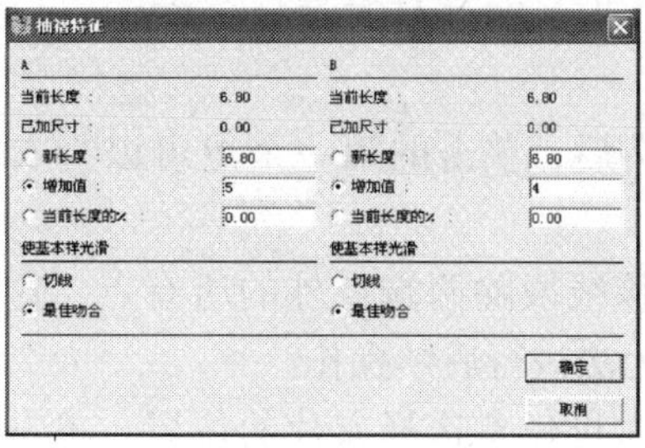

图 2－3－50

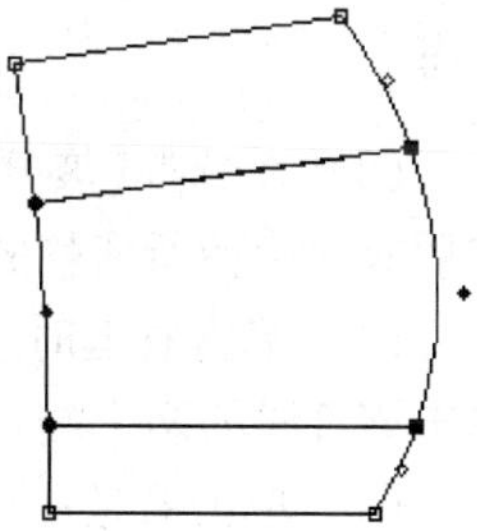

图 2－3－51

【展开抽褶】工具还可单边展开和旋转边线，使样片的一边加褶。如图 2－3－52 所示，选择除控制点外的所有点，单击衣片右边弧线的上端点，弹出【抽褶特征】对话框，在【增加值】中输入“10”，如图 2－3－53 所示，单击【确定】后得到如图 2－3－54 所示的结果。

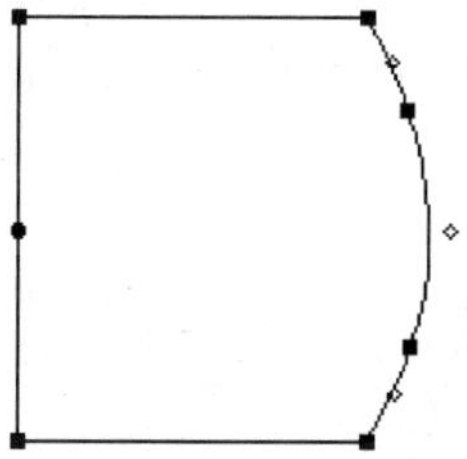

图 2－3－52

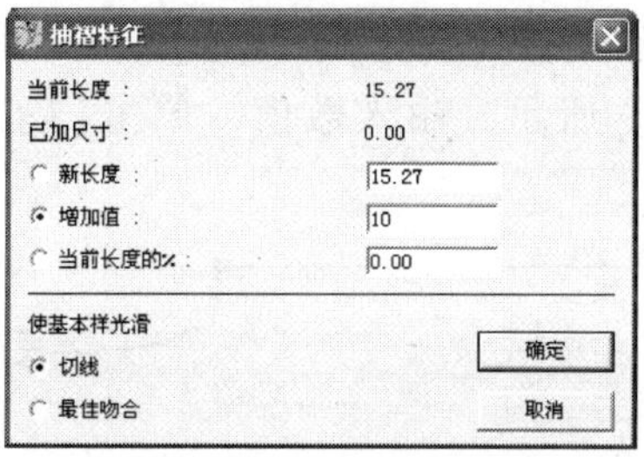

图 2－3－53

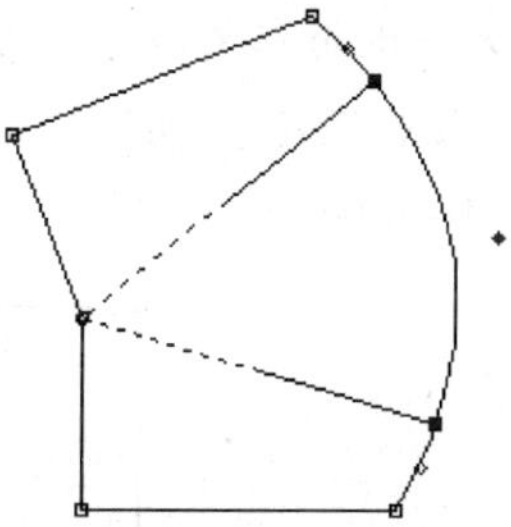

图 2－3－54

十七、展 开 省

【展开省】工具用于在衣片内制作省，衣片可按确定的轴点旋转。

在衣片上某点绘制一条展省线，用【线段长度】工具将线段调整为规定长度，选择该线段为激活状态，如图 2－3－55 所示。单击【展开省】工具，单击腋下点，单击展省线，再单击展省线下方衣片部分，在弹出的【抽褶特征】中的【省大】文本框输入“2”，单击【确定】按钮，则以腋下点为旋转点，以展省线下方衣片为固定端，在展省线处制作量为 2cm 的省，如图 2－3－56 所示。

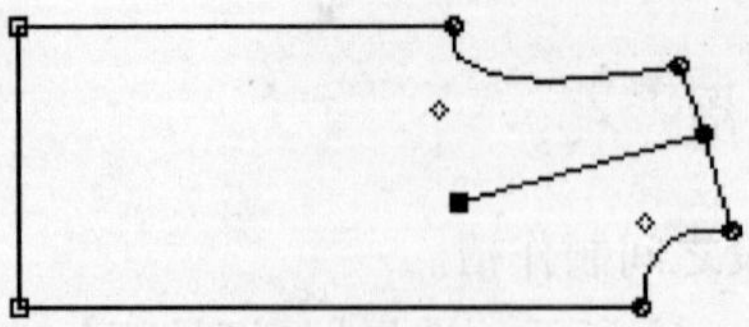

图2－3－55

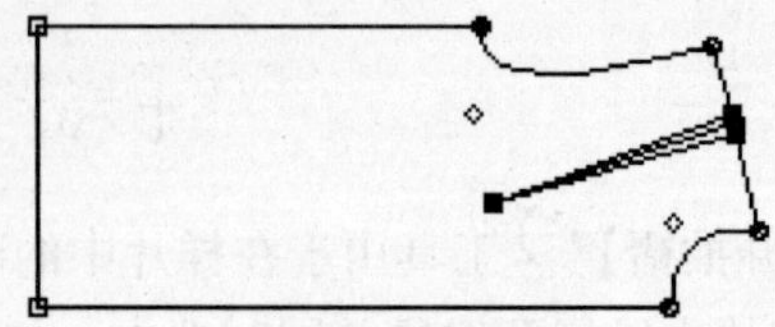

图2－3－56

在制作省时应掌握以下要点：

（1）在选择【展开省】前，应将省道选择为全激活状态，其余部分选择为半激活状态。

（2）在选择【展开省】后，单击的第一个点可以为衣片的任意位置，该点是展开省后衣片旋转所依赖的原点。

（3）单击省道时应单击该线段除两端点外的所有点，这样才可进行下一步操作。若单击该直线的两个端点，则无法进行后续操作。

（4）单击省道一侧衣片时可任意选择衣片的位置，单击省道的哪一侧，则该侧衣片将成为固定端，另一侧随原点旋转展开省。

（5）省是自动计算的，因此可能会使开省的衣片边缘产生错位现象，此时应根据实际要求用点对齐等工具调整衣片至合适尺寸形状。

（6）制作完省后，若想改变省的参数，选择省，选择菜单【处理】→【项目资料】，弹出【抽褶特征】对话框进行调整。

【展开省】还可进行内部省的制作。如图2－3－57所示，选择【画线段】工具，在衣片内水平方向画一条水平省轴线，单击【展开省】工具，单击起始点，弹出【内褶特征】对话框，如图2－3－58所示，输入数值，单击【确定】，内省制作完毕，如图2－3－59所示。

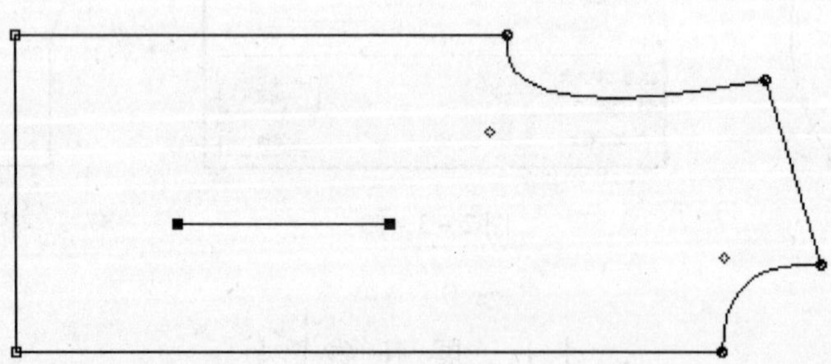

图2－3－57

【展开省】工具还可插入省。如图2－3－60所示，在衣片外画一条水平线作为省轴线，单击【展开省】工具，单击水平线起始点，弹出【内褶特征】对话框，设置参数，单击【确定】，关闭对话框，内省制作完毕，如图2－3－61所示。采用【加点】工具在衣片中添加定位点，选中定位点及内部省中心点，如图2－3－62所示，单击菜单【处理】→【形对齐】，内部省插入到衣片内的定位点处，如图2－3－63所示。

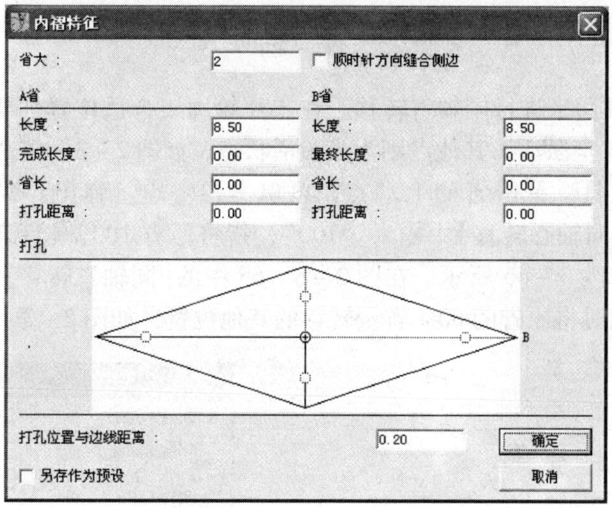

图 2－3－58

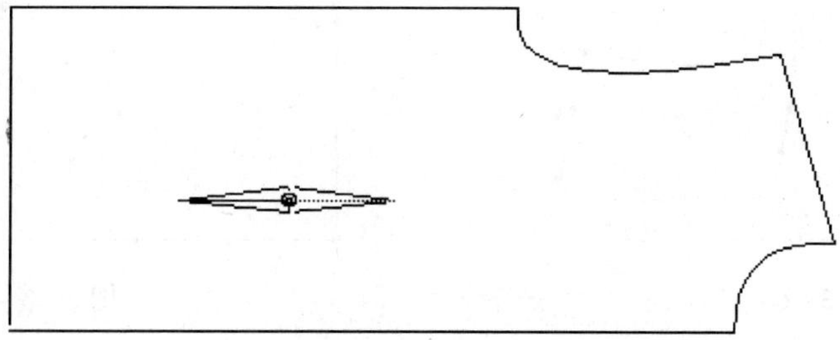

图 2－3－59

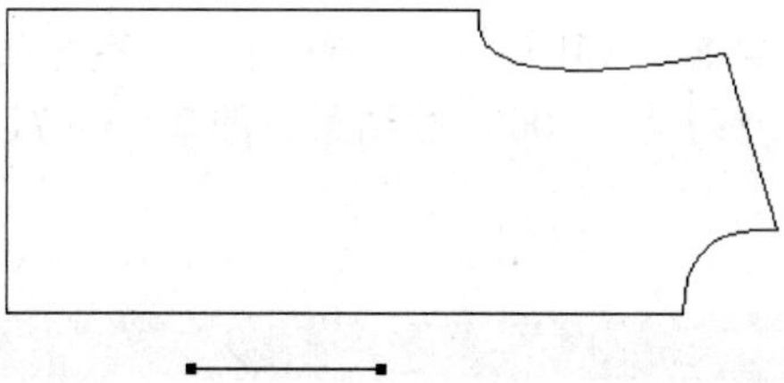

图 2－3－60

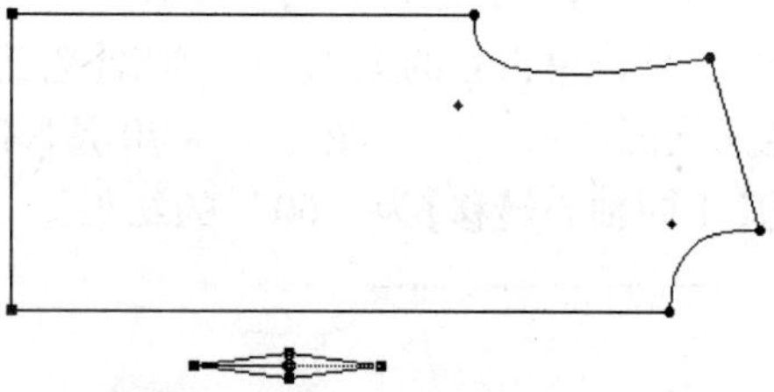

图 2－3－61

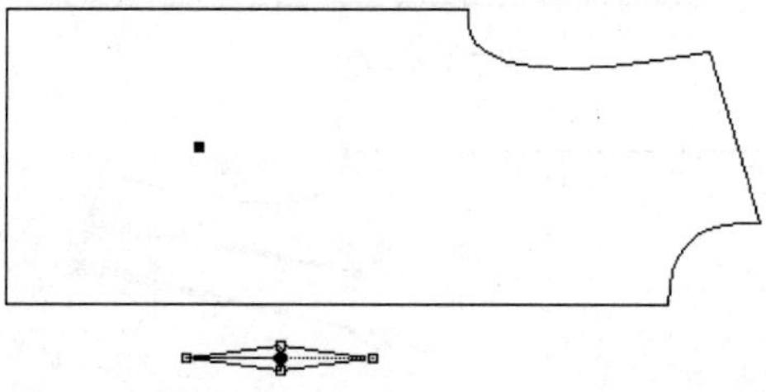

图 2－3－62

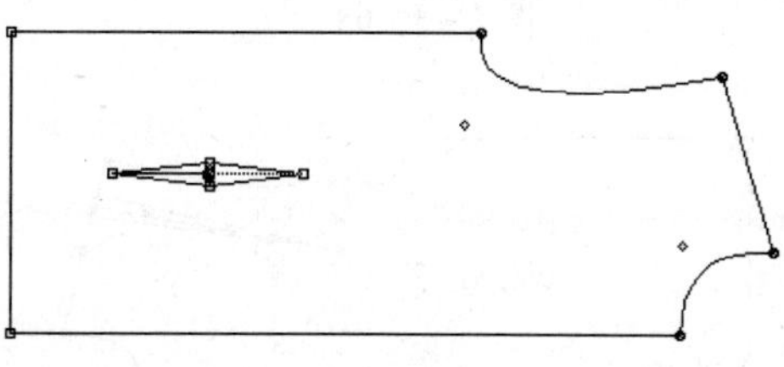

图 2－3－63

十八、省 轴

【省轴】工具用来进行同轴省转移。在衣片轮廓线合适位置加要转移省的参考点，确保所加点及整个省全激活，其他点则为半激活状态，如图 2－3－64 所示。

选择【省轴】工具，单击省的上端点，再单击参考点，弹出【省轴】对话框，如图 2－3－65所示。在【同轴心转移】中输入“100”，指将原省 100% 转移到新的位置，单击【确定】，结果如图 2－3－66 所示。在图 2－3－65 中的【同轴省转移】中也可输入其他数字，例如“60”，此时将原省的 60% 省量转移的其他位置，如图 2－3－67 所示。

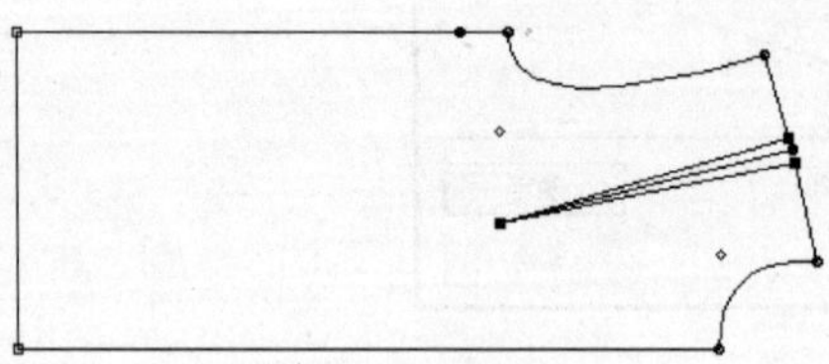

图 2－3－64

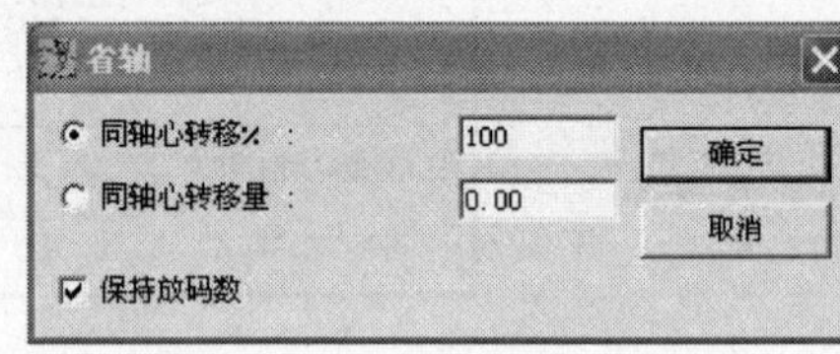

图 2－3－65

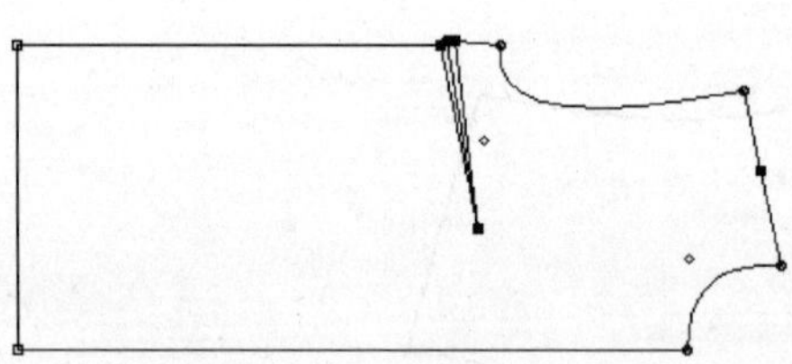

图 2－3－66

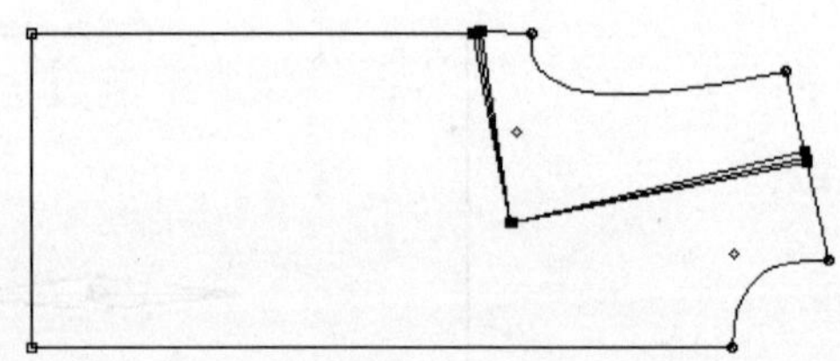

图 2－3－67

十九、褶 转 移

【褶转移】将省进行非同轴转移。如图 2－3－68 所示，选择省及新的省道，单击【褶转移】工具，单击省的上端点，弹出【省道转移】对话框，如图 2－3－69 所示，其各项参数意义同图 2－3－65。图 2－3－70 是【不同轴心转移】为“100”的结果，图 2－3－71 所示为【不同轴心转移】为“60”的结果。

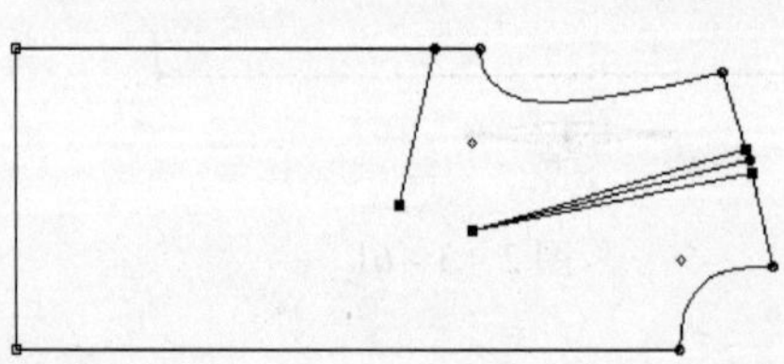

图 2－3－68

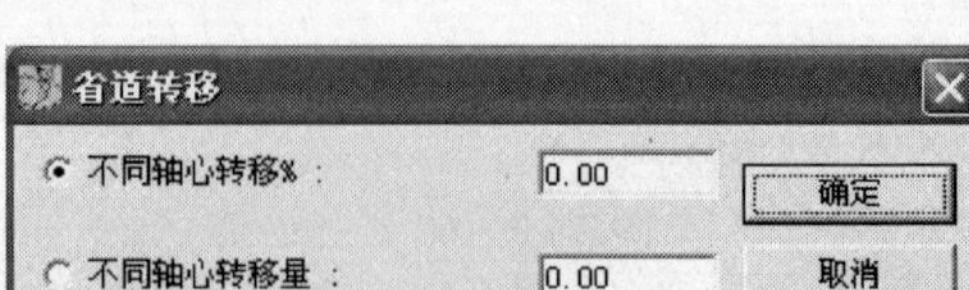

图 2－3－69

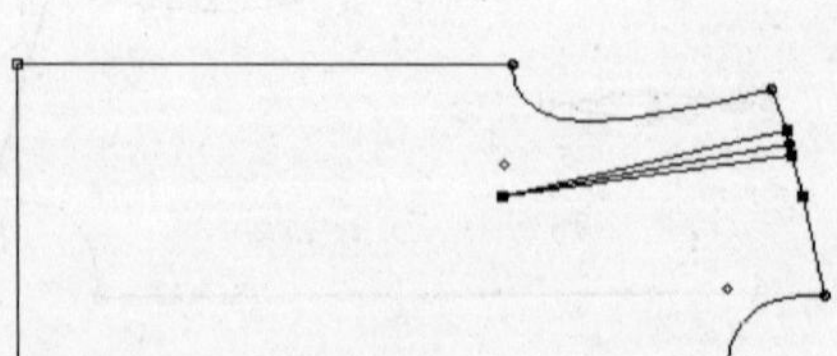

图 2－3－70

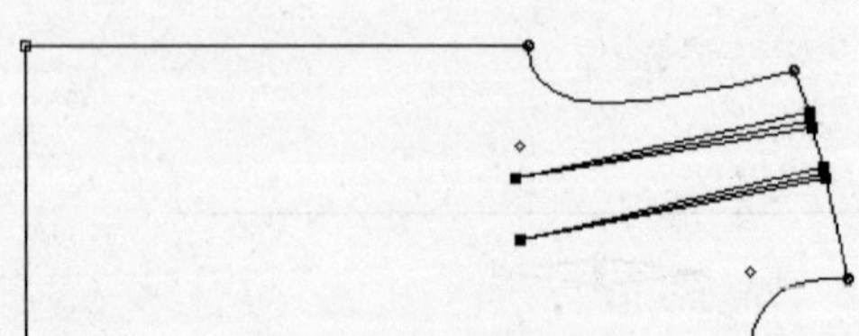

图 2－3－71

二十、画平行线

【画平行线】工具自动绘制一条线段的平行线。如图 2－3－72 所示，选择侧缝线与袖窿弧线，选择【画平行线】工具，在侧缝线上方空白处任意位置单击，弹出【画平行线】对话框，如图 2－3－73 所示。

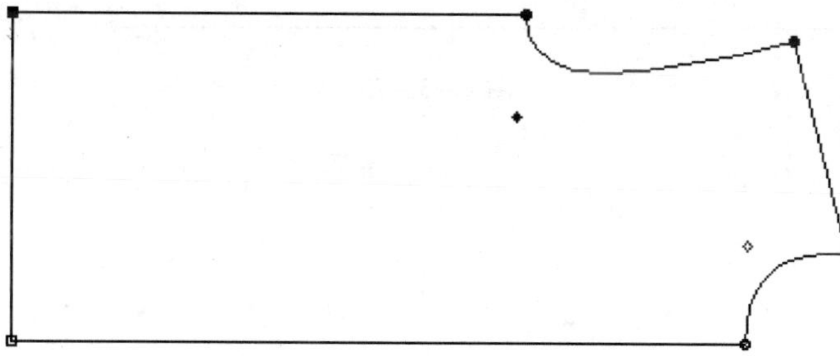

图 2－3－72

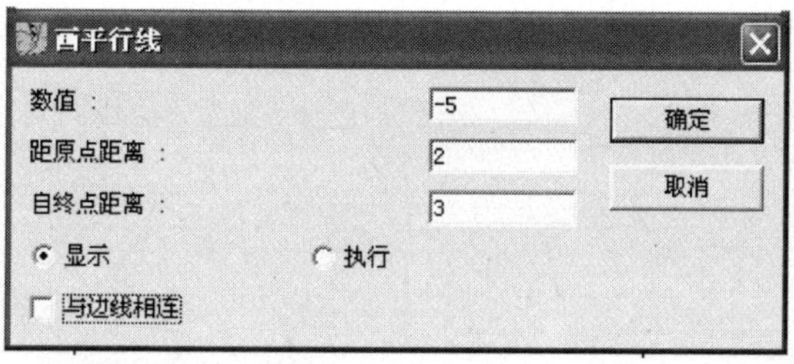

图 2－3－73

其中【数值】表示平行线距离原线段的距离，【距原点距离】表示平行线左端点延长的距离，【自终点距离】表示平行线右端点延长的距离。

当鼠标在所选线段上方单击时，输入数值后在上方作平行线，如图 2－3－74 所示。当鼠标在所选线段下方单击时，输入数值后在线段下方作平行线，如图 2－3－75 所示。

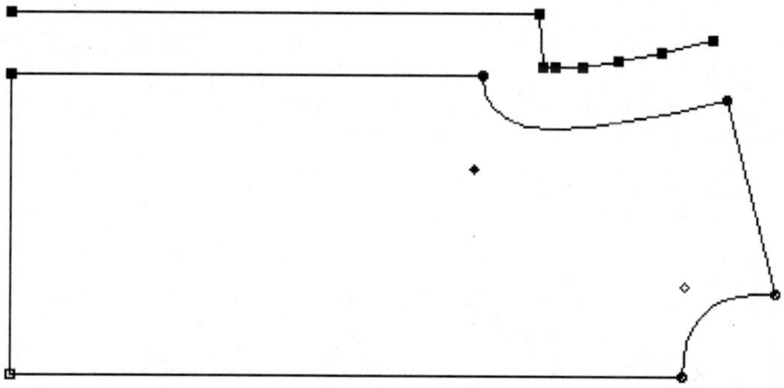

图 2－3－74

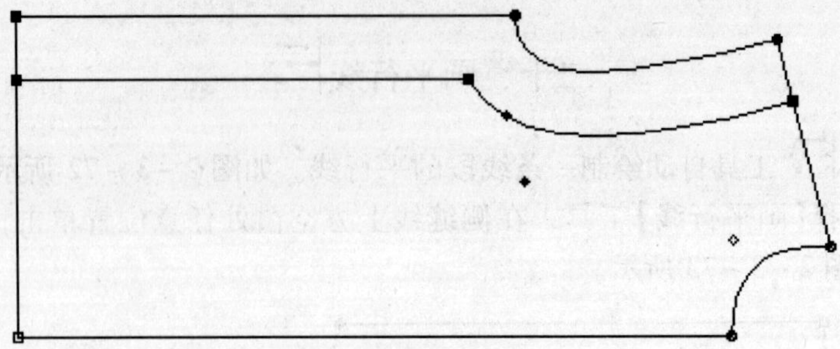

图 2 - 3 - 75

第三章　派特系统的放码、排料及三维试衣系统

第一节　放 码 系 统

派特系统的放码系统和打板系统是合二为一的系统，不用退出打板系统，通过菜单选择即可进入放码系统。派特为我们提供的是典型的点放码系统，功能灵活多变，操作起来非常方便。同时派特也可以进行线放码，使整个放码操作更加快捷。

一、放码的准备工作

放码操作的准备分为三个步骤，即打板制作样片→进入放码视图→设定放码号型。

“打板制作样片”在上一章已做了详细介绍，此处不再赘述，下面对后两个步骤进行详细阐述。

（一）进入放码视图

选择菜单【显示】→【放码显示】，如图3－1－1所示。

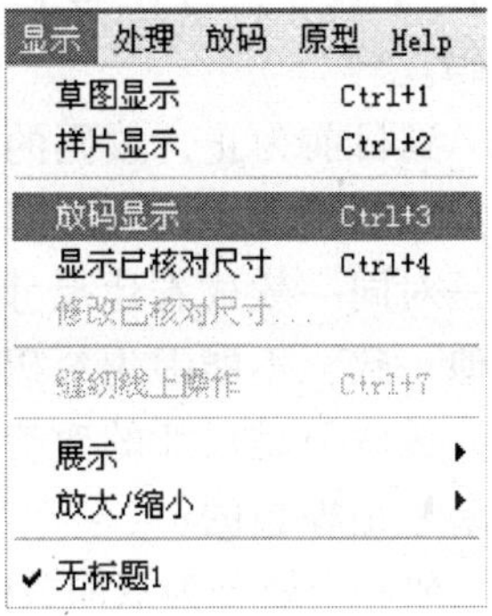

图3－1－1

（二）设定号型

选择菜单【放码】→【操作尺寸】，如图3－1－2所示，弹出【对操作号码放码】对话框，如图3－1－3所示。单击【改变】按钮，弹出【放码网状资料】对话框，如图3－1－4所示。

在【放码网状资料】对话框中输入所需要的号型数量，例如“3”，表示将要放码的衣片有三个号型。单击【确定】，返回到【对操作号码放码】对话框，可依次在左侧的列表框中选择相应的号型，在右侧的【号码】对话框中输入数值对号型重新编号，在【代号】文本框中输入相应的英文字母，代表各个号型，如图3－1－5所示。

图3－1－2

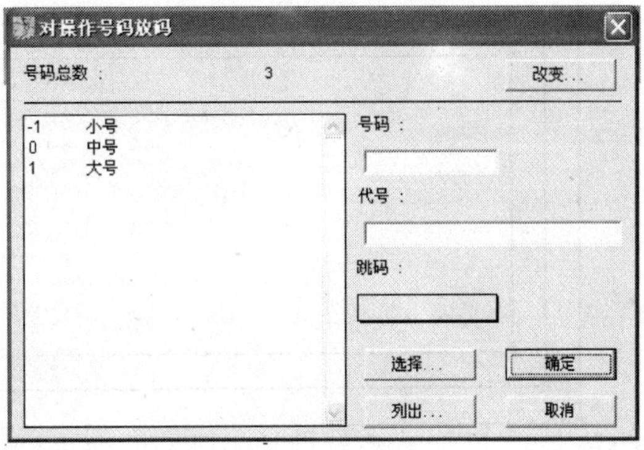

图3－1－3

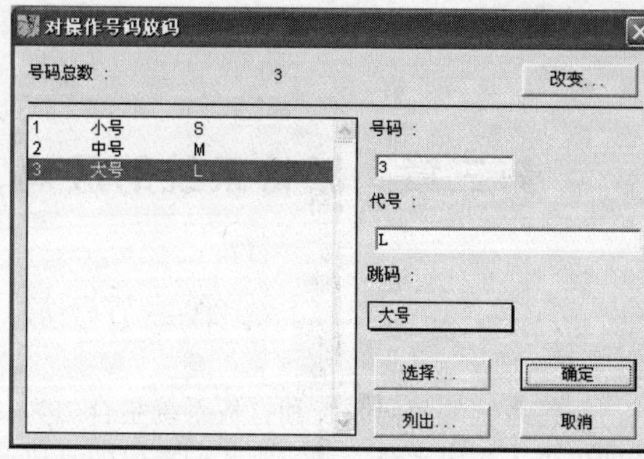

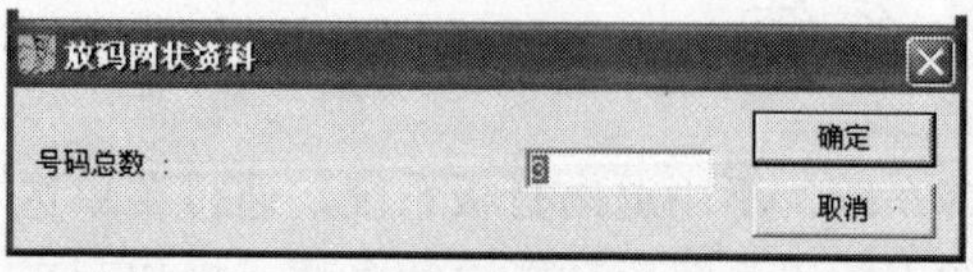

图 3－1－4

图 3－1－5

二、放码具体操作

放码的具体设置主要依靠【放码演变】对话框实现。选择菜单【显示】→【放码资料】可打开该对话框，如后续的图 3－1－8 所示。在该对话框中，可以通过对【特小号】、【小号】、【中号】、【大号】及【特大号】的数值设置完成对点、线段及曲线的放码。

到目前为止，放码的标准还没有一个统一标准，对于不同国家、不同省份地区，甚至不同的企业，放码的具体方法和规格都各不相同。但是有一个共同的原则，就是放码是对同一款式衣片尺寸的扩大或缩小过程，任何情况下都应该维持各个号型的形状近似一致，不能因为放码造成大小号型的结构与原基准衣片结构产生不一致。也就是说，放码只是尺寸的改变，结构款式不能发生任何改变，只有遵循这一原则，放码的结果才是理想的。

放码主要分为双向放码和单向放码两种方式。双向放码指考虑横向和纵向，在两个方向同时进行放码的方式，如图 3－1－6 所示。单向放码指在横向或纵向寻找一边为基准点不放码，仅在相对的方向进行放码的方式，如图 3－1－7 所示。

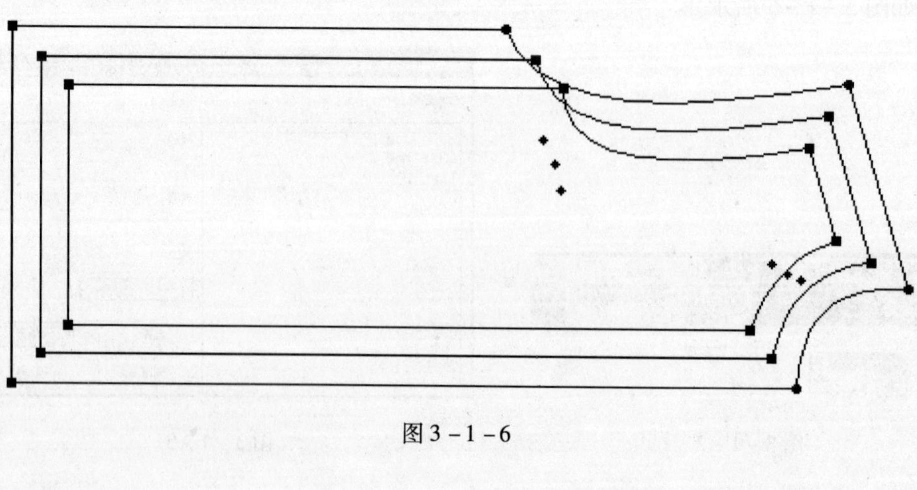

图 3－1－6

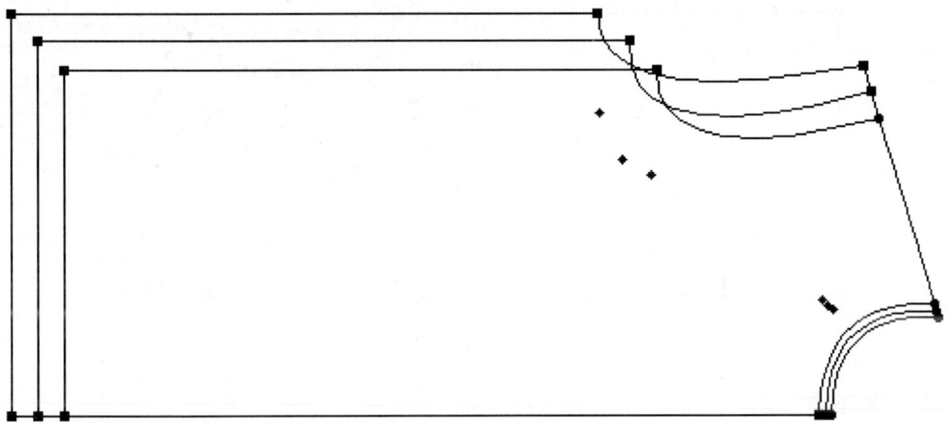

图 3－1－7

在学习放码的过程中，一定要对系统的坐标方向清楚了解，能熟练判断点或线移动时的数值是正还是负。即沿 Y 坐标轴向上移动为正值，向下移动为负值，沿 X 轴向右移动为正值，向左移动为负值。另外，对于任何衣片，应能熟练分析当放码生成小号型时衣片结构图中的任意点或线的移动方向，当放码生成大号型时衣片结构图中的任意点或线的移动方向。只有这样，才能正确地完成放码操作。

另外，派特系统的放码既可以进行点放码，又可以进行线放码，下面的实例中将主要对单边放码进行介绍。

三、逐点单边放码实例

此处以上一章所做的简单衬衫前片为例，详细介绍逐点单边放码的过程。在放码前，规定具体参数如下：

衣长档差为 2cm，胸围档差为 1.5cm，袖窿弧线档差为 0.6cm，领围弧线档差为 0.25cm，肩宽档差为 1cm，衣长方向以肩线为固定端进行单边放码，胸围方向以中线为固定端进行单边放码。

在正式放码前，界面切换到【放码显示】视图，【操作尺寸】中设置号码总数为“3”。

（一）肩点放码

选择肩点使其变为“全激活”状态，单击菜单【放码】→【放码演变】，输入参数如图 3－1－8 所示，放码结果如图 3－1－9 所示。由于肩线在水平方向为固定端，因此【放码演变】中 X 方向不输入任何数值。在 Y 方向，大号型肩宽增大，肩点向上移动，因此输入正值，小号型肩宽变小，肩点向下移动，因此输入负值。

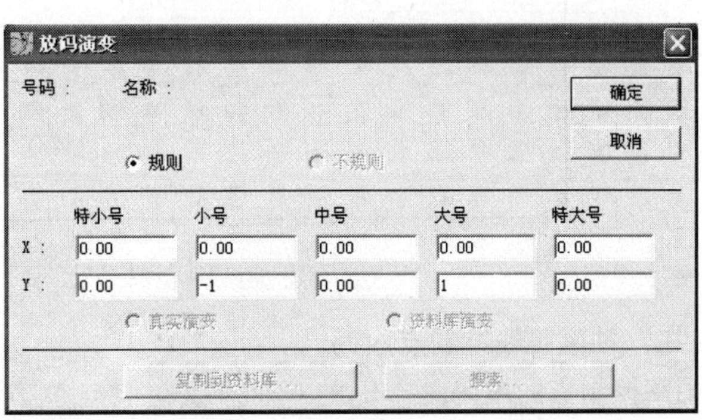

图 3－1－8

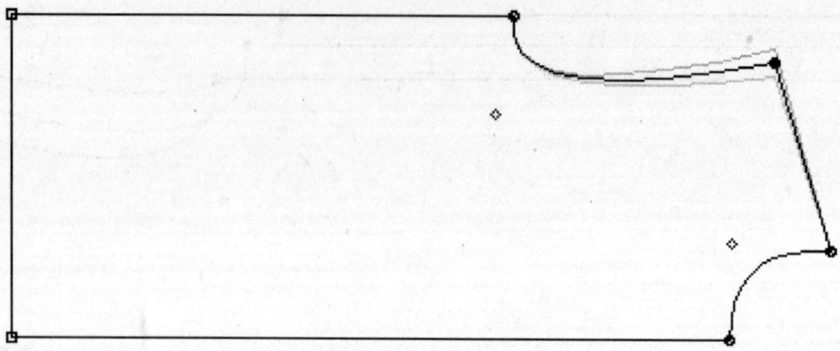

图 3－1－9

（二）腋下点放码

选择腋下点使其变为“全激活”状态，单击菜单【放码】→【放码资料】，输入参数如图 3－1－10 所示，放码结果如图 3－1－11 所示。由于腋下点在 X 方向决定了袖窿的大小，在 Y 方向决定了胸围的大小，因此分别按照不同的推板参数进行放码。Y 方向腋下点向上则胸围变大，向下胸围变小，故大号型输入正值，小号型输入负值。X 方向，由于肩线为固定端，因此腋下点向左袖窿变大，向右袖窿变小，故大号型输入负值，小号型输入正值。

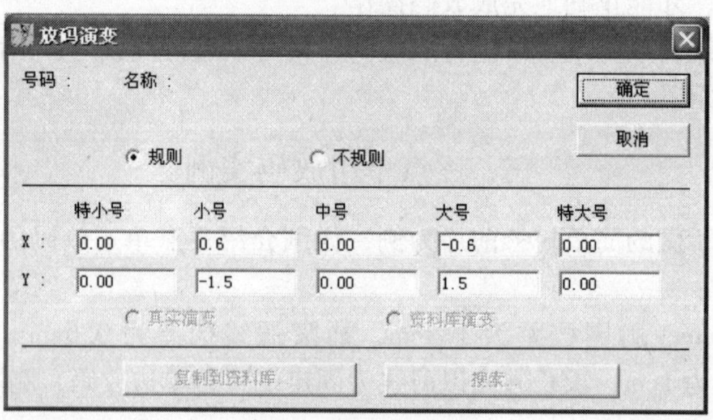

图 3－1－10

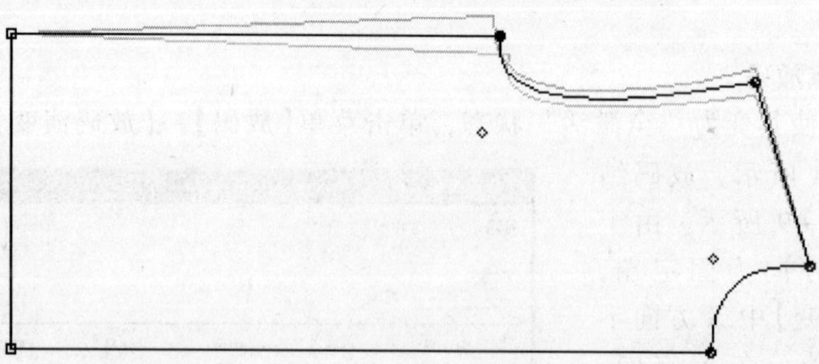

图 3－1－11

（三）袖窿弧线控制点放码

袖窿控制点的放码是本例的一个难点，该点 X 方向决定了整个弧线与肩线的距离，即决定了袖窿的弧线尺寸，Y 方向则要和胸围保持一致，以使曲线不变形。

选择该控制点使其变为“全激活”状态，单击菜单【放码】→【放码资料】，输入参数如图 3－1－12 所示，放码结果如图 3－1－13 所示。控制点在 X 方向决定了袖窿的大小，在 Y 方向决定了曲线的变形程度。Y 方向的正负值与腋下点 Y 方向一致，但参数为弧线的 0.6cm 档差，X 方向与腋下点的 X 方向的正负值一致，也为 0.6cm 档差。

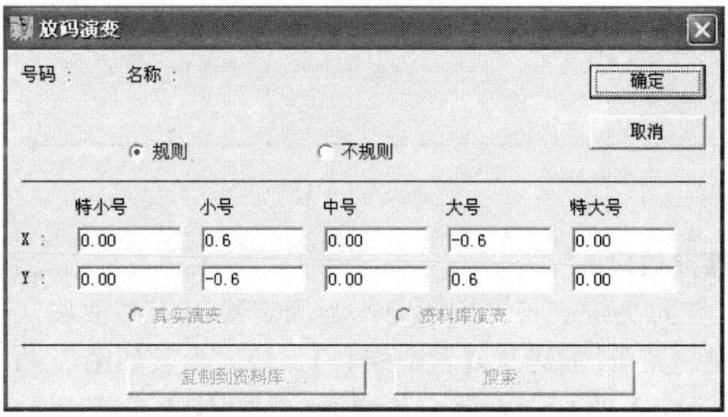

图 3－1－12

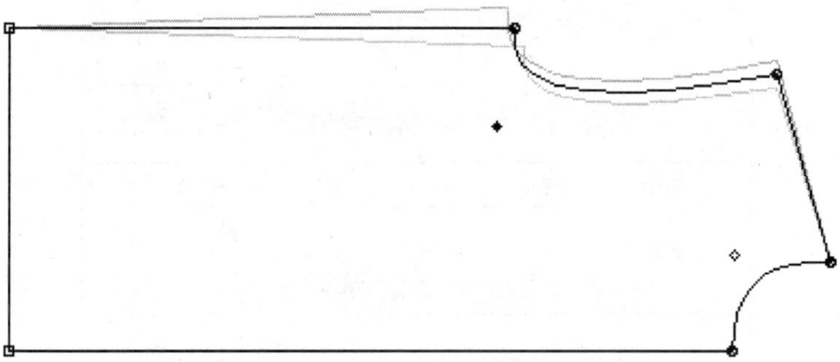

图 3－1－13

（四）侧缝线下摆点放码

侧缝线下摆点 X 方向决定了衣长，Y 方向决定了胸围。选择该点使其变为“全激活”状态，单击菜单【放码】→【放码资料】，输入参数如图 3－1－14 所示，放码结果如图 3－1－15所示。X 方向向左使衣长增加，向右使衣长减少，因此大号型为负值，小号型为正值。Y 方向向上胸围扩大，向下胸围减小，因此大号型输入正值，小号型输入负值。

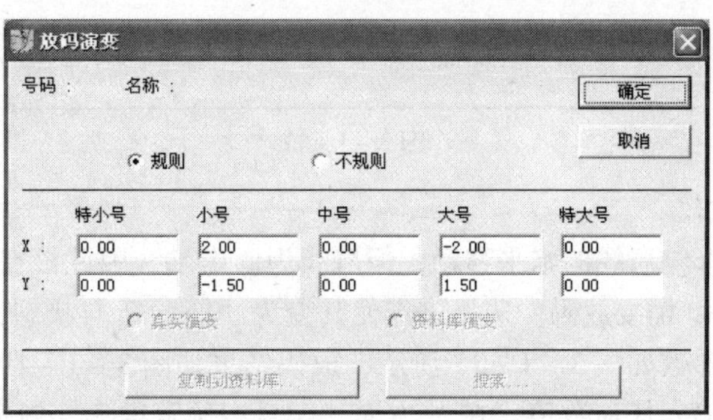

图 3－1－14

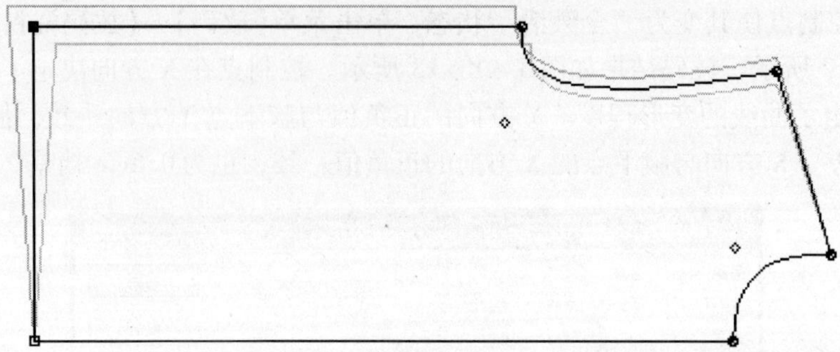

图 3-1-15

(五) 中线下摆点放码

中线下摆点 X 方向决定衣长，Y 方向作为固定线而不必放码。选择该点使其变为“全激活”状态，单击菜单【放码】→【放码资料】，输入参数如图 3-1-16 所示，放码结果如图 3-1-17 所示。X 方向向左使衣长增加，向右使衣长减少，因此大号型为负值，小号型为正值。Y 方向不放，均为“0”。

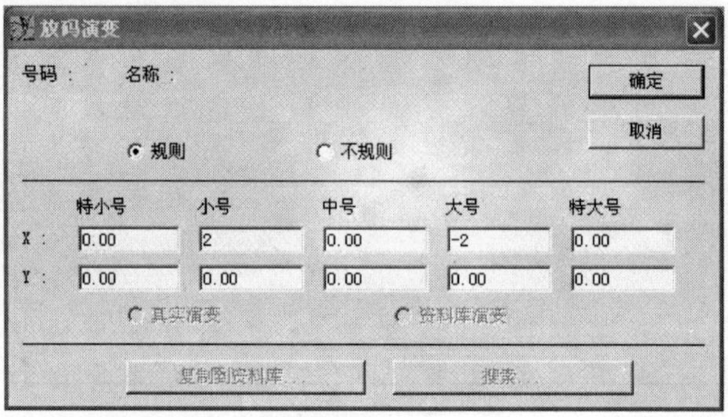

图 3-1-16

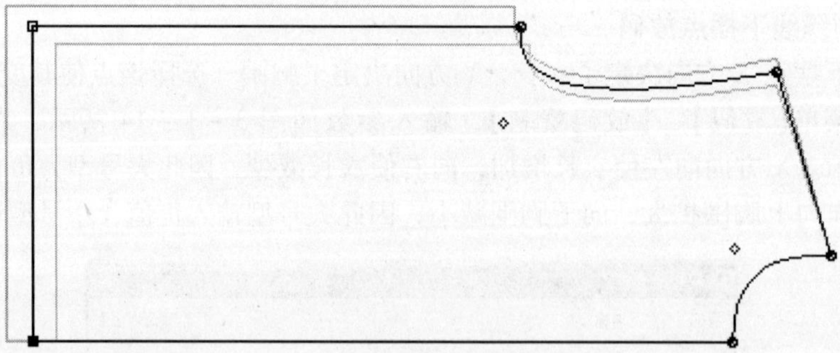

图 3-1-17

(六) 领宽点放码

领宽点 X 方向影响肩线的水平移动，但肩线为固定端，因此该点的 X 方向不用放码。Y 方向影响领宽大小，需要放码。选择该点使其变为“全激活”状态，单击菜单【放码】→【放码资料】，输入参数如图 3-1-18 所示，放码结果如图 3-1-19 所示。【放码演变】对话框中 X 方向不输入任何数值。在 Y 方向，大号型领宽增大，领宽点向上移动，因此输入正值，小号型领宽变窄，领宽点向下移动，因此输入负值。

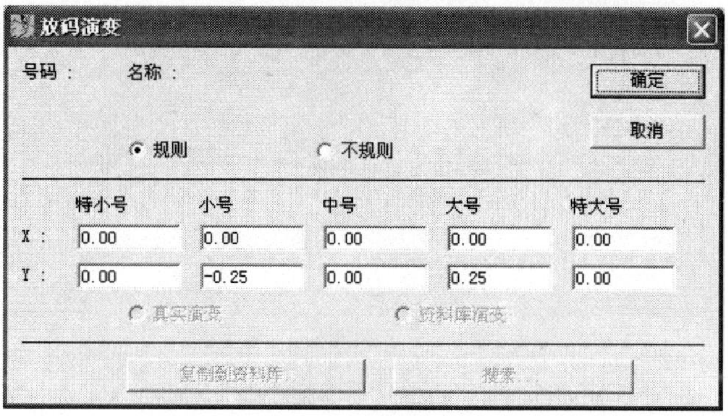

图 3－1－18

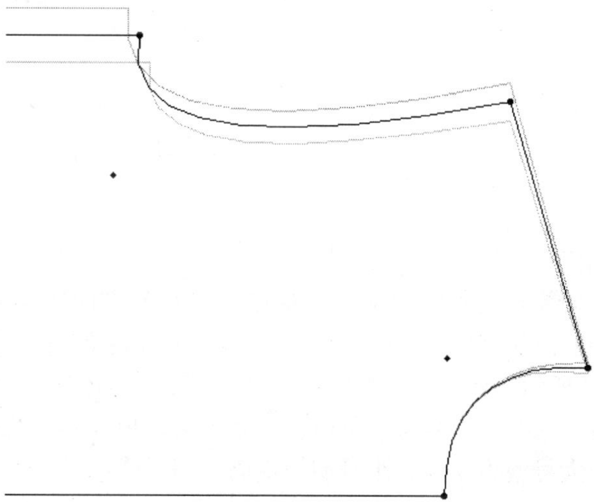

图 3－1－19

（七）领深点放码

领深点 X 方向影响领深，Y 方向与中线保持一致，不用放码。选择该点使其变为“全激活”状态，单击菜单【放码】→【放码资料】，输入参数如图 3－1－20 所示，放码结果如图 3－1－21 所示。【放码演变】对话框中 Y 方向不输入任何数值。在 X 方向，大号型领深增大，领宽点向左移动，输入负值，小号型领深变浅，领深点向右移动，因此输入正值。

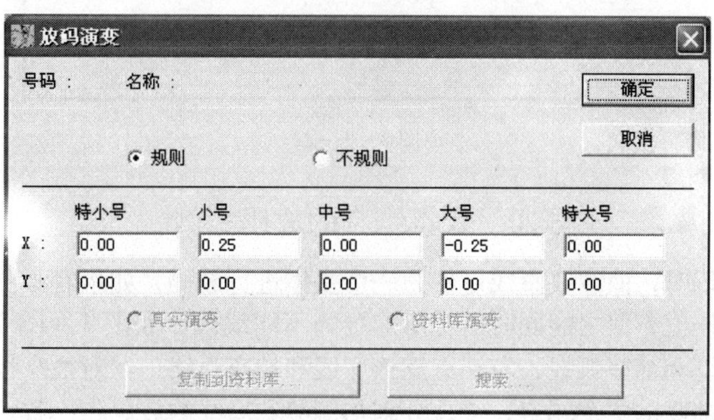

图 3－1－20

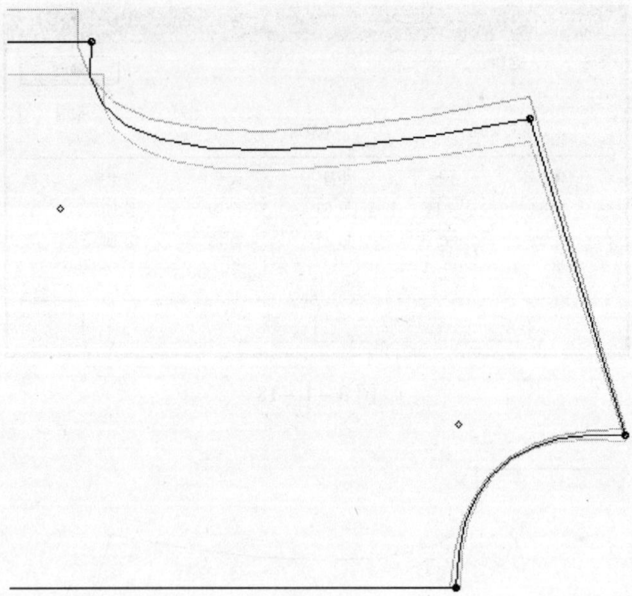

图 3-1-21

(八) 领部弧线控制点放码

领部弧线控制点的放码是本例的又一个难点，该点 X 方向决定了领深，Y 方向则决定了领宽。选择该控制点使其变为“全激活”状态，单击菜单【放码】→【放码资料】，输入参数如图 3-1-22 所示，放码结果如图 3-1-23 所示。控制点在 X 方向向右移动使领深变浅，向左使领深变深，故大号型为负值，小号型为正值。在 Y 方向向下使领宽变窄，向上使领宽变宽，故大号型为正值，小号型为负值。

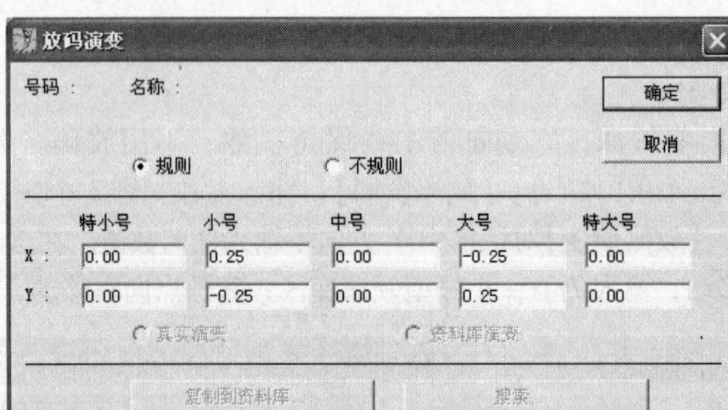

图 3-1-22

四、线点结合的放码实例

线点结合放码时，曲线或直线可作为一个整体进行放码，如果有必要，再修正曲线或直线的端点的放码值，使之能同时适合所连接的不同线段。如图 3-1-23 中的袖窿弧线的左端点连接侧缝和袖窿弧线，右端点连接肩线和袖窿弧线，在对袖窿弧线整体放码完毕后，需要再调整袖窿的两个端点，使之分别与侧缝和肩线的放码相一致。下面仍以衬衫前片为例说明线点结合的放码操作过程。

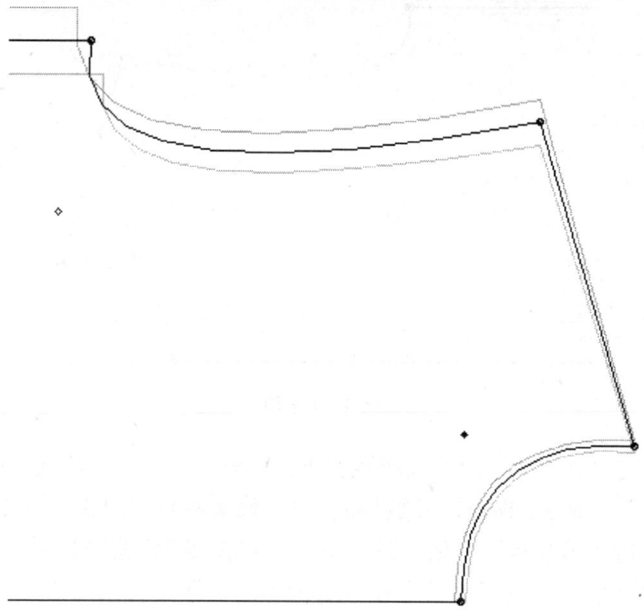

图 3－1－23

一般情况下，线点结合放码应先选择曲线进行放码，然后调整曲线的两个端点，最后再对直线进行放码。

（一）袖窿弧线放码

选择整个袖窿弧线，单击菜单【放码】→【放码资料】，输入参数如图 3－1－24 所示，放码结果如图 3－1－25 所示。在 X 轴方向，整个袖窿弧线向右移动时尺寸变小，向左移动时尺寸变大，因此【小号】输入正值，【大号】输入负值。在 Y 轴方向，整个袖窿弧线应和胸围的方向保持一致，胸围在沿 Y 轴向哪个方向移动，则袖窿沿 Y 轴也向该方向移动，若相反，袖窿和胸围的总体形状则会引发变形，读者可进行尝试。因此，Y 轴方向，【小号】为负值，【大号】为正值。

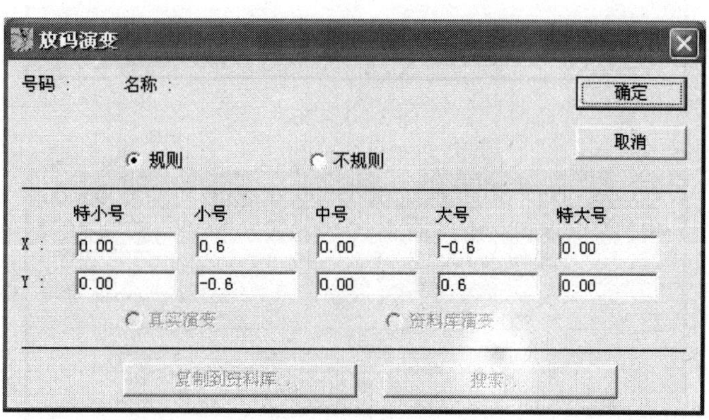

图 3－1－24

（二）调整袖窿的两个端点（袖窿点和肩）端点

虽然袖窿点及肩端点是袖窿弧线上的点，但袖窿点同时与胸围联系，肩端点同时和肩线

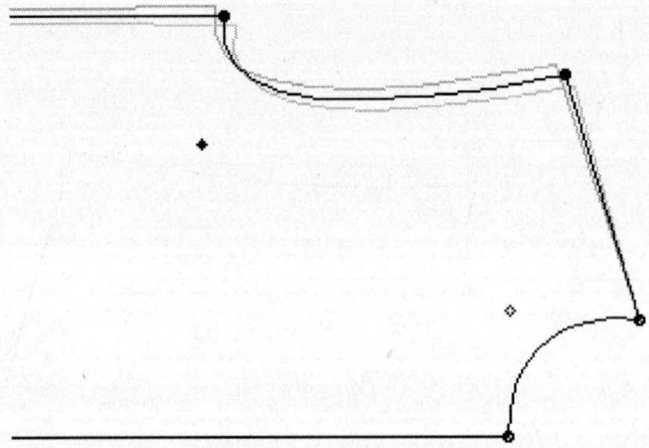

图 3－1－25

联系，因此需要将这两点的某方向的放码数值进行调整，以保持和所联系的线的放码一致。

选择袖窿点，单击菜单【放码】→【放码资料】，修改参数如图 3－1－26 所示，其目的是使该点在 Y 方向的放码值与胸围一致。选择肩点，单击菜单【放码】→【放码资料】，修改参数如图 3－1－27 所示，其目的是使该点在 X 方向不动，在 Y 方向与肩线保持一样的放码值。

读者不要以为调整两个端点后袖窿弧线的其他点会发生变化，事实上，调整这两个端点是一个独立行为，仅是这两个点的放码值发生改变，袖窿其他点的放码值是保持不变的，读者可以查看控制点的放码资料进行验证。然后调整两个端点后的袖窿弧线，放码结果如图 3－1－28 所示。

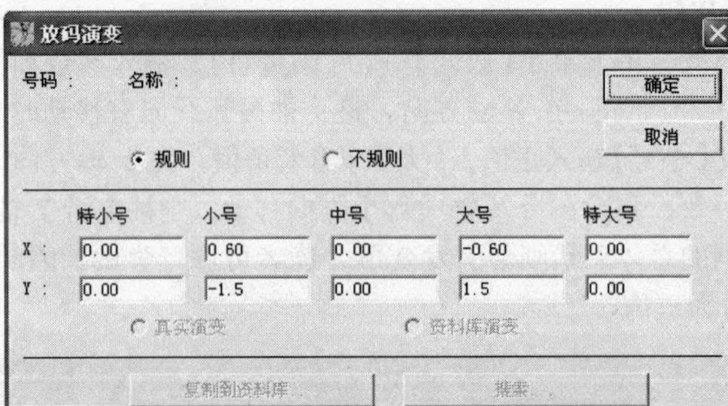

图 3－1－26

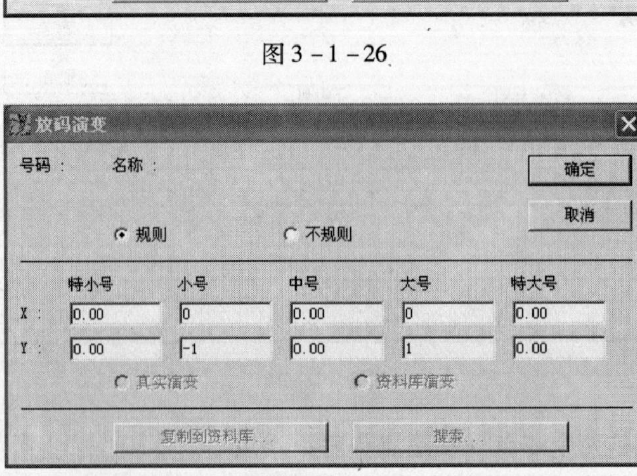

图 3－1－27

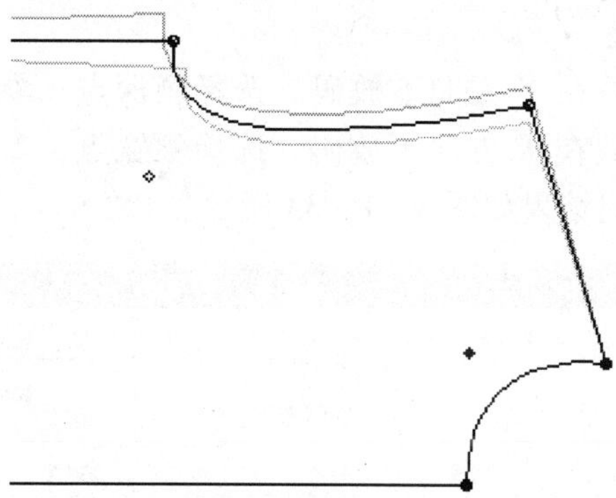

图 3－1－28

（三）领部弧线的放码

与袖窿弧线放码一样，选择整个领部弧线，单击菜单【放码】→【放码资料】，输入参数如图 3－1－29 所示，放码结果如图 3－1－30 所示。在 X 方向，整个领部弧线向右移动时领深尺寸变小，向左领深尺寸变大，因此【小号】输入正值，【大号】输入负值。在 Y 方向，整个领部弧线向下领宽变窄，向上领宽变宽，因此【小号】为负值，【大号】为正值。

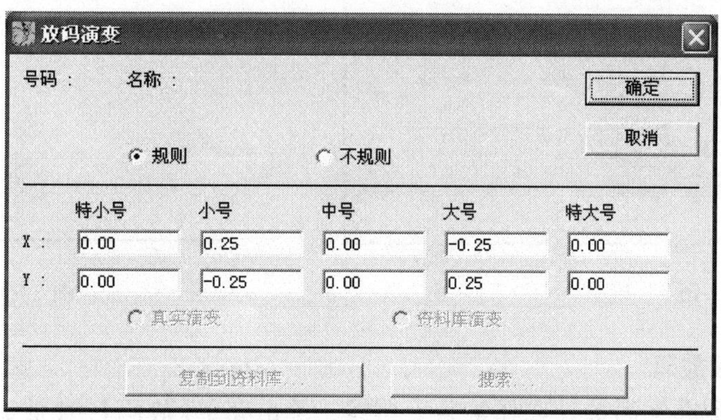

图 3－1－29

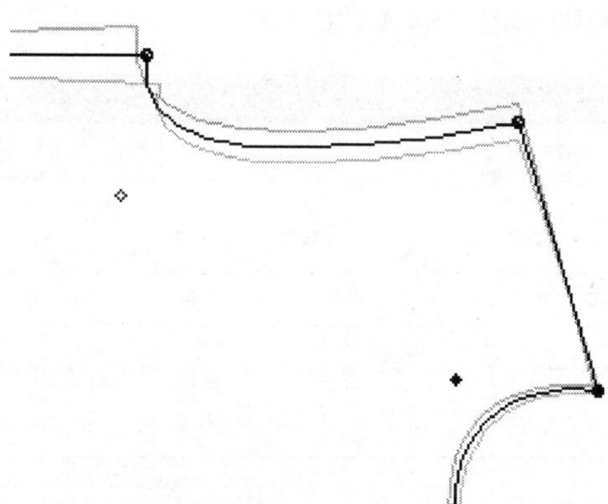

图 3－1－30

(四) 领部弧线的调整

领深点与中线相连，故在 Y 方向不放码。选择领深点，参数修改如图 3 - 1 - 31 所示。领宽点与肩线相连，故在 X 方向不放码。选择领宽点，参数修改如图 3 - 1 - 32 所示。修改后的领部弧线放码结果如图 3 - 1 - 33 所示。

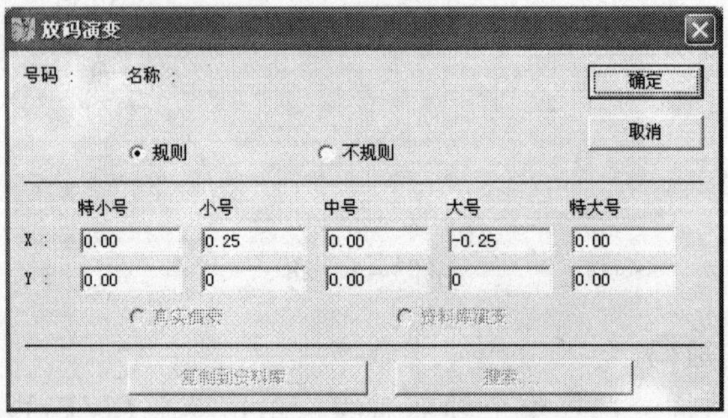

图 3 - 1 - 31

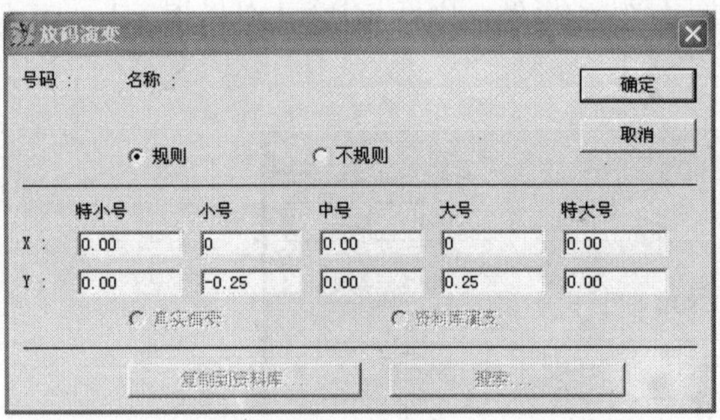

图 3 - 1 - 32

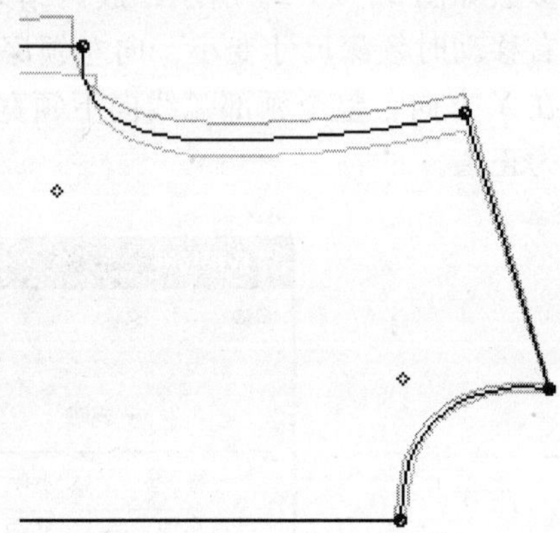

图 3 - 1 - 33

(五) 下摆线放码

下摆线的放码非常简单。选择整条下摆线，单击菜单【放码】→【放码资料】，输入参数如图 3 - 1 - 34 所示，放码结果如图 3 - 1 - 35 所示。在 X 方向，下摆线向右衣片身长缩短，向左衣片加长。Y 方向则不动，输入“0”。

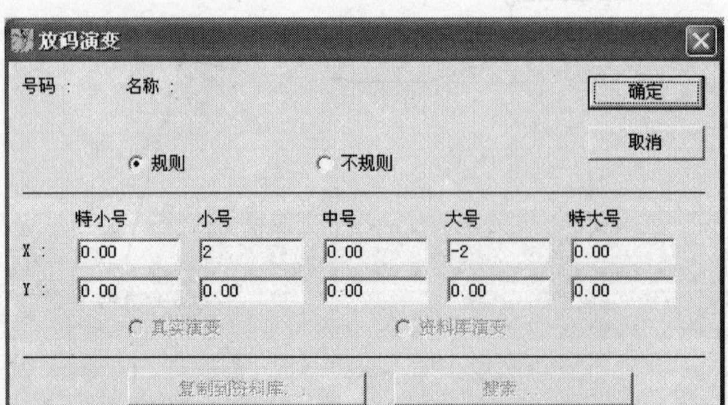

图 3 - 1 - 34

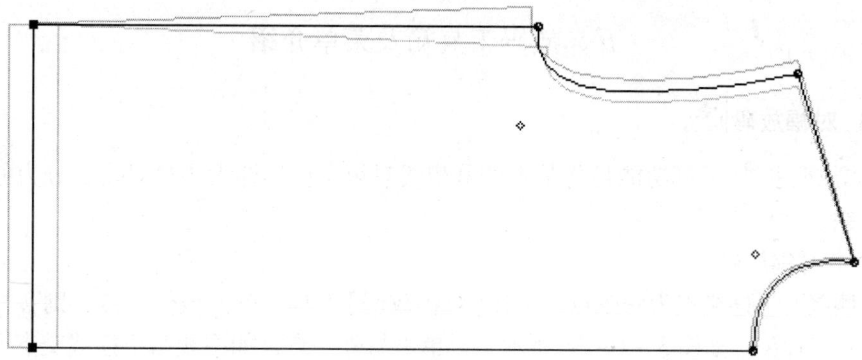

图 3－1－35

（六）调整侧缝与下摆线的交点

选择该点，单击菜单【放码】→【放码资料】，输入参数如图 3－1－36 所示，放码结果如图 3－1－37 所示。该点在 Y 方向调整放码数值与胸围放码一致，X 方向保持不变。

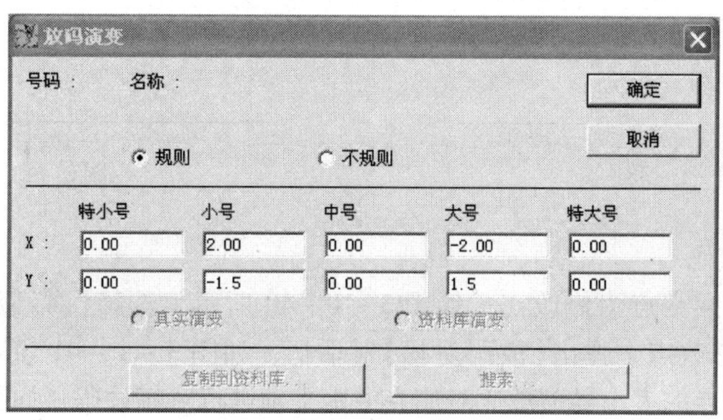

图 3－1－36

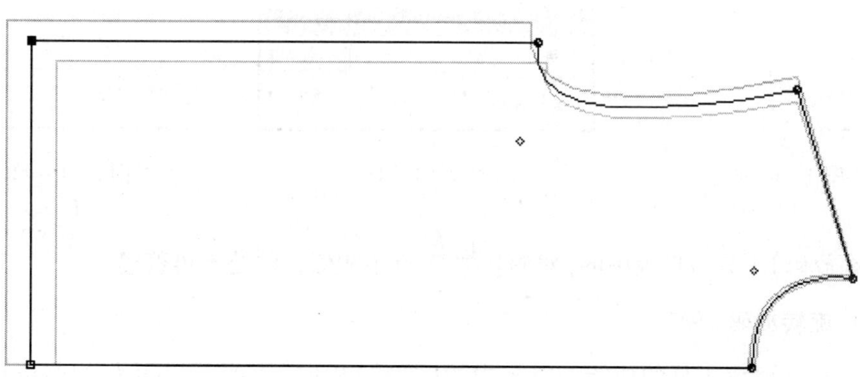

图 3－1－37

思考：两边都放的情况下如何放码？其实很简单，仍可以用点放码或线点结合放码的方式，但是有些部位的放码，如胸围、身长等，单边放码的量需要除以 2，才能使该部位整个放码的尺寸达到要求。

五、放码工具箱及菜单介绍

（一）对幅放码

【对幅放码】工具功能是将某点的号型线对幅交换，即大小号对换，分为任意对幅和精确对幅。

1. 任意对幅放码

选择侧缝与下摆交点为修改点，选择【对幅放码】工具，单击该修改点，则各号型相应位置显示圆点标记，如图3－1－38所示。再单击另外一点，如中线与下摆线交点，则先后单击的两个点形成对幅轴线，大小号型的放码点沿该轴线进行对称翻转，如图3－1－39所示。

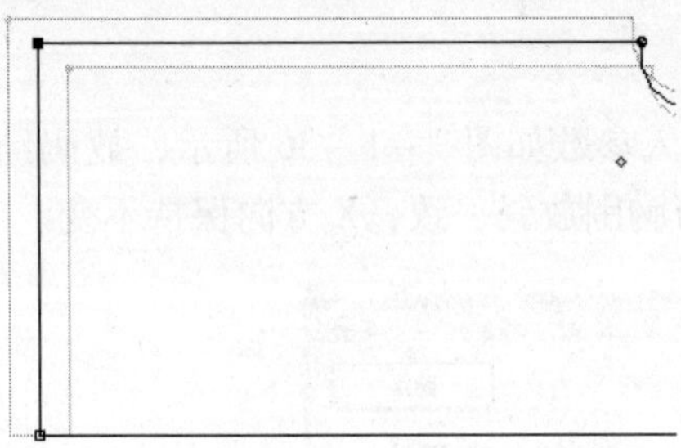

图3－1－38

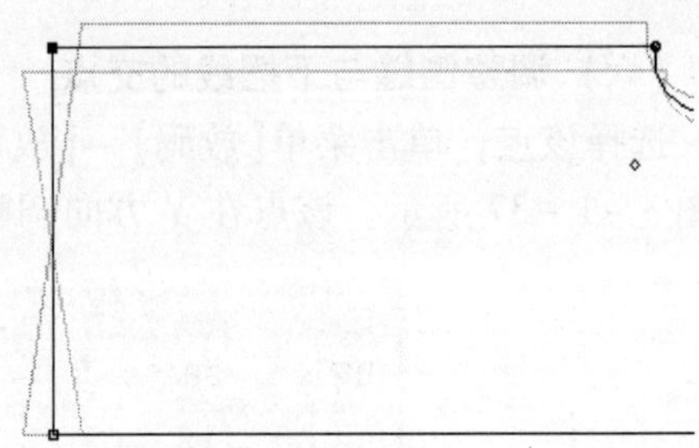

图3－1－39

2. 精确对幅放码

选择侧缝与下摆交点为修改点，如图3－1－40所示。选择【对幅放码】工具，按下【Alt】键，单击该修改点，弹出【放码对幅】对话框，如图3－1－41所示。选择【X轴】，单击确定，该修改点的大小号型放码对应点沿水平轴进行对幅放码，如图3－1－42所示。

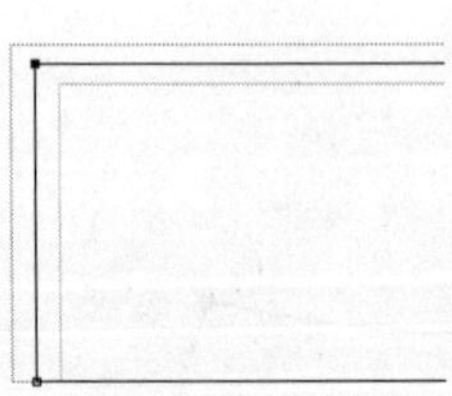

图3－1－40

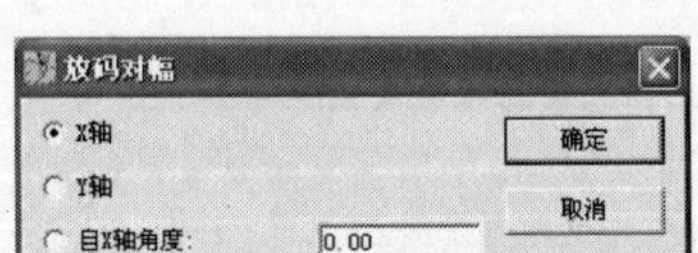

图3－1－41

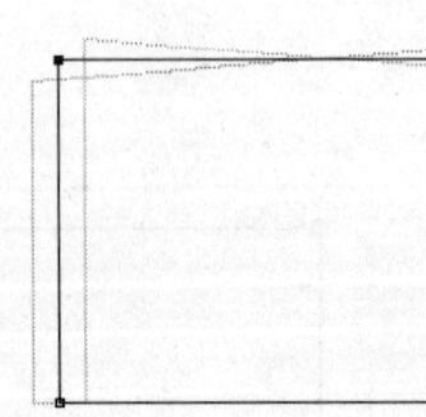

图3－1－42

【对幅放码】工具与打板中的【对幅】工具很相似，此处不再赘述。

（二）旋转放码

【旋转放码】工具的功能与打板中的【旋转】相似，可将大小号型按照选择的线段进行旋转。

1. 任意旋转

选择下摆与侧缝的交点作为修改点，选择【旋转放码】工具，先单击该修改点，再单击第二点，形成一根轴，不要松开鼠标左键，继续旋转，产生一根虚线轴，如图3－1－43所示。虚线轴到达合适位置后松开鼠标左键，结果如图3－1－44所示。

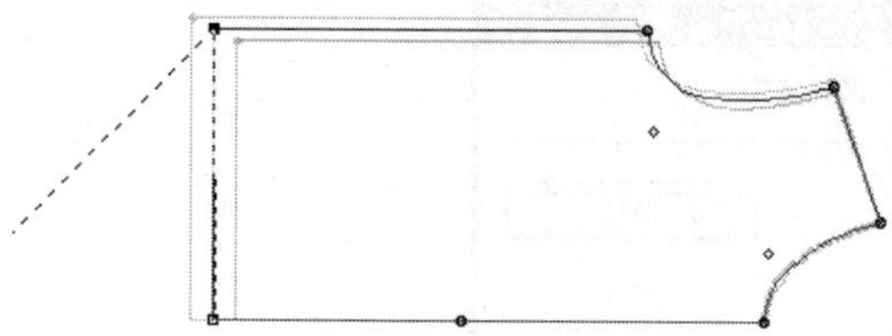

图 3－1－43

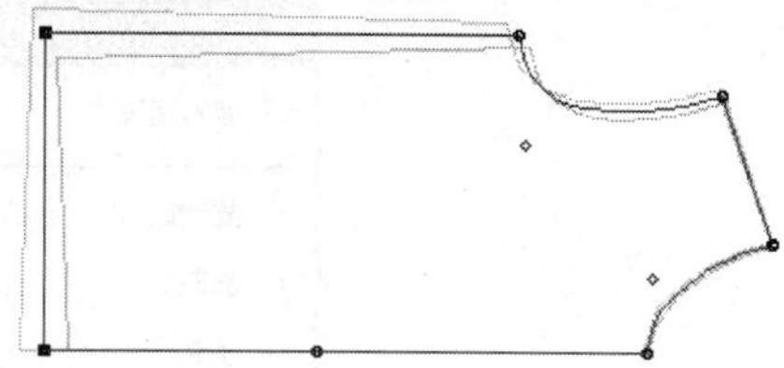

图 3－1－44

2. 精确旋转

选择修改点，如图 3－1－40 所示，选择【旋转放码】工具，按下【Alt】键，单击该修改点，弹出【放码旋转】对话框，如图 3－1－45 所示，输入相应角度，例如“45”，结果如图 3－1－46 所示。

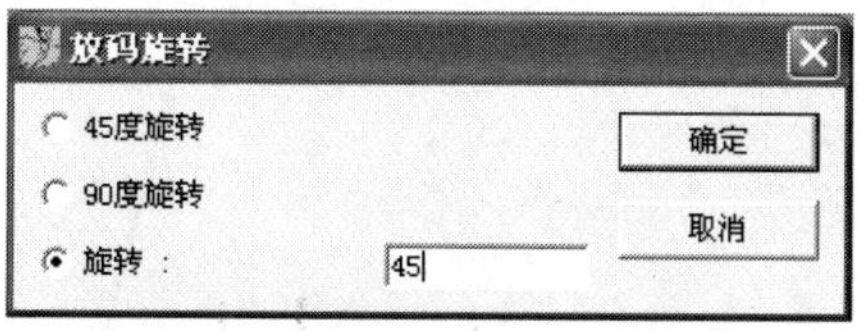

图 3－1－45

图 3－1－46

（三）复制/粘贴放码

【复制/粘贴放码】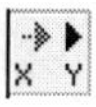工具可将一点的放码尺寸复制到另外一个点上，即可在 X 轴或 Y 轴单方向复制放码尺寸，也可两个方向同时复制放码尺寸。如图 3－1－47 所示，袖窿点已经进行放码，由于袖窿点与侧缝下摆点在胸围方向的放码尺寸一致，因此可以先选择袖窿点，再选择【复制/粘贴放码】工具，再单击袖窿点，弹出【复制/粘贴放码】对话框，如图 3－1－48 所示，勾选【复制 Y】，单击【确定】按钮，再单击侧缝下摆点，完成 Y 轴方向的放码复制，如图 3－1－49 所示。

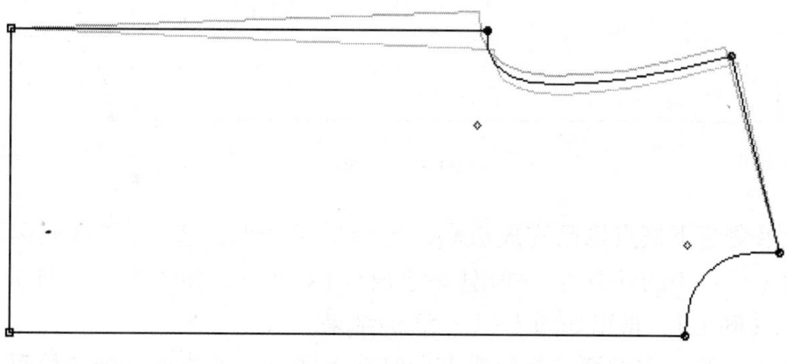

图 3－1－47

（四）渐进放码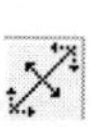

【渐进放码】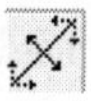工具是将两个已放码点之间的所有点进行一次性放码。如图 3－1－50

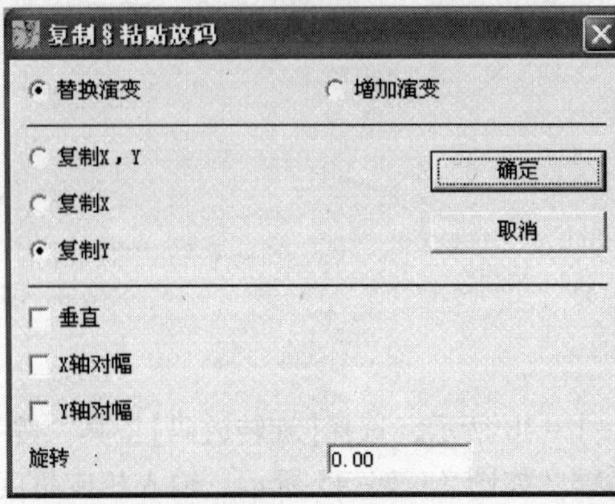

图 3－1－48

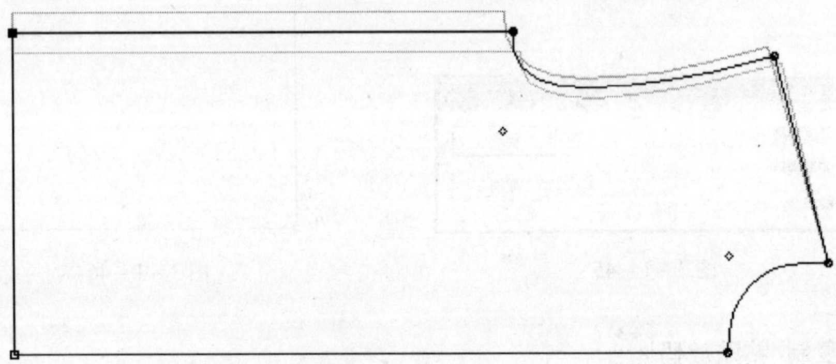

图 3－1－49

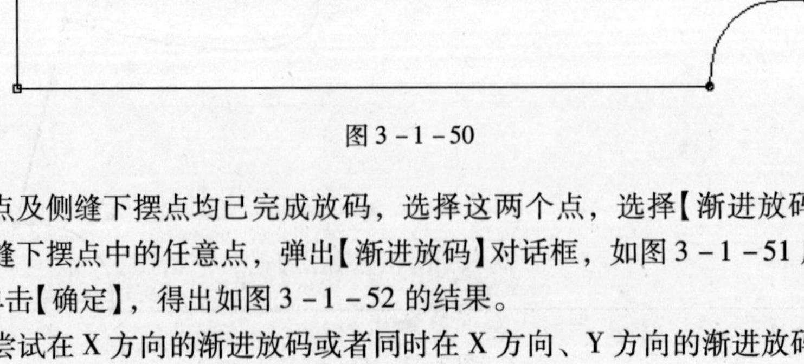

图 3－1－50

所示，袖窿点及侧缝下摆点均已完成放码，选择这两个点，选择【渐进放码】工具，单击袖窿点及侧缝下摆点中的任意点，弹出【渐进放码】对话框，如图 3－1－51 所示，选择【Y内】选项，单击【确定】，得出如图 3－1－52 的结果。

读者可尝试在 X 方向的渐进放码或者同时在 X 方向、Y 方向的渐进放码。

（五）平均放码

【平均放码】工具可平均分配多个点在某个方向的放码数值。如图 3－1－53 所示，选择

图 3－1－51

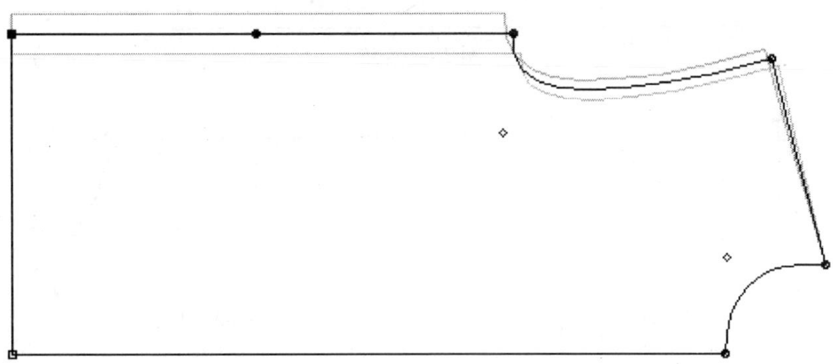

图 3－1－52

已放码和未放码点，选择【平均放码】工具，单击袖窿点，再单击侧缝下摆点，弹出【平均放码】对话框，如图 3－1－54 所示，选择【Y 内】，单击确定，得到如图 3－1－55 的结果。针对本例，其作用是将袖窿点和侧缝下摆点之间所有点的放码变成从左到右的平均增长的形式。

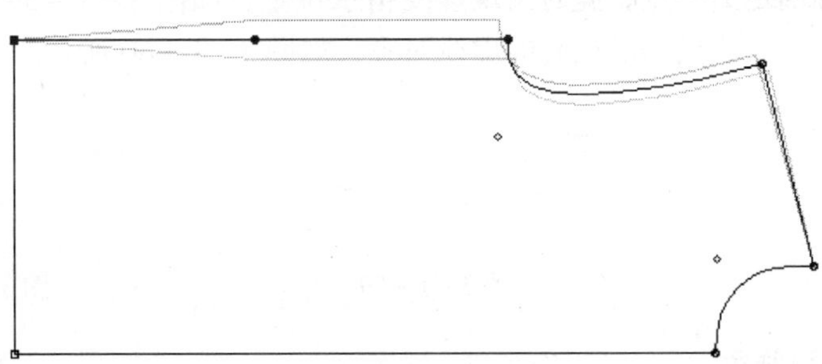

图 3－1－53

图 3－1－54

（六）操作放码

【操作放码】可任意调整指定点的不同号型的放码纵横向值。选择修改点，选择该工具，单击所选择的修改点，则该点所对应的其他号型点显示，可单击这些号型点进行手工调整，如图 3－1－56、图 3－1－57 所示。

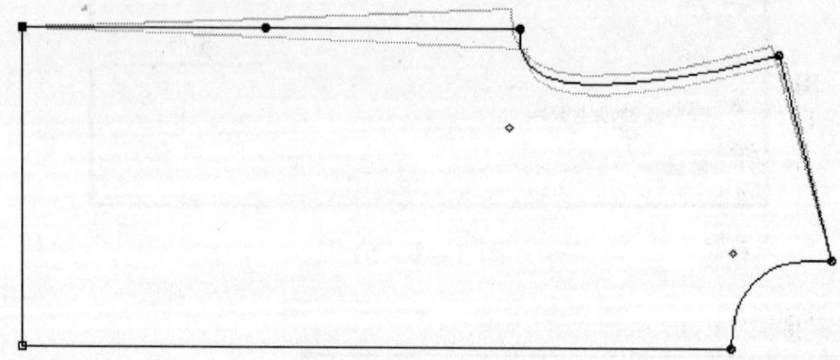

图 3－1－55

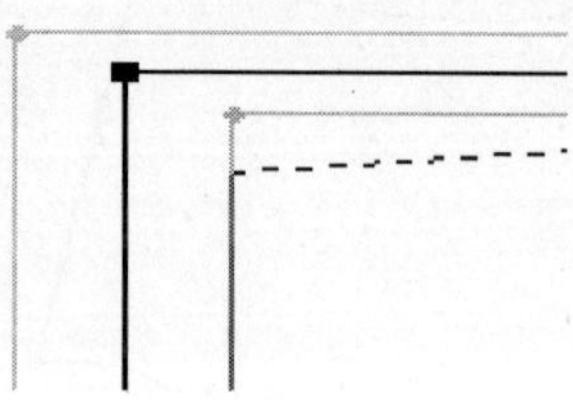

图 3－1－56

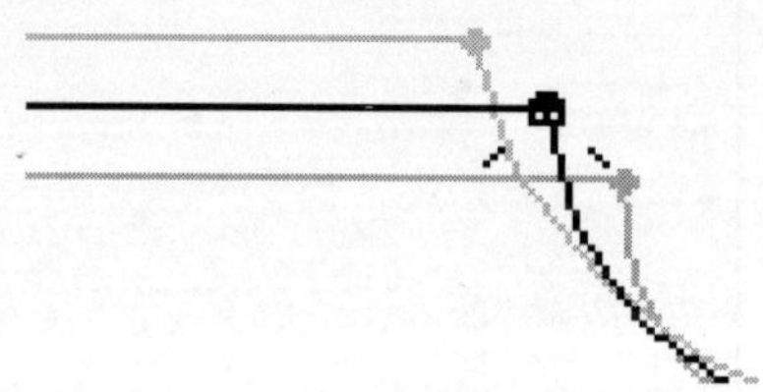

图 3－1－57

（七）对齐放码

【对齐放码】工具可使某点所对应的不同号型点在某个方向对齐。选择修改点，选择该工具，单击所选择的点，则其他号型对应点显示，如图 3－1－58 所示。可任意单击另一点并移动鼠标确定另一点，此时出现虚线指示位置，如图 3－1－59 所示。松开鼠标后，此点的不同号型对应点均沿最终的虚线对齐，如图 3－1－60 所示。

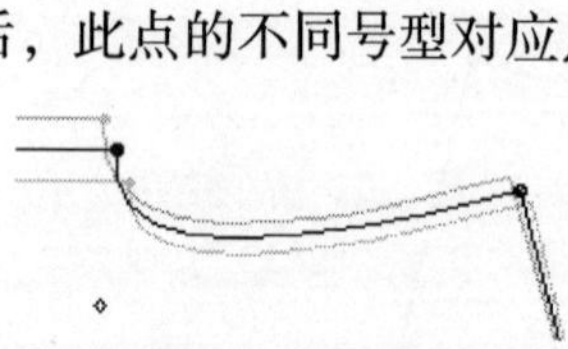

图 3－1－58

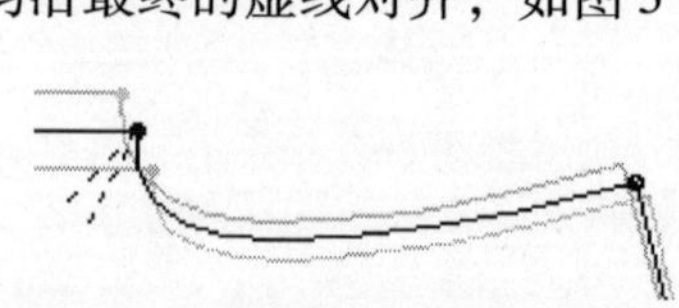

图 3－1－59

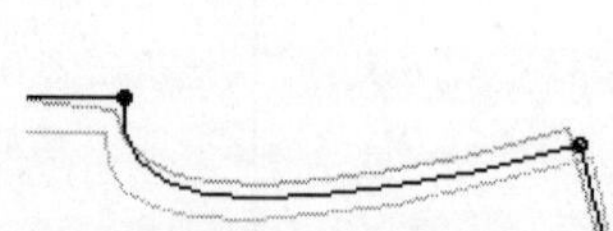

图 3－1－60

（八）改变放码颜色

选择菜单【选择】→【设置】→【颜色】，弹出如图 3－1－61 所示的【跳码和颜色】对话框，可设置各个号型的颜色。

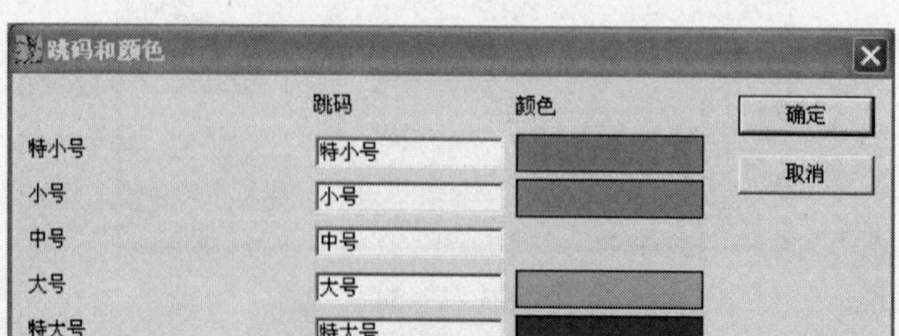

图 3－1－61

第二节　排 料 系 统

一、排料前准备

排料前的准备分为三个步骤：设定样片、放缝头及放码。

（一）设定样片

选择整个衣片图，选择菜单【处理】→【设定样片】，弹出如图 3－2－1 所示的【设置样片】对话框。该对话框中，【纸样号码】可按照企业对样片的编码进行任意输入，【样片名称】可输入对该纸样的介绍性词语。【说明】、【样片代码】、【参考代码】是说明性内容，可以不输入，也可以输入，根据实际要求决定即可。【剪切数量】指衣片的裁剪件数，右侧有两个选项，【单片】指该衣片为一片，【配对的】指该衣片是左右两片。该选项是必须选择的条目，本例中对衬衫前片进行设定，因此选择【配对的】，裁剪数量为 1 件。【面料】也是排料前必须输入的条目，其决定了该款式分配到哪个床次。本例输入“斜纹”。【设置样片】中的其他选项本书在讲述模板时已经介绍，此处不再赘述。

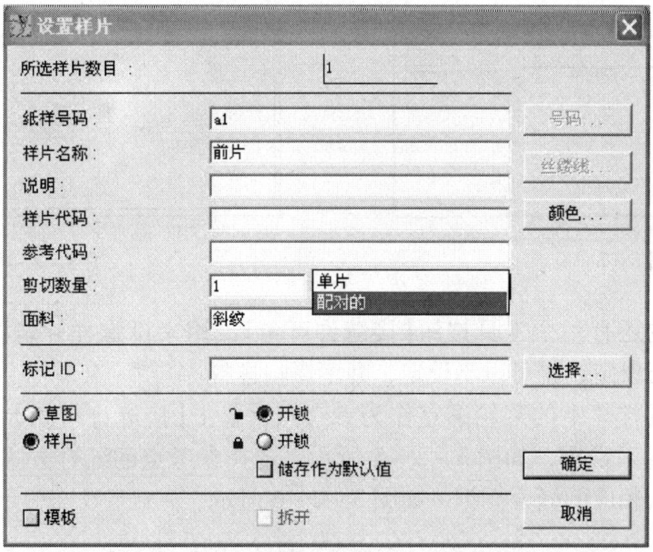

图 3－2－1

将以上各项填写好后，单击【确定】按钮，完成对样片的设定。此时工作区没有任何变化，需切换到样片显示视图，观察设定的样片。

选择菜单【显示】→【样片显示】，工作区切换到样片显示视图。此时刚设定的样片显示出来，如图 3－2－2 所示。其中左边样片为原样片，右边图形为设定的样片。只有在样片显示视图中出现设定的样片，才说明样片设定是正确的，否则需要重新设定样片。

这里需要说明一下，派特打板系统为我们提供了三种视图，第一种是草图显示，即上一章介绍打板时所使用的视图，也可称为打板视图。第二种是放码视图，上一章也对此做了介绍。第三种是样片显示视图，即刚介绍的显示设定样片的视图。这三种视图可同时选择，也可单独选择其中一个或其中两个，读者可以在【显示】菜单中进行不同视图组合的尝试，前提是需要完成放码和设定样片，这样才能体会三种视图的功能。图 3-2-2 所示就是【草图显示】及【样片显示】同时选择的结果，左图是打板草图，右图是设定样片后的样片图。

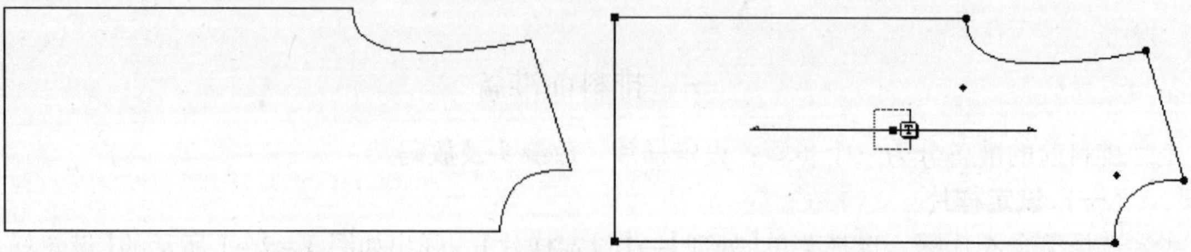

图 3-2-2

（二）加缝许可度和接缝许可角

排料前，必须考虑缝耗，因此需要进行放缝头。将视图切换到【样片显示】视图，选择设定好的样片，单击【加缝许可度】，单击图 3-2-2 中右图样片轮廓上的任意一点，弹出【缝口特征】对话框，如图 3-2-3 所示。在【数值】文本框中放缝头的量，如“1”，单击【确定】按钮，结果如图 3-2-4 所示。

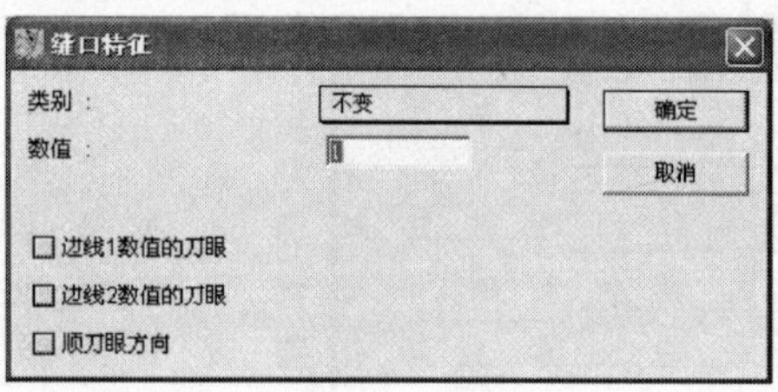

图 3-2-3

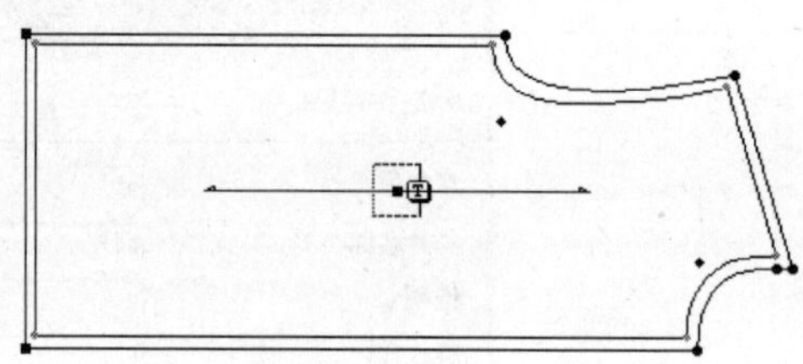

图 3-2-4

与排料有关的还有一个工具按钮【接缝许可角】，用来设定样片转折点的缝合方式。可以在排料前进行设定，也可以不设定，并不影响排料。

选择设定好的样片上的某轮廓点作为参考点，单击【接缝许可角】，单击该参考点，弹出【缝口角特征】对话框，如图 3-2-5 所示。选择参考点的缝合方式，单击【确定】按钮，参考点处加上相应的缝合标记，如图 3-2-6 所示。

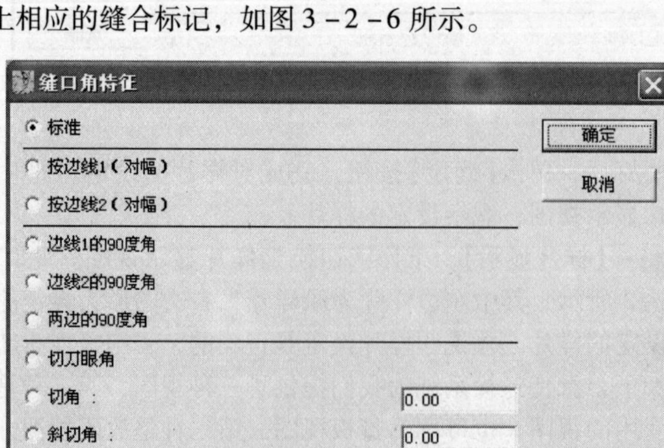

图 3-2-5

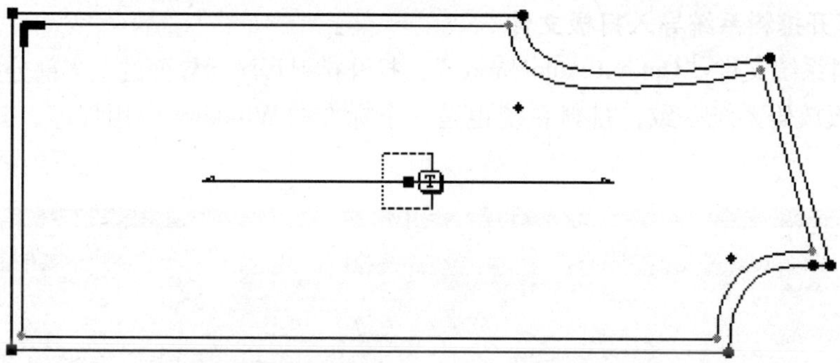

图 3-2-6

（三）放码

第三个必须准备的工作是放码。相关知识在上一节已做介绍，请读者参照学习。

二、自动排料

为了讲述清楚，本节以上一章的打板实例简单衬衫为例，介绍自动排料的一般过程。

（一）准备工作

将衬衫前片、后片、袖片绘制好，依次进行放码，放码号型数为“3”。然后进行样片设定，统一输入面料为“斜纹”，选择“配对的”，放缝头统一为 1cm，设定结果如图 3-2-7所示。

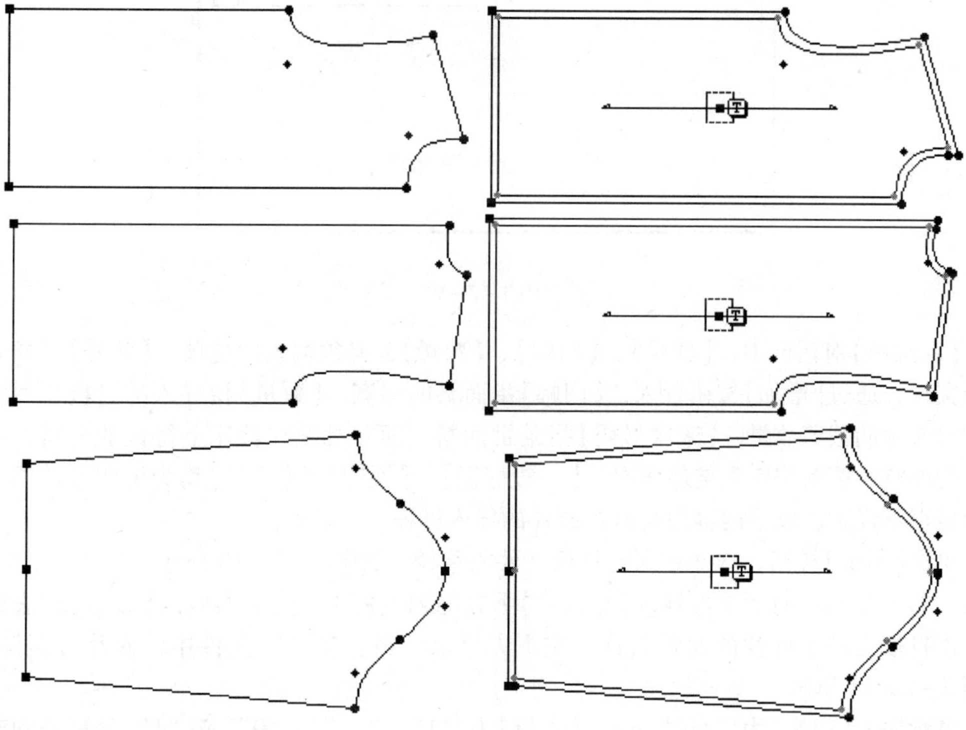

图 3-2-7

（二）打开排料系统导入打板文件

双击排料系统文件“Opticut AutoMarker”，打开排料程序，界面的上半部分如图 3－2－8 所示。与打板放码系统一致，排料系统也是一个标准的 Windows 应用程序，其构成此处不再赘述。

图 3－2－8

选择菜单【档案】→【新】命令，打开如图 3－2－9 的【新排料】对话框。

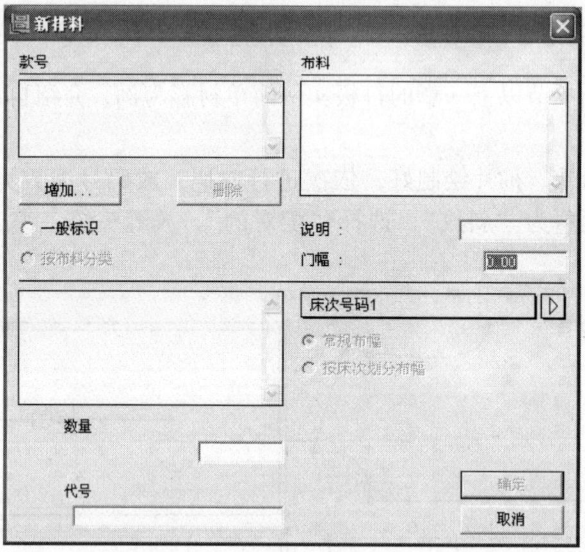

图 3－2－9

【新排料】对话框中，【款号】、【门幅】、【数量】是必须输入的选项。【款号】是导入的打板文件，通过【增加】按钮导入，【门幅】指面料的幅宽，【数量】指导入的打板文件中各个型号衣片的裁剪数量。【床次号码】指某批面料，即一批摆在裁床上待裁的面料。可单击右面的空心箭头按钮来增加床次。【一般标识】、【说明】及【代号】均为说明性选项，可设置也可不设置。以下内容为对衬衫衣片的导入过程。

单击【增加】按钮，选择导入的打板文件的路径，如图 3－2－10 所示。单击【打开】按钮后“衬衫排料”打板文件导入到【款号】下方的列表框中。同时右侧的【布料】列表框中显示该打板文件中样片的面料名称，左下方显示“衬衫排料”文件中的衣片号型情况，如图 3－2－11 所示。

继续输入【门幅】为“110” cm，【数量】为“1”，“－1”、“0” 及 “1” 号型分别对应代号为“S”、“M” 及 “L”，如图 3－2－12 所示。

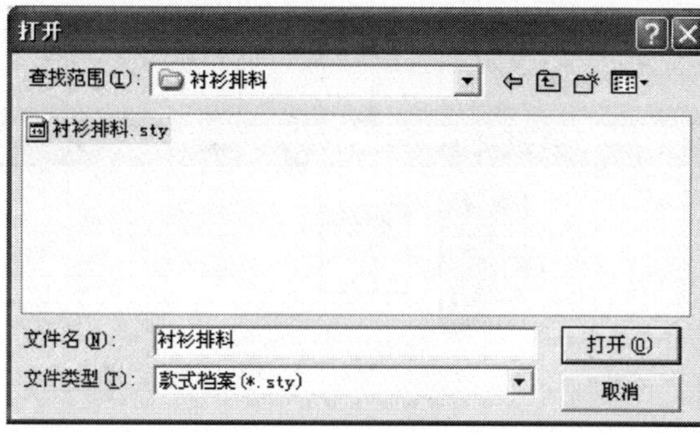

图 3－2－10

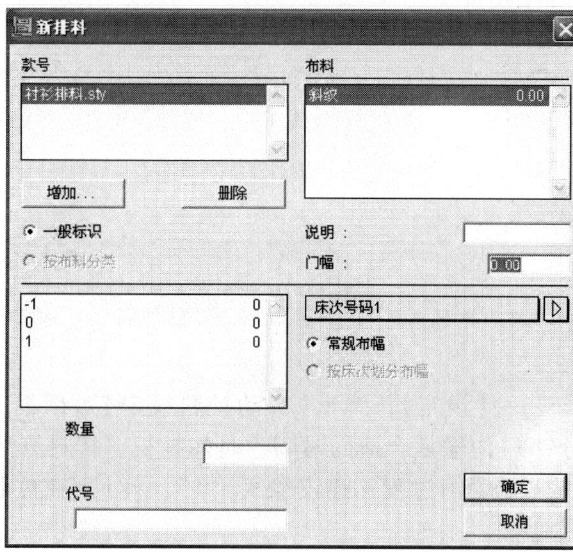

图 3－2－11

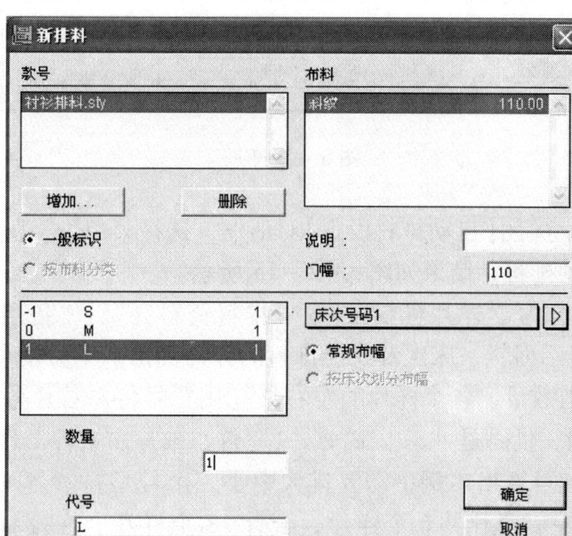

图 3－2－12

单击【确定】按钮，进入排料系统的工作窗口，如图 3－2－13 所示。

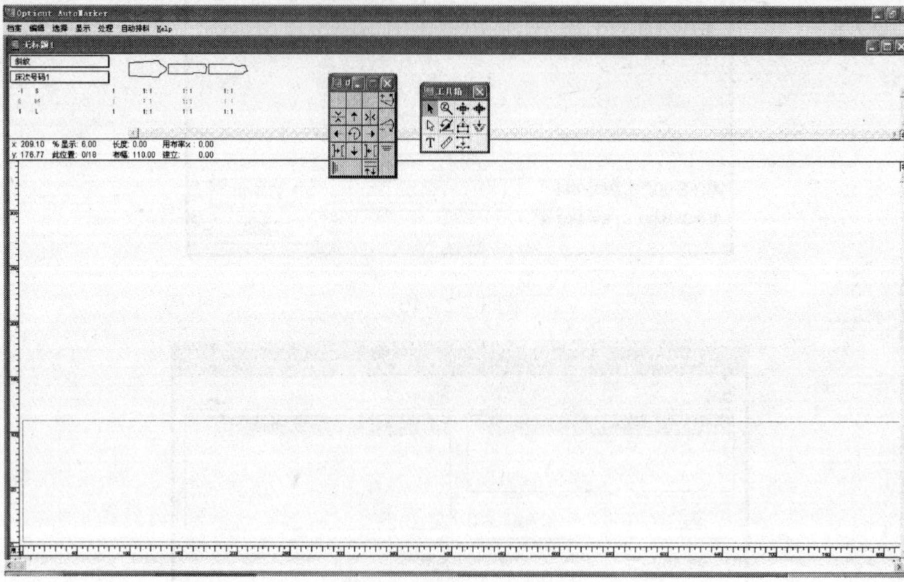

图 3－2－13

（三）自动排料

选择菜单【自动排料】→【设定】，弹出【自动排料设定】对话框，如图 3－2－14 所示，在【允许时间（分钟）】内输入合适的时间。时间越长，排料算法越好，越能生成好的排料图。由于读者是开始学习过程，建议输入“1”，【处理速度】选择中速，以节省时间。

图 3－2－14

单击【确定】按钮，关闭【自动排料设定】对话框，选择菜单【自动排料】→【自动】，系统对衬衫衣片进行自动排料，结果如图 3－2－15 所示。

图 3－2－15 中，分为“样片资料区”、“排料资料区”、“备用区”及“排料区”。“样片资料区”上方显示面料、床次及所要排料的样片图形。下方的数字从左到右依次为号型、号型代码、裁剪数量、各个样片的左右片（用冒号将左右片分开表示）。例如，第一行表示“－1”号型，代码是“S”，裁剪“1”件，袖片左右各 1 片，后片左右各 1 片，前片左右各 1 片。由此可算出本例中需要排大中小三个号型衬衫各 1 件，每一件中有左右袖片、左右后片、左右前片共 6 个样片，合计 18 个样片。在排料区也可显示出共有 18 个样片参与排料。

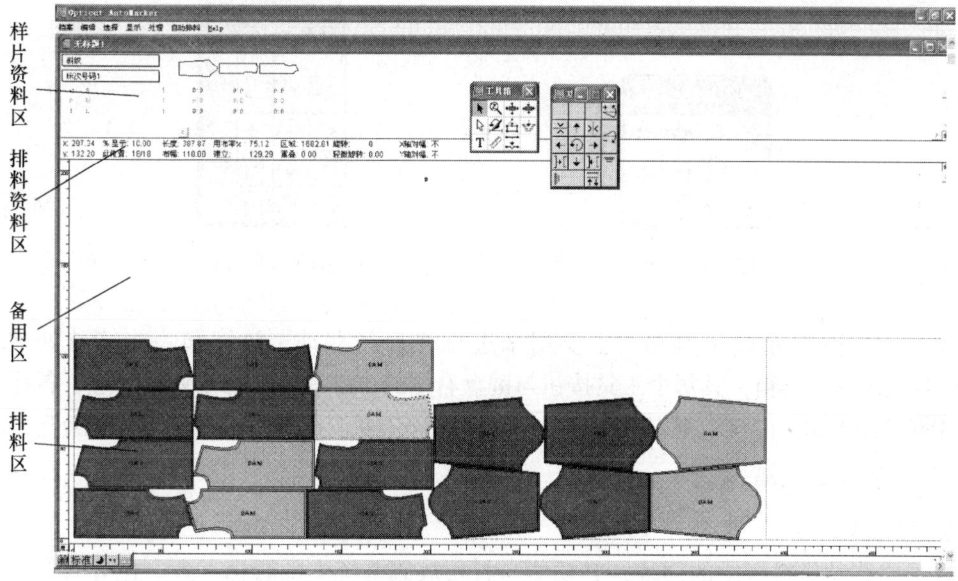

图 3－2－15

“排料资料区”显示排料的一些信息，具体含义见下表。

排料信息表

名　称	含　义
【X】【Y】	鼠标的即时位置
【显示】	当前排料区的放缩比例
【长度】	排料所用的面料长度
【用布率】	排料的用布百分率
【此位置】	当前排料的样片总数，如 15/18 表示共有 18 个样片，已排 15 个样片
【布幅】	排料面料的门幅
【建立】	估料及单位长度（米）的用布率
【区域】	排料样片的面积
【旋转】	某个样片的旋转角度
【重叠】	某个样片的重叠情况
【轻微旋转】	某个样片的轻微旋转角度
【X 轴对幅】	某个样片是否进行 X 轴对幅，选项为“是”或“否”
【Y 轴对幅】	某个样片是否进行 Y 轴对幅，选项为“是”或“否”

“备用区”可临时将排料区的一些样片移动到此，以便更好地观察排料区。

“排料区”显示各个参与排料的样片的位置、形状和编号。其中每个号型的衬衫分别用不同颜色表示，每个样片的编码格式为“号型数字编码”＋“第几款”＋“号型字母编码”，如显示区的“1AL”样片，表示“大号（数字）”＋“款式号”＋“大号（字母）”。

三、手 工 排 料

自动排料虽然可以方便地由系统给出排料图，但是往往并不能达到理想的用料率，因此需要手工进行排料。手工排料主要依靠两个工具箱完成，如图 3－2－16、图 3－2－17 所示。

图 3－2－16

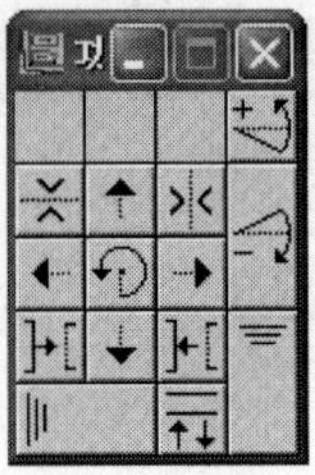

图 3－2－17

图 3－2－16 是系统工具箱，主要用来进行样片的移动、放缩和一些特殊处理。图 3－2－17是键盘工具箱，其每个工具按钮与键盘右侧的小键盘中的每个键相对应，鼠标单击按钮和键盘按下相应的键效果是一致的，但有时必须依靠按下键盘的对应键，才会起作用。

（一）系统工具箱

1. 游标 

选中或移动排料区中的样片，其功能与打板放码系统中的游标一致，也分为任意移动和精确移动（【Ctrl】+【Alt】+游标），此处不再赘述。

2. 放大/缩小 

该工具与打板放码系统中的一致。

3. 虚位样片 

该工具用于在样片或样片组周围增加虚位值，以便与其他衣片保持一定的距离。选择该工具，单击排料区中的一样片，弹出【虚位】对话框，如图 3－2－18 所示，在【周围】文本框内输入虚位边界值，在样片周围将设定一个虚位边界，可以与其他样片保持距离。图 3－2－19 是【周围】设置为“1”时的虚位样片。图 3－2－20 是【左边】、【右边】、【顶边】及【底边】分别设置为 1、2、3、4 时的虚位样片。如果要撤销虚位，将【虚位】对话框中的数值设定为“0”即可。

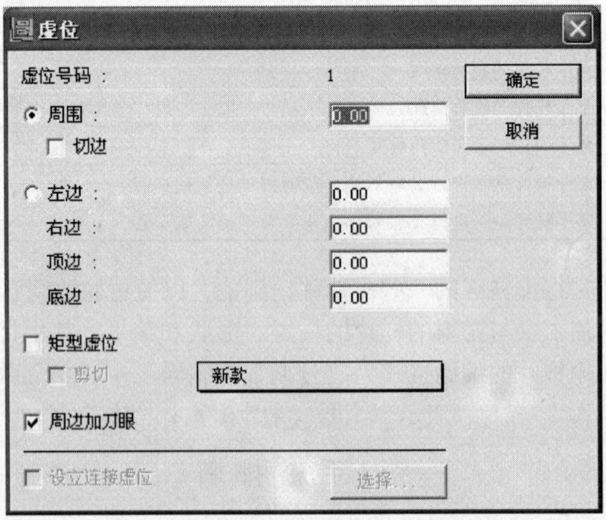

图 3－2－18

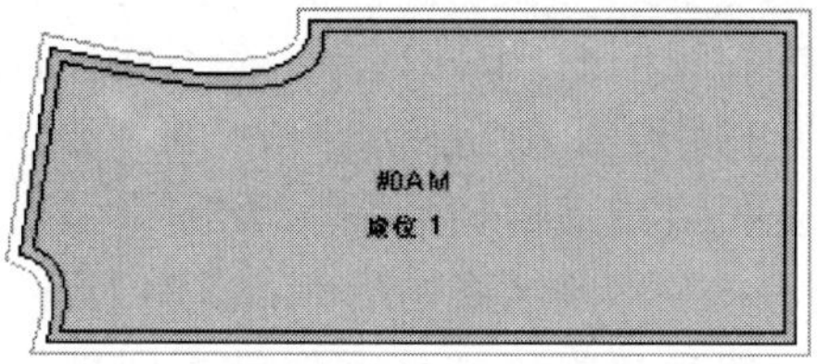

图 3－2－19

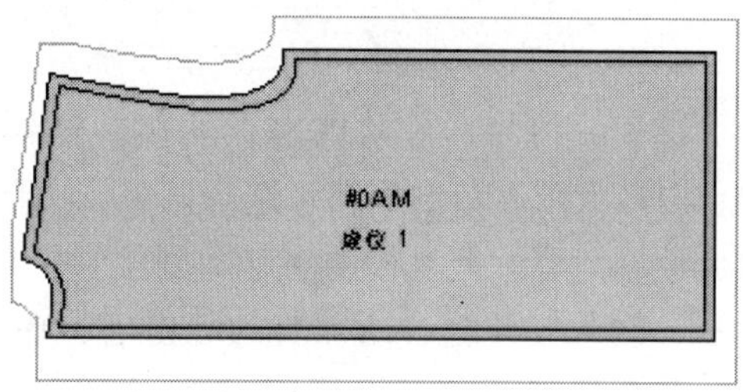

图 3－2－20

4. 两衣片大改小 

该工具用于重叠两块样片。排料时，如果两个较小衣片仅需要单数，如一个床次中有10层面料，5层中需要A样片，另5层中需要B样片，若排料图中均给出A样片及B样片的位置，则会裁剪出10个A片和10个B片，造成不必要的浪费。为避免这种情况，可将A片及B片进行重叠，裁剪时将重叠区域裁剪，再修成5个A片和5个B片，这样可以节省一定的面料。

选择该工具，单击大改小的第一块样片，再单击第二块样片，弹出【大改小位置】对话框，如图3－2－21所示，选择合适的位置排列方式，如X方向与Y方向都沿中心线对齐，单击【确定】后形成两个衣片的重合，如图3－2－22所示。

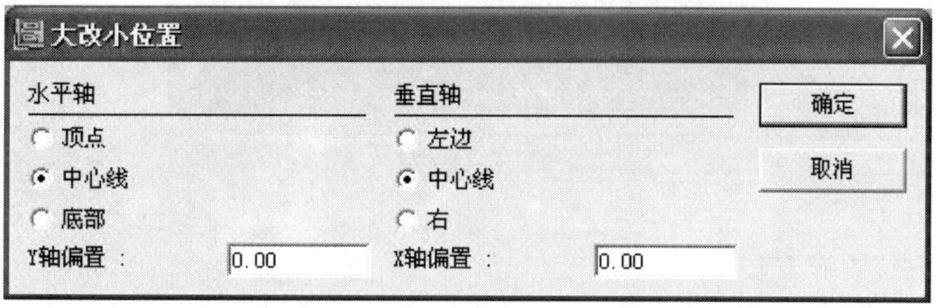

图 3－2－21

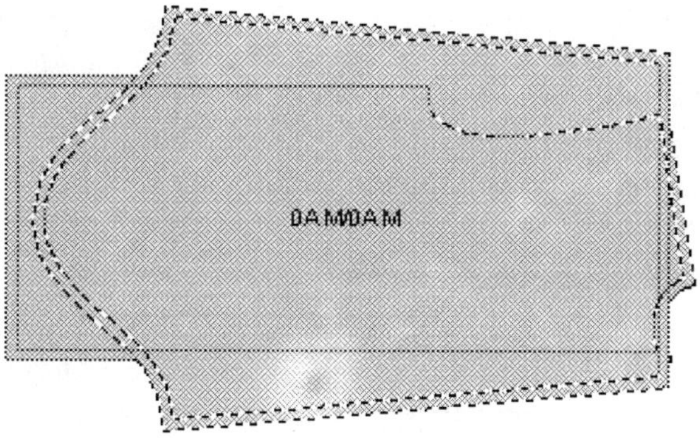

图 3－2－22

5. 磁标 

选中该工具，则最近选过的衣片如A样片被吸在游标上，无论再选择任何其他衣片，实际上选择的都是A样片。这样可以对吸上的固定样片进行操作，避免影响到其他样片。

6. 用角度切割

该工具可将样片从单击点切割。这样可在必要时将样片分成两部分，在不同位置排放，以最大限度节约用料。选择该工具，单击样片的切割处，此时出现水平线，可不要松开鼠标左键，继续上下移动确定切割位置。松开鼠标，弹出【缝份值】对话框，如图 3－2－23 所示，输入样片缝合所需要的缝份值，单击【确定】，样片切割结果如图 3－2－24 所示。

若要取消切割，可同时选中被切割部分删除，然后再将该衣片重新排入到排料区即可。

图 3－2－23

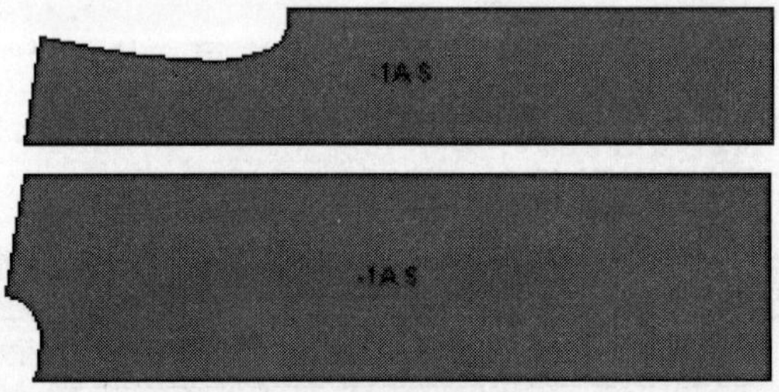

图 3－2－24

7. 修改虚位边缘

该工具用于修改现有的虚位式样。选择该工具，单击已设定虚位的样片，则显示出虚位的各个关键点，此时可对点进行拉动修改，改变虚位的形状和大小，如图 3－2－25 所示。

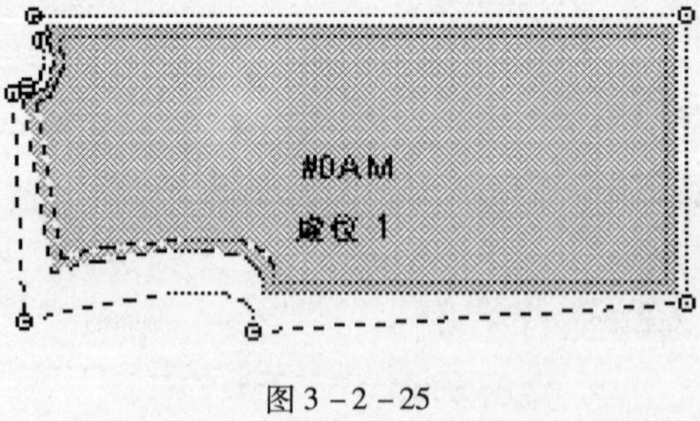

图 3－2－25

8. 填空

该工具用于自动将未排衣片填补到排料区的空白区域。当将排料区的衣片删除后，样片资料区的相应衣片将改写为未参与排料状态，即从 0 改为 1。如图 3－2－26 所示，样片资料区冒号左右为 0 的表示该衣片已参与排料，为 1 的表示还未参与排料。此时选择

【填空】工具，在排料区的空白处绘制矩形区域，系统将会自动在这些未参与排料的样片中挑选最合适的填入到排料区的空白区域。该工具很适合往排料区内自动插入一些小配件。

进一步，图 3－2－26 中冒号左右也可以为负值，当单击为“0”的数字，则该数字变为“－1”，同时排料区内增加一片该样片。这个过程称为“借衣片”，即增加的样片不是该排料文件中的实际样片，仅是借用的，目的是观察借用一个样片或多个样片后排料能否提高用布率，以确定如何改进排料方法。在“－1”上继续单击，还可以借用 2 片、3 片样片。需要归还时，只需在排料区中删除借用的样片即可。

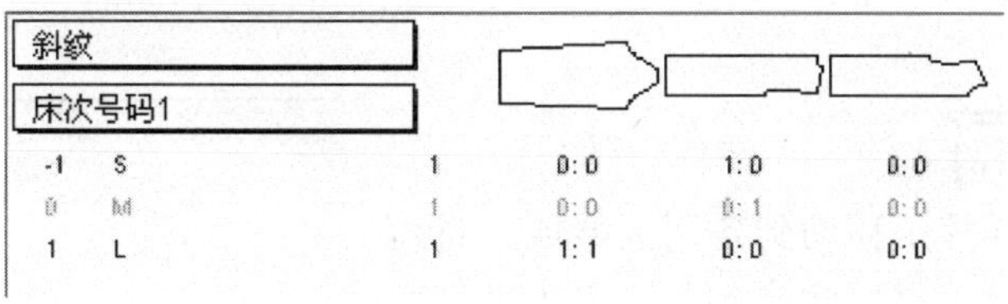

图 3－2－26

9. 注释

该工具与打板放码系统中的一致。

10. 量度

该工具与打板放码系统中的一致。

（二）键盘工具箱

1. 水平对幅

该工具用于将排料区中的所选样片水平翻转。

2. 垂直对幅

该工具用于将排料区中的所选样片垂直翻转。

3. 上移、下移、左移、右移

该工具将所选择的样片上下左右移动。

4. 旋转

该工具用于将所选择样片进行旋转。

5. 顺时针方向轻微旋转、逆时针方向轻微旋转

该工具用于将选择样片按照顺时针或逆时针轻微旋转，旋转角度不超过 ±1°。

6. 滑动衣片

该按钮对应小键盘的【0】键，必须通过键盘操作才有效。按下“0”键不放，选择排料区样片时，则直线定位滑动该样片。

7. 推动样片

该按钮对应小键盘【Enter】键，可强制将两个样片进行叠放。操作方法是：选择样

片，移动到另一样片上，此时按下小键盘【Enter】键，松开鼠标，两个样片被强制重叠放置。

8. 间隙

设立两样片之间的间隙。当采用上下左右移动键将样片移动时，可继续使用该工具微调样片的空隙。

9. 重叠

设立两样片之间的重叠。当采用上下左右移动键将样片移动时，可继续使用该工具微调样片的重叠。

10. 备用区域

用于将样片或样片组移动到备用区域或从备用区域返回到排料区域。需要注意的是，备用区域必须显现出来后该工具才能有效。方法是：单击备用区域右侧的双向空箭头向下移动，底部出现黑色粗线条时，备用区域则为有效状态，如图 3－2－27 所示。

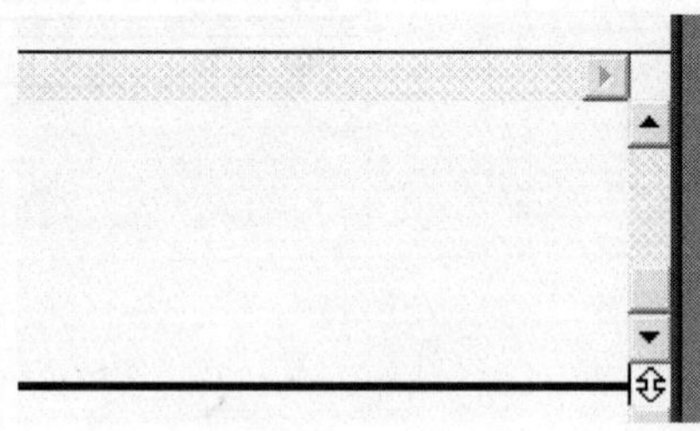

图 3－2－27

第三节　三维试衣系统

三维试衣系统是派特系统的一个特色，可使用户从计算机中观察所制板型的模拟穿着状态，避免实际打板试衣环节，节省了时间和费用。

到 PAD4. 0 学习版本后，系统未列入三维试衣模块。但三维试衣作为以前版本的重要特色，读者还是应该对此进行有个初步了解。因此本节以 PAD3. 7 学习版为例，简单介绍三维试衣系统的用法。

要想将打板文件中的各个样片缝制并穿着到计算机人台上，必须经历以下步骤：打开三维试衣系统→导入样片→进行缝合→进行定标记（订钉子）→设定各种参数→模拟显示→模拟参数设定调整。

一、工具箱介绍

（一）游标、放大/缩小、对幅、旋转、X、Y向定位

这些工具与打板系统功能一致。

（二）加点

在没有设点的地方加点，可在模拟中制造更逼真三维效果。

（三）加参考点（钉钉子）

该工具用于确定二维、三维的特定位置，与参数设置对话框的参考标记相配合使用，以准确固定衣片到人台上。

（四）制造折叠线

该工具用于确定二维、三维的折叠线（翻边）。

（五）缝纫样片（组合）

这是关键的命令，显示三维样品前必须缝合衣片，才能正确模拟三维效果。

（六）尺子

该工具与打板系统一致。

（七）连接样片

该工具将大样片与大样片连接，如将口袋等连接到样片上。

（八）花纹吸取工具

该工具从二维式样的样片提取颜色和花纹。

（九）花纹填充

该工具从颜色和花纹视窗提取颜色和花纹填入式样。

（十）移动花纹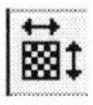

该工具用于移动样片的花纹。

（十一）花纹旋转

该工具用于任意在两点确定的半径旋转样片的花纹。

二、试衣模型对话框

模型选项对话框如图 3－3－1 所示，是试衣的关键设置，可根据实际选择。

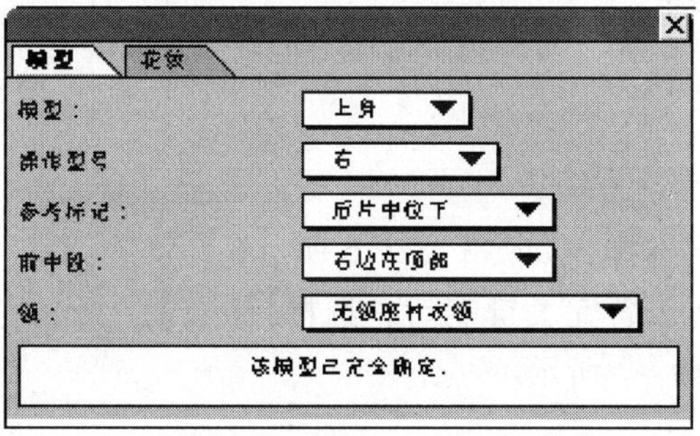

图 3－3－1

（一）原型选择

一定要根据自己设计的服装种类，选择【上身】、【裙】、【裤子】中的一种，如图 3－3－2 所示。

（二）操作型号

【操作型号】是关键参数，如果选错则无法模拟，如图 3－3－3 所示。运用该工具有以下几个原则：

（1）显示屏幕上能够看见的衣片面是模拟试衣服装的正面，故一定要使衣片排列好，以保证衣片在一个半边（左或右边）缝合。

（2）左右以人台为准，即和操作者正好相反。

图 3－3－2

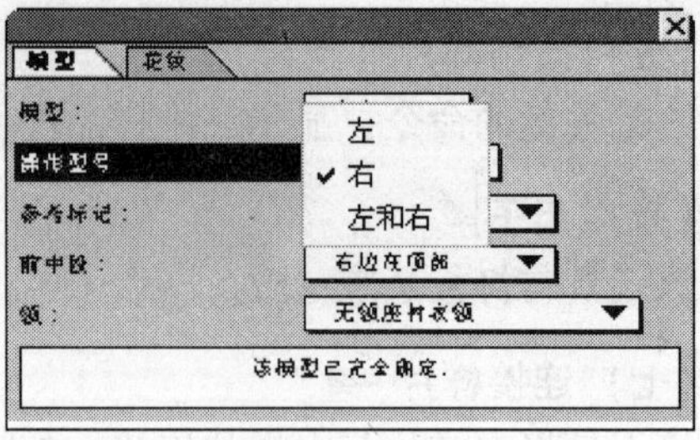

图 3－3－3

(三) 参考标记

如图 3－3－4 所示，该选项应严格按照规定进行，订好后关键点会显示为黑色。

(四) 前中段

一般和操作型号保持一致，如图 3－3－5 所示。

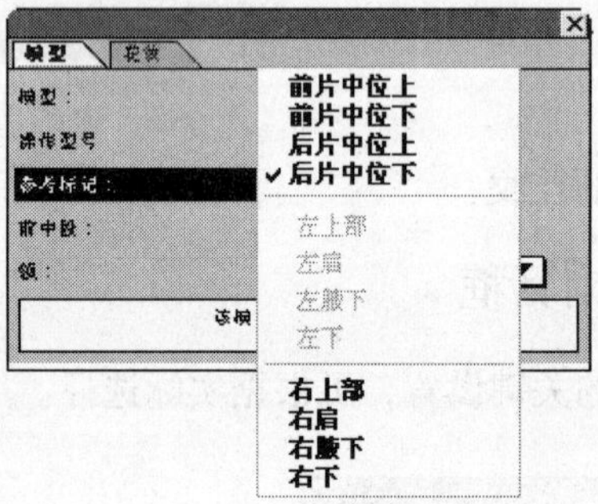

图 3－3－4

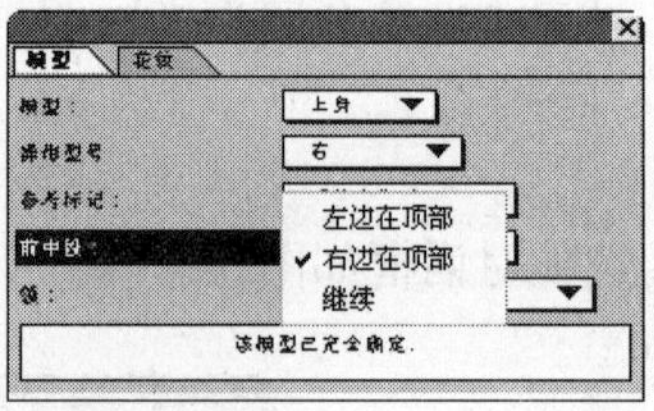

图 3－3－5

(五) 领型

选新款，或根据需要选择，如图 3－3－6 所示。

根据上述对话框提示设置完关键点后，选择【组合】工具，按照实际缝合的要求，将衣片进行缝合，如图 3－3－7 所示。

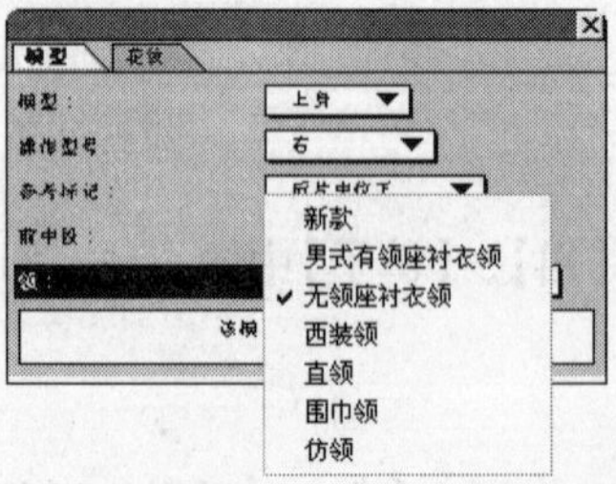

图 3－3－6

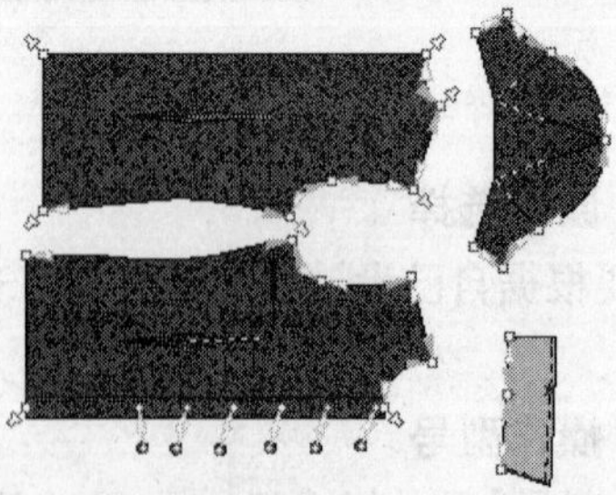

图 3－3－7

三、花纹和颜色视窗

可在如图 3－3－8 及图 3－3－9 中的对话框中设置试衣服装的面料花纹和颜色。

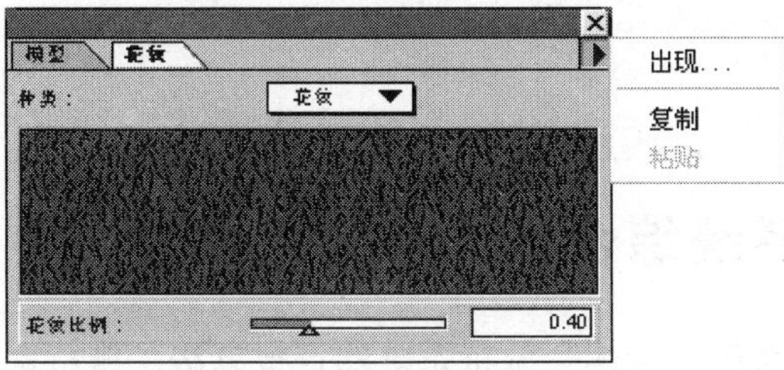

图3-3-8

图3-3-9

四、三维显示模拟

根据上述介绍将参数点、折叠线（如有必要）、样片的缝合线设置好后，选择菜单【显示】→【3维样品式样】，如图3-3-10所示，可自动生成三维试衣效果，如图3-3-11所示。

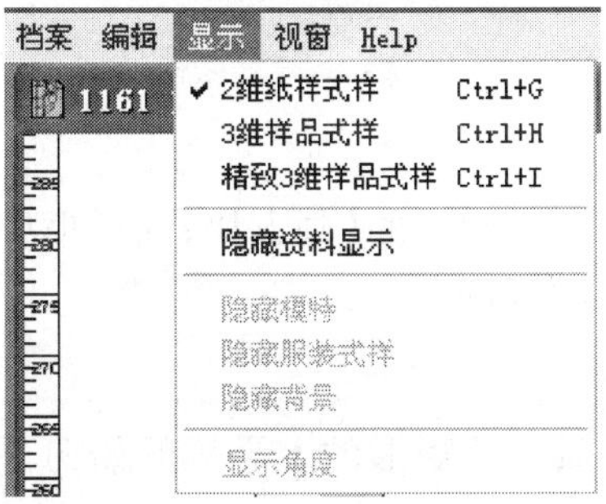

图3-3-10

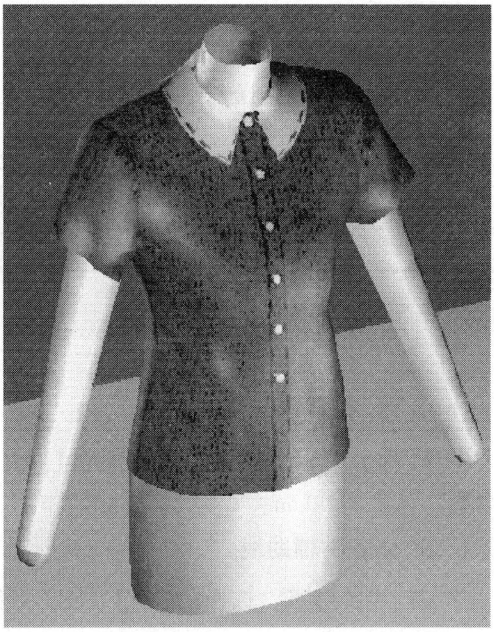

图3-3-11

第四章　派特系统综合实例

本章通过两个较为复杂的打板实例，使读者进一步体会派特系统的打板方法。派特系统的打板一般规律在第二章第二节的“十四、派特服装 CAD 制板特点初步总结”中已经进行了总结，请读者结合这些规律体会本章的两个实例。需要指出的是，绘制辅助矩形是一般的打板规律，但对于复杂局部，例如本章第二个实例中的驳领，则不能以辅助矩形的方式开始，而是要以作辅助线的方式完成，读者可以仔细体会。

第一节　男　西　裤

一、男西裤尺寸

男西裤成衣尺寸见下表。

男西裤成衣尺寸表　　单位：cm

部位	裤长	上裆	腰围	裤口	臀围
尺寸	103	29.5	78	46	106

二、前片的制作

（一）绘制辅助矩形

选择【画方块】工具，按下【Alt】键，单击工作区，在弹出的【画方块】对话框中输入参数，作高为 99cm、宽为 25.5cm 的矩形，如图 4－1－1 所示。

（二）作各种辅助线

作横裆线关键点：选择【加点】（平衡加点）工具，从矩形的上平线开始向下在 25.5cm 处加点。

作臀围线关键点：选择【加点】（平衡加点）工具，从矩形的上平线开始向下在 17cm 处加点。

作膝围线关键点：选择【加点】（平衡加点）工具，从矩形的上平线开始向下在 59cm 处加点；结果如图 4－1－2 所示。

分别连接以上各个关键点，形成横裆线、臀围线及膝围线，如图 4－1－3 所示。

提示：制作横裆线、臀围线、膝围线的方法很多，比如也可采用绘制平行线、沿线加点的方式进行，读者可自己思考如何操作。

（三）作前裆嘴

选择【线段长度】工具，单击横裆线右端点，将横裆线左端点向左延长 4.25cm，如图 4－1－4 所示。仍然选择【线段长度】工具，单击最新横裆线的左端点，将右端点缩短 0.6cm，如图 4－1－5 所示。

图 4－1－1

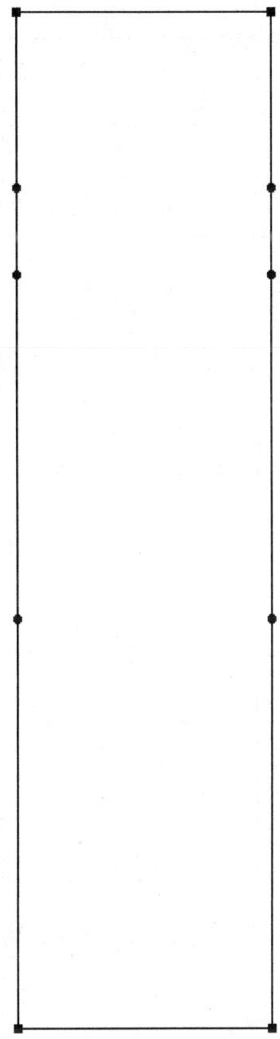

图 4－1－2

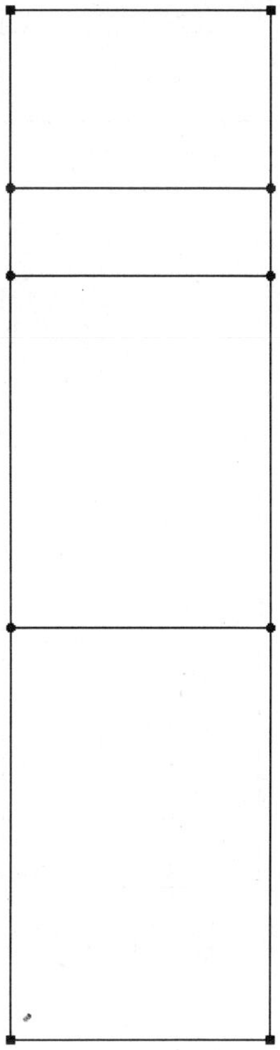

图 4－1－3

注意：制作前裆嘴时，也可用【在线段上加点】工具在线段外侧添加相应的点，此时应再采用【在 X 两点对齐】和【在 Y 轴两点对齐】，将原横裆线的点对齐到新加的点上。也可采用【Ctrl】+【Alt】+游标，完成横裆线两个端点的精确移动。

（四）作挺缝线

选择【划分线段】工具，将横裆线平分为两份，沿中点向上向下作挺缝线，如图 4－1－6所示。

（五）作前裆弧线

选择【弯曲线段】工具，将臀围线与前裆线左端点之间的斜线段调整为合适的弧线，如图 4－1－7 所示。

（六）调整腰围线

选择【在线段上加点】工具，在腰围线上从左到右 23.5cm 处加点，然后删除原右端点，如图 4－1－8 所示。

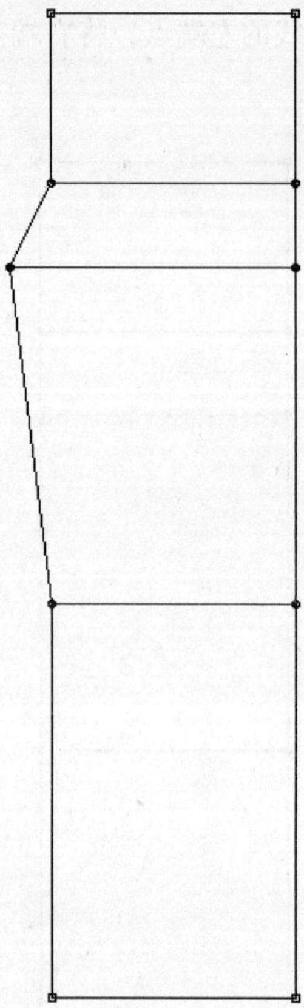

图 4－1－4

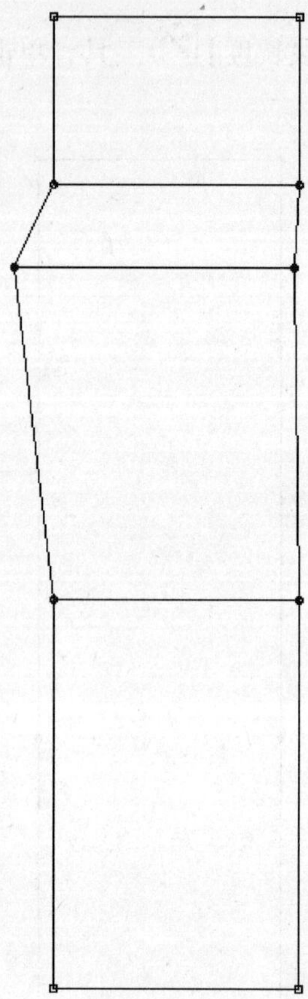

图 4－1－5

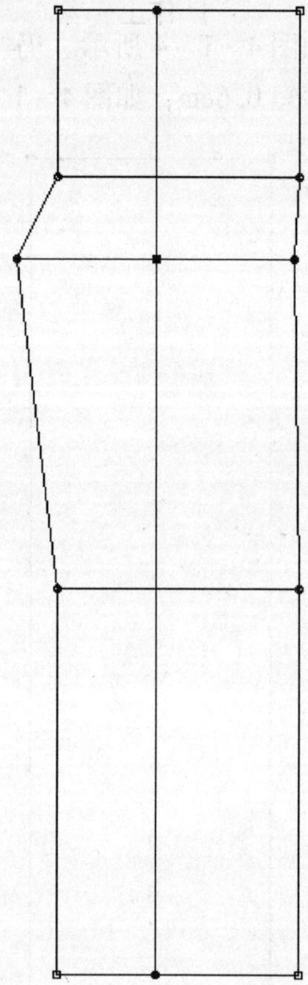

图 4－1－6

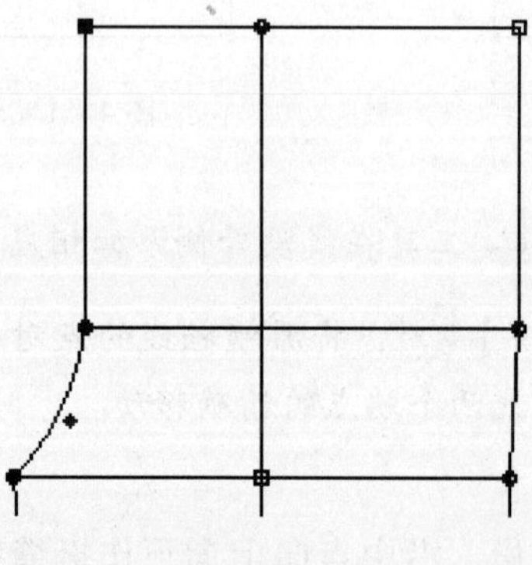

图 4－1－7

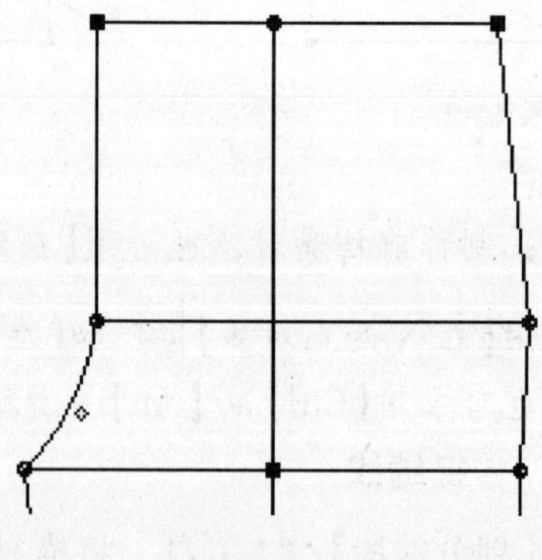

图 4－1－8

提示：调整腰围线也可采用【线段长度】工具完成，但此时上挺缝线与腰围线的交点会产生移动使上挺缝线倾斜，需要用【在 Y 两点对齐】工具。

注意：在调整腰围线时，若用在线段上加点方法，加完点后切记不要连接臀围线右端点和新加点，因为这样腰围线的右端点是无法删除的。很多初学者喜欢用这种方法，即先画线再删点，导致外部轮廓线无法删除，新画的线又不能成为外部轮廓线。

（七）作上裆部分侧缝线

选择【弯曲线段】工具，将腰围线右端点和臀围之间的侧缝线调整为弧线，同理将臀围线和横裆线之间的侧缝也变成弧线，然后将这两段弧线调节圆顺，如图 4－1－9 所示。

（八）调整裤口宽

选择【线段长度】工具，以挺缝线和裤口线交点为起始点分别向左、向右将线段调整为 10.8cm，然后选择【点对齐】工具，将横裆线右端点、膝围线右端点、裤口线右端点对齐，如图 4－1－10 所示。依此方法对齐下裆线，如图 4－1－11 所示。

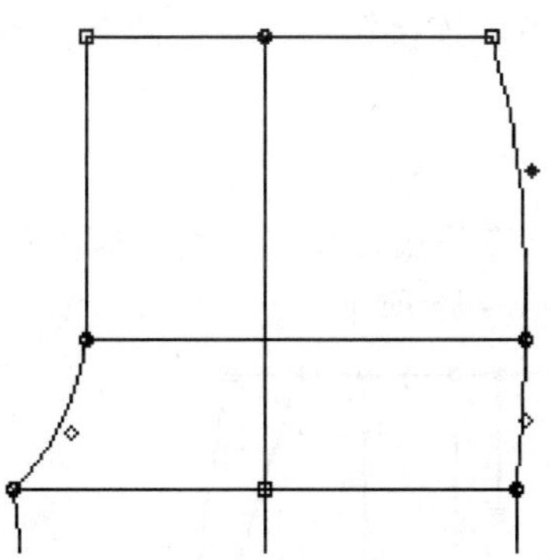

图 4－1－9

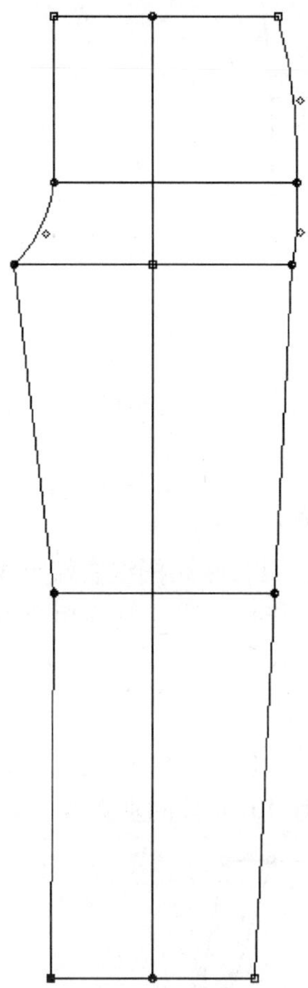

图 4－1－10

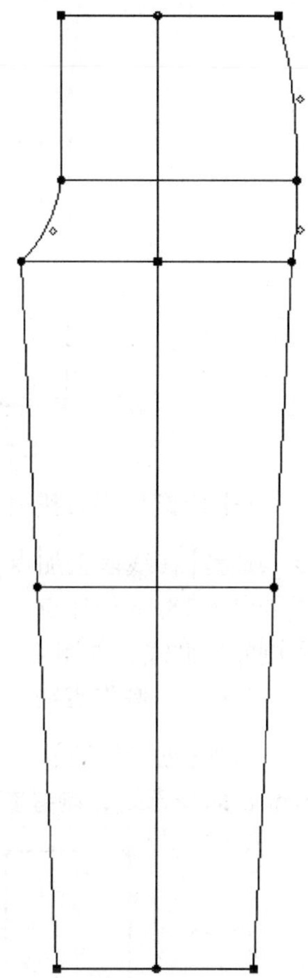

图 4－1－11

注意： 将侧缝与下裆线的三点进行对齐时，可能会轻微改变膝围线的上下位置，使膝围线出现倾斜，应选择【在 X 两点对齐】工具及时进行对齐调整。

（九）调整下裆线与侧缝线

选择【线段长度】工具，分别将膝围线左右端点向内缩进 1.5cm，如图 4－1－12 所示。然后选择【弯曲线段】工具，将横裆线与裤口线之间的下裆线和外缝线分别变成曲线，并使之圆顺，如图 4－1－13 所示。

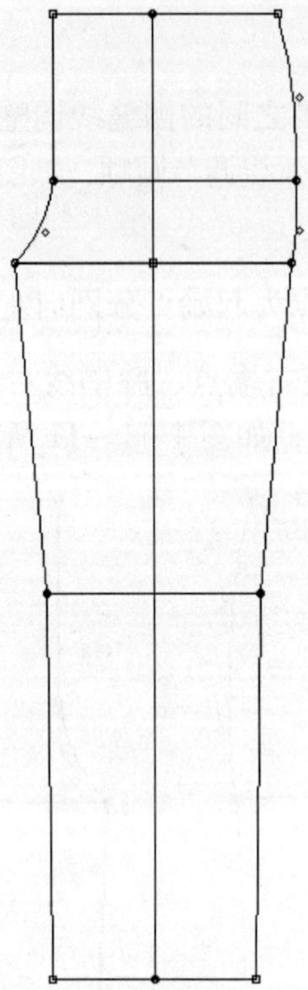

图 4－1－12

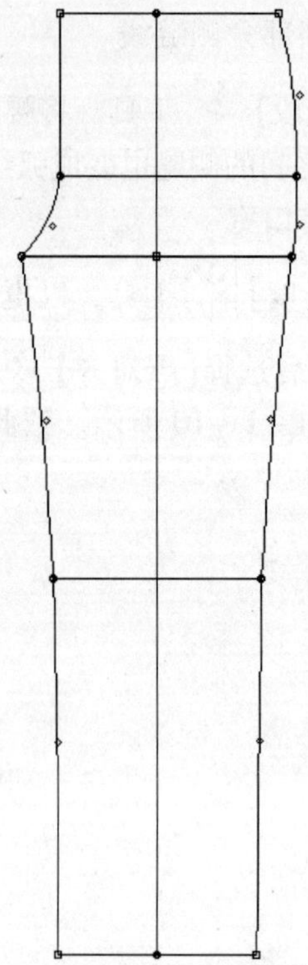

图 4－1－13

（十）定位袋口线（斜插袋）

选择【在线段上加点】工具，在腰围线右端点 4cm 处加第一点。在挺缝线上从腰围线处向下 18cm 处加点，沿该点作水平线与侧缝相交得第二点，连接第一、第二两点，然后删除辅助线，如图 4－1－14 所示。

（十一）制作省线

选择【划分线段】工具，将腰围线三等分，出现两个等分点。在挺缝线左侧点作 8cm 长的垂直线，侧缝右侧点作 13cm 长的垂直线，如图 4－1－15 所示。

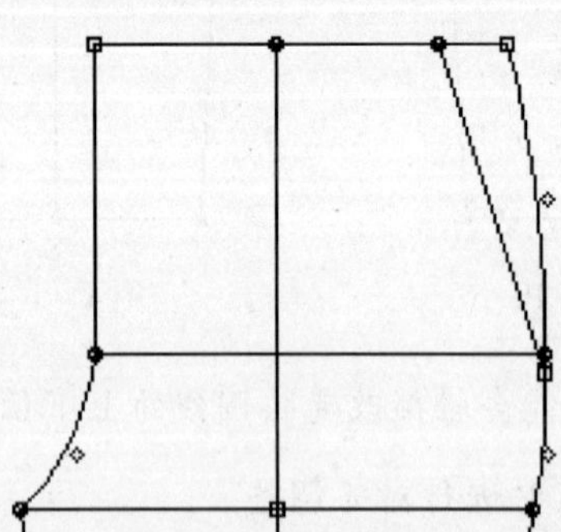

图 4－1－14

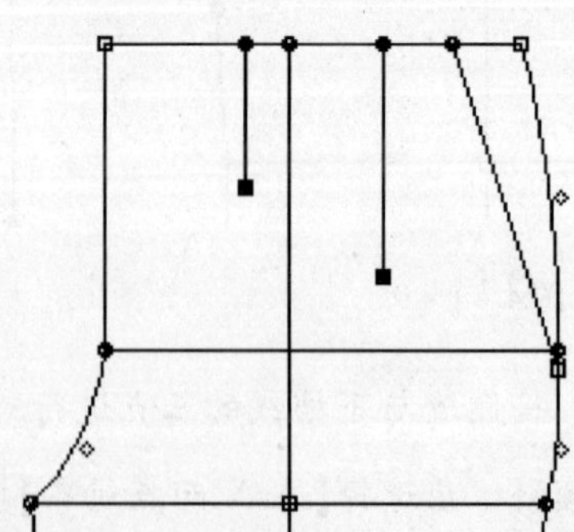

图 4－1－15

（十二）制作省

选择【展开省】工具，在挺缝右侧省线处制作省，省量为 2cm，如图 4－1－16 所示。采用同样办法在挺缝左侧省线处制作省，省量为2cm，如图4－1－17所示。

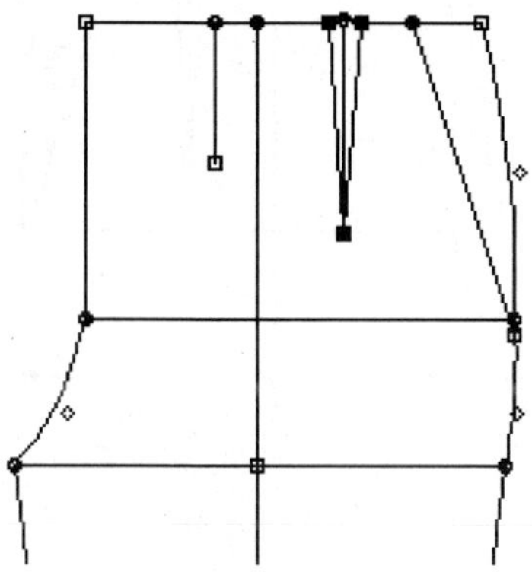

图4－1－16

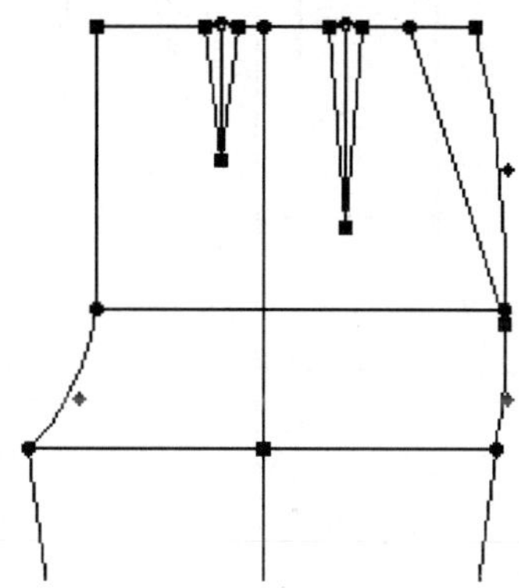

图4－1－17

由于预先已经将省的尺寸加入，所以此处制作省时必须以腰围线上的一点为原点，即挺缝线左边省以腰围线左端点为原点，挺缝线右边省以腰围线与挺缝线交点为原点，否则衣片形状将发生变化。

在制作完省后，由于原点是在腰围线上选择，导致衣片并未旋转，使省被动抬高，如图4－1－18所示。此时应先选择【在X两点对齐】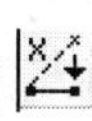工具，以腰围线与挺缝线的交点为准，将省的左端点与之水平对齐，如图4－1－19所示。再以袋口线与腰围线的交点为准，将省的右端点与之水平对齐，省恢复为正常状态，如图4－1－20所示。此时应检查省的长度，会比原来的要求长度有所减少，选择菜单【处理】→【项目资料】，在弹出的【抽褶特征】对话框中，将【长度】设置为“13”，可完成对省的正确调整，如图4－1－21所示。

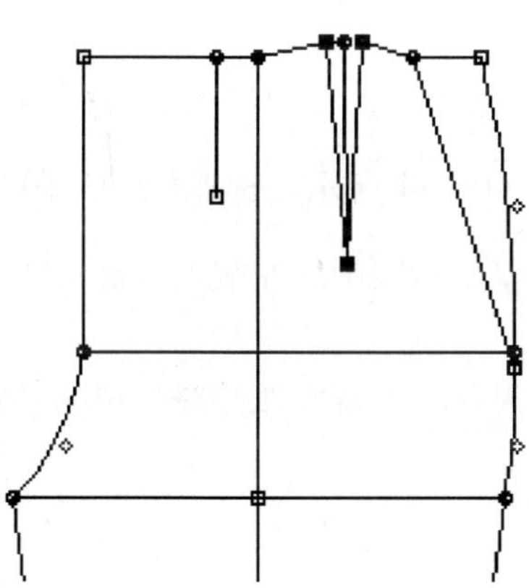

图4－1－18

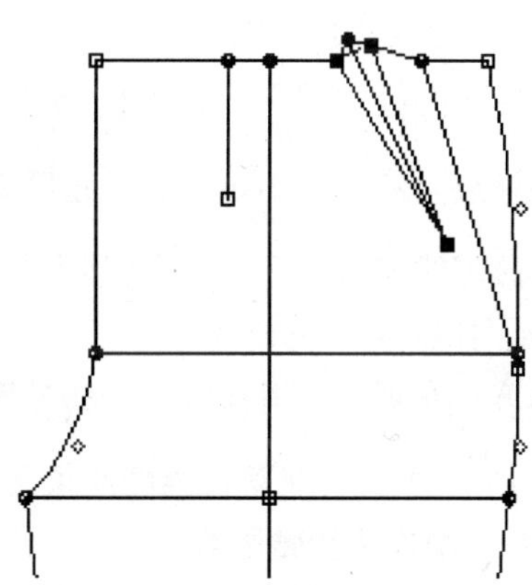

图4－1－19

注意：制作样片时，经过两点不能有两个以上的线段存在，否则将为后续操作带来麻烦，如不能建立外部线、不能自动展开省等。因此，无论怎么变化，应始终保持两点间仅存在一条直线。

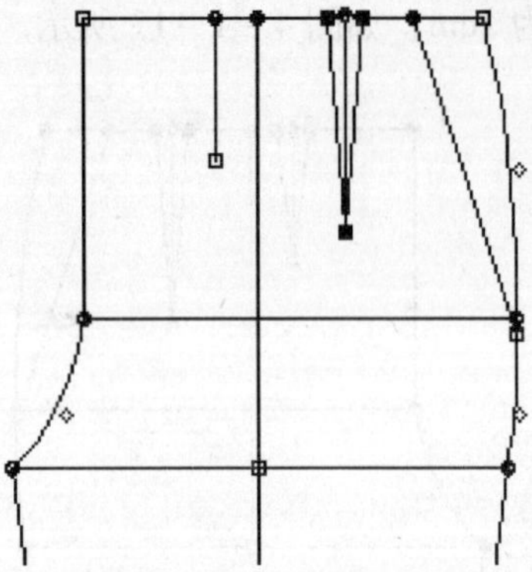

图 4－1－20

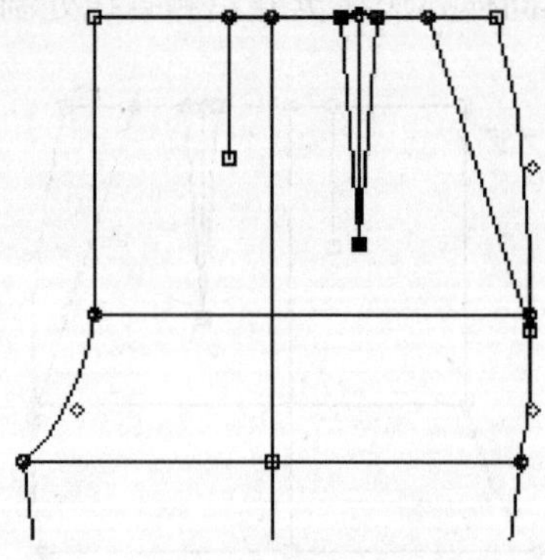

图 4－1－21

三、后片的制作

后片的制作以前片为基础，可以采用复制前片或制作模板的方法。考虑到后片修改的环节较多，此处选择复制前片的方式。读者可以尝试采用模板的方法来制作后片。

（一）后片制作准备

选择前片，进行复制和粘贴，将复制的后片移动到合适位置，删除腰省、袋口线，如图 4－1－22 所示。

（二）制作后片挺缝线

选择臀围线，选择【线段长度】工具，单击臀围线左端点，从左至右延长臀围线至 27.5cm，然后选择【在线段上加点】工具，单击臀围线右端点，在 20.2cm 处沿线加点，以该点制作后片挺缝线，如图 4－1－23 所示。

（三）制作后片腰围线

选择腰围线左端点，按下【Ctrl】+【Alt】，单击游标按钮，在弹出的对话框内输入参数，使该点向右移动 3cm，向上起翘 2.5cm，如图 4－1－24 所示。选择【点对齐】工具，将腰围线三点对齐，选择【线段长度】工具，单击新腰围线左端点，延长新腰围至 24.1cm，如图 4－1－25 所示。

注意：在调整腰围线时，会使臀围线与腰围线之间的挺缝线发生倾斜，应用【在 Y 两点对齐】工具，使该段挺缝线恢复垂直。

（四）制作后片臀围线

选择整条后片横裆线，使用【Ctrl】+【Alt】+ 游标，将横裆线向下移动 1cm，如图 4－1－26所示。从臀围线左端点向下作垂直线，与横裆线相交于一点，选择【线段长度】工具，从该点向左延长线段至 12.19cm，如图 4－1－26 所示。调整横裆线上端的侧缝与内缝弧线，使之圆顺，删除臀围线与横裆线之间的辅助垂直线，结果如图 4－1－27 所示。

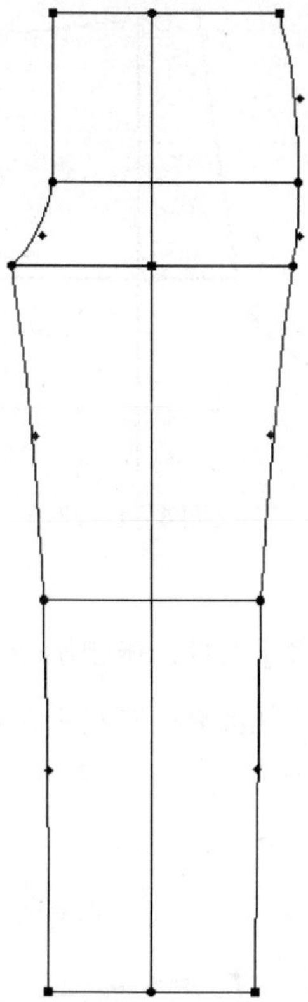

图 4－1－22

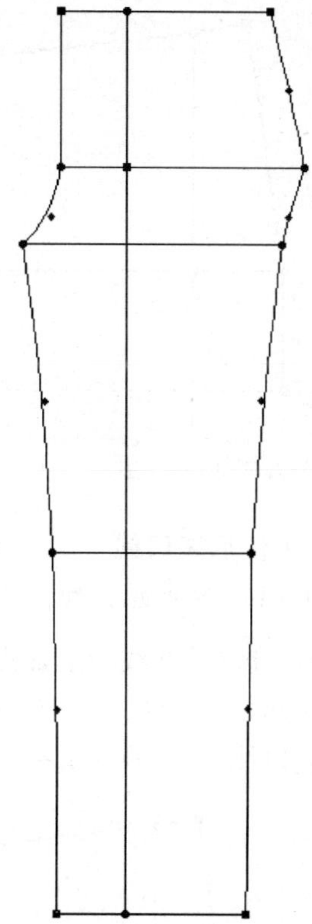

图 4－1－23

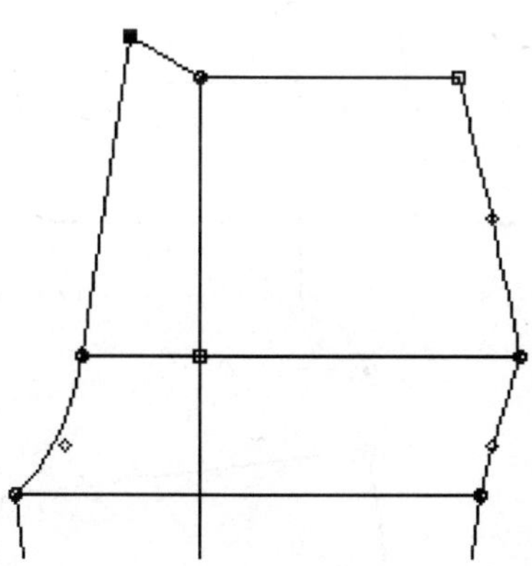

图 4－1－24

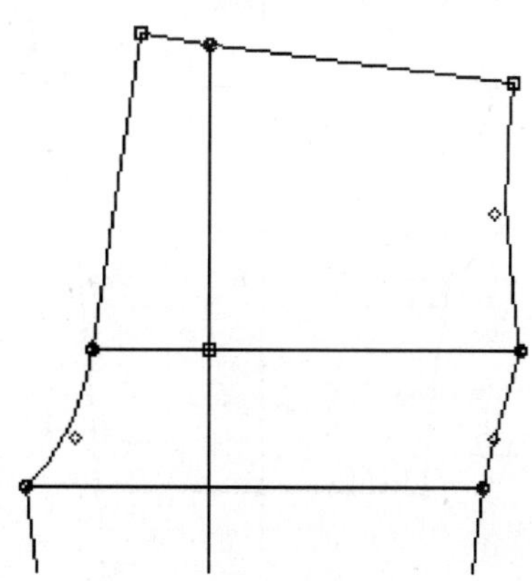

图 4－1－25

（五）制作下裆线与侧线

选择【交接线段】，在挺缝线与膝围线交叉处加点。选择【线段长度】工具，以该点为起始点，分别向左、向右各将膝围线延长至 13.69cm。同理，以挺缝线与裤口线交点为起始点，分别向左、向右将裤口线延长至 12.5cm，进一步圆顺下裆线及侧缝线，如图 4－1－28所示。

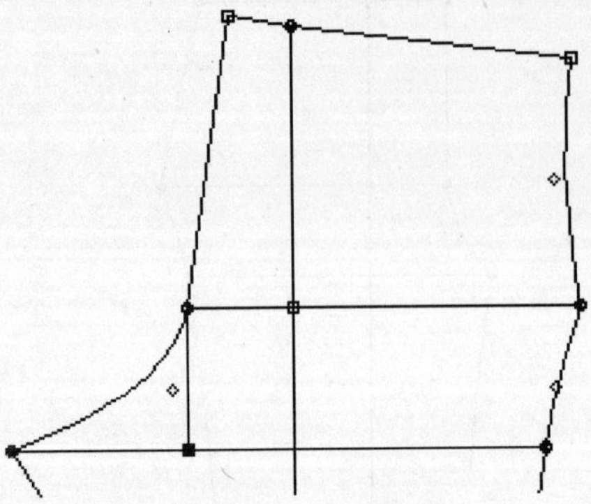

图 4－1－26

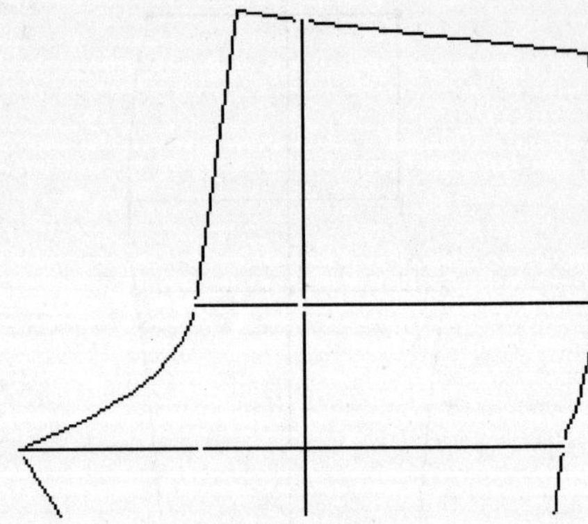

图 4－1－27

（六）定位后袋口线

如图 4－1－29 所示，删除上部挺缝线，采用【画平行线】工具，做腰围线的平行线，距离为 8cm，选择【在线段上加点】工具，以该线右端点为起始点向左 4.5cm 处加点，再以该点为起始点向左 14cm 处加点（袋口宽），如图 4－1－30 所示。删除两端多余的线段，得到袋口线，如图 4－1－31 所示。

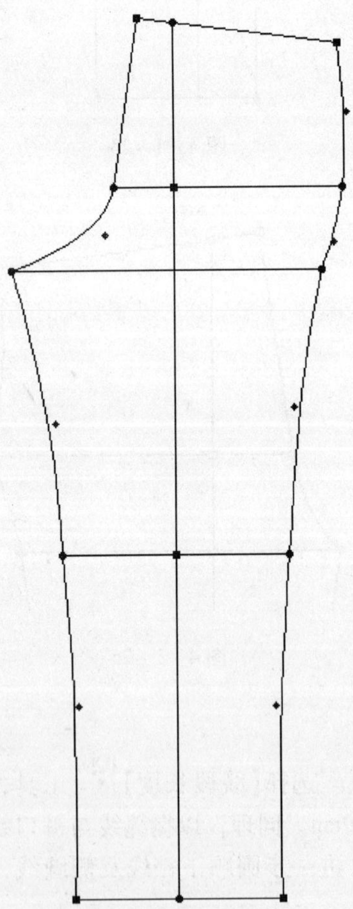

图 4－1－28

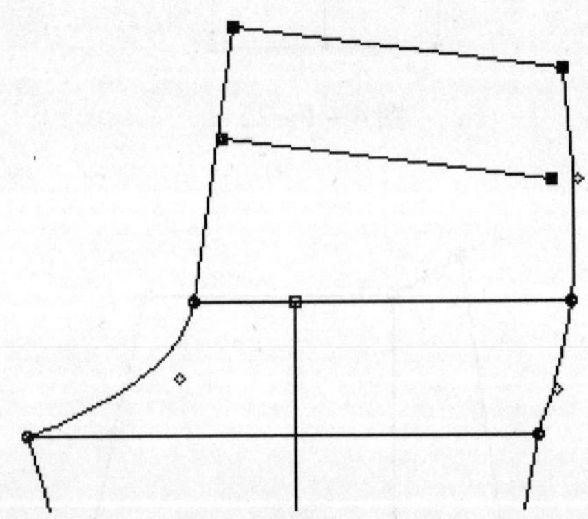

图 4－1－29

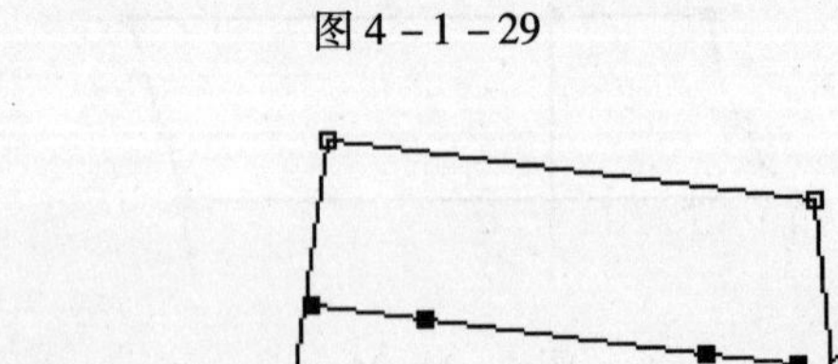

图 4－1－30

（七）制作腰省线

选择整个后片，选择【X 轴定向】工具，分别单击腰围线的左右端点，使整个后片以腰围线为水平线定位，如图 4－1－32 所示。这样做的目的是为了制作袋口线的垂直线，因为工具箱中没有直接为用户提供制作任意线段垂直线的工具，因此需要将袋口线摆放为水平，这样可以绘制 Y 轴方向的直线与袋口线垂直。

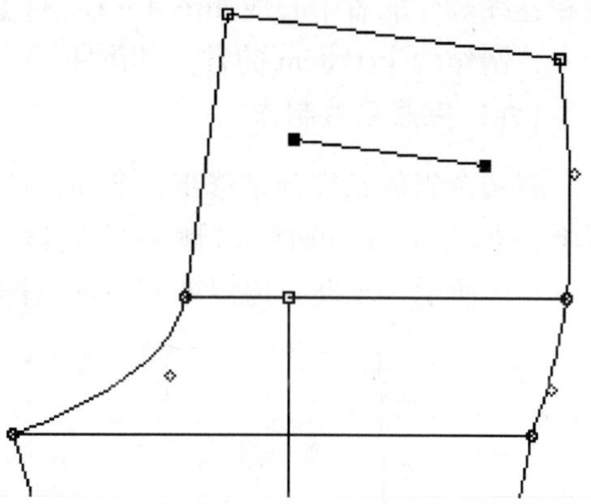

图 4－1－31

选择【在线段上加点】工具，分别以袋口线左右端为起始点沿线段 2cm 处加点，然后以这两点为垂点，分别作垂直线与腰围线相交，如图 4－1－33 所示。

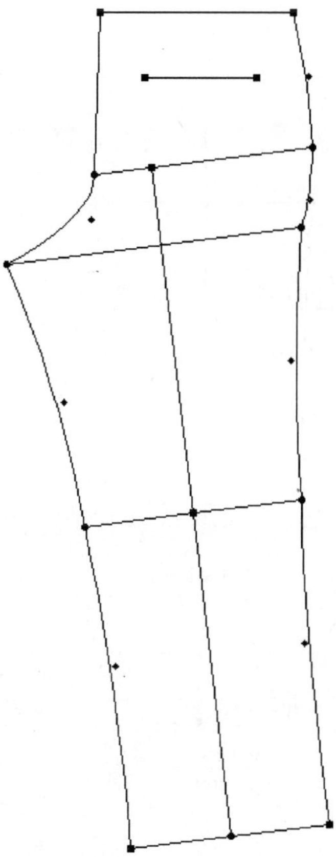

图 4－1－32

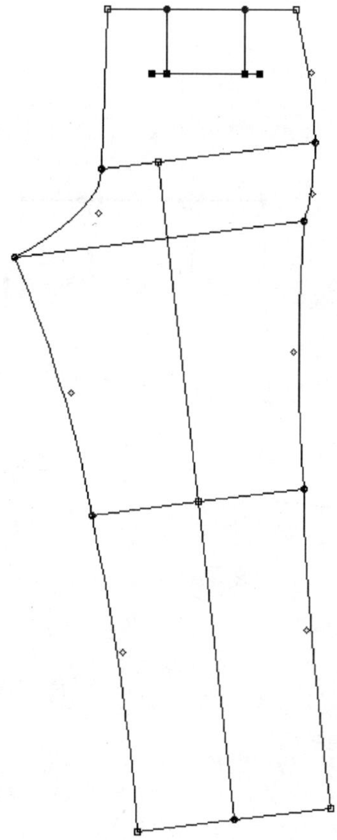

图 4－1－33

（八）展开腰省

由于制作省时省中心线不能与任何线段或弧线相连，因此首先删除与省中心线相连的线段，但是须记住，不能将关键点也一并删除，因为制作完省后还要复原删除的线段。删除相连线段后的省中心线如图 4－1－34 所示。按照前片制作省的方法，以两条省中心线为准，制作两个 1.8cm 的省，如图 4－1－35 所示。

（九）完成后片制作

将两个省的长度分别修正为 8cm，选择【画线段】工具，根据关键点绘制直线，恢复上一步为了开省而临时删除的线段。选择整个后片，将其按正常位置摆放，如图 4－1－36所示。至此，男西裤前后片制图完毕。

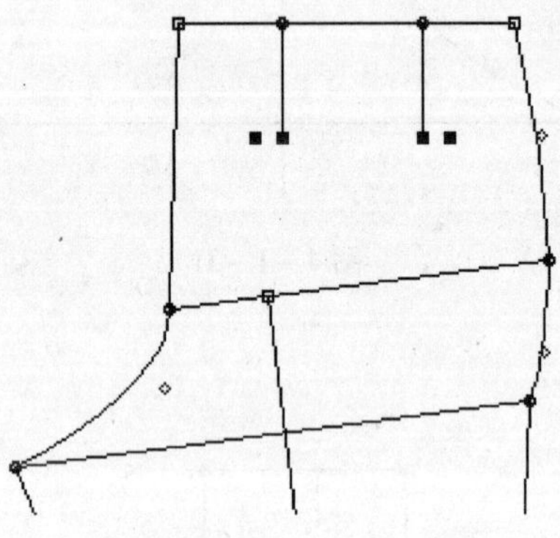

图 4－1－34

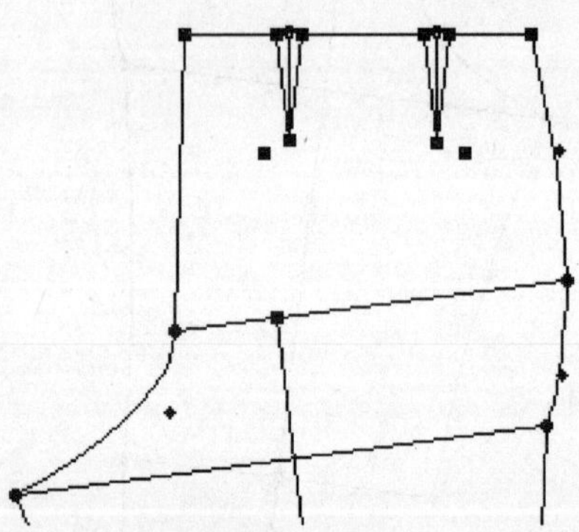

图 4－1－35

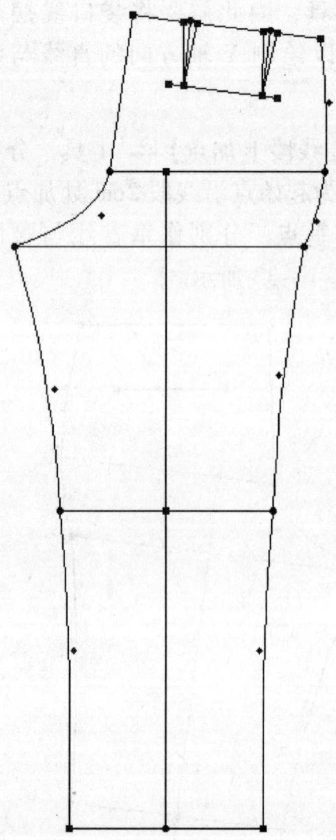

图 4－1－36

第二节　女　西　服

一、女西服尺寸

女西服成衣尺寸见下表。

女西服成衣尺寸表　　单位：cm

部位	衣长	袖长	胸围	袖口	肩宽	领围
尺寸	70	56	100	26	41.2	42.5

二、前片的制作

（一）作辅助矩形

选择【画方块】工具，作高为70cm（身长）、宽为32.5cm（胸围）的矩形。

（二）定位肩点

选择【在线段上加点】工具，在上平线从右向左22.1cm处加点。

（三）定位袖窿深线点

选择【在线段上加点】工具，在左边线（侧缝）从上平线开始向下24.5cm处加点。

（四）定义袖窿点

选择【在线段上加点】工具，从袖窿深线点开始向上6.5cm处加点。

（五）定位腰节线点

选择【在线段上加点】工具，在侧缝距上平线41.25cm处加点。以上关键点如图4-2-1所示。

（六）作前领口辅助点

选择【在线段上加点】工具，在上平线从右向左10.5cm（领宽）处加点，在前中线与上平线相交处向下12cm（领深）处加点，如图4-2-2所示。

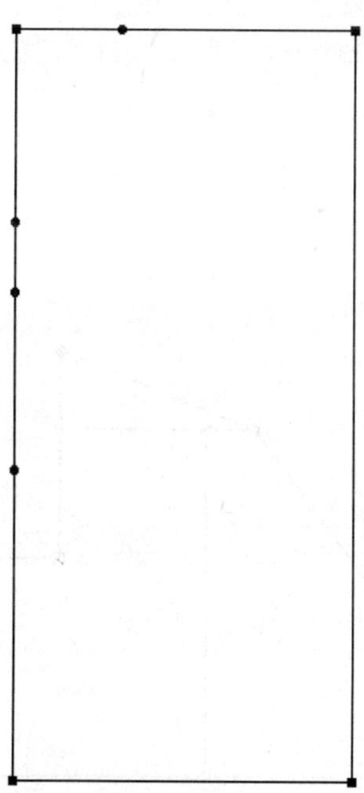

图4-2-1

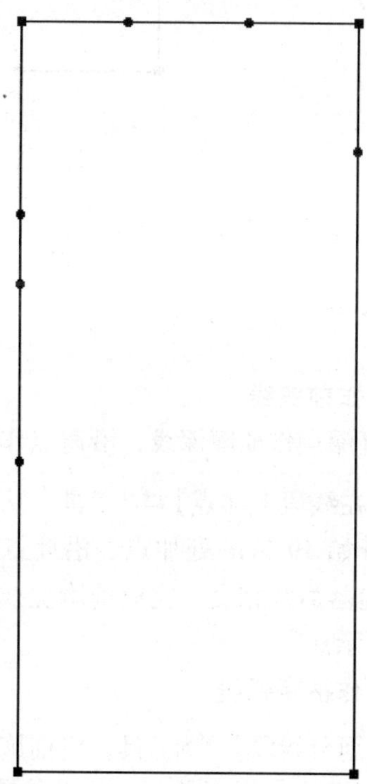

图4-2-2

（七）调整领口辅助线

移动上平线与前中线的交点至任意位置，保证其不与领宽点在同一水平线上，且不与领深点在同一垂直线上，如图 4－2－3 所示。分别选择【在 X 两点对齐】工具及【在 Y 两点对齐】工具，将领口调整成如图 4－2－4 所示的图形。

（八）作肩线

删除矩形左上点，如图 4－2－5 所示。使用【Ctrl】+【Alt】+【游标】工具，将新的左上点向下移动 4.5cm，完成肩线，如图 4－2－6 所示。

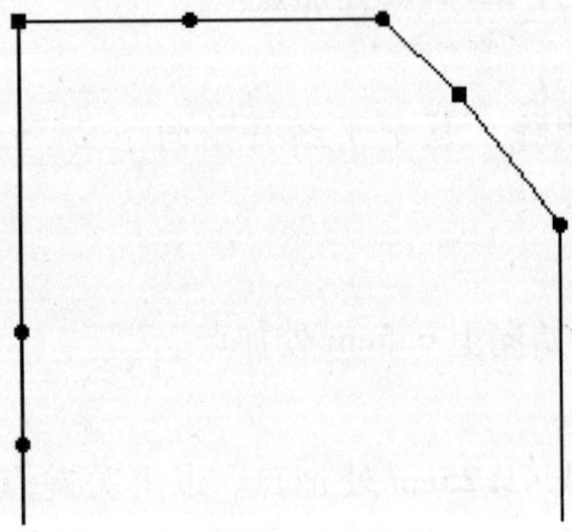

图 4－2－3

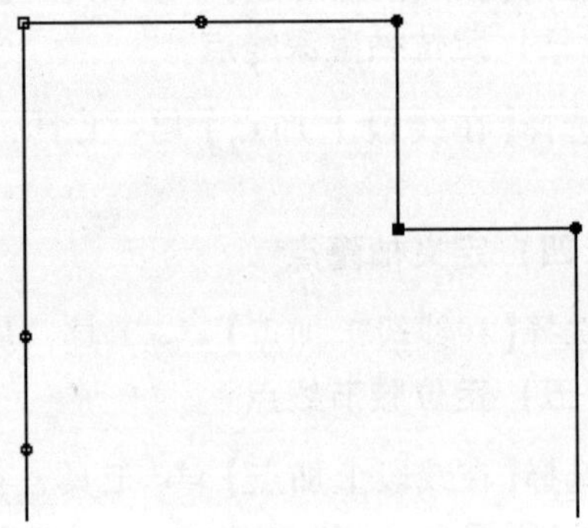

图 4－2－4

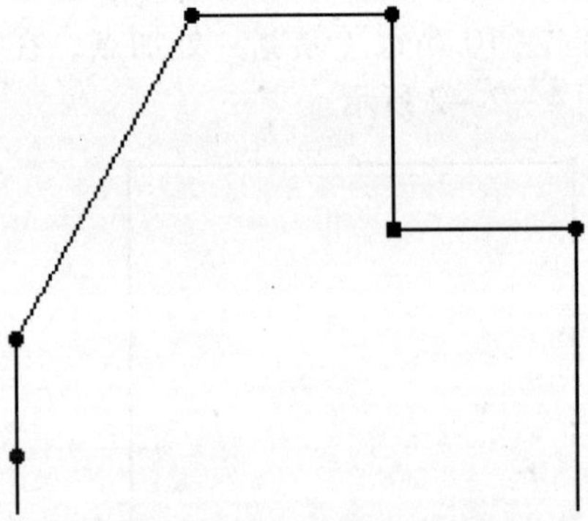

图 4－2－5

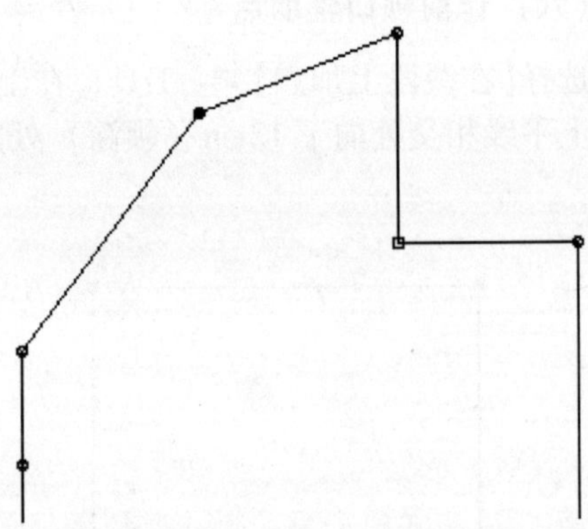

图 4－2－6

（九）作前宽线

沿袖窿深点作袖窿深线，沿肩点作前落肩线，选择【在线段上加点】工具，从袖窿深线右端点开始 19.3cm 处加点，沿此点向上作垂直线与前落肩线相交，完成前胸宽线，如图 4－2－7 所示。

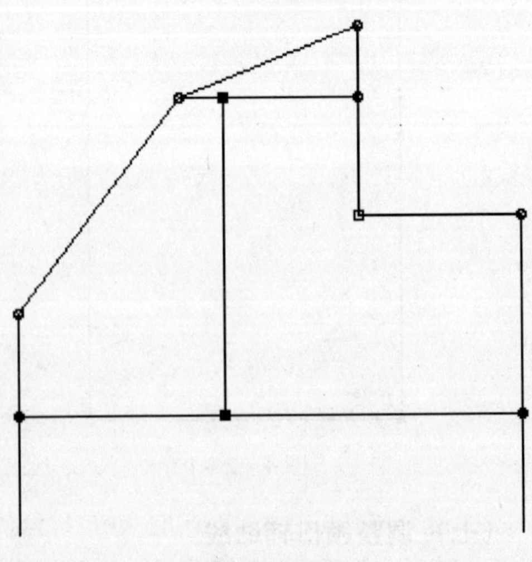

图 4－2－7

（十）作袖窿弧线

选择【划分线段】工具，将前胸宽线平分三等份，设从上到下第二个点为 P1 点。继续从前宽线与袖窿深线交点处向左 5cm 处加点，设为 P2 点，如图 4－2－8 所示。

将肩点与袖窿点之间的连线转换成弧线，

并在适当地方加点使该弧线能和 P1 和 P2 点相切，然后修正圆顺，如图 4－2－9 所示。

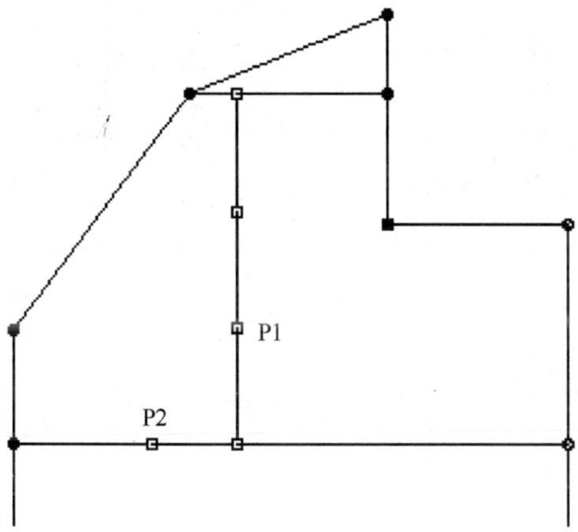

图 4－2－8

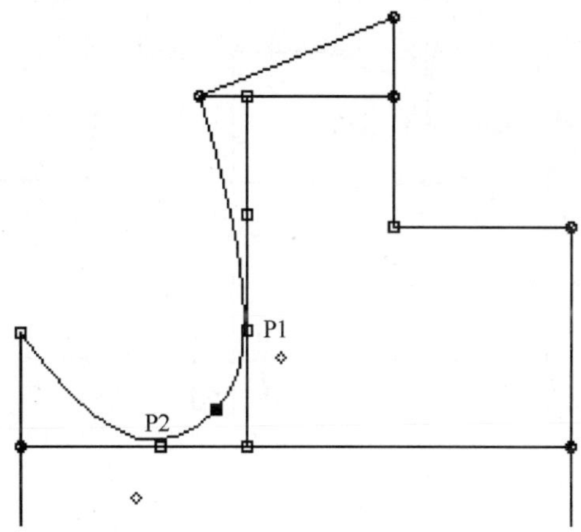

图 4－2－9

思考：为什么此处不可以连接肩点、P1 点、P2 点及袖窿点，再分别制作弧线？考虑一下能否用其他方法制作袖窿弧线？

（十一）作侧缝线

选择【线段长度】工具，将腰节线左端点向右缩进 1cm，将下平线左端点向右延长 2cm。选择【弯曲线段】工具，将侧缝线变为弧线，调节圆顺。注意此侧缝形状弯曲程度可以由设计者自定，一般以腰节线点为分割点将其分为上段与下段，上段和下段上端一部分为内弧，下段大部分为外弧，如图 4－2－10 所示。

（十二）修正下摆线

选择【划分线段】工具，将下平线平分为 2 段，采用【Ctrl】+【Alt】+【游标】工具，将左端点向上起翘 2cm，将左段线段变成曲线修正圆顺，如图 4－2－11 所示。

（十三）作止口线

选择【画平行线】工具，在前中心线右侧 2. 5cm 处作其平行线，连接下平线及止口线的下端点，如图 4－2－12 所示。

（十四）定位上袋口线

选择【在线段上加点】工具，在前胸宽线和袖窿深线交点处向右 3cm 处加点，设为 P1 点，以此点为起点向上作 1. 5cm 长的垂直线，设该垂直线上端点为 P2 点。再由 P1 点向右 10cm 处加点，设为 P3 点，将 P2 和 P3 两点相连即得左胸袋口线，如图 4－2－13 所示。

（十五）定位下袋口线

选择【在线段上加点】工具，距腰节线 8cm 处绘制下袋口辅助线，向下延长前宽线与下袋口辅助线相交得 P1 点。从 P1 点向左 6cm 处加点，设为 P2 点，P1 点向右 9cm 处加点，设为 P3 点，从 P2 点向上作 1. 5cm 长的垂直线，设其上端点为 P4 点，连接 P4 和 P3 点，即得到下袋口线，如图 4－2－14 所示。

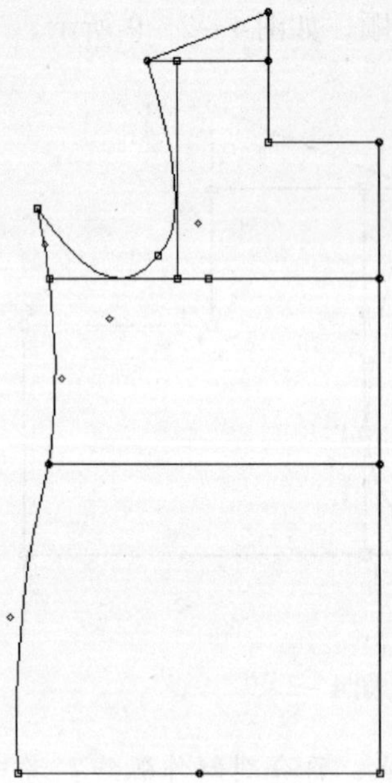

图 4－2－10

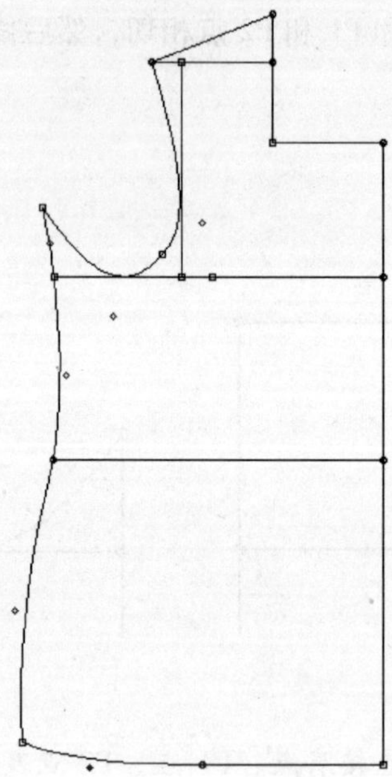

图 4－2－11

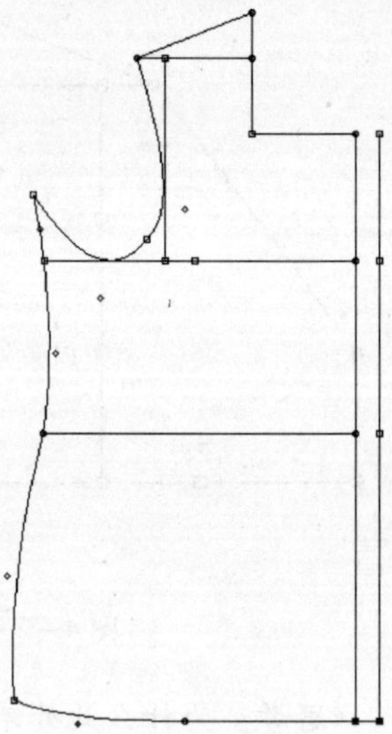

图 4－2－12

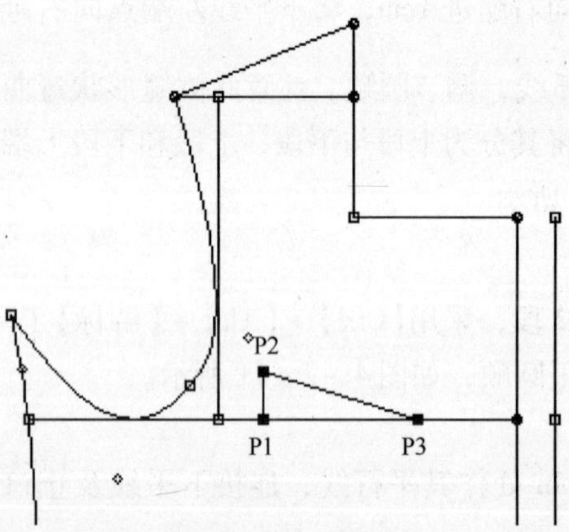

图 4－2－13

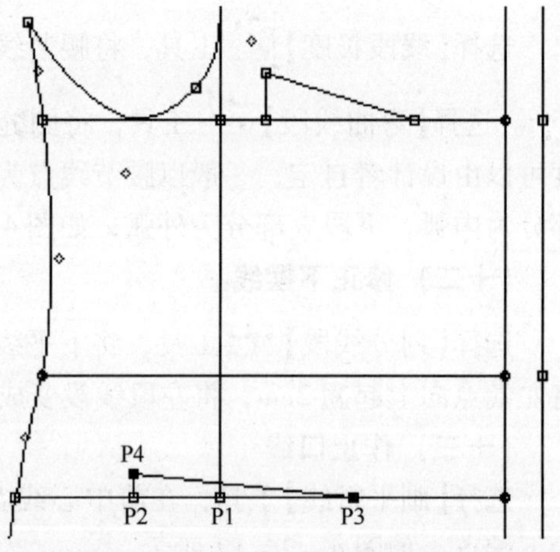

图 4－2－14

（十六）作下袋口线垂直线

从下袋口线右端（P3 点）向左 2cm 处加点，然后经过该点向上作下袋口线的垂直线。由于系统未提供直接作任意直线垂直线的工具，因此在作垂直线前，应该以下袋口位为基准线，将整个衣片进行水平对齐，此时通过下袋口线所加的点作整个工作区的垂直线，即为下袋口线的垂直线，如图 4－2－15 所示。

（十七）制作腰省中心线

设下袋口线的垂直线与下袋口线相交于 P1 点，与上袋口线相交于 P2 点，从 P2 点向下沿此垂直线 5.5cm 处加点（省尖与上袋口距离），设为 P3 点，则 P1 点与 P3 点之间的连线为腰省中心线。在腰省中心线与腰节线的相交处加点，设为 P4，从 P4 沿省中心线向下 1cm 处加点（下降自然腰节线），设为 P5，则 P5 为腰省中心点，如图 4－2－16 所示。该腰省中心线虽然做出，但由于在衣片内部，所以不能直接使用【展开省】工具，必须将省中心线移到衣片外部才能制作内省。

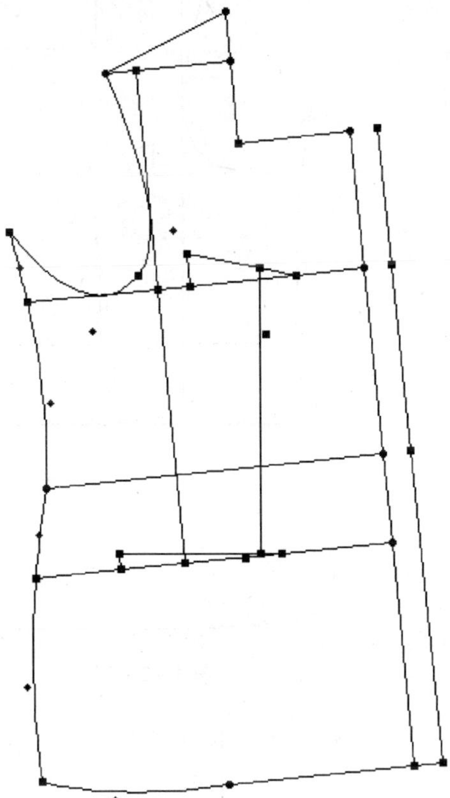

图 4－2－15

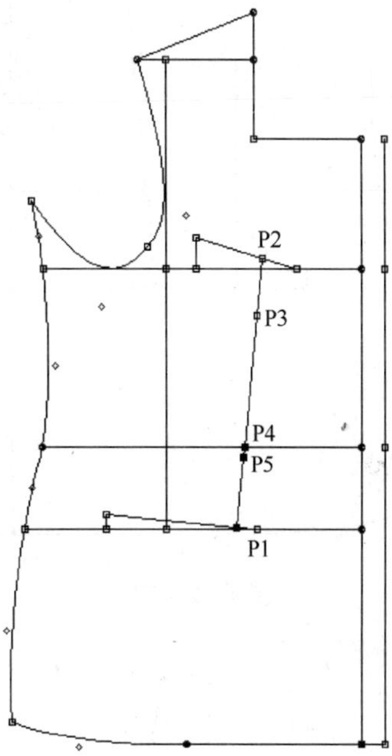

图 4－2－16

（十八）制作腰省

选择腰省中心线，选择【画平行线】工具，在衣片外部合适位置作腰省中心线的平行线，然后选择【展开省】工具，以该线为省中心线制作 1.2cm 的内省，如图 4－2－17 所示。注意此时制作内省必须以省中心点进行打孔，以便后续形对齐。

（十九）对齐腰省

选择“（十七）”中制作的省中心点，再选择衣片外制作的内省中心点，选择菜单【处理】→【形对齐】，可将内省移到衣片内的正确位置，如图 4－2－18 所示。

提示：将省中心线复制到衣片外还可采用复制衣片然后删除不必要的线段实现，也可将衣片以衣片内的省中心为基准进行在 Y 方向定向，然后在衣片外任意地方绘制垂直线，使该垂直线的两端与衣片内省中心线的两端对齐即可。

（二十）作腋下省

选择【在线段上加点】工具，在下袋口线从左到右 2cm 处加点，然后在袖窿深线与前宽线交点处向左 5.75cm 处加点，连接这两个新加点并延长该线使之与袖窿弧线相交，如图 4－2－19 所示。

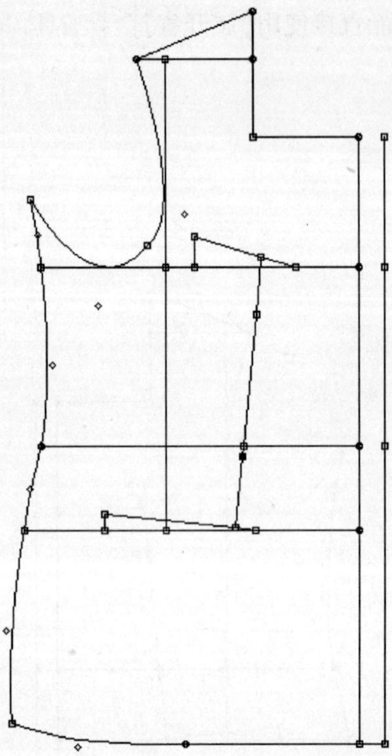

图 4－2－17

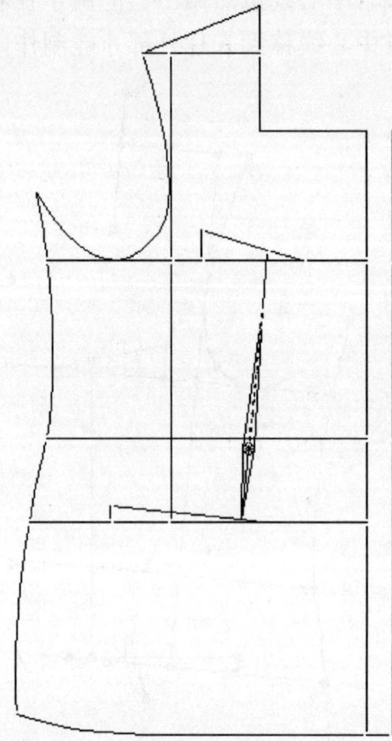

图 4－2－18

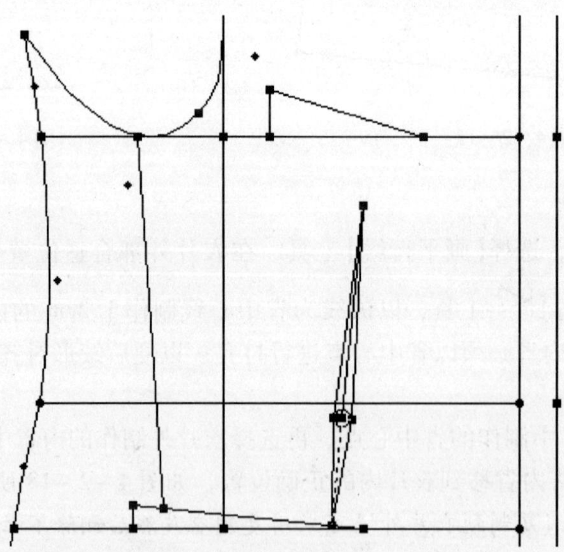

图 4－2－19

选择【在线段上加点】工具，在该线段以外处加点，如图 4－2－20 所示。连接该线段与新加点，如图 4－2－21 所示。选择整个衣片，选择菜单【处理】→【寻找路径】→【建立外部线】，此时新作的线段与袖窿弧线新产生相交点，如图 4－2－22 所示。

为了制作袖窿省，必须将省中心线周围的线全部删掉，结果如图 4－2－23 所示。

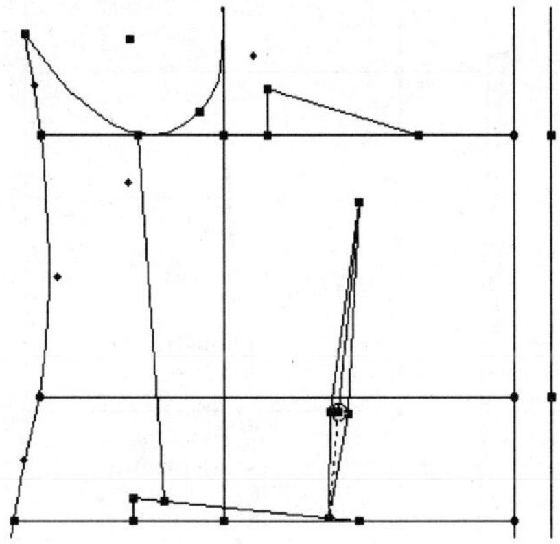

图 4－2－20

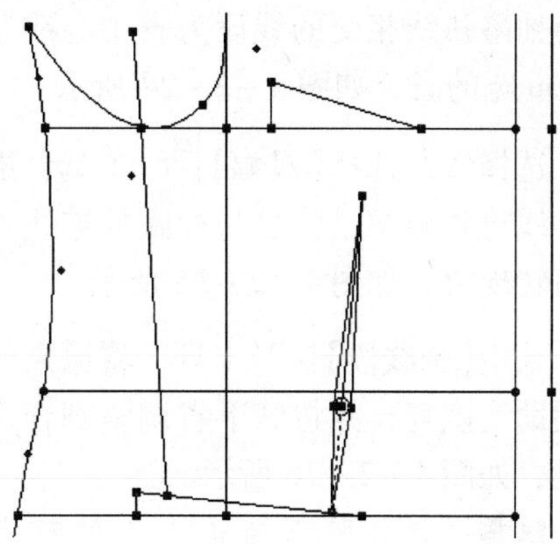

图 4－2－21

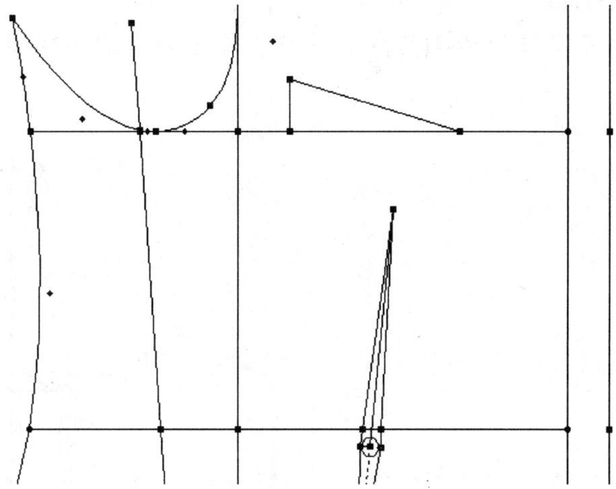

图 4－2－22

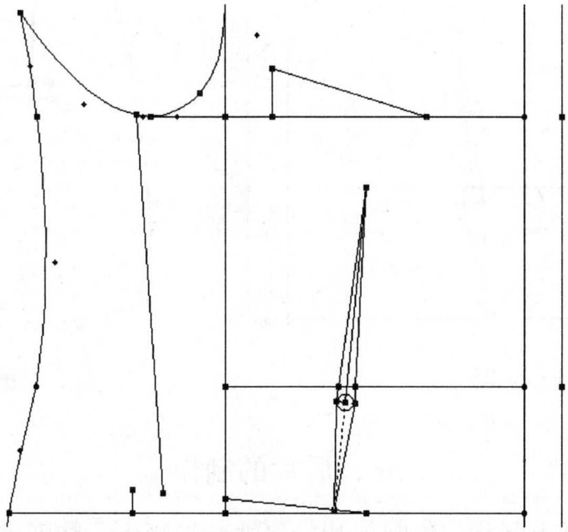

图 4－2－23

选择【展开省】工具，以刚制作出的与袖窿弧线相交的线段为省中心线制作 1.5cm 宽的省，如图 4－2－24 所示。

选择省，选择【对幅】工具，沿省中心线将省对幅，使之与袖窿的连线不产生扭转现象，如图 4－2－25 所示。

采用【画线段】工具，将原来删除的辅助线恢复，并将腋下省调整到合适的位置，如图 4－2－26 所示。

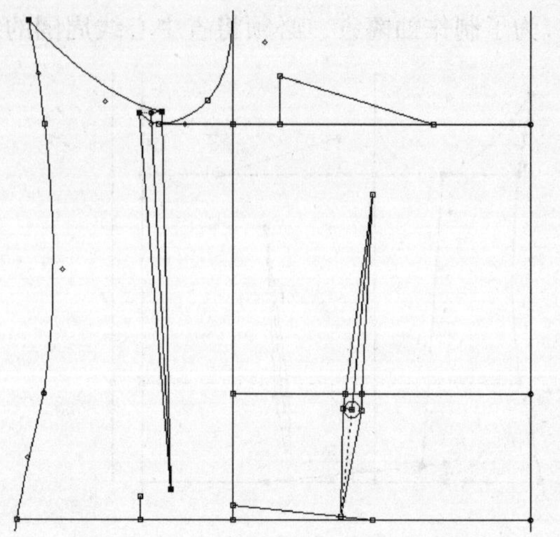

图 4－2－24

注意： 制作腋下省是本例的难点之一。关系到作直线与袖窿弧线相交、建立外部线、删除辅助线作省、调整省、恢复辅助线等步骤。读者可以仔细体会其中的技巧，还可以考虑有无其他的方法来完成这一步。

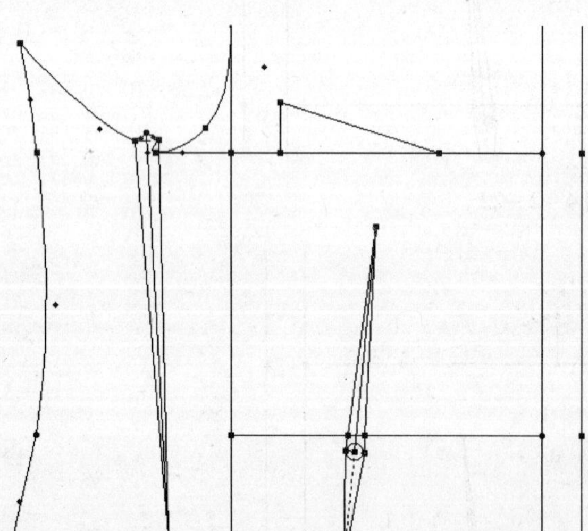

图 4－2－25

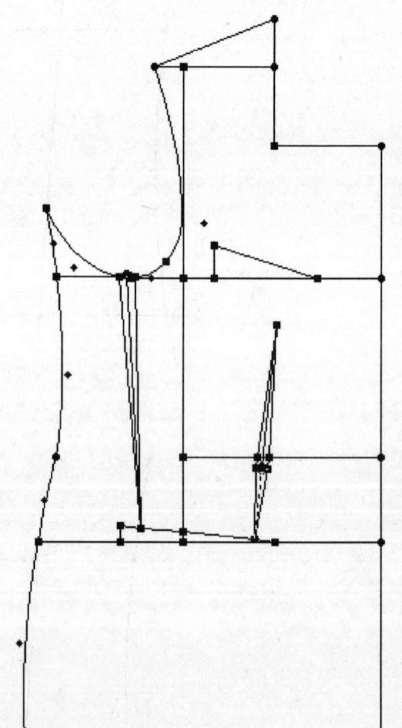

图 4－2－26

三、后片的制作

后片在前片的基础上制作。复制前片，将袖窿、腰省、腋下省、袋口线等辅助线删掉，仅保留腰节线、落肩线、袖窿深线。然后将侧缝部分包括袖窿部分的弧线全部改为直线，并以袖窿深线左端点为准将侧缝所有点对齐，下平线也恢复为直线，如图4－2－27所示。

（一）还原领部

将领部还原成矩形右上角状态，如图4－2－28所示。完成这一步骤的方法很多，例如先将领宽线下端点删除，然后用【在Y两点对齐】工具，将落肩线右端点领深点垂直对齐。再在领宽点与落肩线右端点的连线中任意加点，选择【在X两点对齐】工具，将该点与领宽点在水平方向对齐。读者还可以考虑采用其他的方法。

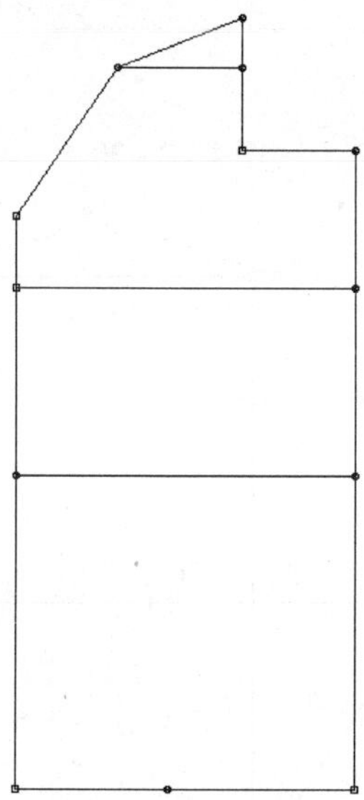

图4－2－27

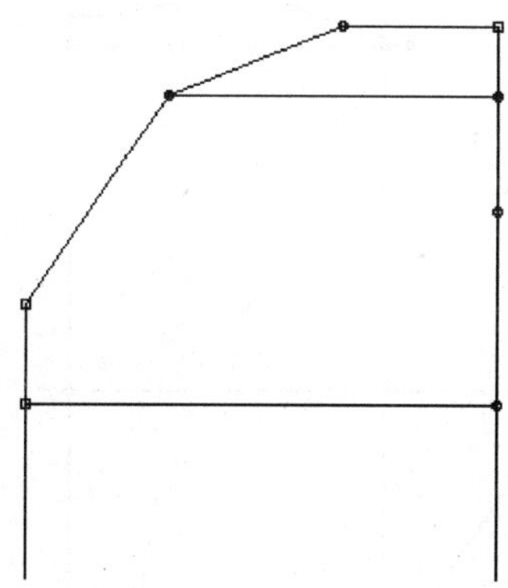

图4－2－28

（二）调整落肩线

采用【Ctrl】+【Alt】+【游标】，抬高落肩线1cm得后落肩线，选择【线段长度】工具，将后落肩线上端的后背缝向上延伸至4cm。将后落肩线从右向左修正至21.1cm，如图4－2－29所示。

（三）作后领弧线

选择【在X两点对齐】工具，将原领宽点与背缝线上端点水平对齐，从右向左8.5cm处加点定位领宽，从背缝线上端点向下2.3cm处加点定位领深，选择【弯曲线段】工具，调整领部弧线，然后删除原肩点，如图4－2－30所示。

（四）作背宽线

采用【Ctrl】+【Alt】+【游标】抬高下平线1.5cm，选择【线段长度】工具，将下平线从右向左调整至19.5cm，然后将腰节线左端与下平线垂直对齐。沿腰节线左端点向上作背宽线，与后落肩线相交，如图4－2－31所示。

（五）作背缝线

选择【线段长度】工具，分别将袖窿深线、腰节线、下平线右端点缩短1cm、2.5cm、1.5cm，然后用【弯曲线段】工具将背缝线转换成曲线，并调节圆顺，如图4－2－32所示。

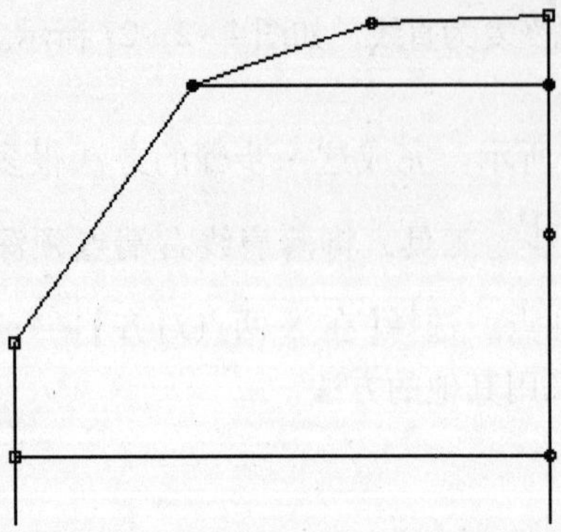

图 4－2－29

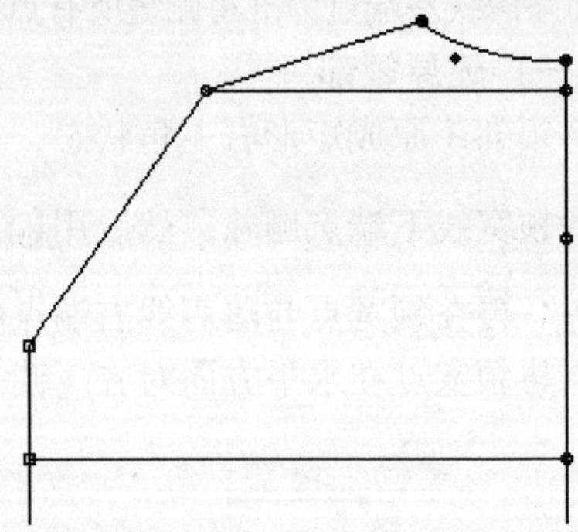

图 4－2－30

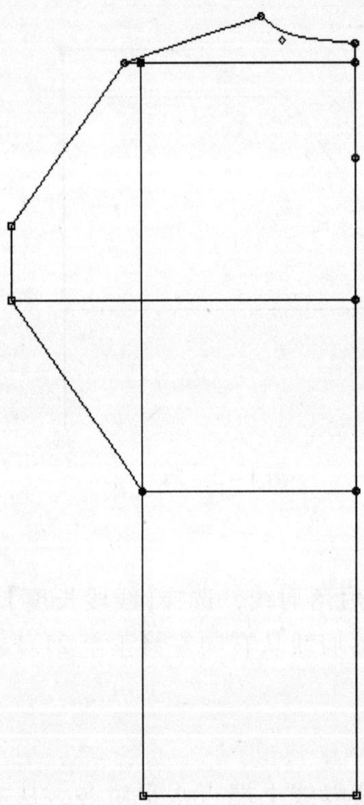

图 4－2－31

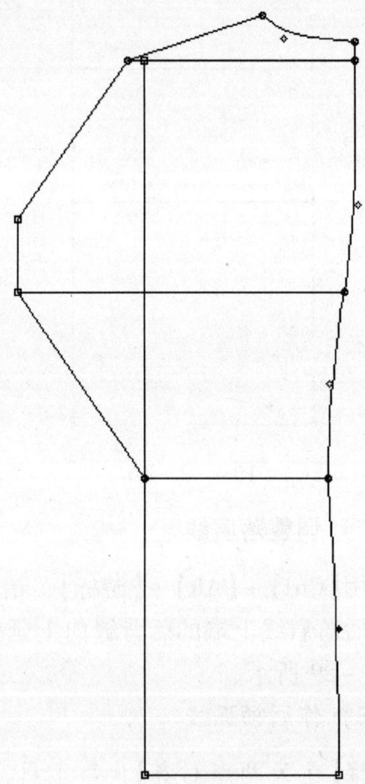

图 4－2－32

（六）作袖窿线

选择【在线段上加点】工具，从前袖窿深线与背宽线交点处向上 4.5cm 处加点，设为 P1 点，沿此点向左作后袖窿深线与左侧轮廓线相交。再将背宽线上的 P1 点与肩点之间的连线平分三等份，设从下到上第二个点为 P2 点。选择【线段长度】工具，将后袖窿深线调整为距背宽线 0.8cm，选择【弯曲线段】工具，将肩点与后袖窿深左端点之间的连线进行弯曲，与 P2 点相切，使之圆顺，如图 4－2－33 所示。

（七）作侧缝线

删除前袖窿深线，以及与侧缝相交的点。选择【线段长度】，将腰节线左端点向右缩短 1.5cm，选择【Ctrl】+【Alt】+【游标】，将下平线左端点抬高 0.5cm，向左延长 1.5cm，如图 4－2－34 所示。

（八）圆顺侧缝线与下平线

选择【弯曲线段】工具，将侧缝线调整成弧线，并使之圆顺。将下平线左段变成弧线，并使之圆顺。删除不需要的辅助线，如图 4－2－35 所示。

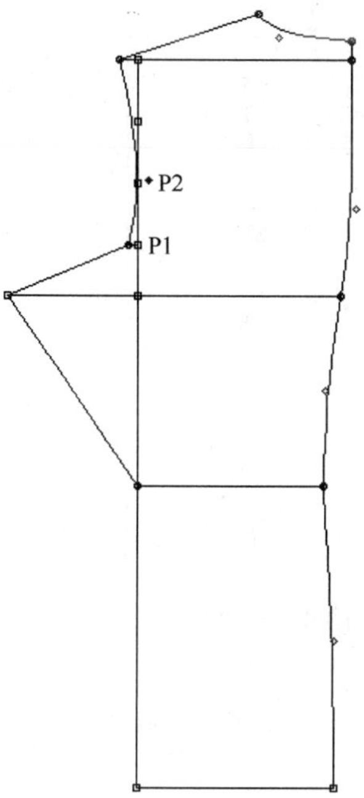

图 4－2－33

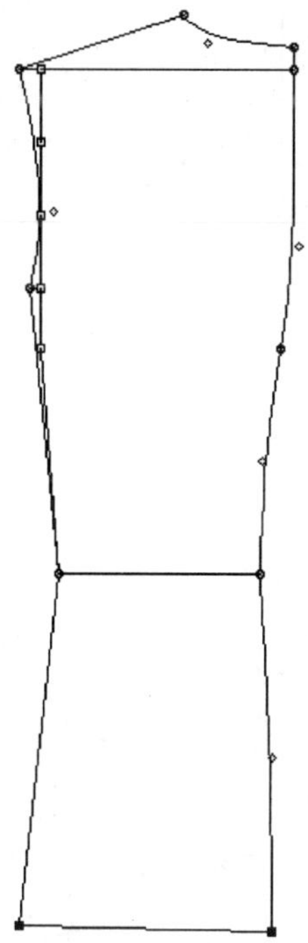

图 4－2－34

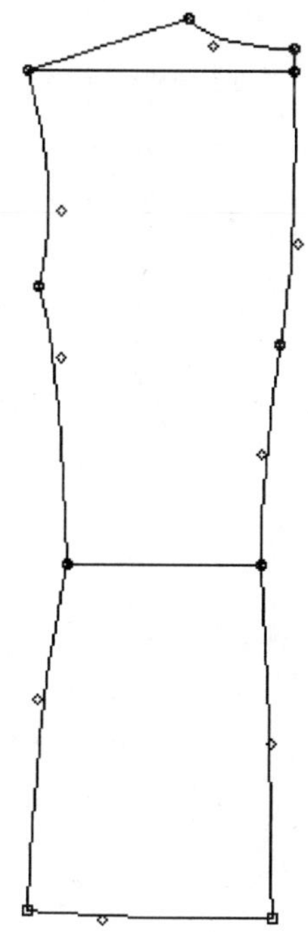

图 4－2－35

四、驳领的制作

驳领的制作与前片、后片的制作不同，不是从辅助矩形开始，而是采用从无到有、逐条画线的方法完成的。因此，仔细体会驳领的制作方法，对进一步领会派特系统的制板方法是非常有益的。通过绘制多条线段而最终组合成服装细部结构图是派特系统的重要打板方法。

（一）作翻驳线

选择【画线段】工具，将腰节线从前中线延长至止口线，以其端点为驳根点。从上平线颈肩点向右作 2.5cm 长的线段，其右端点设为 P1，连接驳根点和 P1 点作成翻驳线。为了以后使用，将翻驳线向上延长一段距离，如图 4－2－36 所示。

（二）作串口线

选择【划分线段】工具，将领深线平分成 2 段，设其中点为 P1 点，连接 P1 点和领宽点，并向下延长 10cm，得串口线，如图 4－2－37 所示。

（三）作驳头造型线

沿驳根点作翻驳线的垂直线，长度为 7.5cm（即驳头宽度），如图 4－2－38 所示。

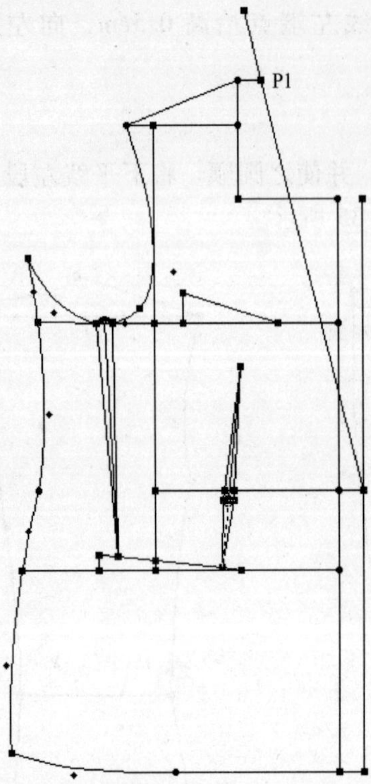

图 4－2－36

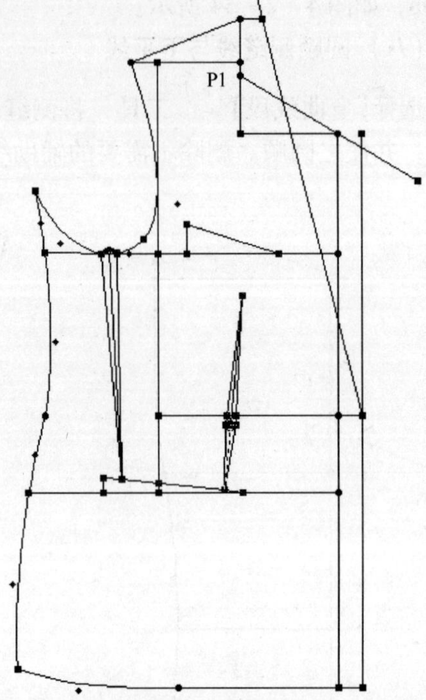

图 4－2－37

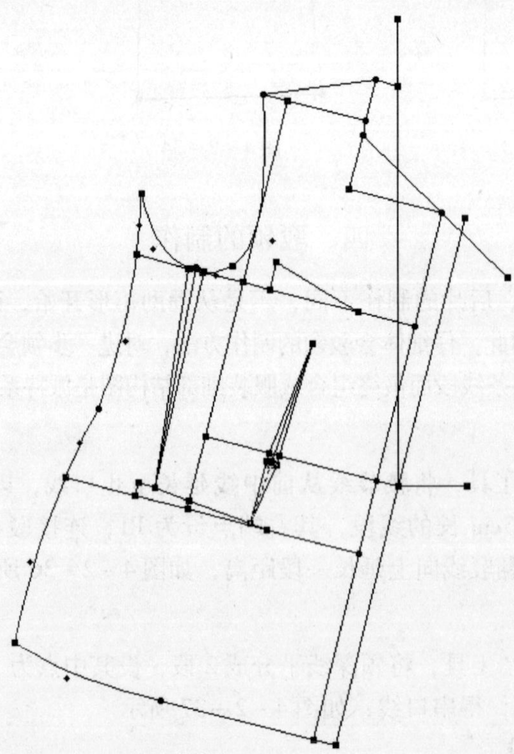

图 4－2－38

沿刚作的垂直线端点作翻驳线的平行线，与串口线相交于 P1 点，选择【交接线段】，在 P1 点处加点使之显示，如图 4 – 2 – 39 所示。

连接 P1 点和驳根点，使用【弯曲线段】工具将该线段变成弧线并调节圆顺，如图 4 – 2 – 40所示。

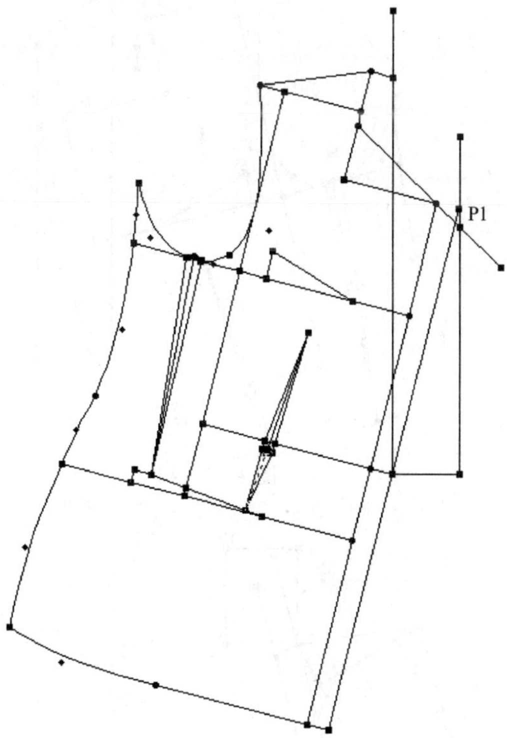

图 4 – 2 – 39

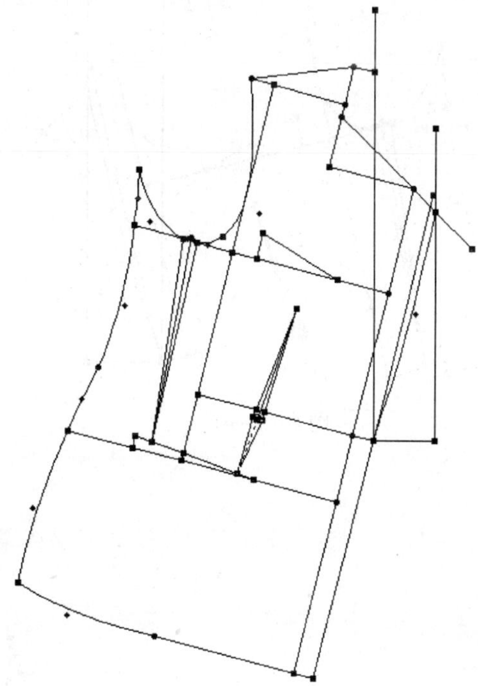

图 4 – 2 – 40

（四）作西装领倒伏线

通过颈肩点作翻驳线的平行线，设与串口线相交为 P1 点，用【交接线段】在 P1 点加点使之显示，如图 4 – 2 – 41 所示。

使用【线段长度】工具，量取后领窝弧线长度为 8. 99cm，将刚作的平行线从颈肩点向上截取 8. 99cm，设上端点为 P1 点。沿 P1 点向左作该平行线的垂直线，长为 2. 5cm，连接垂直线左端点与颈肩点，作成倒伏线，如图 4 – 2 – 42 所示。

（五）作领造型线

以倒伏线上端点为垂足，向右作倒伏线垂直线，长度为 7. 2cm（即领后中高）。设其端点为 P1 点，过 P1 点作倒伏线的平行线，并且与倒伏线等长，如图 4 – 2 – 43 所示。在进行此步操作时，需要将整个衣片以倒伏线为基准进行垂直定向，这样作倒伏线的垂直线及平行线会非常方便。

（六）确定领嘴

先删除驳头造型线周围不需要的辅助线，通过驳头造型线上端点向左 3. 5cm 处加点，设为 P1 点。选择【画圆圈】工具，以驳头造型线上端点为圆心作一个半径 4. 5cm 的辅助圆，以 P1 点为圆心作一个半径 3cm 的辅助圆，如图 4－2－44 所示。

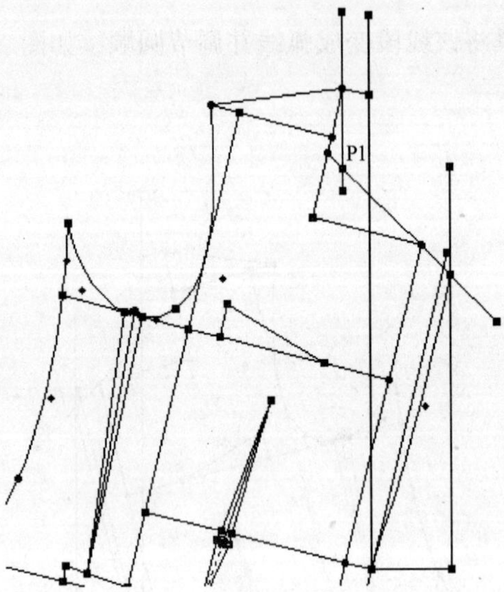

图 4－2－41

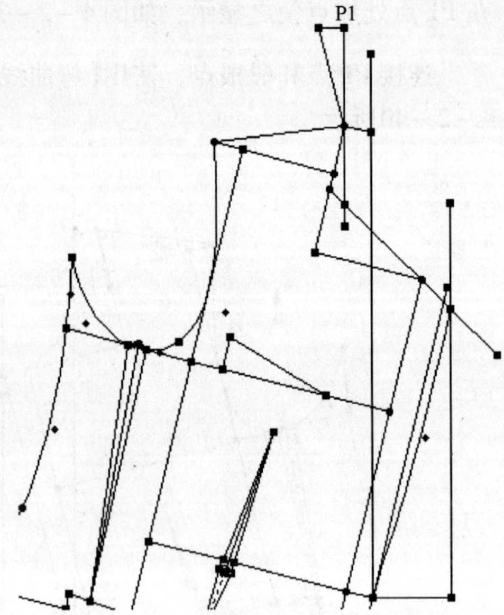

图 4－2－42

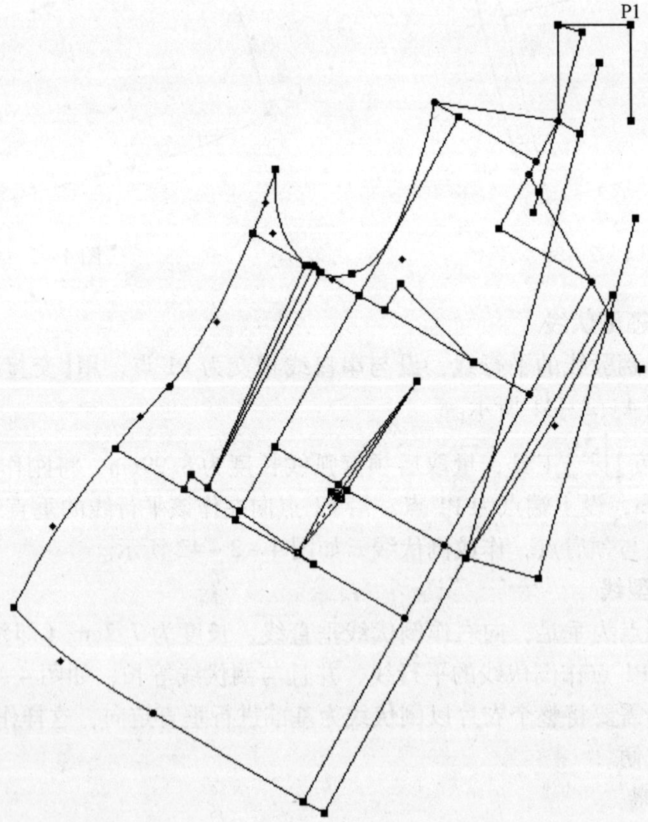

图 4－2－43

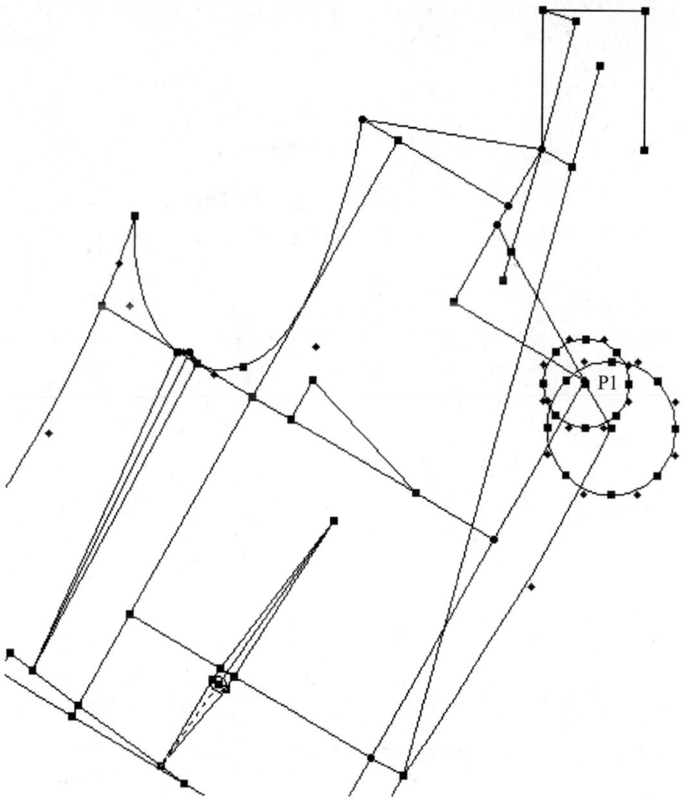

图 4－2－44

选择整个衣片，选择菜单【处理】→【组合】（注意这一步一定要有，否则可能无法进行后续的画线段）。从 P1 点开始作直线，使其末端点对准两辅助圆的交点，如图 4－2－45 所示。

连接倒伏线平行线下端点和两辅助圆的交点，并修改圆顺，删除辅助圆和相关辅助线，如图 4－2－46 所示。

（七）删除所有辅助线

选择【X 轴定向】工具，以下平线为基准将整个衣片正常放置，删除所有不需要的可删除辅助线，对于有些不能删除的线段暂时保留，如图 4－2－47 所示。

（八）拆分驳领

选择整个衣片，选择菜单【处理】→【寻找路径】→【建立外部线】，此时建立了新的包括驳领的外轮廓，内部原先不能删除的线段可以删除，继续删除不需要的线段，如图 4－2－48所示。选择驳领轮廓的所有点，选择【分开式样】工具，在领部轮廓与衣片轮廓的交界线处单击，驳领被分离，如图 4－2－49 所示。

（九）完成驳领制作

选择分离出的领部轮廓的上边斜线段，选择【镜射】工具，单击领部轮廓上边斜线段的一端点，最终完成驳领的制作，如图 4－2－50 所示。

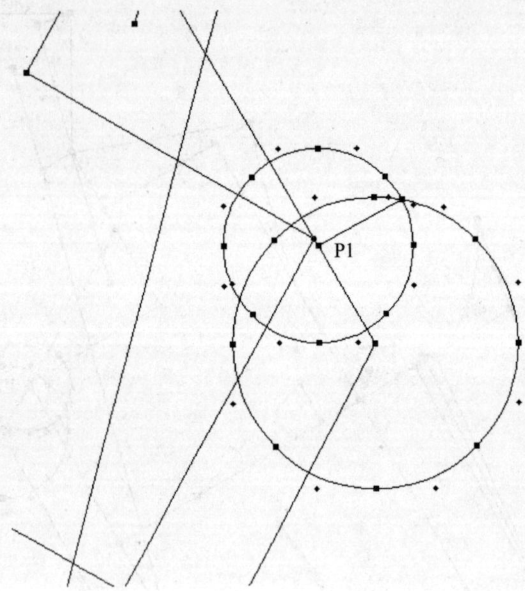

图 4－2－45

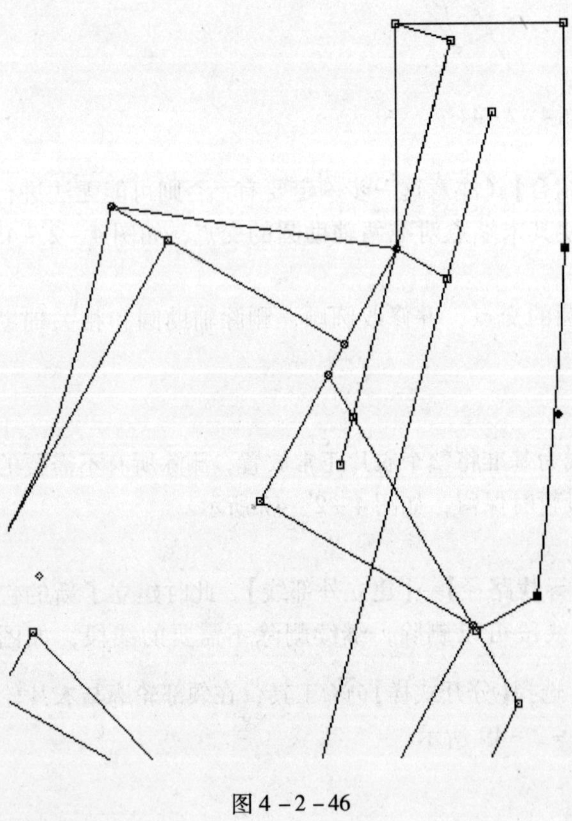

图 4－2－46

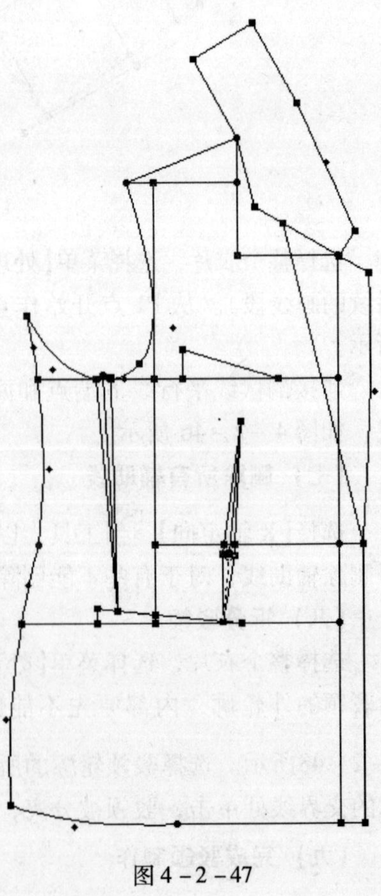

图 4－2－47

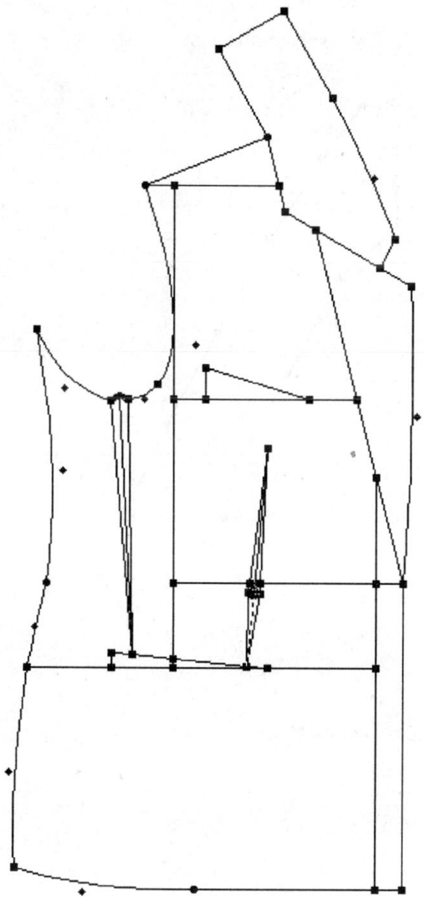

图 4－2－48

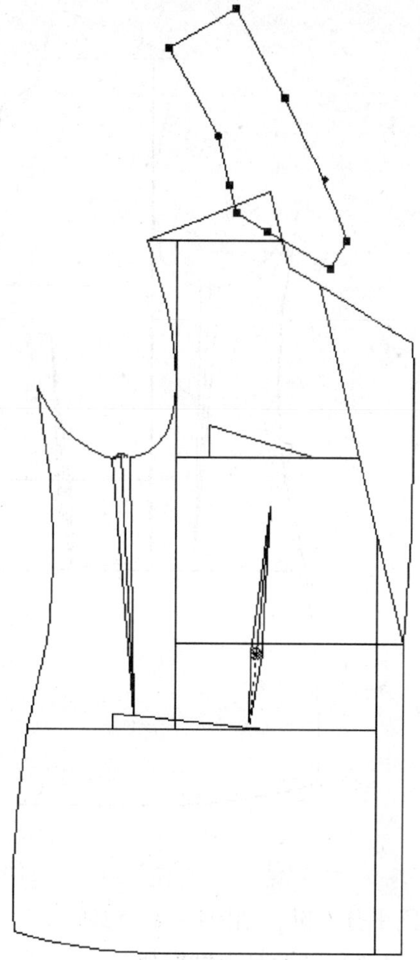

图 4－2－49

五、袖片的制作

袖片的制作有多种方法，本节重点讲述的方法进一步体现了以外部轮廓线为准的打板方法。为了使读者进行对比，后面内容也给出了采用线段直接绘制的方法。

（一）作辅助矩形

选择【画方块】工具，作宽为 19cm（袖肥）、高为 56cm（袖长）的辅助矩形。

（二）作袖山深线、袖肘线

选择【在线段上加点】及【画线段】工具，在距离上平线 15.5cm 和 32cm 处分别作出袖山深线和袖肘线，如图 4－2－51 所示。

（三）作袖山辅助点

选择【划分线段】工具，将上平线平分 4 份，选择【画线段】工具，从中心点向下作辅助垂线与袖山深线相交。将袖山深线与上平线之间的左边线段平分 3 份，右边

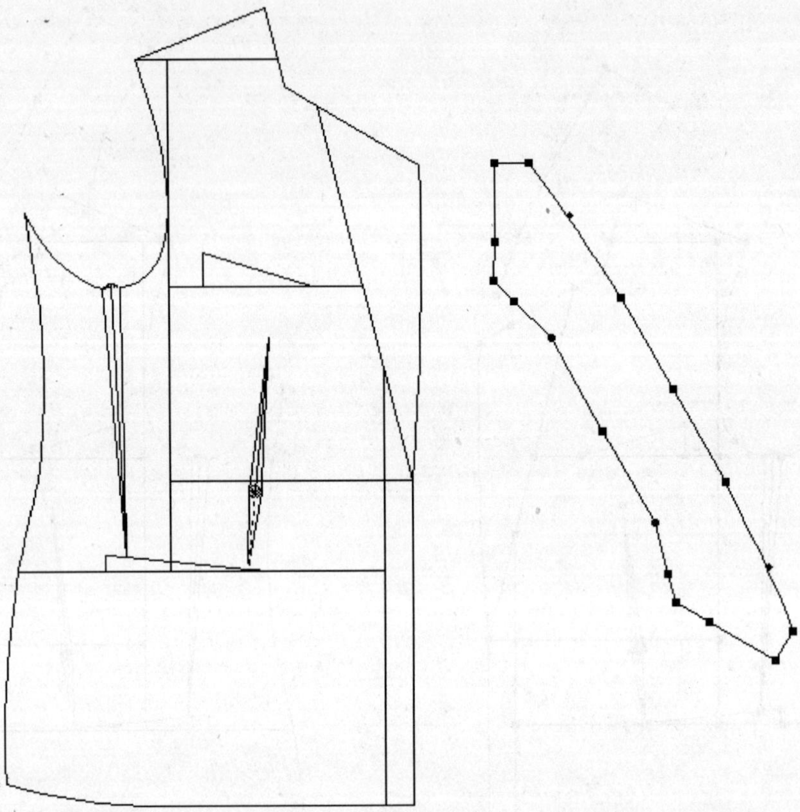

图 4 –2 –50

线段平分 4 份，如图4 –2 –52所示。

（四）调整袖山辅助线

删除矩形左上顶点，删除矩形右上顶点以及向下数的第二、第三个点，如图 4 –2 –53 所示。

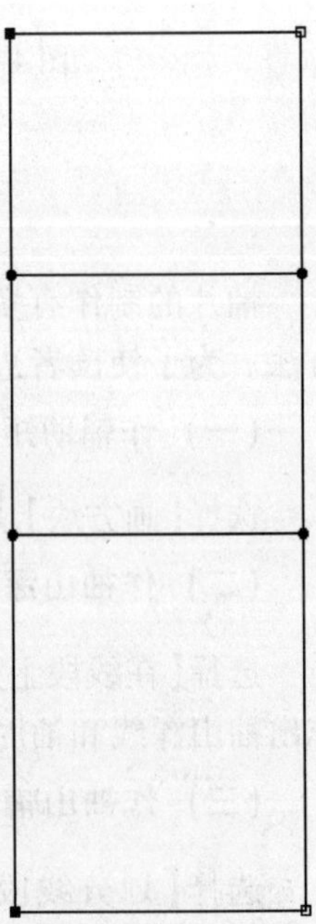

图 4 –2 –51

（五）作前袖开刀缝

选择【线段长度】工具，将袖肘线右端向左移动 1cm，如图 4 –2 –54所示。

（六）调整下平线

选择【在线段上加点】工具，从下平线右端向左 13cm 处加点，采用【Ctrl】+【Alt】+【游标】，将下平线右端向上抬高 1cm，如图 4 –2 –55 所示。

（七）圆顺前袖开刀缝

选择【弯曲线段】工具，将右侧直线调节圆顺，如图 4 –2 –56 所示。

（八）继续调整下平线

将下平线所加点选中，采用【Ctrl】+【Alt】+【游标】，将该点向下移动 1cm，如图4－2－57所示。删除下平线的左端点，如图 4－2－58 所示。

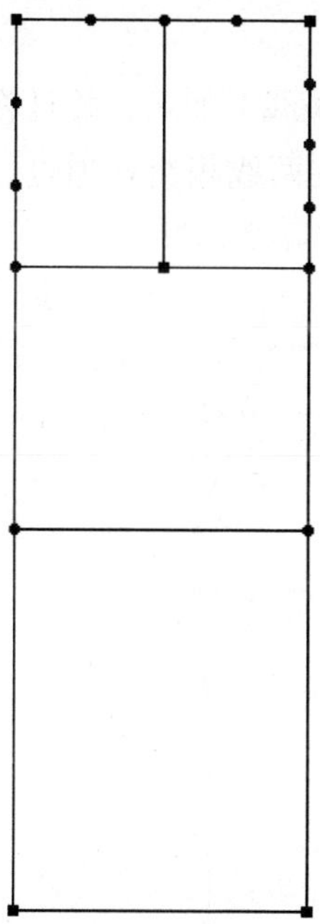

图 4－2－52

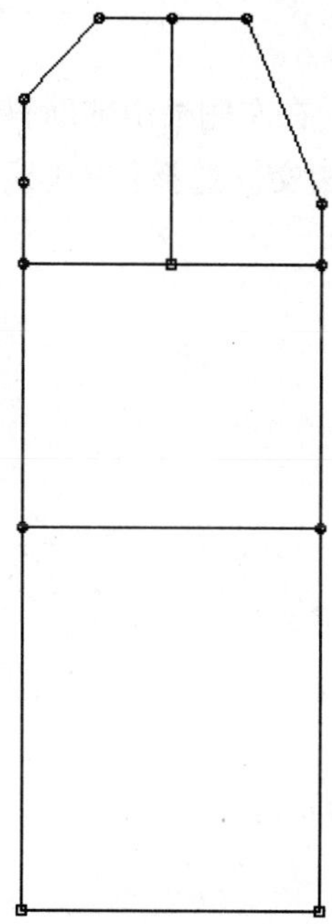

图 4－2－53

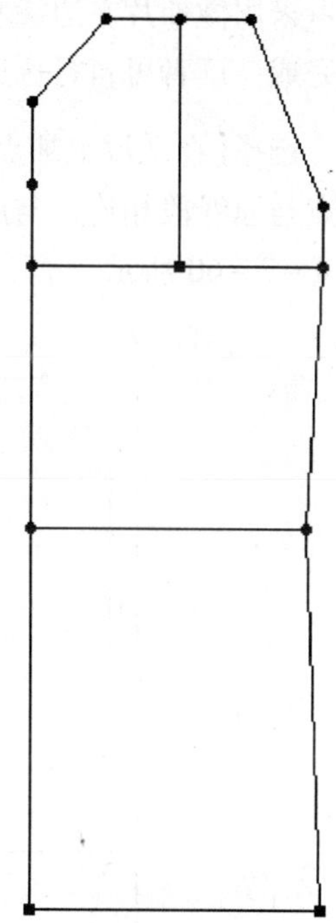

图 4－2－54

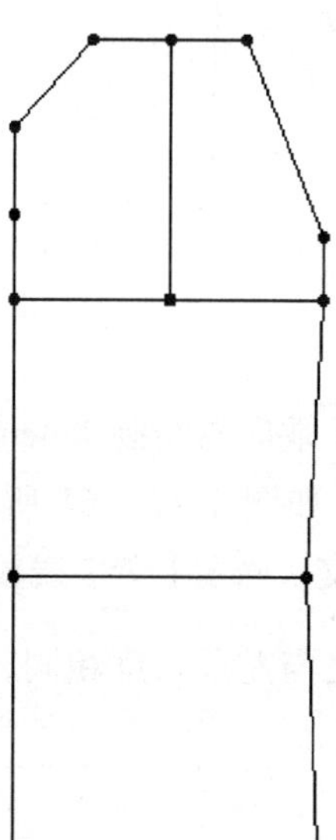

图 4－2－55

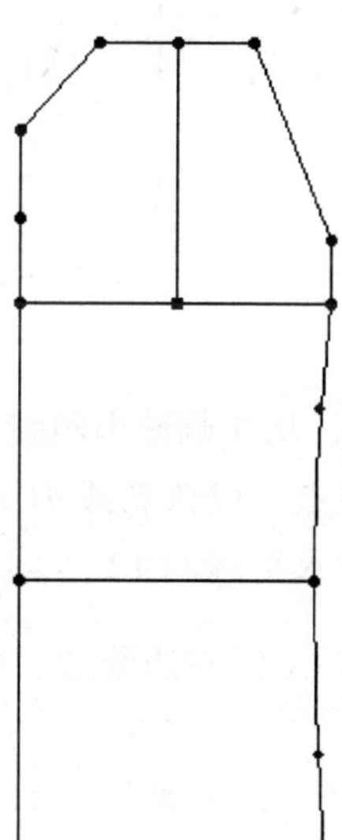

图 4－2－56

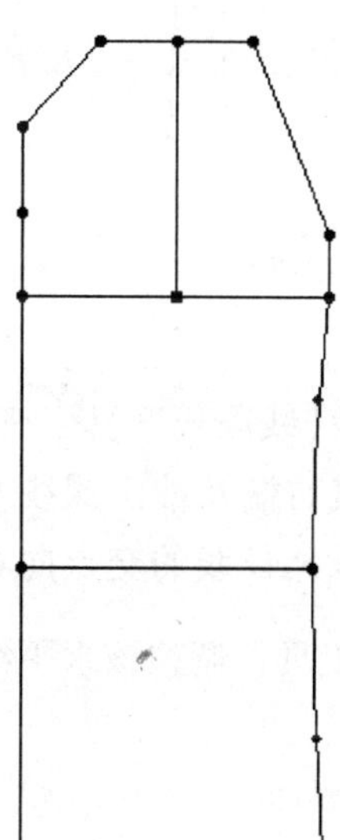

图 4－2－57

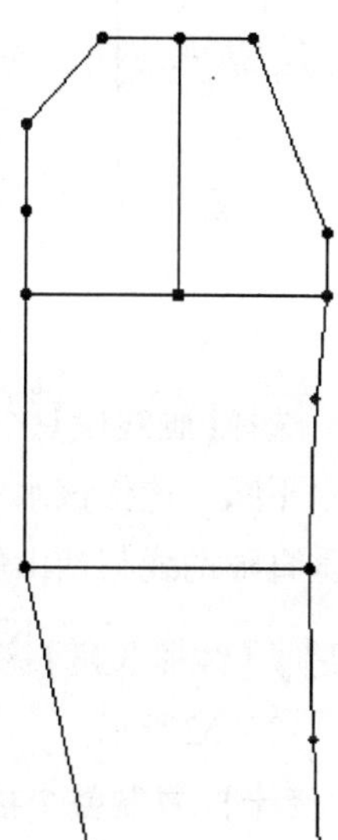

图 4－2－58

（九）作辅助线

以袖片左侧垂直线为准在左边 2cm 处作垂直辅助线，如图 4－2－59 所示。这一步骤方法有多种，可以采用从袖片左边某点先作 2cm 的水平线，再作此水平线的垂线的办法。也可采用做袖片左边缘垂直部分线段距离 2cm 的平行线的办法，还可采用不规则放缩工具完成。读者可自行琢磨加以练习。

选择【在线段上加点】工具，在左侧袖山辅助斜线的左端延长线上加点，并且将所加点与原线段相连，与所作垂直线相交。选择【交接线段】工具，在两线相交处加点，如图 4－2－60 所示。

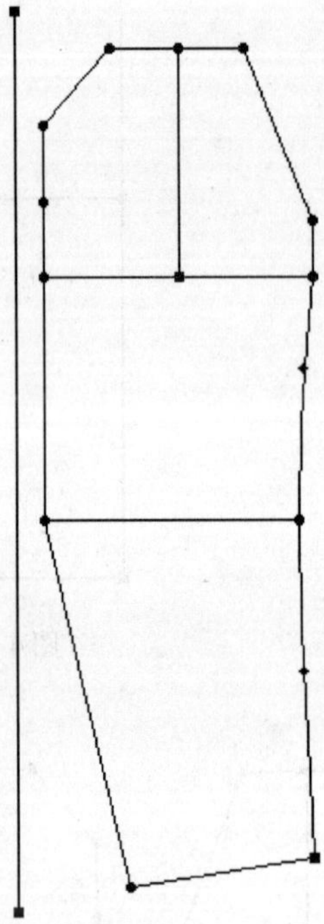

图 4－2－59

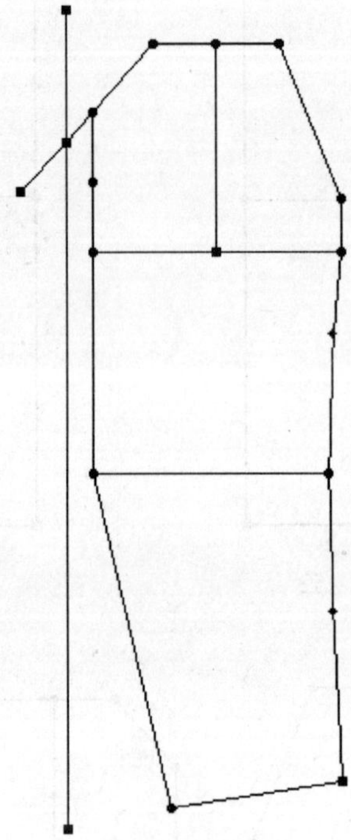

图 4－2－60

选择【画线段】及【线段长度】工具，从左侧袖山斜线的下端向右绘制 0.8cm 长的水平线，连接该水平线右端及袖山深线左端点，设该斜线为 L1，如图 4－2－61 所示。从垂直辅助线与袖山斜线延长线的交点向右作水平线与 L1 直线相交，选择【交接线段】、【尺】、【线段长度】工具，调整该水平线在 L1 的右边线段，使之与左段长度相同，如图4－2－62所示。

（十）复制整个袖片

到此已作出了大袖、小袖共有的辅助线，下面需要在此基础上分别绘制大小袖片。因此选择整个袖片，将其复制一个副本，以备制作小袖使用。

（十一）删除大袖辅助线

前面步骤所作的辅助线，其目的是为了寻找大小袖的关键点。其中左边垂直线与袖山斜线的交点为大袖关键点，因此选择复制后两片袖片的一片制作大袖，首先删除不必要的辅助线，仅留辅助点，即大袖关键点，如图 4－2－63 所示。

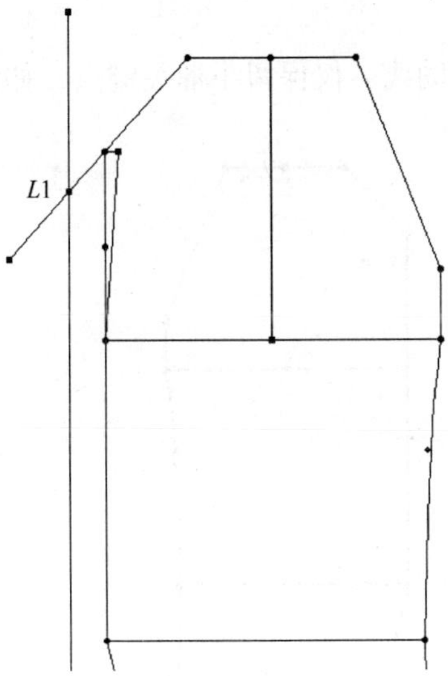

图 4－2－61

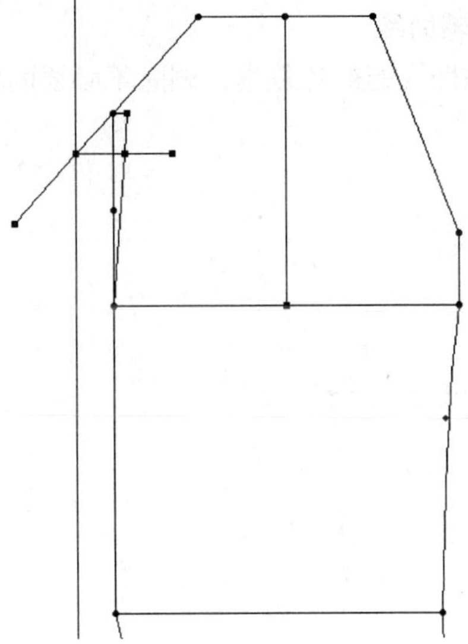

图 4－2－62

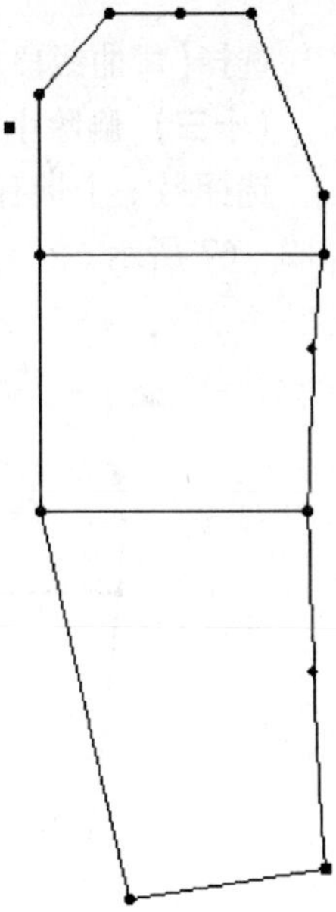

图 4－2－63

（十二）绘制大袖

分别选择【在 X 两点对齐】及【在 Y 两点对齐】工具，将袖片左上方的袖山斜线的左端点与辅助点对齐。进一步将袖山深线的左端点与辅助点垂直对齐，如图 4－2－64 所示。选择大袖的前袖开刀缝，采用【Ctrl】+【Alt】+【游标】，将其整体向右移动 3cm，结果如图 4－2－65 所示。

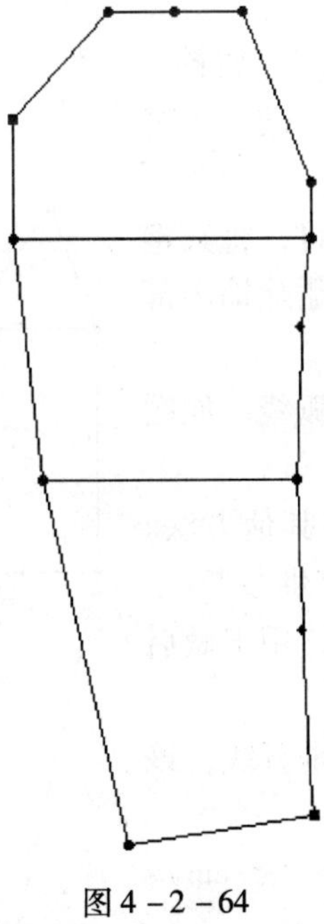

图 4－2－64

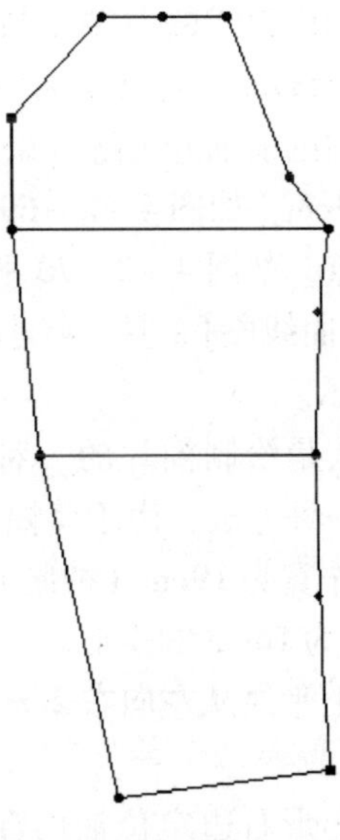

图 4－2－65

选择【弯曲线段】工具，将大袖的各斜线调整为圆顺弧线，如图4－2－66所示。

（十三）删除小袖辅助线

选择另一个带有辅助线的袖片复本，删除不必要的辅助线，仅保留小袖关键点，如图4－2－67所示。

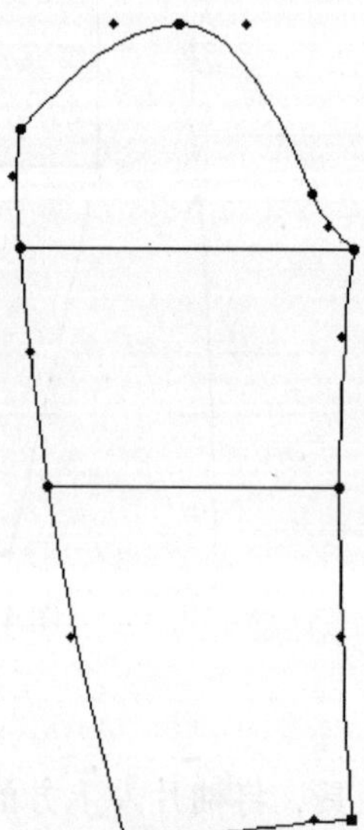

图4－2－66

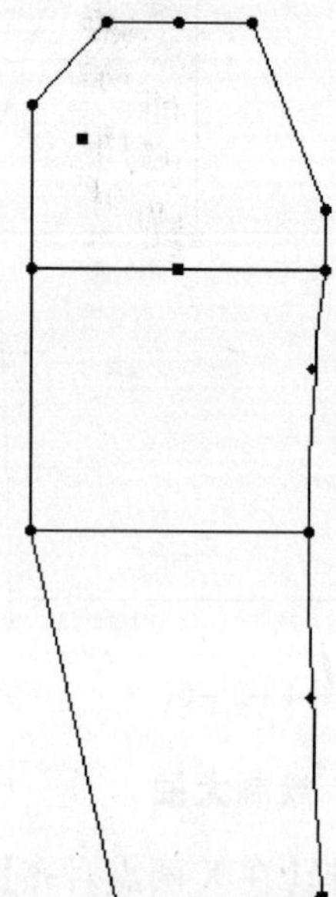

图4－2－67

（十四）绘制小袖

分别选择【在X两点对齐】及【在Y两点对齐】工具，将袖片左上方的袖山斜线的左端点与内部的小袖辅助点对齐。进一步将左上方袖山斜线的右端点与袖山深线中点对齐，如图4－2－68所示。选择小袖的前袖开刀缝，采用【Ctrl】+【Alt】+【游标】，将其整体向左移动3cm，如图4－2－69所示。删除袖山深线，删除袖山部分不需要的点，如图4－2－70所示。

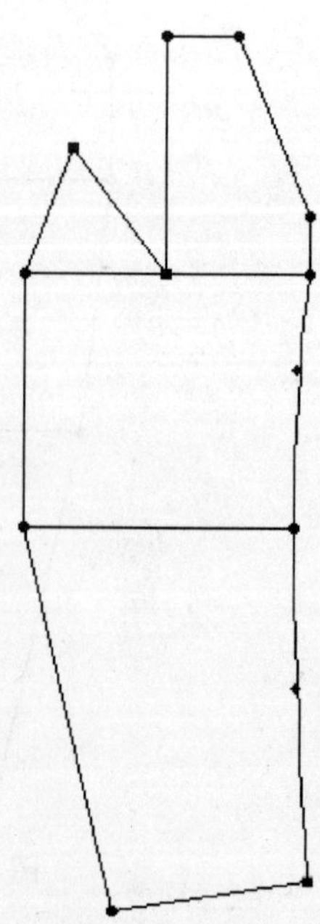

图4－2－68

选择【弯曲线段】工具，将小袖的各斜线调整为圆顺弧线，如图4－2－71所示。

上述方法是绘制袖片的一种方法，事实上还有很多其他方法。下面是另外一种方法，由于篇幅有限，这里仅列出步骤以供参考：

（1）制作宽为19cm（袖肥）+2cm（向左的辅助线，用于做后开刀缝）、长为56cm的矩形。

（2）在上平线从左向右2cm处加点，由该点向下作垂直线，该线命名为线L1。

（3）自矩形右边定位袖山深线（15.5cm）和袖肘点（32cm）；分别作出水平线；并作交叉点。

（4）将L1线段与右边之间的上平线平分4份；将袖山深线和

上平线之间的 L1 线段平分 3 份，从上数 1/3 处点为 P1；之间的右边线段平分 4 份，从上数 3/4 处为 P2 点；然后连接上平线从左 1/4 处点和 L1 上 P1 点并延长至矩形左边，相交于 P3 点。

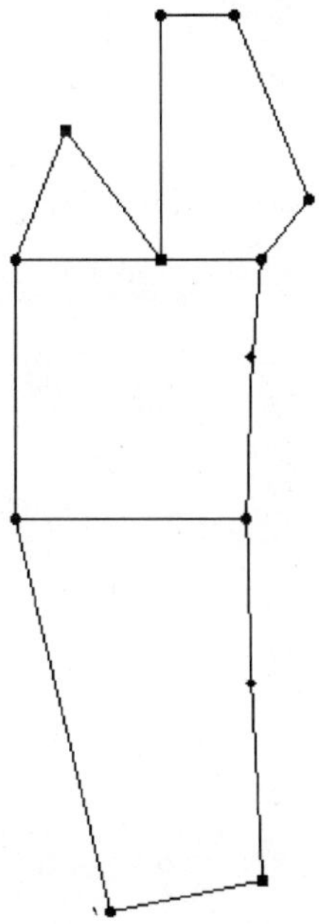

图 4－2－69

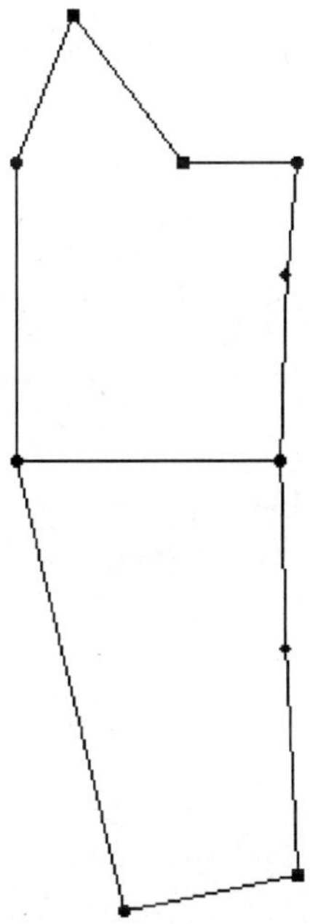

图 4－2－70

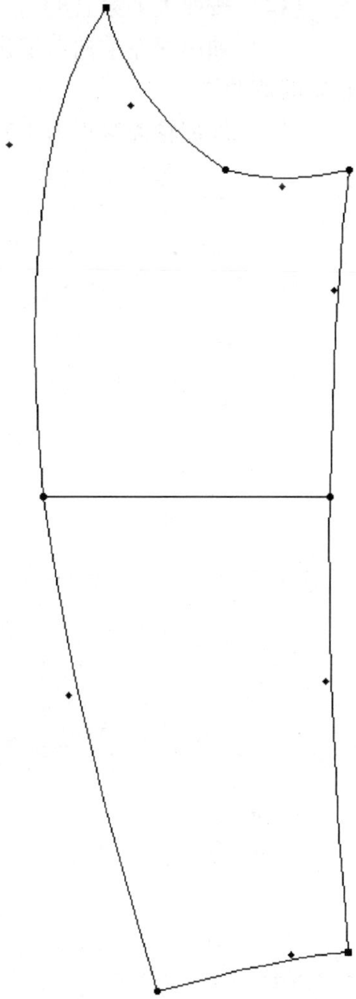

图 4－2－71

（5）整体复制放在一边以准备制作小袖。

（6）依次删除不需要的点（注意：应该保留上平线 1/4 处点与 L1 线 P1 点之间的连线，但注意不能使该连线和矩形的任何外部线相交，同理上平线 3/4 处点与右边 3/4 处点也应保留，但不相交），留下即将制作袖山弧线的直线。

（7）作袖口辅助线：袖口向下沉 1cm，从左向右调整线段至 13 cm。

（8）制作前袖开刀缝：袖肘线右端左缩进 1cm，下平线右端向上抬高 1cm；将袖山深线与下平线之间的右边线变成曲线，调整圆顺后向右平移 3cm。

（9）制作后袖开刀缝：袖肘点向右移动 0.8cm，注意是和 L1 线的左相交点；依次连接各点调节圆顺即可。

（10）制作小袖：以 L1 线从上向下 1/3 处向右作 0.8cm 长的垂直线；将其和袖山深

点与 L1 线左端点相交点连接，得 L2 线；过第（4）步所述的 P3 点向右作水平线；使之在线 L2 左右保持尺寸一致；沿新作线的右端点 P10 点向上作垂直线与上平线相交。

（11）袖口制作和第（7）步一致。

（12）按照大袖第（8）步制作前袖开刀缝后，向左平移 3cm。

（13）袖山深左端向右缩进 2cm，袖肘向右缩进 1.6cm（大袖的两倍），然后删除不必要的辅助线。

（14）外部轮廓修正为正确小袖图形，然后圆顺。

第五章　富怡服装设计与放码系统

第一节　设计与放码系统界面介绍

富怡服装 CAD 系统设计与放码的软件是基于微软公司之标准操作平台 Windows98/2000/XP™开发出来的一套全中文环境的专业服装工艺软件，主要具备以下特点：

- 软件采用 Windows 标准界面；
- 每个图标都有中文提示；
- 功能齐备的工具及形象的图标，可以适用不同的打板方法；
- 尺寸可自由输入，也可以用软件自带的计算器，公式输入，自动计算；
- 可以自动加入尺寸标注；
- 画完基样，系统可以自动放码；
- 根据规格表可快速度身定制不同体形的纸样；
- 可扫描款式设计图，制图时可同时参考，并可与纸样一起保存，以备日后查阅；
- 可与输入设备接驳，进行图像扫描；
- 可与输出设备接驳，进行小样的打印及 1∶1 纸样的绘图及切割。

一、系统界面介绍

富怡设计系统设有两种制图方法，即自由设计和公式法制图，打开设计与放码系统会弹出【界面选择】对话框，询问选用哪种制图方法，选定后即进入相应界面。设计与放码系统的自由设计界面包括以下几个部分，如图 5－1－1 所示。

（一）菜单栏

菜单栏是放置菜单命令的地方，且每个菜单的下拉菜单中又有各种命令。单击一个菜单时，会弹出一个下拉式命令列表。既可以用鼠标单击选择一个命令，也可以按住键盘上的快捷键不放，再按菜单和命令后面括号中的字母。

当您熟悉了各菜单的命令后，您会发现对于一些常用的命令，使用命令后面的快捷键更为方便，在后续章节中，必要时本书列出了所有快捷键组合，熟记它们会大大提高工作效率。

（二）快捷工具栏

快捷工具栏用于放置常用命令的快捷图标，为快速完成设计与放码工作提供了极大的方便。

（三）纸样列表框

纸样列表框用于放置当前款式中纸样的裁片。每一个单独的纸样放置在一小格的纸样框中，纸样框的布局可以通过【选项】→【系统设置】→【界面设置】→【纸样列表框布局】改变其位置，并可通过单击拖动进行纸样顺序的调整。还可以在这里选中衣片并用菜单命令

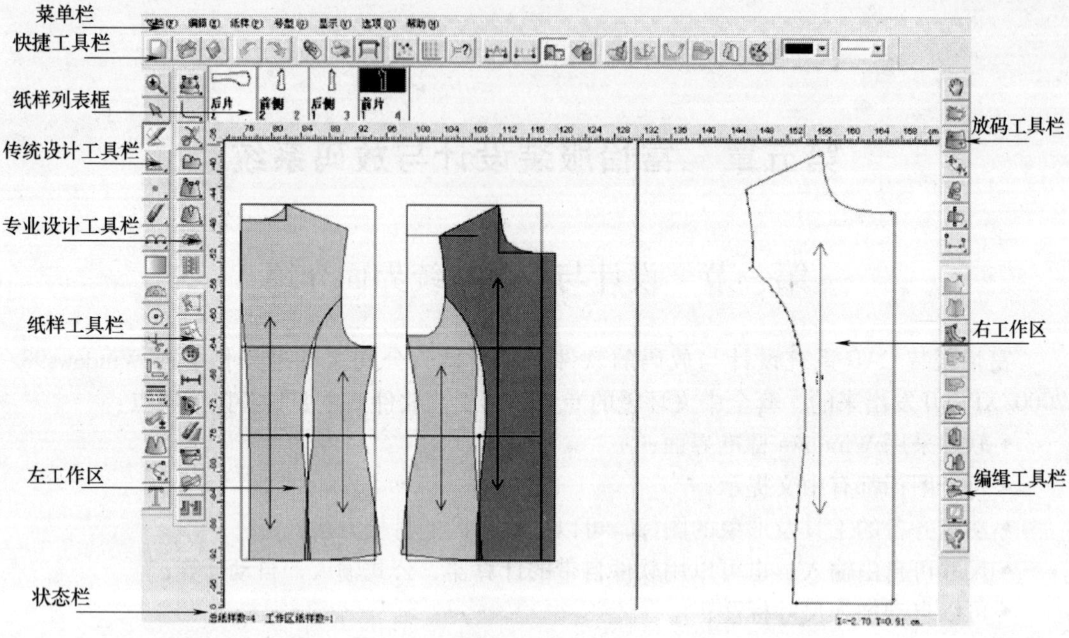

图 5－1－1

对其进行复制和删除。

（四）传统设计工具栏

传统设计工具栏存放着绘制裁剪图用的基本工具，可以设计纸样断缝等分割线，还可以旋转、对称和部分复制纸样等。

（五）专业设计工具栏

专业设计工具栏存放着自由设计裁剪图所要用到的一些工具。

（六）纸样工具栏

当用剪刀工具  剪下裁片后，用纸样工具栏中的工具将其进行细部加工，如为其加上省、剪口、钻孔、缝份、调整布纹线等。

（七）编辑工具栏

编辑工具栏用于对生成的纸样进行修改、编辑、调整，还可以改变纸样、布纹线的方向等。

（八）放码工具栏

放码工具栏存放着放码所要用到的一些工具，可以对全部或部分号型进行调整修改。

（九）左工作区

左工作区的边缘通常显示有标尺。工作区就像一张带有坐标的无限大的纸，在其上面设计师可以尽情发挥出自己的设计才能。

（十）右工作区

右工作区可以用来对纸样进行放码与纸样的修改，排列要打印的纸样裁片，可以对纸样进行移动和旋转等操作，并可显示绘图纸边界。

(十一) 状态栏

状态栏位于系统界面的最底部，它显示着当前选择的工具的名称，同时一些工具还有操作步骤的提示。

设计与放码系统的公式法设计界面如图 5－1－2 所示。

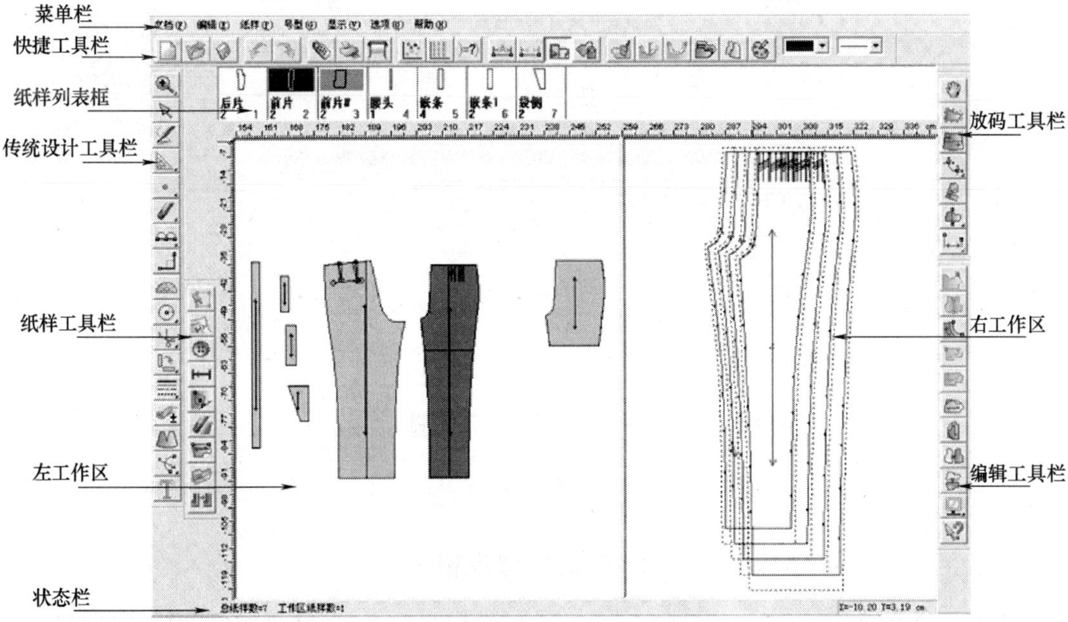

图 5－1－2

该界面与自由设计界面基本相同，只是少了一个专业设计工具栏，在该界面所做的纸样可以通过输入规格表号型自动放码。

二、操作快速入门

(一) 建立纸样库

双击图标即进入富怡设计与放码系统，在【界面选择】对话框内，选择一种制图方法，这里选择自由设计。单击【确定】后，即新建了一个未命名的文件，这时可以进行纸样的设计，如图 5－1－3 所示。

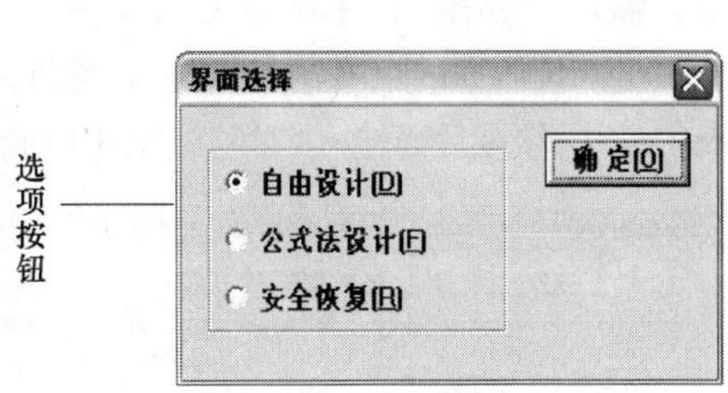

图 5－1－3

(二) 保存纸样

单击界面左上角快捷栏中的保存图标。

弹出【保存为】对话框。单击对话框内图标，回到根目录，为 DGS 文件选定路径，如图 5－1－4 所示。在【文件名】栏目里，输入完整的文件名，便于将来检索。在这里输入女童装，单击【保存】，如图 5－1－5 所示。

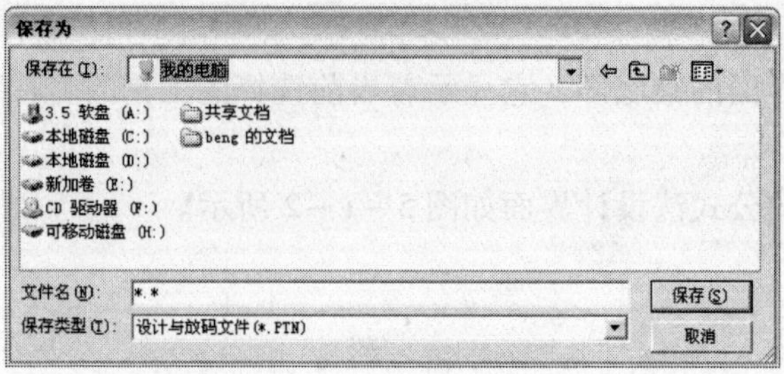

图 5－1－4

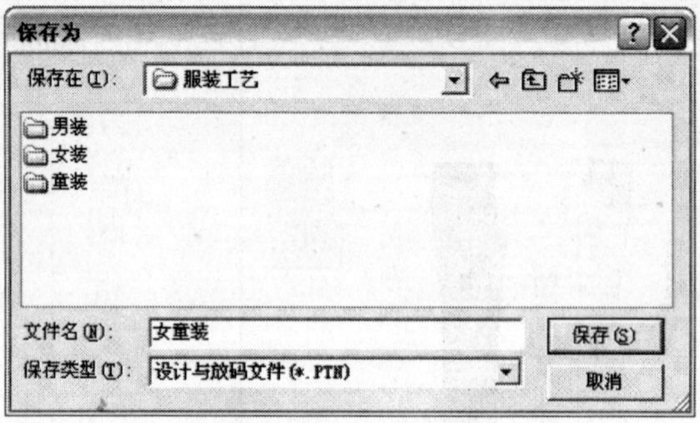

图 5－1－5

三、建立号型规格表

在制作纸样之前，首先要把规格尺寸输入到【号型】菜单下的【号型编辑】→【设置号型规格表】，以方便以后的设计，同时也备份了详细的尺寸资料。输入完成的纸样尺寸可以存放到尺寸库里，其他款式的纸样如果尺寸数据有相同或相近之处，就可以直接调出，修改后使用。以号型为 160/84A 的女衬衫为例，选择菜单【号型】→【号型编辑】，弹出【设置号型规格表】对话框，如图 5－1－6 所示。

单击第一列、第二行空格，在其中输入“衣长”；第三行空格，在其中输入“胸围”；第四行空格，在其中输入“肩宽”；单击第五行空格，在其中输入“背长”；单击第六行空格，输入“领围”；单击第七行空格，在其中输入“袖长”。

单击衣长后面的空格输入“64”，胸围后面输入“98”，肩宽后面输入“40.5”，背长后面输入“40”，领围后面输入“35”，袖长后面输入“53”，单击【确定】按钮，如图5－1－7所示。

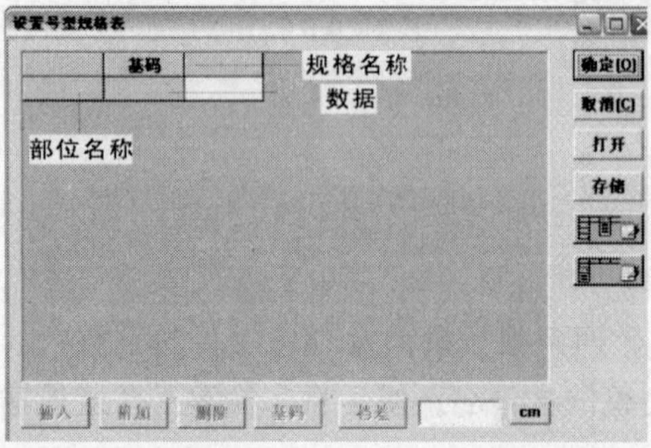

图 5－1－6

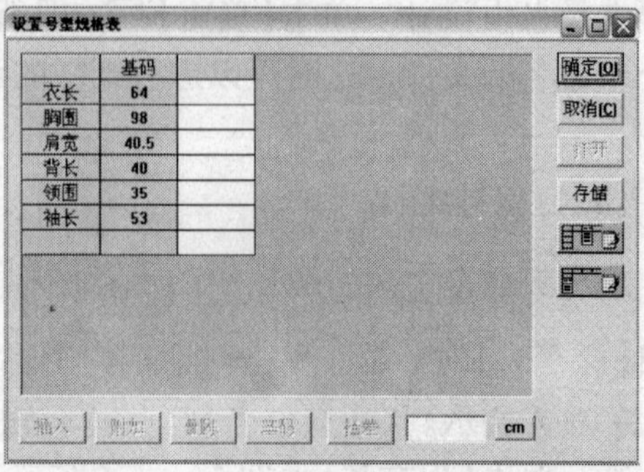

图 5－1－7

可以把经常使用的标准尺寸数据保存起来，下次需要的时候可以调出来直接使用或稍加修改。单击【存储】，弹出对话框，在文件名内输入女装尺寸单击【保存】，如图5－1－8所示。

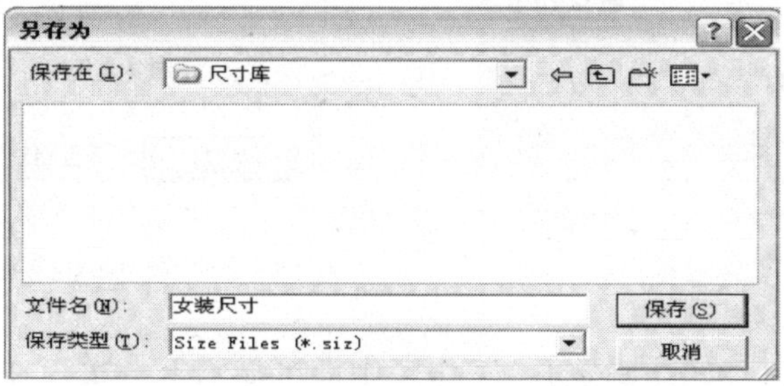

图5－1－8

当下一次使用相同数据的时候，单击【号型】→【尺寸编辑】→【设置号型规格表】，单击【打开】，弹出【打开】对话框，选择女装原型尺寸，单击【打开】，即可调出该规格表，用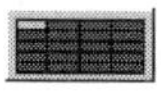全部选定，也可用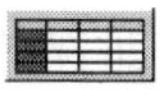或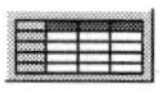根据需要选定后，单击【确定】即可使用，如图5－1－9所示。

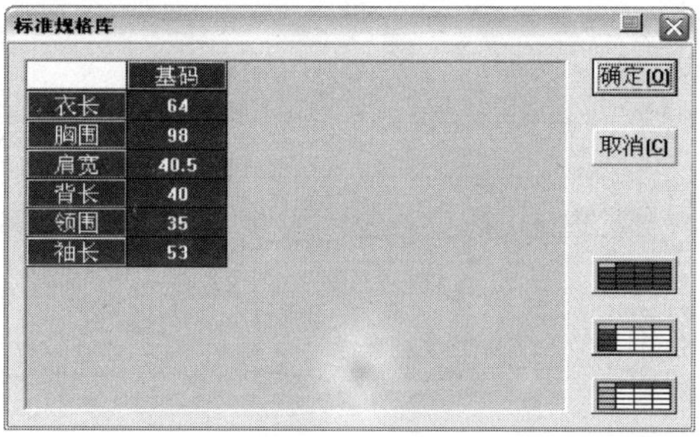

图5－1－9

第二节　快捷工具栏介绍

一、新　建 

该工具可新建一个空白文档。单击该图标或按【Ctrl】+【N】，弹出【界面选择】对话框，询问将以什么方式设计，单击选项按钮，选择一种制图方式，单击【确定】即新建一个文档，如图5－2－1所示。

如果工作区内有未保存的文件，则会弹出【存储档案吗?】对话框询问是否保存。单击【是】则会出现【保存为】对话框，选择好路径输入文件名，单击【保存】，则该文件被保存

（如已保存过则按原路径保存），如图5－2－2所示。

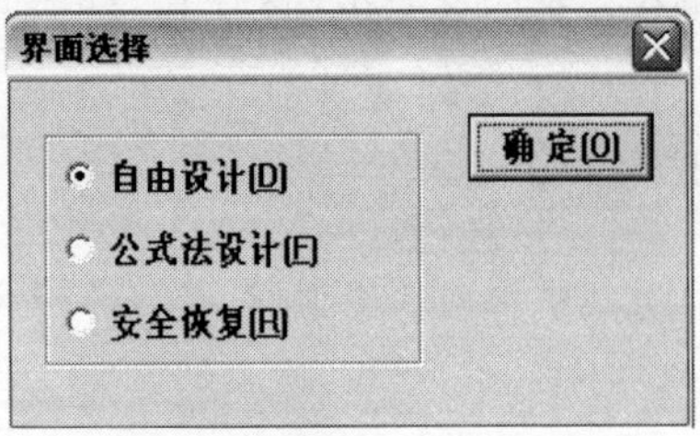

图5－2－1

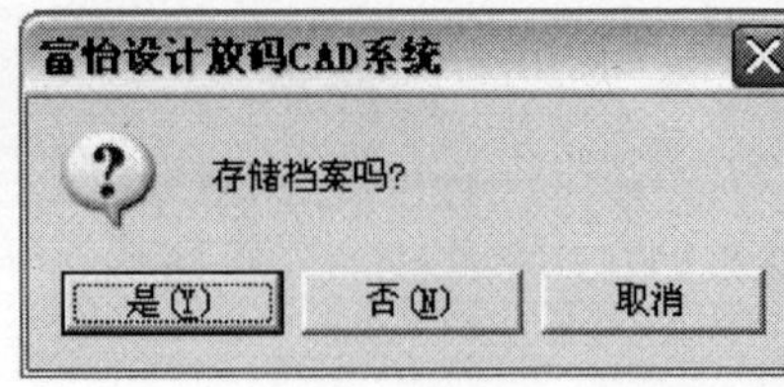

图5－2－2

单击【安全恢复】，单击【确定】，工作区中即可显示上一次正在做的文档，该功能用于停电、死机等意外情况发生后，找回备份文档。

二、打　开 

该工具用于打开文件。单击该图标或按【Ctrl】+【O】，则弹出【打开】对话框，按照路径选择所需要的文件，单击【打开】（或双击文件名），即打开一个保存过的设计文件，如图5－2－3所示。

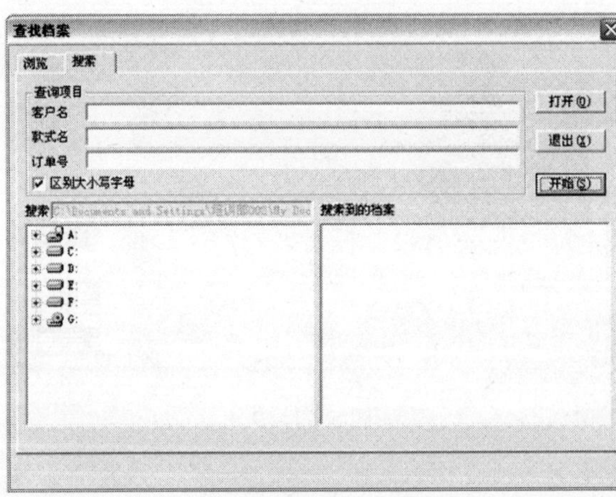

图5－2－3

三、保　存 

该工具用于储存文件。单击该图标或按【Ctrl】+【S】，弹出【保存为】对话框，指定路径后，在【文件名】文本框内输入文件名，单击【保存】即可。再次保存该文件，则单击该图标即可，文件将按原路径、以原文件名保存。

四、撤　销 

该工具用于按顺序取消做过的操作指令，每按下一次就可撤销一步操作。单击该图标，或按【Ctrl】+【Z】，或单击鼠标右键，再单击【UNDO】即可。

五、重新执行

该命令可以把撤销的操作再次恢复，每单击一次就可复原一步操作，可执行多次。

六、读 纸 样

该命令的作用在于用数化板和鼠标将需要再编辑的纸样输入到计算机中进行放码和修改等。用胶带把纸样贴在数化板上，纸样可以按实际操作习惯的方向放置。单击图标，也可按快捷键【F11】，弹出【读纸样】对话框；单击使其凹进（系统默认该图标为选中状态），用数化板鼠标的+字准星对准需要输入的点（可参阅数化板鼠标的功能），按顺时针方向依次读入各点，读完后按【2】键闭合纸样。

系统自动弹到开口辅助线上，可接着输入省道钻孔等（如需输入闭合辅助线，请单击闭合辅助线），根据点的属性单击对应的键，每完成一条线，就要按一次【2】键，依次输完各条辅助线。

根据附表中的方法，读入其他内部标记。单击对话框中【读新纸样】，则上一个纸样出现在纸样列表框内，【读纸样】对话框空出，可以读入新的纸样。全部纸样读完后，单击【结束读样】。

七、打印和预览纸样

单击，弹出【打印和预览纸样】对话框，选择各项设置。单击【打印预览】即显示预览界面，如对预览图满意，则单击【打印】。如不满意纸样，不想打印，单击【取消】即可退出打印预览。

八、纸样绘图

用该命令可以绘制 1∶1 纸样。只有直接与计算机串行口或并行口相连的绘图机或在网络上选择带有绘图机的计算机才能绘制文件。

把要进行绘制的纸样放到右工作区中，排好纸样，单击该图标，就会弹出【绘图】对话框。单击【设置】弹出【绘图仪】对话框，在对话框中对当前绘图仪、纸张、预留边缘及绘图仪端口进行设定，选定选项后单击【确定】即可绘图。

九、点放码表

单击图标，弹出点放码表，如图 5-2-4 所示。选择单击某一放码点，dX、dY 栏变亮。分别单击最临近基码的小码文本框的 dX、dY 栏，并输入放码档差，（如果没有比基码小的码，则选最临近基码的大码）。再单击（X 相等）、（Y 相等）或（XY 相等）等放码按钮，即可完成该点的放码。

用可用左键框选一个或多个放码点；到任意空白处鼠标左键单击，可取消当前的选中点。或者按“ESC”键，取消当前所有选中点。按鼠标右键可看到快速切换栏，切换常用工具，如图 5-2-5 所示。选择完后，在点放码表中放码（含所有按钮）时，会对当前选中的所有放码点进行放码。

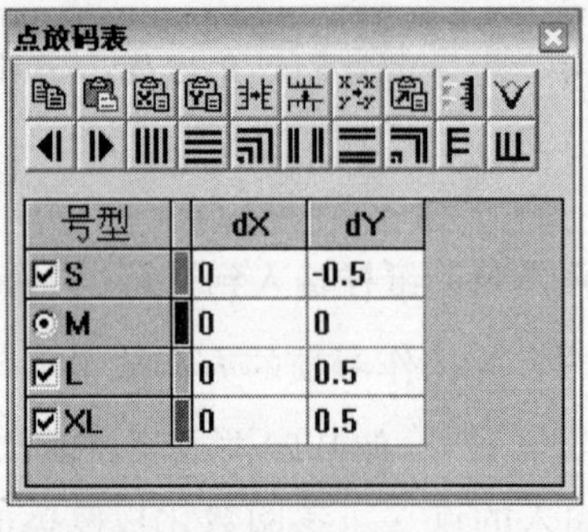

图 5－2－4

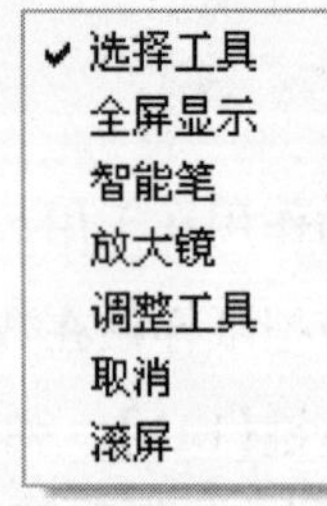

图 5－2－5

十、【点放码表】功能参数说明

号型栏下是号型名称，前面带勾选号的为非基码号型，可以输入数值；不带勾的为基码，不能输入数值。

（一）对称放码

当将复制的放码量粘贴到某一对称的放码点上时，对称放码命令会对该点的放码方向自动调整为原放码量的对称数值。单击【点放码表】，单击 使该图标凹陷，选 单击已放码的 A 点，放码值是（0.15，－2.4），单击复制 ，再单击 B 点，单击粘贴 命令，将 A 点的值放到 X 方向相反的 B 点上时，这一点的值自动调整为（－0.15，－2.4）。A 点的放码量复制到 B 点时采用【对称放码】，系统会自动调整到正确数值，如图 5－2－6 所示。

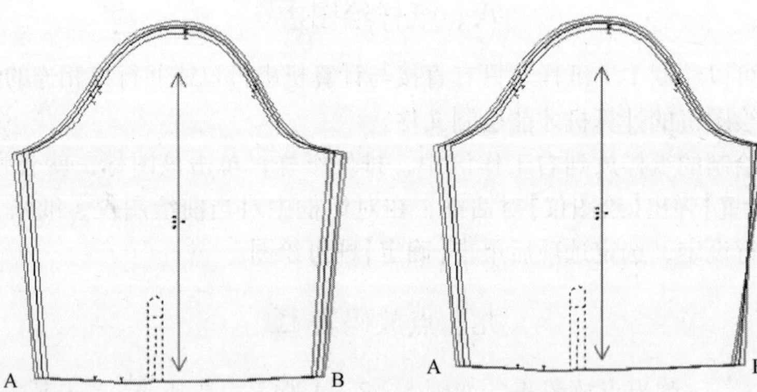

图 5－2－6

（二）相对放码量/绝对放码量

该工具用于控制放码量的显示，可以根据自己的需要选择。单击 图标，使其凹陷，可以看到已输入的各码数值是绝对放码量，即各码的数值都是按照与基码的差值显示；再单击 图标，使其凸出，可以看到已输入的各码数值是相对放码量，即各码的数值都是按照与前一码的差值显示。

（三）角度

在放码软件中，工作区内的坐标轴可以随意定义，这个随意性就由【角度】命令来控制。当角度为零时，水平向右和垂直向上的方向被定义为坐标轴的正方向。而当角度为非零时，X、Y 的数值就会有所变化，如图 5－2－7 所示。

具体操作为：单击【点放码表】对话框中的按钮，单击按钮，弹出下拉菜单，单击选择其中的内容，设定角度坐标轴。

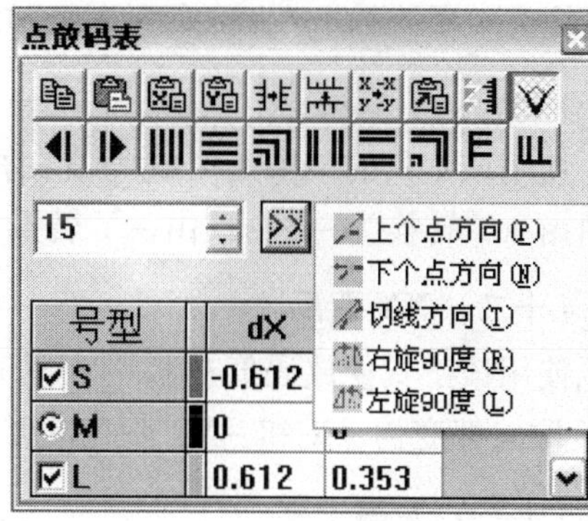

图 5－2－7

（四）前一个放码点

该工具用于选中前一个放码点。注意纸样边线上的各放码点按顺时针方向区分前后，位于前面的称前点，反之为后点。

具体操作为：选，单击选中一个点，单击图标，即选中当前放码点的前一个放码点，如图5－2－8所示。

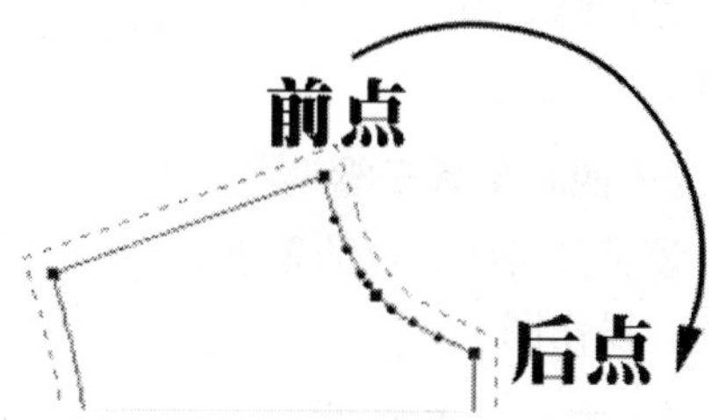

图 5－2－8

（五）后一个放码点

选单击选中一个点，单击图标，即选中当前放码点的后一个放码点。

（六）复制放码量

该工具用于复制已放码的点（可以是一个点或一组点）的放码值。单击一个已经放过码的点，点放码表中立即显示该点的各码的放码值，单击图标，这些放码值即被临时储存起来（用于粘贴）。注意若用左键框选了多个放码点，则“复制”按钮变成灰色，表示不可用。

（七）粘贴 XY 放码量

该工具可将某点 X 和 Y 两方向上的放码值粘贴在指定的放码点上。对于与某点的放码值完全相同的点的放码可以用该命令实现，省去了重新输入的麻烦。

具体操作为：在完成【复制放码量】命令后，单击某一要放码的点，单击图标，即可粘贴 XY 放码量，可以将一个放码点的放码量【粘贴】到当前框选或左键拖拉选择的多个放码点上。

（八）粘贴 X

该工具可将某点水平方向的放码值粘贴到选定点的水平方向上。在完成【复制放码量】命令后，单击某一要放码的点，单击图标，即可粘贴 X 放码量。

（九）粘贴 Y

该工具可将某点垂直方向的放码值粘贴到选定点的垂直方向上。【复制放码量】命令后，单击某一要放码的点，单击图标，即可粘贴 Y 放码量。

（十）X 取反

使用该工具是使放码值在水平方向上反向，换句话说，是某点的放码值的水平值由 +X 转换为 -X，或由 -X 转换为 +X。单击选中一个放码点，单击该工具即可。

（十一）Y 取反

使用该工具的结果是使放码值在垂直方向上反向，换句话说，是某点的放码值的 Y 取向由 +Y 转换为 -Y，或由 -Y 转换为 +Y。单击选中一个放码点，单击该图标即可。

（十二）XY 取反

使用该工具使放码值在水平和垂直方向上都反向，换句话说，是某点的放码值的 X 和 Y 取向都变为 -X 和 -Y，反之也可。单击选中一个放码点，单击该图标即可。

（十三）X 等于零

该工具可将选中的样点在水平方向（即 X 方向）上的放码值变为零，即在水平方向上不再放码。单击某放码点，【点放码表】对话框中就会显示该点的放码值，单击该命令即可。

（十四）Y 等于零

该工具可将某点的垂直方向上（即 Y 方向上）的放码值变为零，即在垂直方向上不放码，操作同上。

（十五）X 相等

该工具可使选中的一个点或几个点在 X 方向（即水平方向）上各码的放码量均等放码。单击某放码点，【点放码表】对话框的文本框显亮，显示有效；单击最临近基码的小码 S 码的文本框的 dX、dY 栏，并输入放码档差（如果没有比基码小的码，则选最临近基码的大码）；单击该命令即可。

（十六）Y 相等

该工具可使选中的一个点或几个点在 Y 方向（即垂直方向）上各码的放码量均等放码，操作同上。

（十七）X、Y 相等

该工具可使选中的一个点或几个点在 X 方向和 Y 方向（即水平和垂直方向）两方向上各码的放码量均等放码，操作同上。

（十八）X 不等距

该工具可使选中的一个点或几个点只在 X 方向（即水平方向）上各码的放码量不等放码，Y 方向保持不变。单击某放码点，【点放码表】对话框的文本框显亮，显示有效；在点放码表文本框的 dX 栏里，针对不同号型，输入不同的放码量的档差数值，单击该命令即可。

（十九）Y 不等距

该工具可使选中的一个点或几个点在 Y 方向（即垂直方向）上各码的放码量不等放

码，X 方向保持不变，操作同上。

(二十) X、Y 不等距放码

该工具对所有输入到点放码对话框的放码值无论相等与否都能进行放码，当大、中、小等号型的档差在 X 轴（即在围度方向）的数值不等，或者在 Y 轴（即在长度方向）以及两个方向上都不等时，都能放出所需要的码来。单击需要放码的点，在【点放码表】对话框的文本框中输入预先设计的放码值，单击该图标。这里需注意：有多少数据框，就该输入多少数据，除非放码值为零。

十一、显示或隐藏标注

该工具可同时显示或隐藏所有的标注（注意：只有在公式法中设计的纸样才有标注）。单击该图标，凹进即可显示标注，凸出即可隐藏标注。

十二、显示或隐藏变量标注

该工具可同时显示或隐藏所有的变量标注。用工具记录尺寸标注；单击，凹进即可显示标注，凸出即可隐藏。

十三、显示/隐藏设计线

凡是用传统工具栏及专业设计工具栏设计的线条，没有经过和拾取的线条，都可用该工具控制显隐。单击凸出则隐藏，再单击凹进则显示。

十四、仅显示一个纸样

锁定选中纸样，当纸样被锁定后，纸样工具栏的工具只能对该衣片操作，这样可以排除干扰，同时防止对其他衣片的误操作。单击选中衣片，单击该图标凹进，则该衣片被锁定；单击纸样列表框中其他纸样，即可锁定新纸样；单击该图标凸出，可取消锁定。

十五、更新纸样

将工作区中选中纸样更新纸样框中纸样，并将其移回到纸样列表框中。选中一纸样，单击该图标即可。按 F12 键可以将工作区所有样片更新到纸样窗里。

十六、等辐高放码

此工具功能是将两个放码点之间的弧线按照等高的方式放码，如图 5-2-9、图 5-2-10所示。

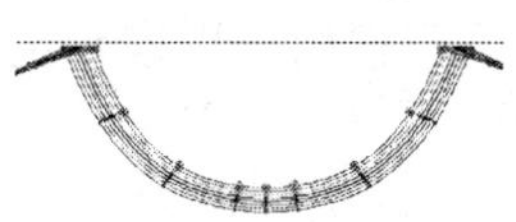

未采用等辐高放码

图 5-2-9

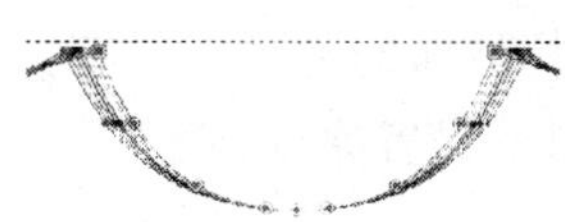

采用等辐高放码

图 5-2-10

具体操作是单击选中纸样；单击起点拖动到终点，待其发亮后释放鼠标，选中所要修改的线段；单击 即可。

十七、自动放码效果

此工具是针对公式法打板的款式，单击该按钮，可以恢复自动放码的效果。如果仍想再回到手工放码的效果，按“UNDO”即可。

十八、复制纸样

此工具是将工作区的选中纸样复制生成一个相同的纸样，并放到纸样列表框中。选中一个纸样，单击该图标，弹出【再复制一个纸样】对话框，如图 5－2－11 所示，出现“新纸样重新生成结构线?”，其中【是】是指纸样在左工作区域重新生成设计线，与原纸样的设计线分开，这样会方便下一步的改板。【不，与原纸样共用结构线!】是指纸样与原纸样共用结构线。选择相应选项，单击【确定】即可。

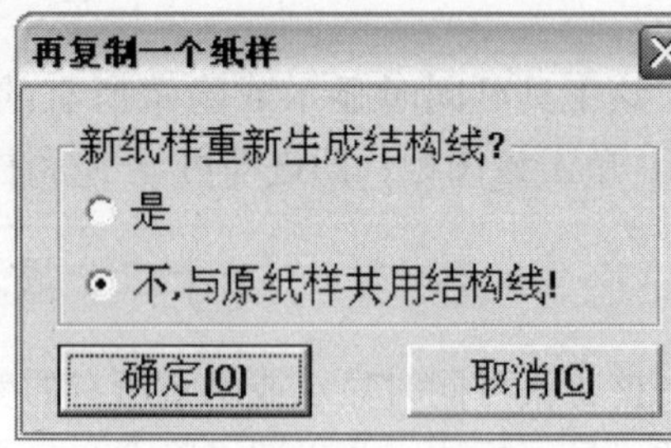

图 5－2－11

十九、颜色设定

此工具用于设置纸样列表框、工作视窗和纸样号型的颜色。单击该图标，弹出【设置颜色】对话框，该框中有三个选项卡。单击选中一选项卡名称，单击选中一修改项，再单击选择一种颜色，按【应用】即可改变所选项的颜色，待三个选项卡都选完后，按【确定】即可。

第三节　传统设计工具栏介绍

一、放　大

该工具用于放缩工作区中工作对象。单击该工具图标，然后按住左键框选取纸样局部，再单击可以放大单击位或框选位；单击右键，将全屏显示。

该工具图标后面的隐藏工具有：，它们分别表示为：全部可见、1∶1 显示、缩放、设置原点。

二、调整工具

该工具用于调整曲线的弯曲程度以及直线的长度、位置等，比如修改领口弧线、袖窿、袖山弧线等。

（一）在左工作区用法

1. 单点拖动

选中该工具，单击选中该线，该线发亮，再单击线上任意一处，拖动至满意，单击即可。

2. 删除曲线和折线上的点

单击曲线或折线，使其处于选中状态，这时该线段变成红色，把光标放在点上，不要单击，按【Delete】键可删除该点。

3. 删除曲线和折线

单击曲线或折线，使其处于选中状态，这时该线段变成红色，把光标放在线上，没有默认点时，按【Delete】键即可删除该线。

按【Shift】键可以将调整工具调整的线作折线和曲线的切换。

（二）右工作区用法

（1）在用于右边工作区的纸样上，选取纸样上某段线，单击线上的一点，拖动鼠标，弹出【平行移动样点】对话框，可以对线段作平行移动；还可以在弹出的对话框中设定移动位置与长度；勾选【内部图元一起移动】，则内部物件也跟着边线平行移动，如图5－3－1、图5－3－2所示。在选择该工具时，按【Shift】键可以在平行拖动与比例拖动之间进行切换。

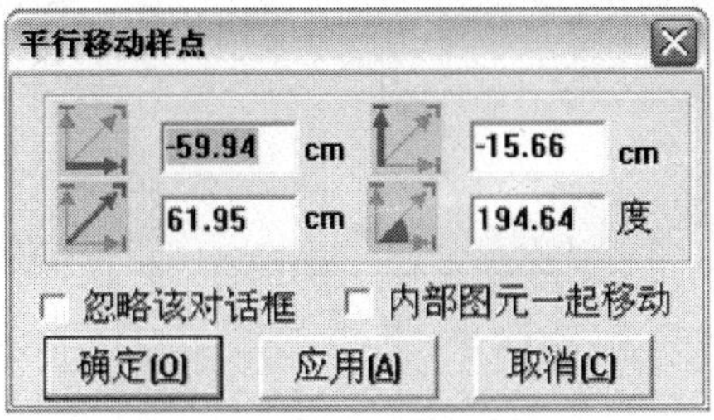

图5－3－1　平行样点拖动对话框

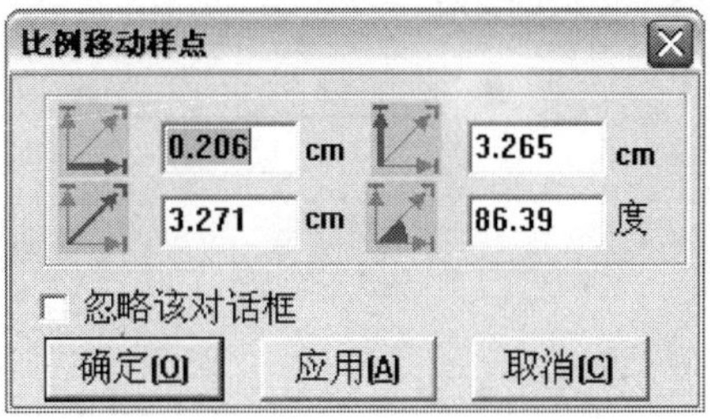

图5－3－2　比例移动样点

（2）单点拖动，再单击拖动，弹出【移动边线点】对话框，如图5－3－3所示，进行边线点移动。

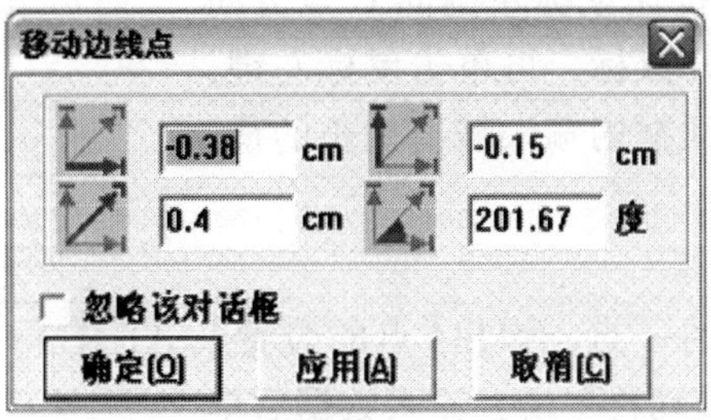

图5－3－3

三、智能笔（F）

此工具综合了多种工具，可在多种工具之间切换使用。

（一）切换丁字尺

单击右键可以在曲线与直线之间切换，画直线时，光标显示丁字尺，丁字尺可以画垂直线、水平线和45°斜线。

（二）丁字尺画直线

选该工具单击起点，拖动（拖动时可发现只有三个方向，垂直、水平、45°），再单击终点，弹出【长度裁剪公式】对话框，自由设计法为【长度】对话框，在文本框内输入数值，单击【确定】即可，如图5－3－4所示。

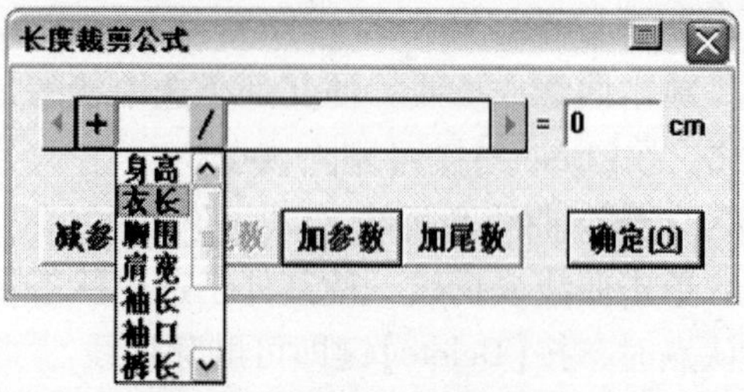

图5－3－4

1. 画任意方向直线

用该工具在工作区内单击拖动再单击，出现【直线】对话框，在对话框内可以输入需要的长度数据。

2. 画平行线

已知线段AB及C点，单击A点（注意不要释放），拖动鼠标到B点释放（不要单击），该直线被选中后显示提示色。单击此直线外C点，拖动鼠标就可以拉出一条与线段AB平行的一条线段CD。在终点处单击会弹出对话框，输入相应的数据后单击【确定】，如图5－3－5所示。

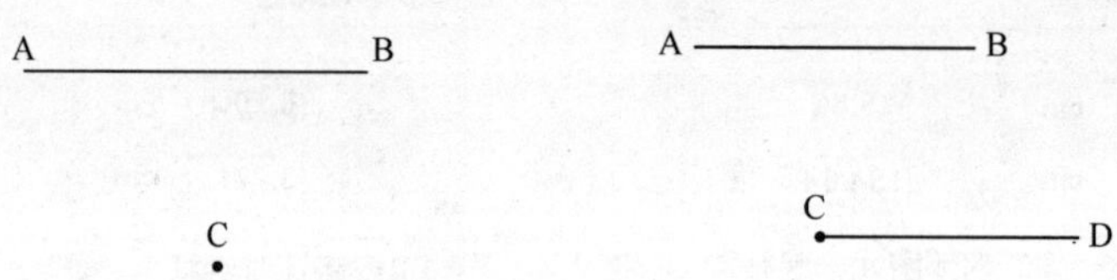

图5－3－5

3. 画延长线

如图5－3－6所示，用该工具，在A点处按住鼠标左键不放，拖动到B点松开，AB线变成红色，光标变成“＝”号形状，再按住鼠标左键向C点方向移动鼠标，拖到C点，松开鼠标，再单击鼠标左键，弹出【长度】对话框，在对话框内输入需要加长的量，单击【确定】即可。

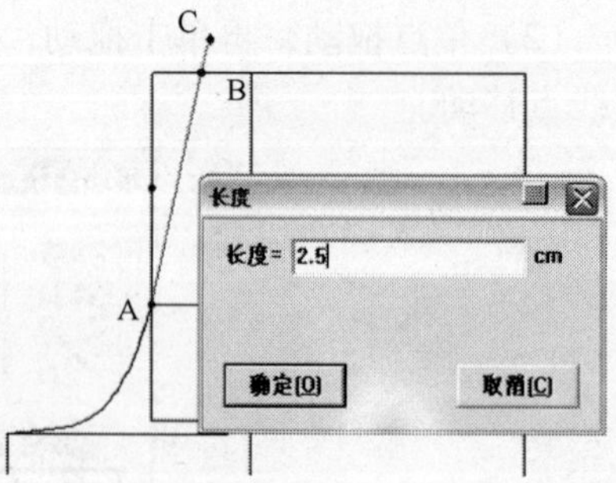

图5－3－6

4. 画相交直线

用该工具单击某线上的一点，弹出【点的位置】对话框，输入数据确定后拖动再单击，输入数据后单击【确定】键即可，如图5－3－7所示。公式法与自由设计法的对话框有所不同，但功能相同。

5. 画折线和曲线

按【Shift】键时，智能笔画的是折线，当折线或曲线结束时，若起点和终点重合或者在起点附近单击鼠标右键，则为闭合线，否则为开口线。而在右工作区中，则为开口辅助线或闭合辅助线。

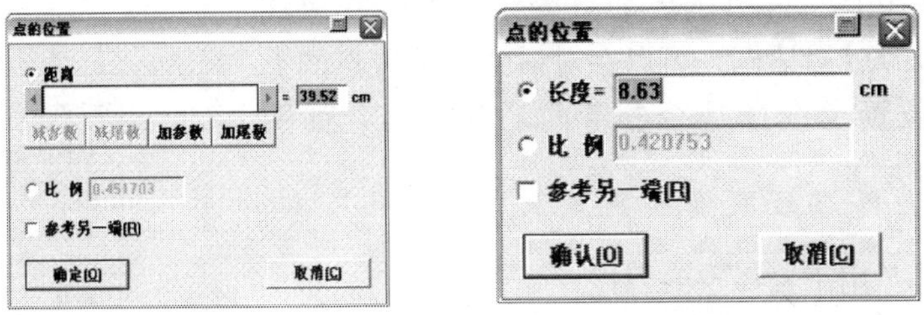

公式法　　　　自由设计法

图5-3-7

四、三角板

该工具用于作任意直线的垂线，其使用方法大同小异，现主要介绍在线段上任意点作垂线的方法。单击直线上一端点A，释放并拖动鼠标再单击另一端点B，即选择了该线段AB。单击直线AB上任一点C，出现点的位置对话框，确定点的位置。沿垂直方向拖动鼠标并单击，出现【长度裁剪公式】（在公式法）或【点的位置】（在自由设计法）对话框，根据需要输入长度，点击【确定】即可完成该线段的垂直线段CD。

三角板工具图标后面的隐藏工具：。

（一）点到圆或两圆之间的切线

该工具是作点到圆或两个圆之间的切线。首先单击点或圆上任意点，然后单击另一个圆的任意点，即作出点到圆或两个圆之间的切线。

（二）切线

该工具用于作曲线上的点的切线。单击曲线的端点或线段上的某一部位，弹出【点的位置】对话框，输入数值单击【确定】。先拖动鼠标，然后再单击，弹出【长度】对话框，输入数值单击【确定】即可。

（三）扫描开口或闭合曲线

该工具用于处理用扫描仪扫描进来的图形，比如制作玩具纸样等。扫描开口曲线，单击【显示】→勾选【扫描图】，或者单击【文档】→【扫描图像】，用扫描仪扫描进来一幅样片，该图显示在工作区。选该工具靠近轮廓线单击，该工具会自动抓取线上点，拖动再单击点，继续以上操作，直至扫描出整个开口曲线，单击右键结束。

技巧：在欲扫描直线前，先按住Shift键，再分别单击直线的起点、终点，松开该键，继续画曲线。

若扫描闭合曲线，沿着扫描图像的边缘拾取扫描线，当终点靠近起点的附近时，单击鼠标的右键，起点与终点自动闭合；当终点重合在起点上，单击鼠标的右键，起点与终点自动闭合。

五、点（P）

在左工作区，如果该点落在线上，则会弹出【点的位置】对话框，输入数据，单击【确定】即可。如果落上已存在的点上，就将该点删除。在右工作区，选择该工具，再单击要加点的线，线会变成红色，弹出【线上加点】对话框，可以在对话框内设置点的类型、设置点的位置及选择是否参考前后放码点，如图5－3－8所示。

参数说明：

【样点类型】：用于选择点的属性。

【定位关系】：栏中输入点的位置。

【参考前后放码点】：勾选该项，在定位关系中输入的距离就以前后放码点为准。

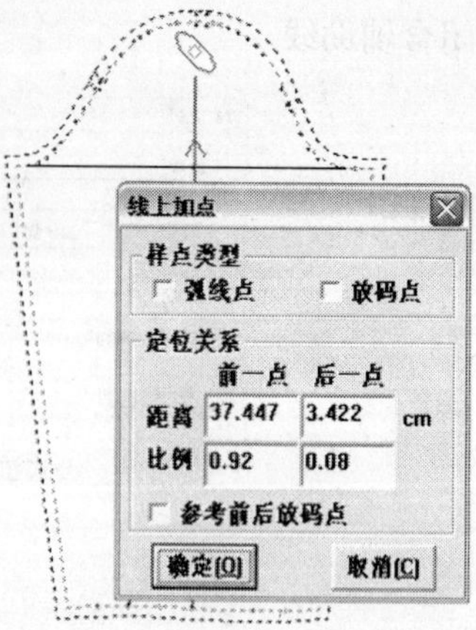

图5－3－8

如果在【样点类型】栏中，勾选【放码点】，单击【确定】后，弹出【新加点的放码量】对话框，如图5－3－9所示。

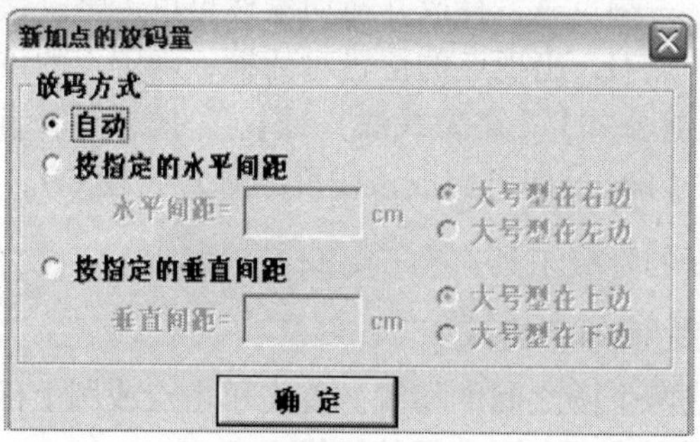

图5－3－9

点工具图标后的隐藏工具：。

（一）偏移点

单击参照点，释放并移动鼠标到目标附近后单击（移动时，会显示DY、DX的长度），弹出【偏移量】对话框，输入数据后单击【确定】即可。

（二）替换点

选择该工具，单击要替换点，点会发亮，再单击目标点，则原点被目标点所替换，与原点相连的线段也会与目标点连接。

六、橡皮擦（E）

选择该工具直接在点、线上单击即可。如果要擦除集中在一起的点、线，则只需框选即可。

橡皮擦工具图标后面的隐藏工具：。

局部删除：此工具是针对公式法的工具，可删除曲线段的部分。用该工具单击交点再单击要删除的那一端线上任意一处即可。

七、等分规（D）

该工具可以用于等分线段。选中该工具，这时在快捷工具栏最右边可以看到出现等分份数属性框。单击要等分线的一端，移动鼠标，出现默认的等分数。如果不是想要的等分数，可按键盘上的数字键改变或在等分份数属性框中输入数据来改变，再单击想要等分线的另一端，就会出现想要的等分点。

如图 5－3－10 所示，选中该工具，单击上裆点，鼠标移至脚围线点，按【Enter】键，弹出【偏移点】或【偏移量】对话框，在对话框内输入适当的值，单击【确认】，则可定出膝围点。

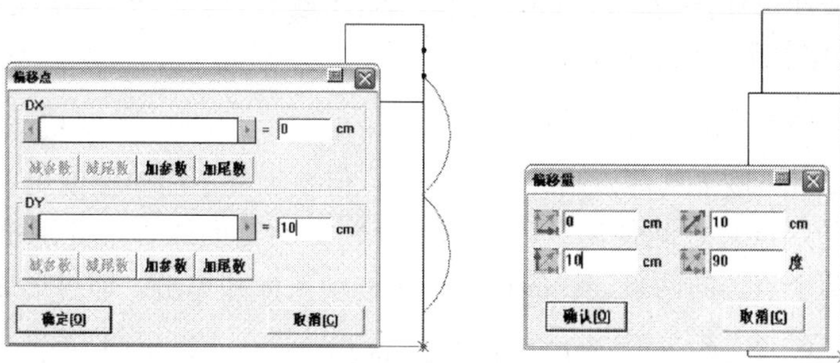

公式法　　自由设计法

图 5－3－10

等分规工具图标后面的隐藏工具：。

（一）线上两等距点

从一条线上的点向两边平分。选中该工具，单击一条线段上的点，沿着该线拖动鼠标，再单击，在弹出的对话框内输入数值，单击【确定】即可，如图 5－3－11 所示。

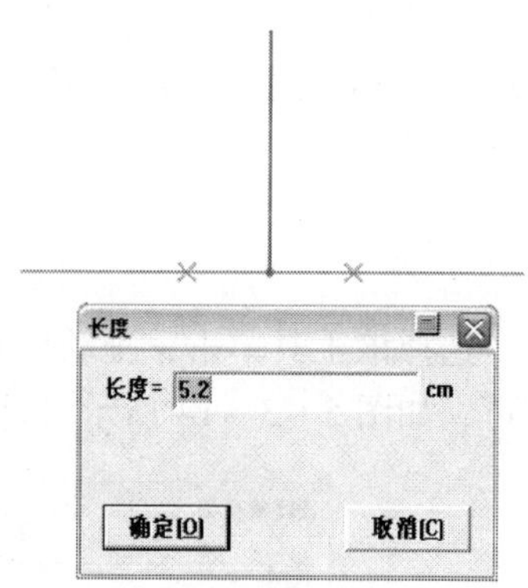

图 5－3－11

（二）圆规（C）

该工具可以像真实的圆规工具一样，由一个点向一段线截取一个定长（称单圆规），还可向两个点截取两个定长（双单圆规）。

1. 单圆规

以后片肩斜线为例，选择该工具，单击前侧颈点，释放鼠标，再单击落肩线，弹出【长度裁剪公式】对话框（自由设计法为【长度】对话框），输入从前肩线测出的变量值及定值，单击【确定】即可。

2. 双圆规

分别单击一条线的两个端点 A 点和 B 点，向线的一边拖动并单击后弹出【双圆规】对话框，输入第 1 边和第 2 边的数值，单击【确认】，即可作出三角形，如图 5－3－12 所示。

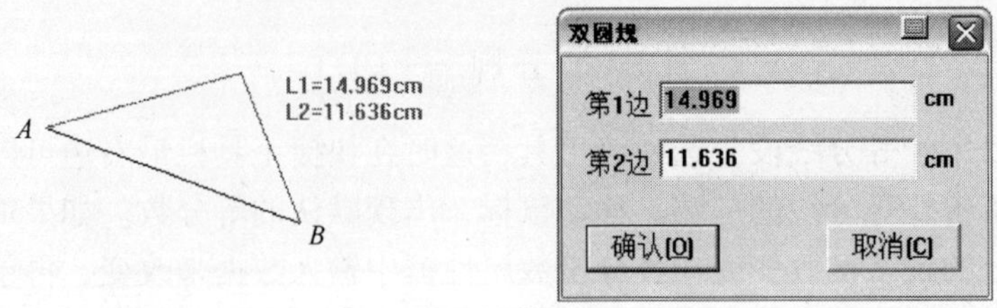

图5－3－12

八、矩形(S)

单击左键，按住鼠标拖动，再单击左键，弹出【矩形】对话框，在对话框内输入适当的数值，单击【确定】后就可完成矩形。

该工具图标后面的隐藏工具：。

水平垂直线：该工具可以画一个直角线，但该工具不能单独使用，只能在已有的点和点（包括线的端点）之间使用，可以用来画领窝的辅助线等。分别单击不在同一水平和垂直线上的两个点，向两点连线的任意一边移动鼠标并单击，即可形成水平垂直线。

九、量角器

该工具可以根据一条线画出定量角，还可以测量两条弧线或两条直线夹角的功能。单击工具，依次单击A、B点，移动鼠标，单击确定C点，弹出【直线】对话框，在对话框内显示出角A的角度。另在旁边还有红色的字显示出线段AC的长度L及角A的角度，如图5－3－13所示。

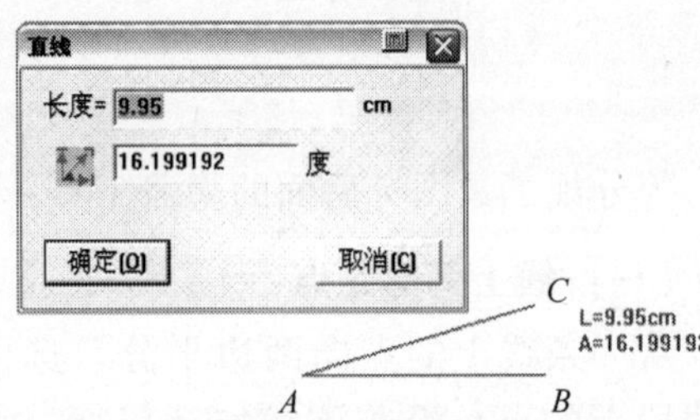

图5－3－13

十、CR 圆

选择该工具单击，拖动鼠标后再单击，弹出对话框，输入半径长度后，单击【确定】即可，如图5－3－14所示（注：该工具可用于右工作区画辅助圆）。

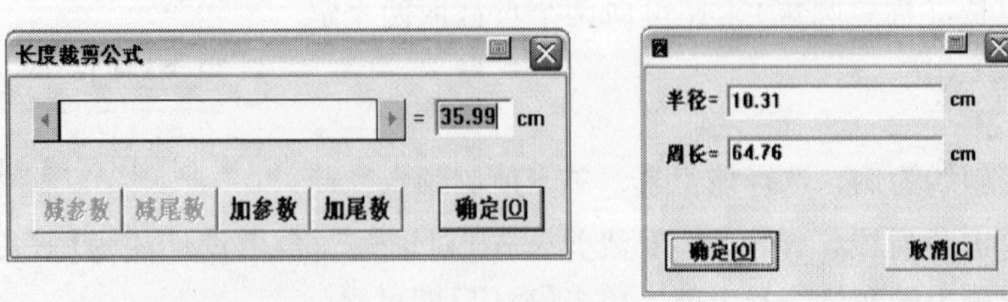

公式法对话框　　　　自由设计对话框

图5－3－14

该工具图标后面的隐藏工具：，。

（一）三点弧线

选该工具分别单击三个点即可作出以这三个点为圆的一段圆弧（注：该工具不能用于右工作区）。

（二）CSE 弧线

选该工具单击拖动一段半径长度后，单击，拖动再单击，弹出对话框，输入弧线长度后，按【确定】即可。此工具可用来作太阳裙、喇叭裙等（注：该工具不能用于右工作区）。

（三）三点圆

选该工具单击拖动单击，拖动再单击，即形成一个圆（注：该工具不能用于右工作区）。

（四）椭圆

选该工具单击拖动再单击，弹出对话框，如图 5－3－15 所示，在 和 处输入长度后，单击【确定】即可。在左工作区内画椭圆时弹出【椭圆】对话框，画好的圆显示有四个点。

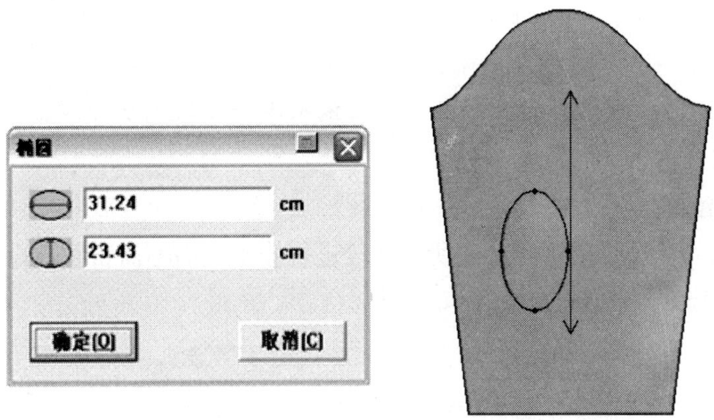

图 5－3－15

在右工作区内（该工作区内必须有样片）画椭圆时弹出【做椭圆】对话框，画出来的圆的边线是虚线，该圆属于纸样上的辅助圆，如图 5－3－16 所示。

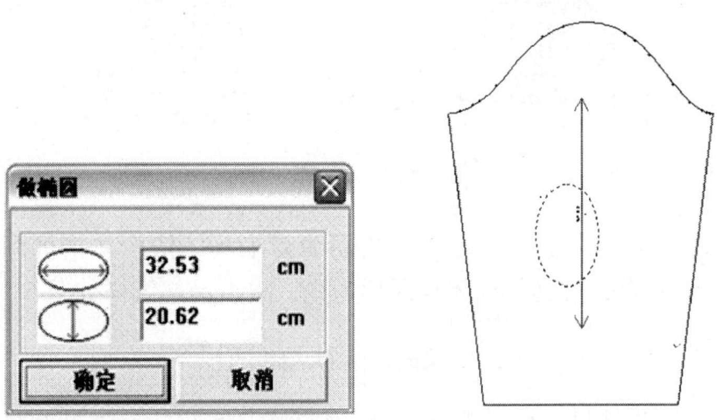

图 5－3－16

十一、剪刀（W）

选择该工具，单击纸样轮廓线上任意一点，顺时针依次单击轮廓线，直至形成闭合图形，这样就可以把纸样从设计线上拾取出来。分离出的纸样被自动放到纸样列表框中（在左工作区中使用）。

技巧：单击纸样轮廓线时，直线只需单击线段的两端，曲线依次单击线段的一个端点、线段上的一点、线段的另一个端点即可。单击纸样轮廓线时，如果后面的线变成绿色，单击右键则可将后面的线一起选中，完成拾样。

该工具图标后的隐藏工具：。

（一）衣片辅助线

该工具用于为纸样拾取辅助线。单击纸样窗中纸样，选中一纸样，选该工具直接在点、线上单击或框选所需线段即可。

注意：若拾取错误，必须在该衣片被选中的情况下，用纸样工具栏内的橡皮工具将它删除。

技巧：在要选一部分线段时，可单击线上的一点拖动，再单击另一点，单击右键结束（若直线只选线段两端的两个点，则在曲线上依次单击线段的一个端点、线段上的一点、线段的另一个端点）。

（二）修改纸样

应用该工具将已剪好的纸样按照所画线段进行修改，而不需再重新再剪纸样，增加局部纸样如图5－3－17所示。

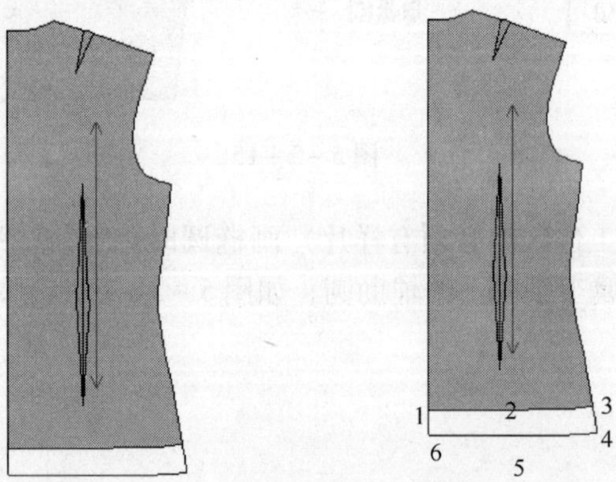

图5－3－17

选中所需纸样，再选该工具，使用方法同剪刀工具，依次单击如图5－3－17中的1→2→3→4→5→6→1点，直到形成闭合图形为止，减少局部纸样如图5－3－18所示。

十二、旋转粘贴/移动

该工具用于旋转并复制一组点或线，在公式法中还可以进行连动调整。在进行旋转粘贴的两条线之间，实际已建立了一种联系，当用调整工具调整被复制的曲线时，复制出的

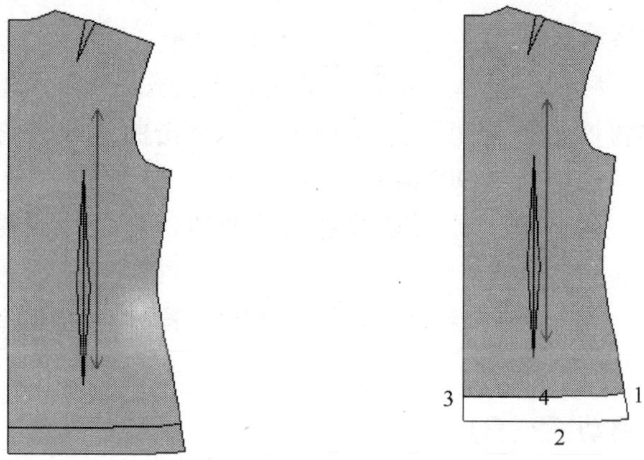

图 5－3－18

线也将跟着调整，称这种联系为连动。

注意：这一组工具的连动调整，只有在公式法制图时存在，自由设计法只能复制，不能调整。

框选所需要复制的内容，单击鼠标右键结束选择，单击一点，确定该点为轴心点，再单击线上任意点为参考点拖动鼠标旋转至目标位置，此时弹出【旋转】对话框，如图5－3－19所示，输入两点连线旋转的角度或参考点移动的距离（在【宽度】栏内输入），单击【确定】即可。

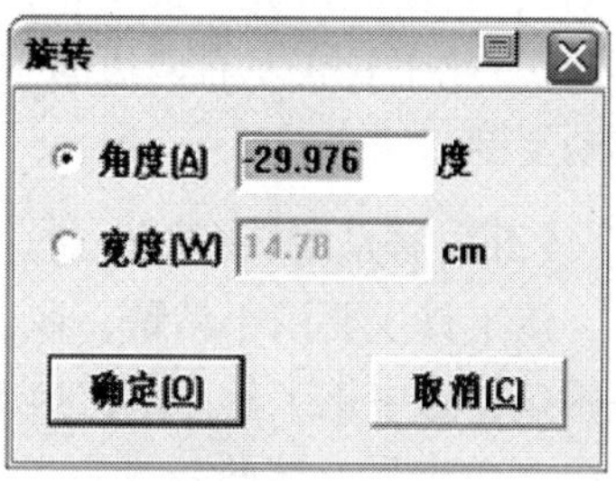

图 5－3－19

用修改工具调整被复制的曲线，可以看到复制的线也将跟着调整。当最后确定旋转的最终位置时，若按着Ctrl键，则表示为“旋转移动”，否则默认为“旋转粘贴”，但在公式法中，此工具只能“旋转粘贴”不能“旋转移动”。此工具在左右两边的工作区都能使用，但在右工作区中可以对纸样内部物件进行旋转。

该工具图标后面的隐藏工具有：。

（一）常用角度旋转

将一组线或点进行45°倍角旋转。框选所需旋转的内容，单击右键结束。单击一点，确定该点为轴心点，再单击线上任意点为参考点拖动鼠标旋转至目标位置，松开鼠标，就可看到所需旋转的内容已经旋转到指定位置。

（二）对称粘贴/移动（K）

该工具用于沿对称轴复制粘贴一组点或线，在公式法中还可以进行连动调整。分别单击一条线上的两个点作为对称轴，框选所需复制的点或线，单击右键完成。用调整工具调整被复制的曲线，可以看到复制出的线也将跟着调整。在自由设计法中，当选择对称轴点时，若按着【Ctrl】键，则表示为“对称移动”，否则默认为“对称粘贴”，但在公式法中，此工具只能“对称粘贴”不能“对称移动”。该工具在左右两边的工作区都能使用，在右工作区中，可以将纸样内部图形根据指定对称轴进行复制。

（三）翻转粘贴/移动

该工具用于翻转、移动、复制、粘贴一条线，在公式法中还可以进行连动调整。如为了使前后袖弯处连接圆顺，便可采用这种工具。单击曲线或者直线上的点，按空格键就会以该点为轴心，做逆时针 90°旋转，每按一次，就旋转一次，移动到所需位置，再单击鼠标左键即可。用调整工具调整被复制的曲线，可以看到复制出的线也将跟着调整。

在自由设计法中，当最后确定粘贴的最终位置时，若按着【Ctrl】键，则表示为“翻转移动”，否则默认为“翻转粘贴”。

（四）成组粘贴/移动 （G）

该工具用于移动、复制、粘贴一组点或线。选中该工具，框选所需复制的内容，击右键结束选择。单击其中任何一个参考点（此点为该组移动到最终位置的位移参照点），拖动到目标位置后单击，弹出【移动量】对话框，输入数值，单击【确定】即可。用调整工具调整被复制的曲线，可以看到复制的线也跟着调整。

在自由设计法中，当最后确定粘贴的最终位置时，若按着【Ctrl】键，则表示为“成组移动”，否则默认为“成组粘贴”。但在公式法中，此工具只能“成组粘贴”不能“成组移动”。此工具在左右两边的工作区都能使用，在右工作区中，可以将纸样内辅助线进行移动复制。

（五）移动旋转/粘贴

该工具主要用于粘贴，在公式法中还可以联动调整领口等。例如，在公式法中联动调整领口：选中该工具，依次单击 1、2、3、4 点（单击后，点亮红色）和后片袖窿线、后领线（单击后，这两条线会与前片相应位置连接起来，显示红色线），单击右键结束，如图 5－3－20 所示。

单击调整工具图标。单击、调整与前片连接的后袖窿线，可以看到在调整的过程中，后片上的后袖窿线会联动，如图 5－3－21 所示。

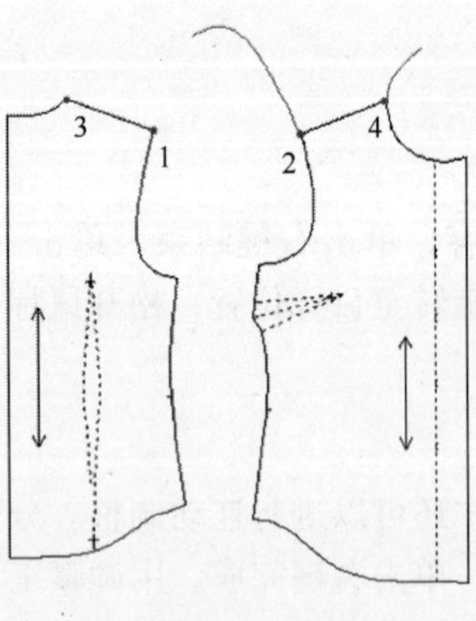

图 5－3－20

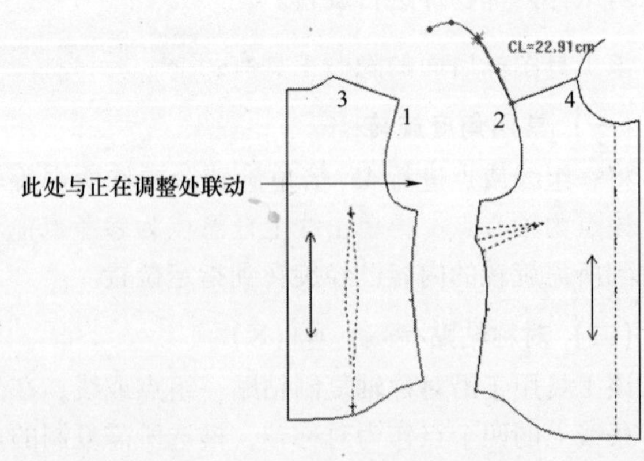

图 5－3－21

再调整与前片连接的后领线，调整好后，单击右键结束。用橡皮擦工具将调整后不用的线擦去。反过来也可以调整前袖窿线和前领线。

十三、线类型

该工具可改变线的类型。在左工作区单击快捷栏的【线类型】旁的三角按钮，在弹出的下拉列表框中单击选择一种线形，选择该工具，单击框选需更换线类型的线即可，如图5－3－22所示。

该工具图标后面的隐藏工具：。

配色工具可以改变线的颜色。单击快捷栏的【线颜色框】旁的三角按钮，在弹出的下拉列表框中单击选择一种颜色，选择该工具，在需更换颜色的线上单击即可，也可以框选几条线，同时将几条线改变颜色。

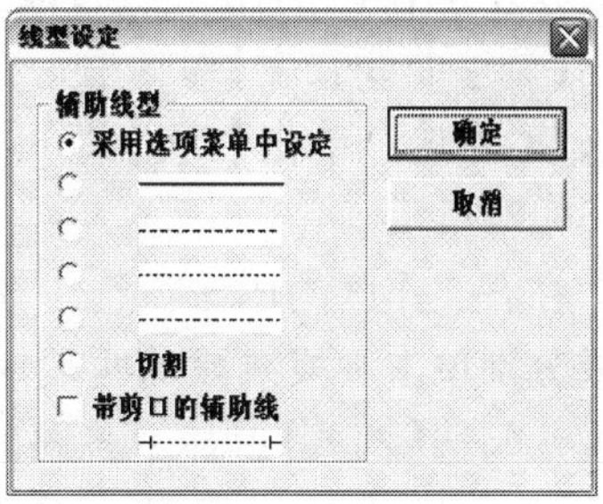

图5－3－22

十四、比较长度（R）

该工具用于将一条线段与另一条线段相减，并显示其差值。也可将几条线段相加，再减去另外几条线段相加的值。比如可用于袖山弧线与袖窿弧线的比较上，可将袖山长减去前后袖窿相加的值。点击图标选择该工具在线段上单击，此时线段变红，也可框选线段（一条或几条），单击右键确认前一组线段相加，再单击或框选另一组线，单击右键，即弹出【长度比较】对话框，该检查结果显示数值为前一组线段相加减去后一组线段相加的值。比较完后，单击【OK】即可。

该工具图标后面的隐藏工具：。

（一）比较两条线的长度

该工具用于将一条线段与另一条线段相减，并显示其差值。单击该图标，分别在两线段上单击，即弹出【长度比较】对话框，即显示第一线段减去第二线段的比较结果。

（二）总长度（V）

该工具用于将几条线段相加，并显示总长。选该图标，在线段上单击，此时线段变红，也可框选线段，击右键确认选择完毕，弹出【长度比较】对话框，数值为所有选中线段相加的值。

十五、收　省

该工具为已经画好的样片插入省道，可以直接调整边线、加省线。单击图标选取该工具，依次单击收省线边线和省线，如图5－3－23所示。

在空白处单击，选择省的倒向，在弹出的对话框内输入省宽，单击【确定】即可。这时可看到边线变红色，加入的省道为蓝色。调整红色的线段，完成后单击右键结束。调整边线时，将鼠标放在点上，看到该点发光，按下【Del】键，可将该点删除。这时可看到省道边自动加入省线，完成收省。

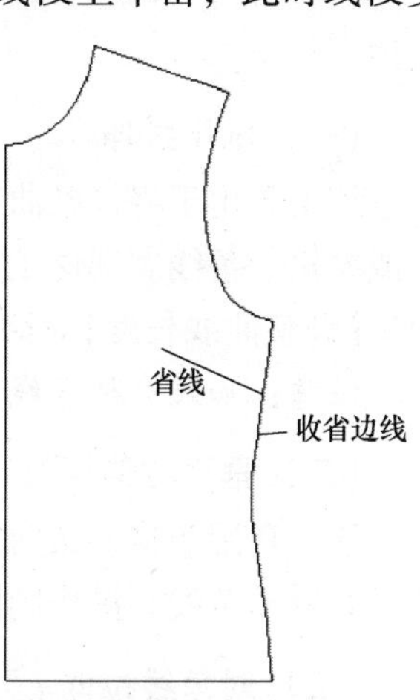

图5－3－23

十六、直线/曲线拉伸

该工具用于改变直线/曲线各码的长度（在公式法里只能改变曲线的长度）。

在左工作区的用法：选该工具，单击一条线段；弹出【调整曲线长度】对话框，在对话框内输入新长度或长度增减，单击【OK】即可改变线的长度，如图5－3－24所示。

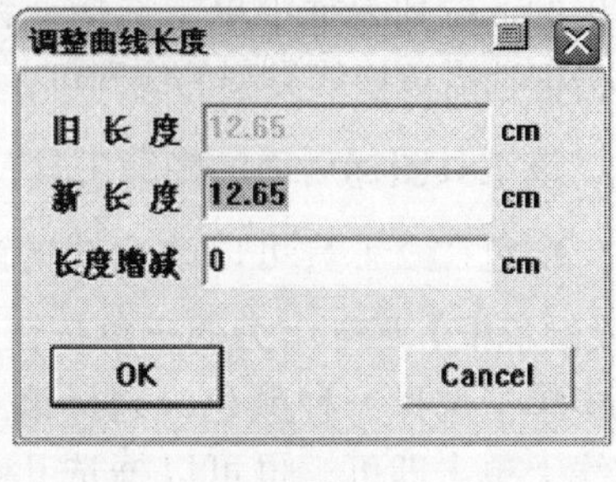

图 5－3－24

在右工作区的用法：选中该工具，单击线段上一点或分别单击一段线段的两端点，弹出【长度调整】对话框，勾选【档差】就显示各码的档差值，在要修改的号型文本框内输入数值，单击【确定】即可，如图5－3－25所示。

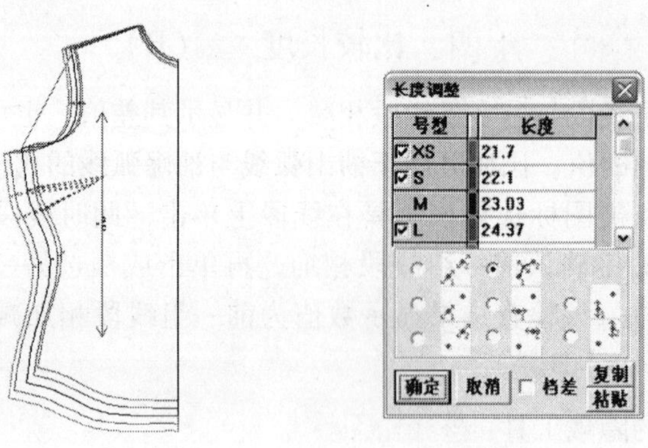

图 5－3－25

该工具图标后面的隐藏工具为：。

其中水平拉伸、垂直拉伸、对角线拉伸这三个工具也可同直线/曲线拉伸工具一样，可在右工作区里对直线或曲线做长度调整，操作方法一样，这里就不再叙述。

（一）水平拉伸

该工具用于将一条曲线或直线以一端为轴心，另一端沿水平方向移动，以这种方式延长或缩短一条线。选该工具，单击一条线段的一端，选中的点发亮。拖动鼠标后再单击，弹出【调整曲线长度】对话框，输入数值，单击【确定】即可。

注意： 如果有很多线交织在一起，要注意观察，选中的线会变红。

（二）垂直拉伸

该工具用于将一条曲线或直线以一端为轴心，另一端沿垂直方向移动，以这种方式延长或缩短一条线。操作同【水平拉伸】工具。

（三）对角线拉伸

该工具用于将一条曲线或直线以一端为轴心，另一端沿两点之间的连线移动，以这种方式延长或缩短一条线。操作同【水平拉伸】工具。

（四）曲线拉伸

该工具用于将一条曲线或直线以一端为轴心，另一端任意拖动，以这种方式延长或缩短一条线。选中该工具，单击一条线段的一端，拖动到目标点，单击即可。如果拖动到目标线，单击后，弹出【点的位置】对话框，输入长度或比例的数值，单击【确定】即可。

（五）延长曲线端点

该工具用于将一条曲线或直线的一端，沿该线段的方向延长一条直线或缩短一段线。选中该工具，单击线段的一端，弹出【调整曲线长度】对话框，如图 5－3－26 所示。输入【新长度】或【长度增减】中任意一项的数值（系统会自动算出另一项的数值），单击【OK】即可。

图 5－3－26

十七、加 文 字

该工具用于在设计线上加文字。

在左工作区：单击该图标，在工作区中单击，弹出文字对话框，输入文字，单击【字体】，在弹出的对话框里可以修改字的字体、字形、大小等。

转行功能：在文字栏内，用键盘输入文字后，按【Enter】键即可转行。

在词库里选择词组：在词库栏内双击所需词组，或者在文字栏内输入相应的文字，选择相宜的高度和角度，单击【确定】即可，如图 5－3－27 所示。

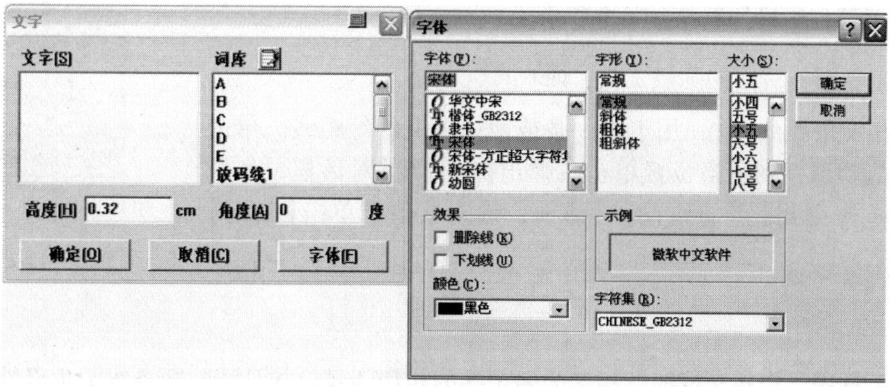

图 5－3－27

在右工作区：要移动放码系统里的文字，先要用该工具单击选中该文字，弹出文字对话框；这时文字出现在对话框的文字栏内，按方向图标，就可以移动文字，如图5－3－28 所示。

注：其他与在左工作区里的操作一样。

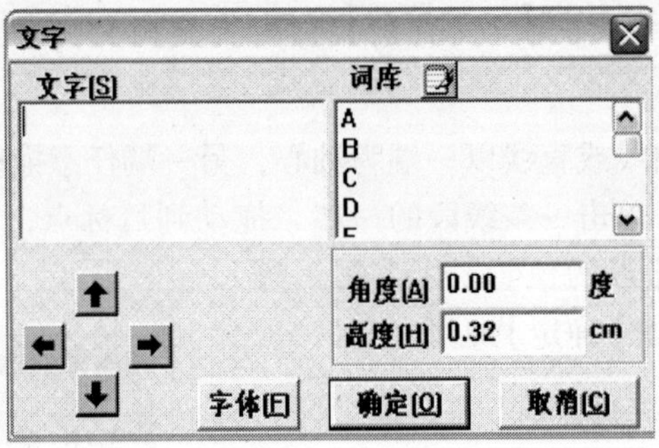

图 5－3－28

第四节　专业设计工具栏

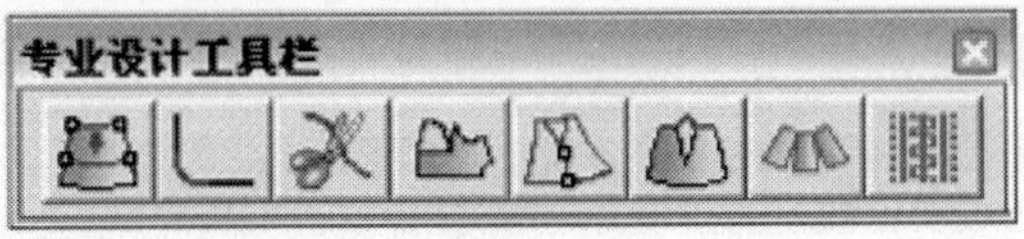

一、相交等距线

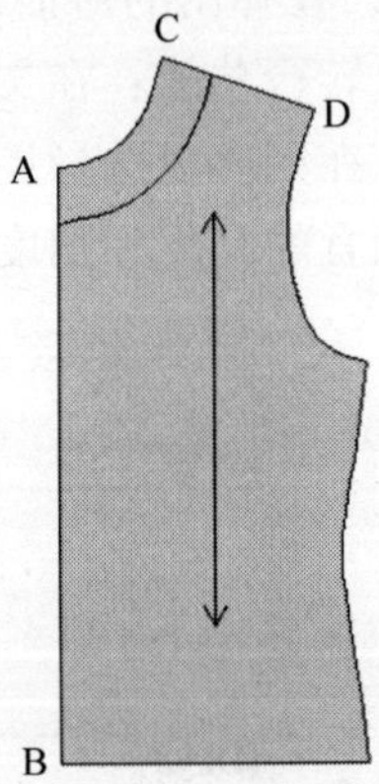

图 5－4－1

该工具用于画一条线的等距线并与选中的两条线相交。单击欲做等距线的曲线 AC，该线段变红，再分别单击 AB、CD，等距线将与这两条线相交，拖动鼠标到适当位置单击，弹出【距离】对话框，如果在线上单击弹出【点的位置】对话框。输入数值，单击【确定】即可，结果如图 5－4－1 所示。

该工具图标后面的隐藏工具：。

不相交等距线：用于画一条或两条以上的等距线。单击一条线拖动鼠标到适当位置单击，弹出【平行线】对话框，如果在线上单击弹出【点的位置】对话框，输入数值，单击【确定】即可。

二、圆　角

该工具用于作相交或能够相交的两条线的相切圆弧，并且清除两条线圆角以外的多余部分，可以用来整形口袋和袋盖等。选择该工具，分别单击两条线段（注：这两条线不能是平行线），靠近其中一条线段拖动鼠标，可见已形成一条圆弧，并可见该线的一端显亮。

单击鼠标弹出【点的位置】对话框，输入长度（为切点与发亮点之间的长度），或比例（为切点在该线段上的比例），单击【确认】即可，如图 5－4－2 所示。

该工具图标后面的隐藏工具：。

两直线相切弧：该工具用于做相交或能够相交的两条线的相切圆弧，并保留原线段，操作方法同上，但结果不同，如图 5－4－3 所示。

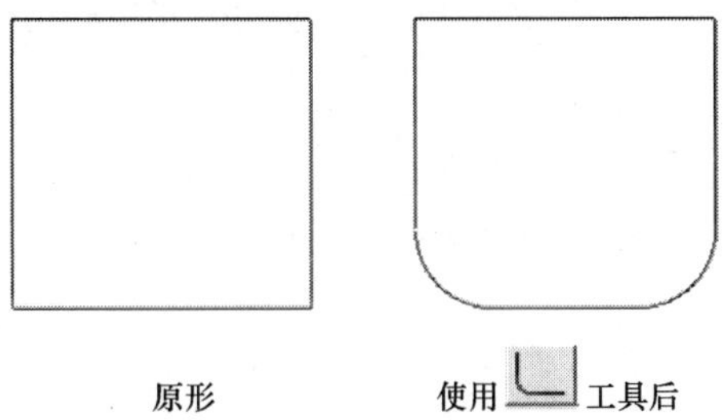

图 5－4－2

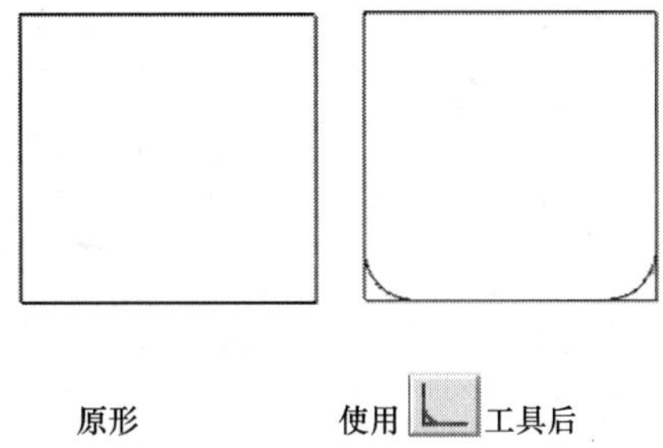

图 5－4－3

三、剪断线

该工具用于将一条线段（直线或曲线）从任意点处断开，使它变成两条线。选该图标在线段上单击，此时线段变红，系统自动抓取线段的某一端点。再单击弹出【点的位置】对话框，输入数值，单击【确定】即可。

注意：选中的点可以是线上已有的点，比如交点等，那么将不弹出对话框，直接从该点处断开。

技巧：该工具还可用于删除线段，双击一条线的端点即可删除该线段。

该工具图标后面的隐藏工具：。

（一）连接

用于将剪断的线段连接起来。选择该工具，分别单击所需线段，完成后单击右键即可。

（二）关联和不关联

端点相交的线在用修改工具调整时，使用过【关联】工具的端点将会一起调整，使用过【不关联】工具的则两条线分开调整。选择【关联】工具，分别单击两条线段，即可关联两条线的相交端点，如图 5－4－4 所示。

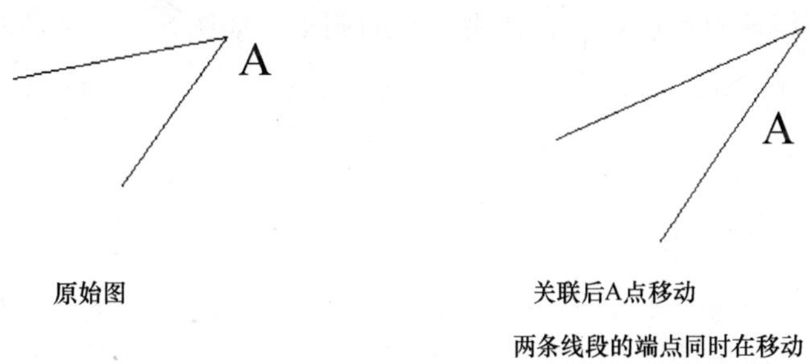

图 5－4－4

选择【不关联】工具，分别单击两条线段，即可不关联两条线段的相交端点，如图 5－4－5 所示。

原始图　　　　关联后A点移动

只有一条线的端点同时在移动

图 5-4-5

四、合并调整

该工具用于调整省线的长度和省合并后纸样边缘的圆顺度。选中该工具，分别单击边线上欲调整的线段，单击右键结束，分别单击省线，选中线段沿省道暂时缝合，调整这些红色的线段，完成后单击右键结束，所有调整好的线段回到原处，如图 5-4-6 所示。

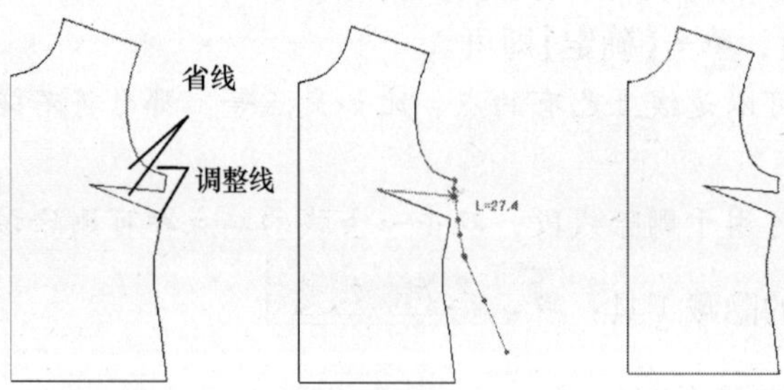

调整前　　　　调整中　　　　调整后

图 5-4-6

技巧：该工具可以同时调整几个省道相邻的在同一边线上的省道，方法同上。

该工具图标后面的隐藏工具：。

（一）对称调整

该工具用于将线段对称后调整，常用于领的调整，如图 5-4-7 所示。分别单击对称

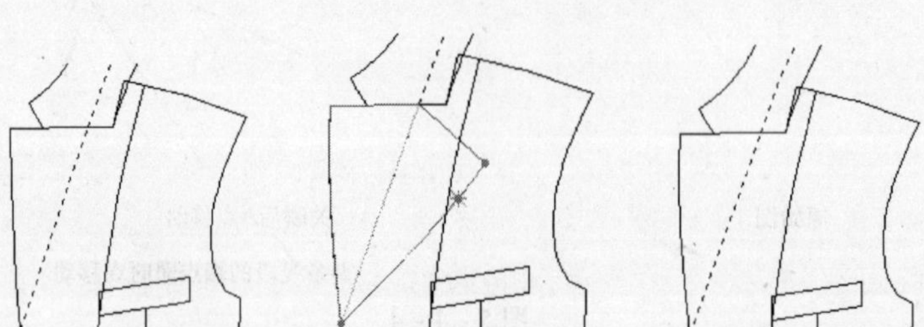

调整前　　　　调整中　　　　调整后

图 5-4-7

轴的起点、终点，再单击要翻转的线，单击鼠标右键，继续用该工具单击对称过来的线，发亮后，单击线上的点，拖动到适当位置后再单击。调整所需线段后，单击右键结束。

注意：可以通过单击在线上加点，也可按【Del】键删除选中的点。

（二）移动旋转调整

该工具用于将线段移动旋转后调整，常用于袖窿的调整。袖窿调整，单击的顺序如图5－4－8～图5－4－11所示。

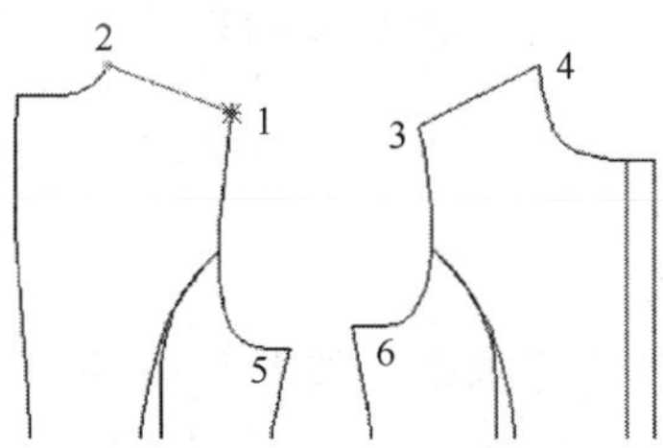

图5－4－8

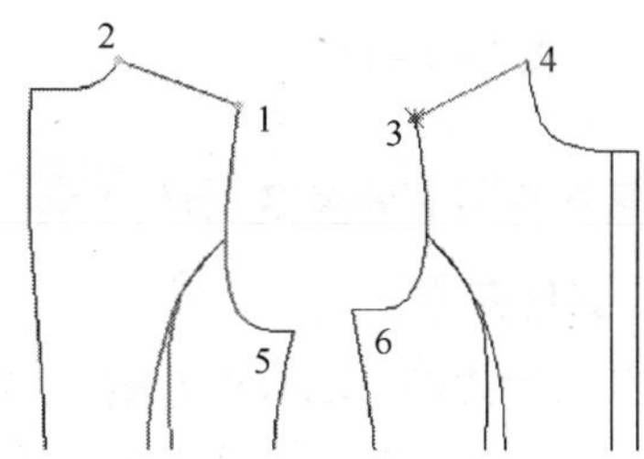

图5－4－9

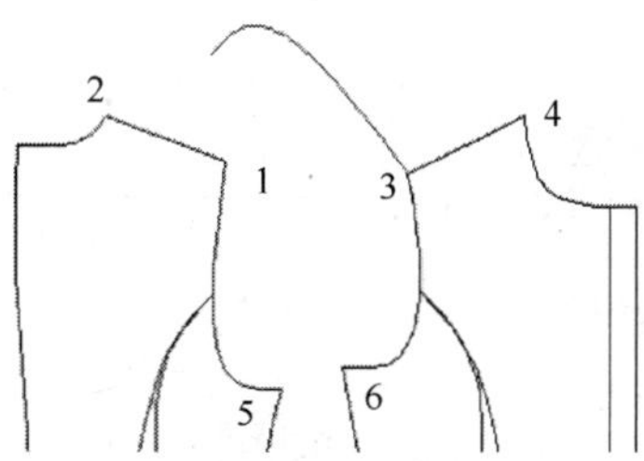

图5－4－10

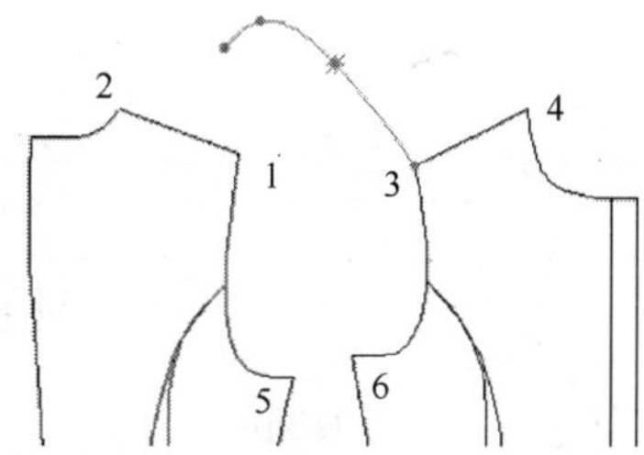

图5－4－11

（1）选中该工具。

（2）单击线段1—2，亮点要在1上，如图5－4－8所示。

（3）单击线段3—4，亮点要在3上，如图5－4－9所示。

（4）单击线段1—5，线段1—5会复制在3点上变成蓝色，如图5－4－10所示。

（5）在蓝色线附近双击右键，线会变成紫色，出现控制点，如图5－4－11所示。

（6）调整控制点，单点右键结束即可。

如果依次单击线段3、4，线段1、2，再单击线段3、6，则可以调整另一个袖窿，如图5－4－12所示。

五、加省线

该工具用于在省转移、省展开、分割后，需加入省的修正量的地方。选择该工具，依次单击倒向一侧的曲线和折线（如图5－4－13所示，要先单击1，再单击2），依次单击另一侧的曲线和折线（如图5－4－13所示，要先单击3，再单击4），即可看到省的修正量已加好。

注意：如果倒向另一侧，则依次单击4、3、2、1，顺序不能有错，否则会出错，如图5－4－13所示。

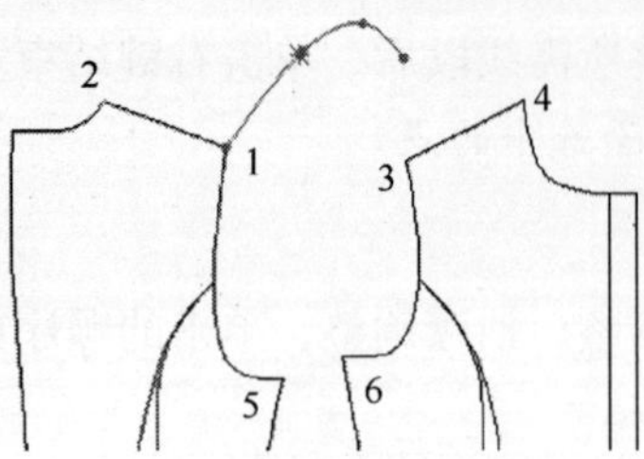

图 5－4－12

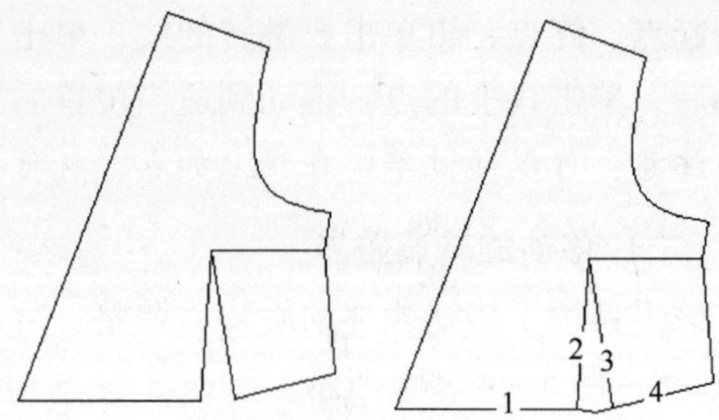

图 5－4－13

该工具图标后面的隐藏工具：。

（一）省展开

该工具用于为袖山加入展开量，以便进一步制作泡泡袖等，如图 5－4－14 所示。选择该工具图标，单击袖山弧线，依次单击展开线（一条或多条），单击右键，在弹出的对话框中输入展开量，单击【确定】即可，如图 5－4－14 所示。

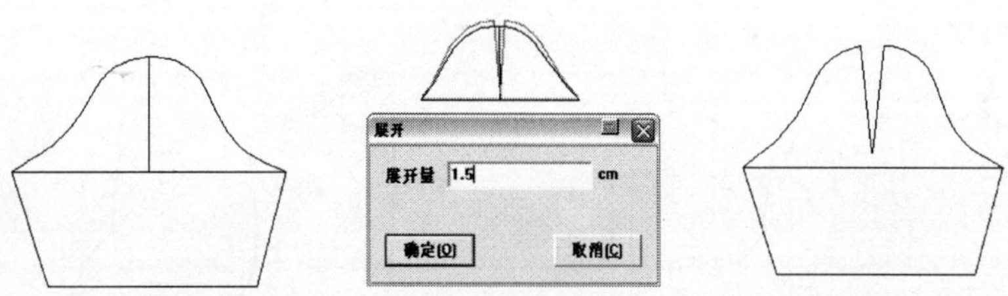

原始图　　展开后的图

图 5－4－14

（二）碎褶

该工具用于为线段加入碎褶量。选取该工具图标，单击要加入碎褶的线段。单击鼠标右键，在弹出的对话框中输入碎褶总量、每份碎褶量以及分割份数，单击【确定】即可，如图 5－4－15 所示。

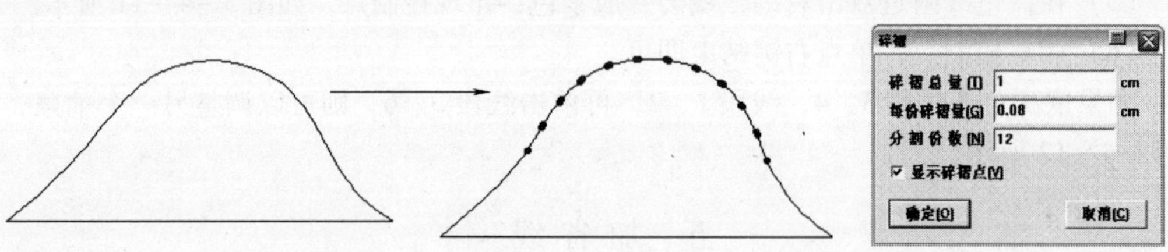

图 5－4－15

（三）插入省

该工具为已经画好的样片插入省道。选取该工具图标，单击 A 点，并按住鼠标左键直到单击 B 点，然后单击右键结束。单击插入的省线，弹出【插入省】对话框，在对话框内输入省宽，单击【确定】即可，如图 5－4－16 所示。

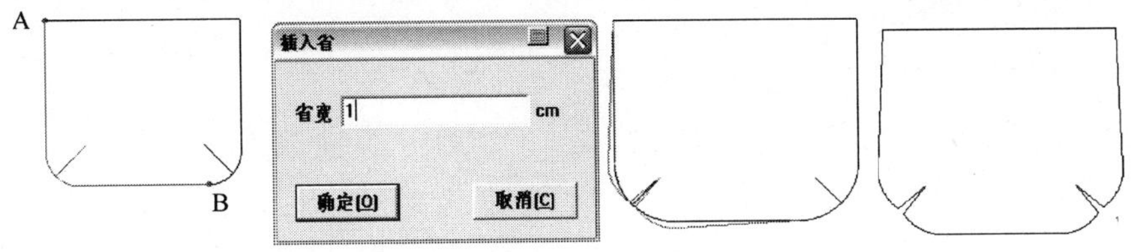

原形　　操作中　　做好省后

图 5－4－16

六、分割或去除余量

该工具用于将纸样进行修改、分割或去除余量。对于没有分割线的样片的操作，如图 5－4－17 所示。选中该工具，框选整个纸样，单击鼠标右键结束，如图 5－4－18 所示，单击不伸缩线（在不伸缩线有两条的状态下，框选不伸缩线），单击伸缩线（在伸缩线有两条的状态下，框选伸缩线），单击右键结束，弹出如图 5－4－19 所示的【分割】对话框。在对话框内输入相关数值，纸样显示如图 5－4－20 所示。单击【确认】，得出图 5－4－21 所示的纸样。

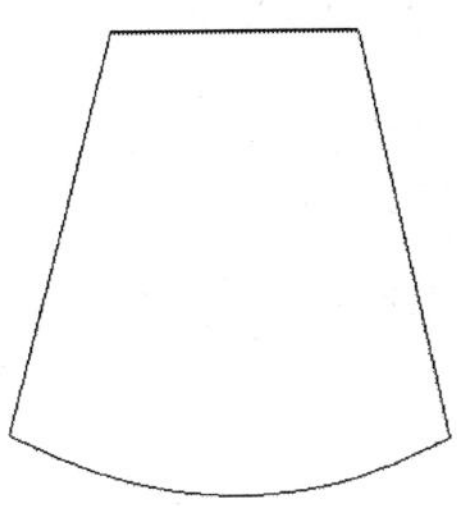

图 5－4－17

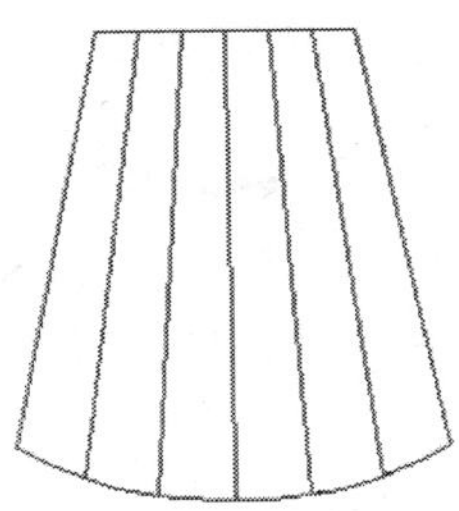

图 5－4－18

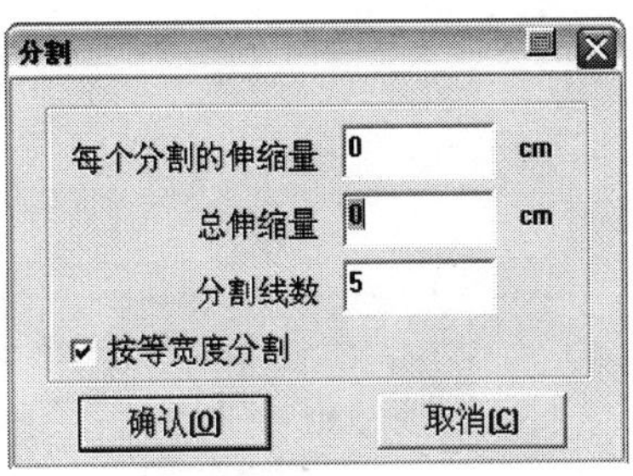

图 5－4－19

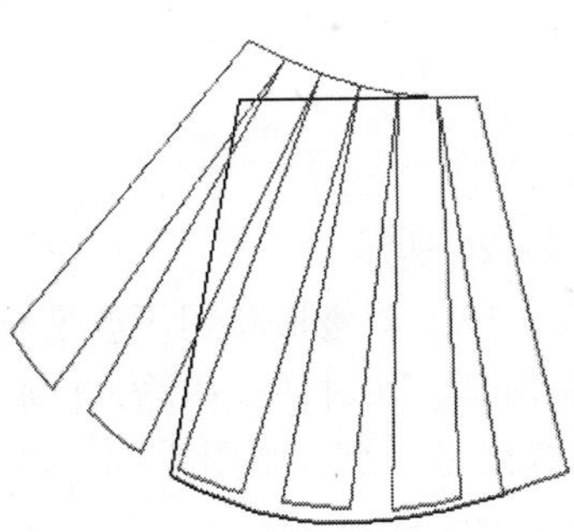

图 5－4－20

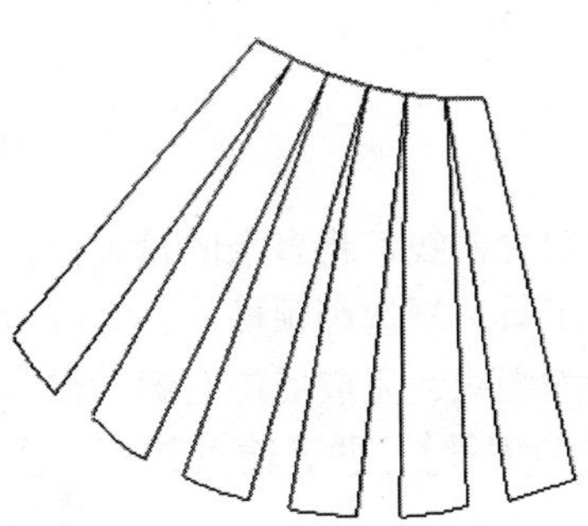

图 5－4－21

在选择分割线的同时，如果同时按住键盘上的【Ctrl】键，则使伸缩线和不伸缩线光滑地连接，如图 5－4－22 所示。对于有分割线的样片的操作，如图 5－4－23 所示。

选择该工具，框选整个纸样，单击右键，依次单击不伸缩线、伸缩线、分割线，单击右键。弹出对话框，在对话框内输入分割量，确定即可。按下【Ctrl】键分割后，伸缩线可光滑连接，如图 5－4－24、图 5－4－25 所示。

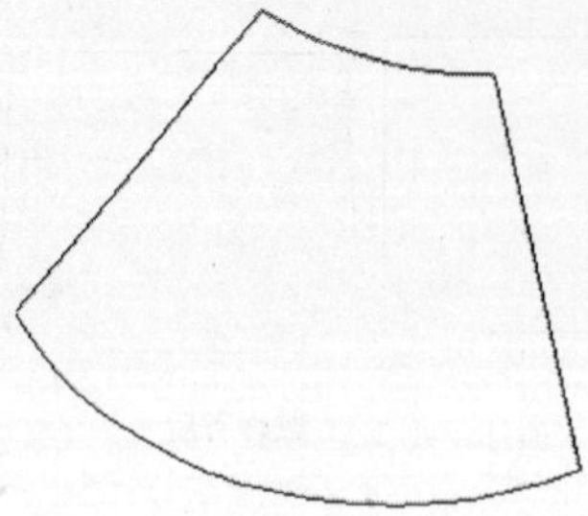

图 5－4－22

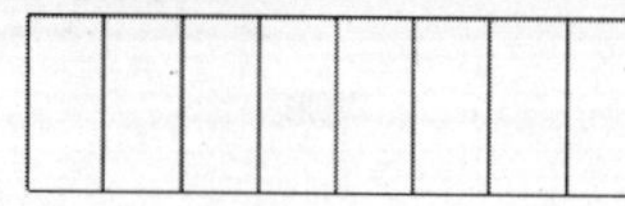

图 5－4－23

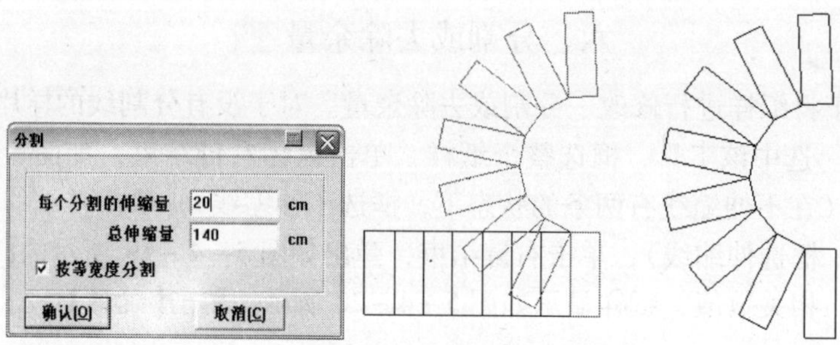

没有按Ctrl键作的分割图

图 5－4－24

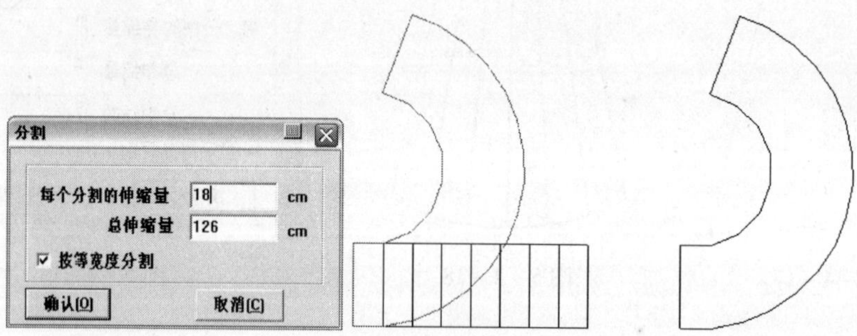

按Ctrl键作的分割图

图 5－4－25

根据指定分割线，将多余的量去掉，如图 5－4－26 所示。

选择该工具，框选翻领样片，完成后单击右键，单击调整形状但不改变长度的线段，再单击选择缩短线，完成后击右键。弹出【分割】对话框，在对话框内输入【每个分割的伸缩量】或【总伸缩量】，两者输入其一，系统会自动算出另一个，如图 5－4－27 所示。

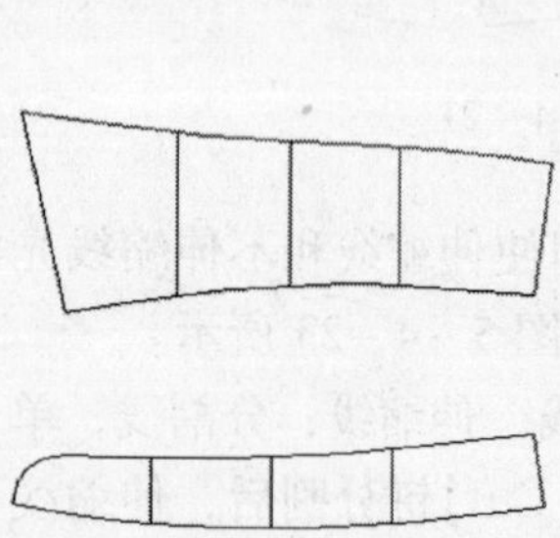

图 5－4－26

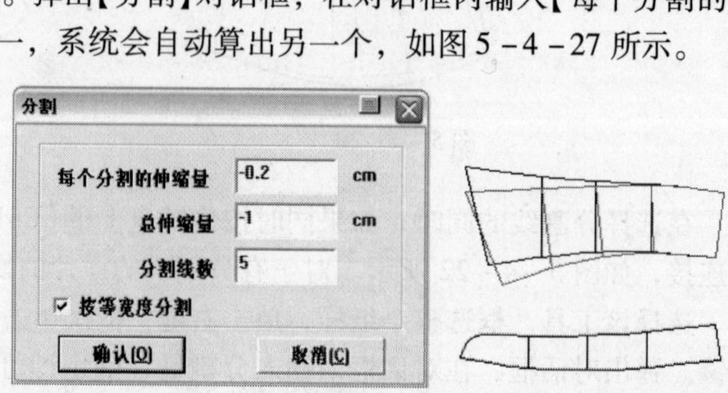

图 5－4－27

再将领底按照同样的方法缩短，如图 5－4－28 所示。

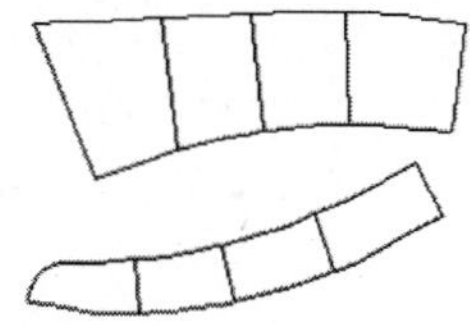

图 5－4－28

该工具图标后面的隐藏工具：。

（一）工字褶展开

该工具用工字褶将衣片展开，并同时加入褶的标示及褶的修正量。

1. 有展开线的操作

选择该工具，框选整个纸样，纸样线条变成红色，单击右键结束。选择展开线，从固定的一端开始，那么可以依次单击要作工字褶展开的线，线变成蓝色，单击右键结束。单击上段折线（肩斜线），该线变成绿色，单击右键结束。单击下段折线（下摆线），该条变成紫色，单击右键结束。弹出【工字褶展开】对话框，在对话框中输入数值，单击【确认】即可，如图 5－4－29 所示。

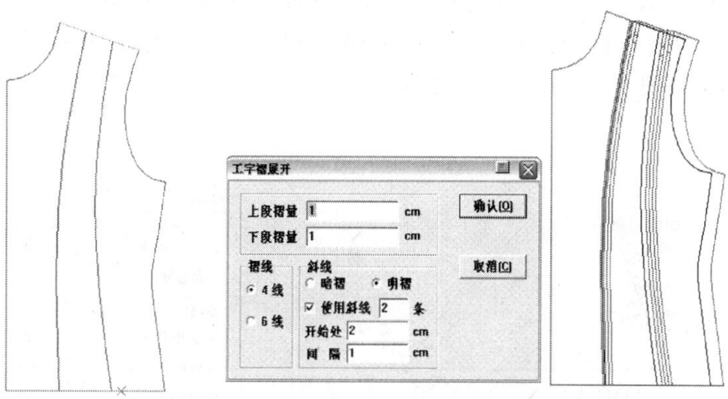

图 5－4－29

【工字褶展开】对话框参数说明：

【工字褶个数】：平均加入工字褶的数量。

【上段褶量】：展开线在靠近上段折线处的展开量。

【下段褶量】：展开线在靠近下段折线处的展开量。

【褶线】：用于选择标示工字褶的线段条数，可单击点选【4 线】或点选【6 线】。

【暗褶、明褶】：勾选，则以暗褶或明褶的形式显示。

【使用斜线】：勾选，则在刀褶的上段展开处显示斜线标示，反之不显示，在其后的文本框内可输入斜线的个数。

【开始处】：用于输入斜线的第一条线的端点距边线的距离。

【间隔】：用于输入斜线的间隔距离。

2. 无展开线的操作

选择该工具，框选整个纸样，纸样线条变成红色，单击右键结束。在没有展开线的状态下，单击右键。选择上段折线，单击右键，选择下段折线，单击右键，选择固定的一端，可以是侧缝线，也可以是中心线。弹出【工字褶展开】对话框，在对话框内输入需要的数值，点击【确认】即可，如图 5－4－30 所示。

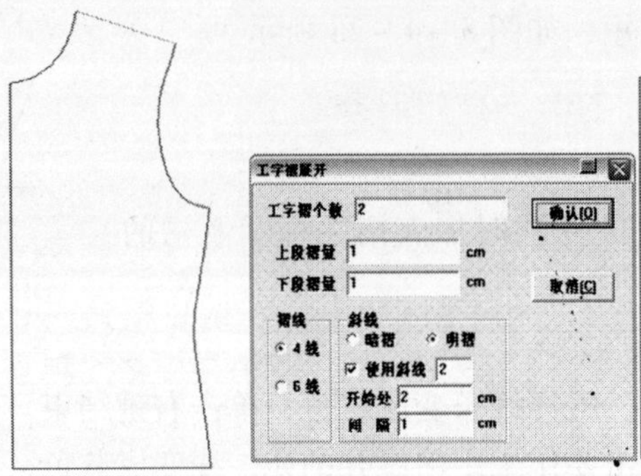

图 5－4－30

(二) 刀褶展开

该工具用刀褶将衣片展开，并同时加入褶的标识及褶的修正量，如图 5－4－31 所示。步骤同【工字褶展开】工具相同，只是弹出来的对话框及做出来的褶不同，同样可以做无展开线的刀褶展开，如图 5－4－32 所示。

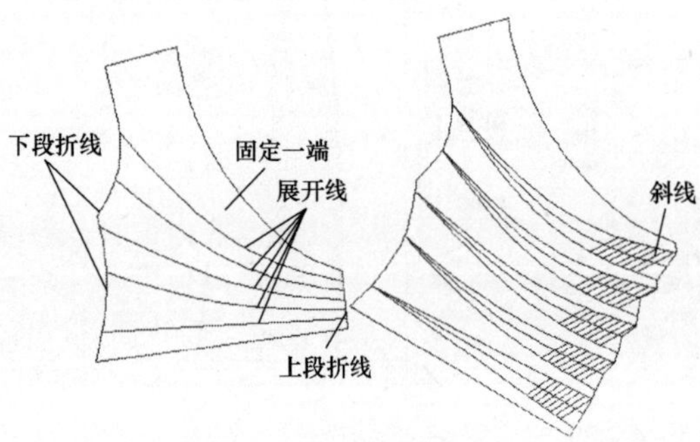

图 5－4－31

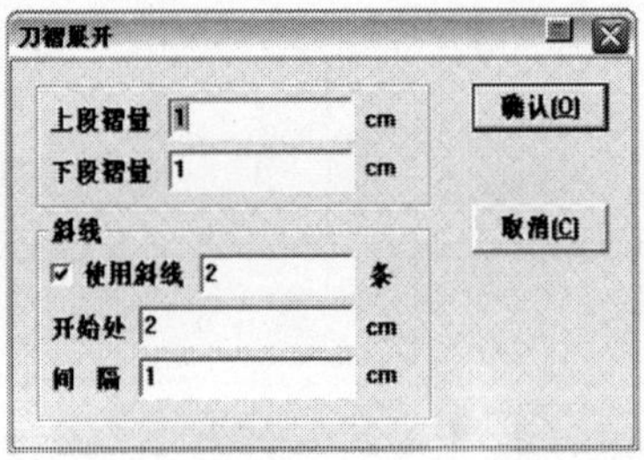

图 5－4－32

【刀褶展开】对话框参数说明：

【上段褶量】：展开线在靠近上段折线处的展开量。

【下段褶量】：展开线在靠近下段折线处的展开量。

【使用斜线】：勾选，则在刀褶的上段展开处显示斜线标示，反之不显示，在其后的文本框内可输入斜线的条数。

【开始处】：用于输入斜线的第一条线的端点距边线的距离。

【间隔】：用于输入斜线的间隔距离。

第五节　纸样工具栏

一、选择与修改工具

可以通过该工具选择需要的点或线，来结合点放码表、规则放码表、长度检测表及放码工具栏、编辑工具栏里的工具进行操作，还可以修改点、剪口、钻孔等的属性。

用该工具单击点，可以选中点，如图5-5-1中的点1，会显示一个小方框。

顺时针拖选点1、点2（即在点1按下鼠标左键，顺时针拖到点2，再松开鼠标），可以选中线段1—2，如图5-5-2所示，线段12上会显示很多控制点。

逆时针拖选点1、点2（即在点1按下鼠标左键，逆时针拖到点2，再松开鼠标），可以选中线段2—1，如图5-5-3所示，线段2—1上会出现很多控制点。

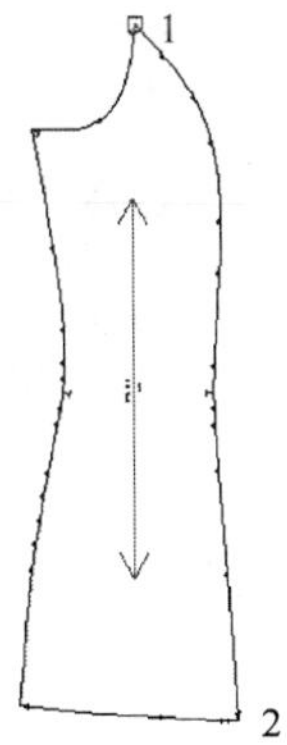

图5-5-1

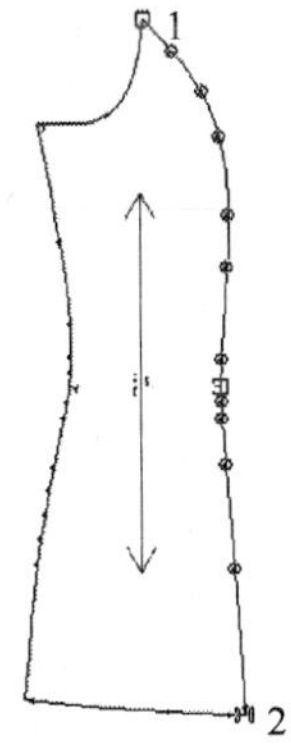

图5-5-2

图5-5-3

选择一个点后，按住【Ctrl】键再单击其他点，可以选取多个点。在空白处按左键拖动鼠标可框选区域点，单击空白处或按【Esc】键可以取消选取点。用该工具双击纸样上的边线点，弹出【边线样点属性】对话框，可以在对话框内更改点的属性，如图5-5-4所示。

【边线样点属性】参数说明：

【弧线点】：勾选为弧线点，不勾选为直线点。

【放码点】：勾选为放码点，不勾选为非放码点。

【缝边拐角类型】：在加过缝边的纸样上，该项就处于激活状态，选其中的拐角类型就可更改缝边的拐角形状。

用该工具双击纸样上边线的剪口，弹出【剪口编辑】对话框，可以在对话框内更改剪口的定位方式、角度等，如图5-5-5所示。

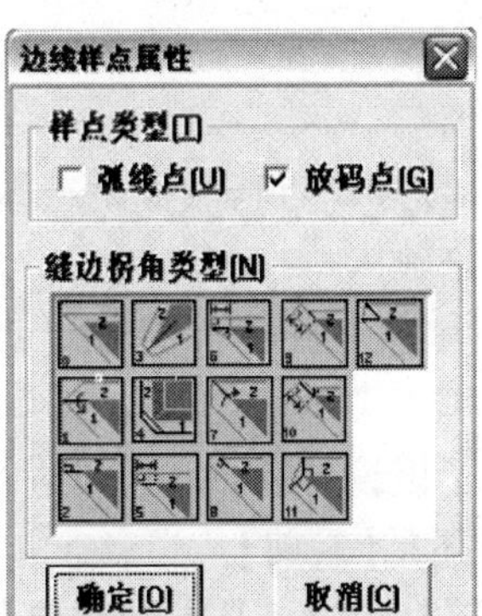

图5-5-4

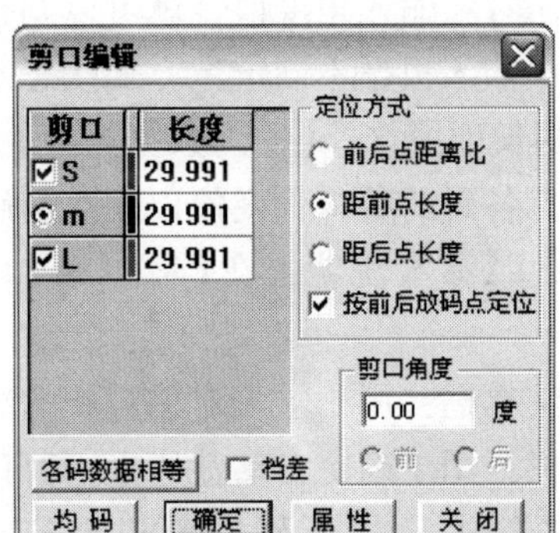

图5-5-5

用该工具双击钻孔/扣位，弹出【属性】对话框，可以在对话框内更改钻孔的形状、半径等，如图 5－5－6 所示。

该工具可用于重合点类型的选取。例如，用该工具单击辅助线与边线的重合点时，弹出【匹配点选择】对话框，可在对话框内选择想要选取的点是辅助线的点还是边线的点，多用于放码时，如图 5－5－7 所示。

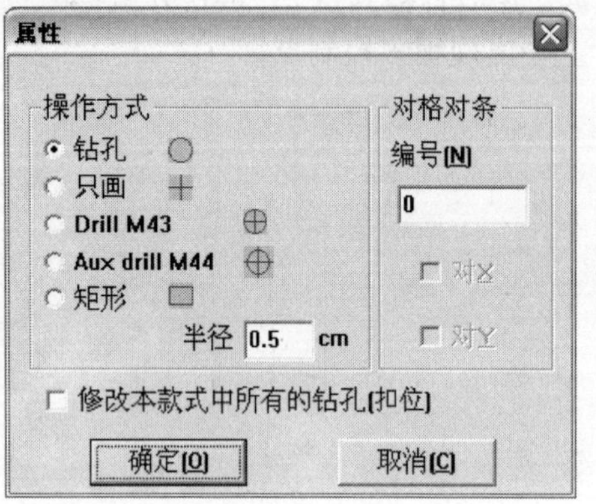

图 5－5－6

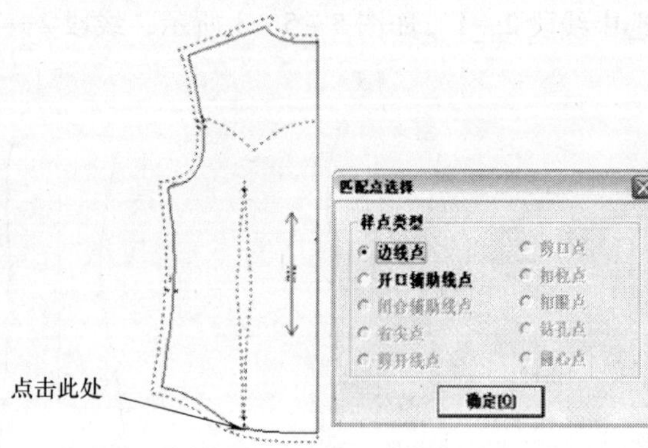

图 5－5－7

二、剪　口

该工具用于为纸样加剪口，并且具有调整剪口角度功能，如调整裤脚等折边的剪口等。

（一）加剪口

选中该工具，在要加剪口的纸样边线点上单击，出现【剪口编辑】对话框，可按默认值，也可修改文本框内的数值，点击【确定】即可，如图 5－5－8 所示。

【剪口编辑】参数说明：

【定位方式】：当勾选按照前后放码点定位时，剪口可以以前后的放码点的距离比来定位；可以按照顺时针的方式，以距前放码点的长度来定位；可以按照顺时针的方式以距后放码点的长度来定位。

【剪口角度】：输入角度值，就可以调整剪口的角度。

【长度】：输入根据不同定位方式状态下的长度数值。

对剪口的长度值选择【各码数据相等】，表示各码的剪口与基码保持一致的数值，勾选了【档差】，各码的剪口长度值以距离基码的长度值来输入。

【剪口属性】参数说明：在【剪口编辑】对话框中单击【属性】，弹出【剪口属性】对话框。

【编号】文本框：用于输入对格对条的编号，确定了该编号后，就可以进行对格对条。

【命令】栏：用于确定自动裁床上，剪口是【只画】还是【裁剪】。

【操作方式】栏：用于确定剪口操作过程中，是【不停】、【操作前停】还是【操作后停】。

注意：在同一纸样上，不允许几个剪口具有同一对格编号。

（二）调整剪口角度

选取该工具，单击剪口，拖动剪口会出现一条红色的线，旋转到需要的角度，再单击即可，如图5－5－9所示。

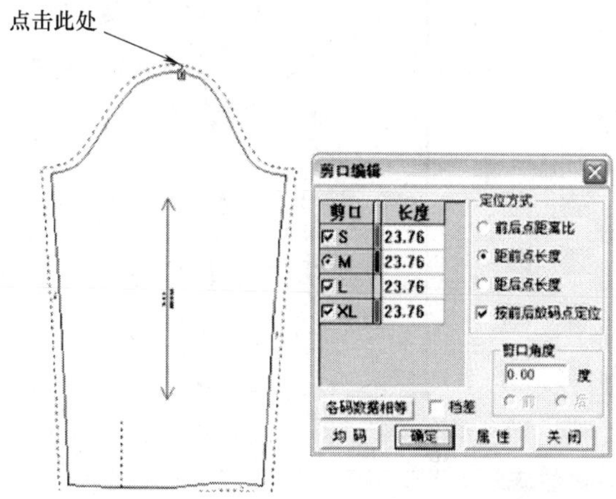

图5－5－8

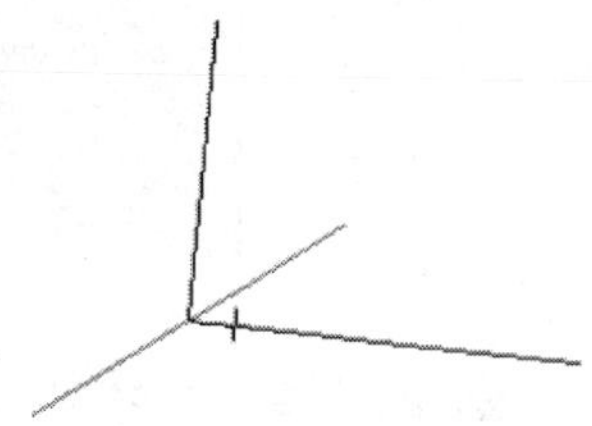

图5－5－9

三、钻孔/扣位

对已经做好的纸样，用该工具可以在该纸样上加上钻孔或者扣位。

根据钻孔/扣位的个数和距离，系统自动画出钻孔/扣位的位置。选中该工具，单击前领深点，弹出【纽扣/钻孔】对话框，在对话框里输入适当的值，如果要更改纽扣的属性，单击对话框的属性，弹出【属性】对话框。在【属性】对话框内选择纽扣的属性，或改成钻孔。单击【确定】，回到上一步对话框，点击【确定】，就可看到加好纽扣的效果，如图5－5－10所示。

【纽扣/钻孔】对话框参数说明：

【起始点位置】：即指单击的点的位置。

【个数】：加纽扣的个数。

【水平位移】、【垂直位移】、【斜距离】、【角度】是指对两个纽扣之间的水平距离、垂直距离、斜距离、偏移角度。

【属性】对话框参数说明：

【操作方式】：指纽扣的几种外形。

【半径】：纽扣圆形半径。

【对格对条】：是指对该纸样的对格对条，如果需要对格对条，在编号里输入相应的数值，修改内部选项即可。

勾选【修改本款式中所有的钻孔（扣位）】：那么本款式中所有的钻孔（扣位）的操作方式、半径、对格对条，都与该属性里设置的相同。

已知扣眼首尾点的位置，系统会自动根据扣位的个数平均分配。单击该图标，单击纽扣位的起点按住，拖动到终点（可以是在一条线段上，也可以是两个点之间），如图5－5－11所示。松开鼠标，弹出【加纽扣】对话框，在对话框内，只需输入纽扣的个数即

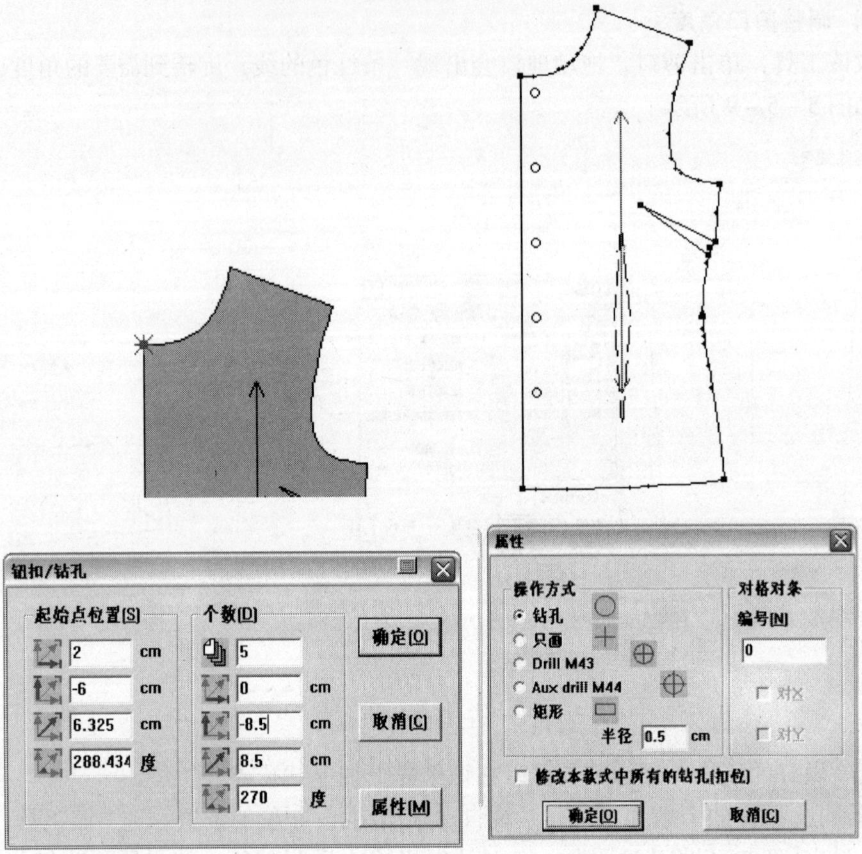

图 5－5－10

可（同样可更改属性），如图 5－5－12 所示。

【扣位/钻孔】对话框参数说明：

：是指加钻孔的个数。

【属性】：如果需要对格对条，则单击【属性】弹出对话框，修改内部选项即可。

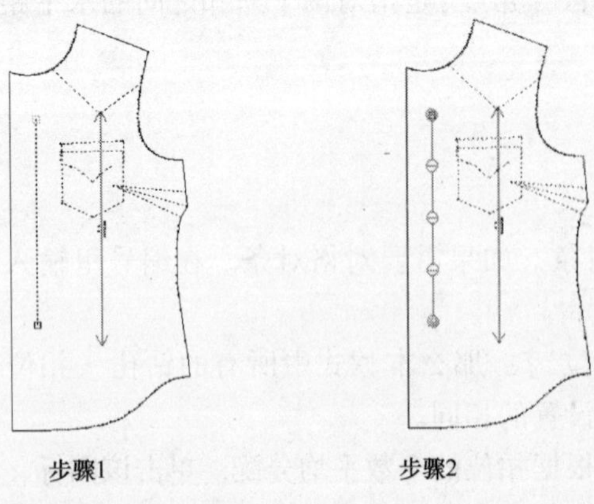

图 5－5－11

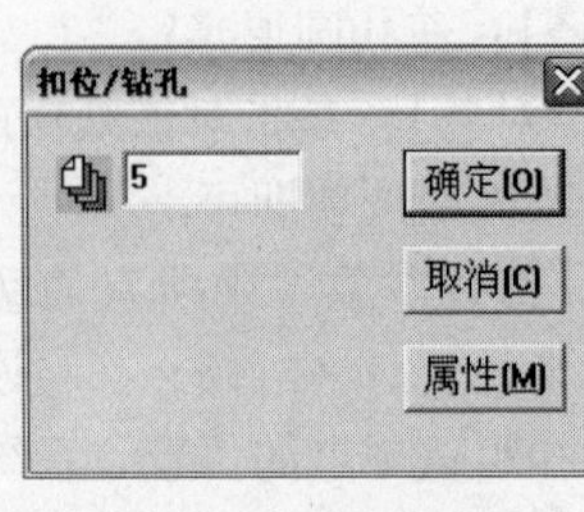

图 5－5－12

四、眼　位

根据扣眼的个数和距离，系统自动画出扣眼的位置。选中该工具，单击起始点时，单击一点，确定扣眼的长度。弹出【加扣眼】对话框，输入适合的数字，单击【确定】，在该纸样上就可以看到五个眼位，如图 5－5－13 所示。

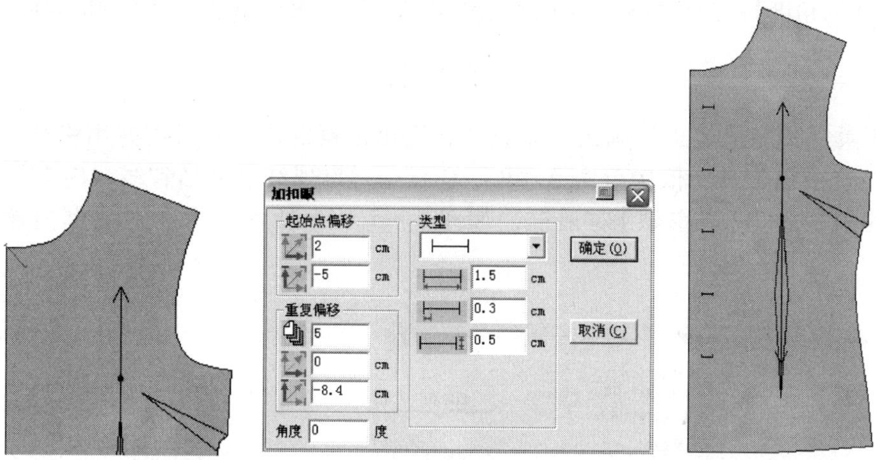

图 5－5－13

【加扣眼】参数说明：

【起始点偏移】：即指单击的点的位置。

【重复偏移】：其内容自上而下分别为：重复扣眼的个数、水平偏移、垂直偏移，这些值都是指以起始点（第一个扣位）为原点的坐标值。

【角度】：扣眼角度，可以根据纸样的实际需求对扣眼进行不同的角度的设置。

【类型】：指扣眼有不同的外形，可以在类型后面的下拉三角里去选择不同的扣眼外形。

根据已知扣眼首尾的位置，系统会自动根据扣眼的个数平均分配。

左键单击点 A，左键单击点 B，再单击一点，鼠标移动一点，再单击一点，弹出线上加扣眼对话框，在对话框里输入相应的数字，单击【确定】即可，如图 5－5－14 所示。

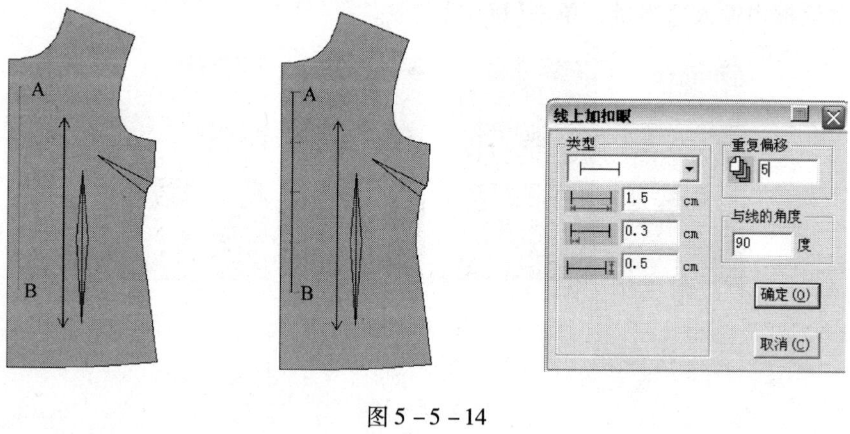

图 5－5－14

【线上加扣眼】参数说明：

【类型】：指扣眼有不同的外形，可以在类型后面的下拉三角里去选择不同的扣眼外形。扣眼类型选择下方内容自上而下分别为：扣眼长度、水平偏移、垂直偏移，这些值都是指以起始点（第一个扣位）为原点的坐标值。

【重复偏移】：重复扣眼的个数。

【与线的角度】：扣眼角度，可以根据纸样的实际需求对扣眼进行不同的角度的设置。

五、菱形省 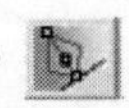

该工具需用智能笔工具画出一条直线，定出褶裥的位置及长度并用铅笔工具定出省腰位。选中该工具，依次单击 A、B 、C 三点，出现红色菱形省线，向 D 方向拖动至合适位置，弹出【省参数】对话框，如图 5 -5 -15 所示，可在对话框内输入适当的量。

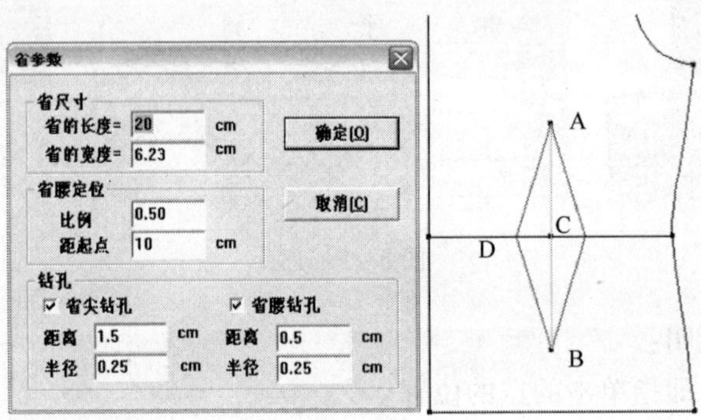

图 5 -5 -15

该工具图标后面的隐藏工具：

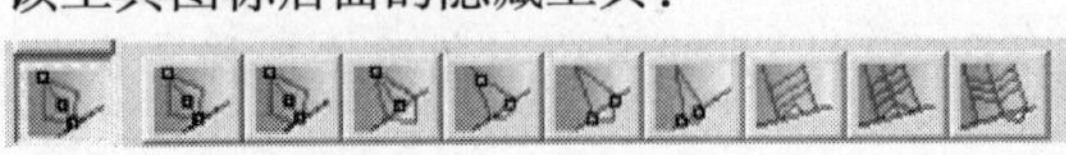

（一）锥形省 

如图 5 -5 -16 所示，选中该工具，依次单击 B、A、C 三点，出现 1 的情况。移动鼠标至 D 点，单击鼠标左键，移动鼠标到 C 点附近，出现 2 的情况；单击出现【锥形省】对话框，在对话框内输入适当量，单击【确定】完成。

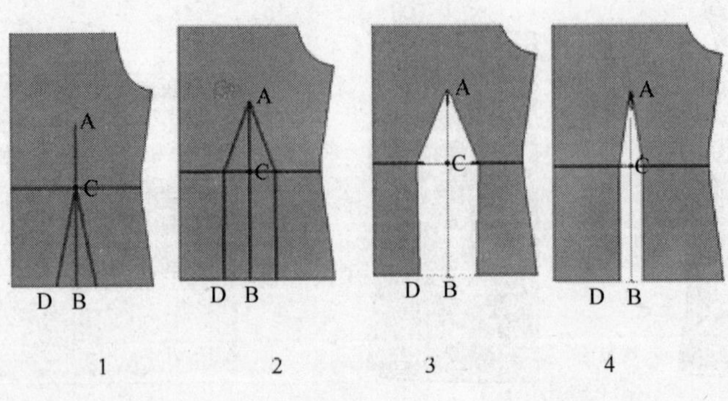

图 5 -5 -16

（二）双向尖省

选中该工具，依次单击定位线 A 点、B 点。出现红色省线，单击，弹出【省道/尖褶】对话框，在对话框中设置适当的数值，单击【确定】，如图 5－5－17 所示。

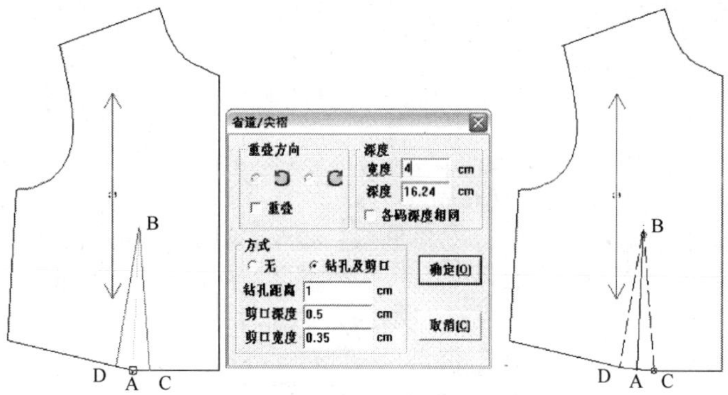

图 5－5－17

除了作双向尖省外，该工具还可以转省，现介绍将腰省转为腋下省的方法。

先用双向尖省给纸样作好腰省，再单击省尖 C 点，连接 D 点，如图 5－5－18 所示。松开鼠标，单击红色框内任意点，移动鼠标，如图 5－5－19 所示。

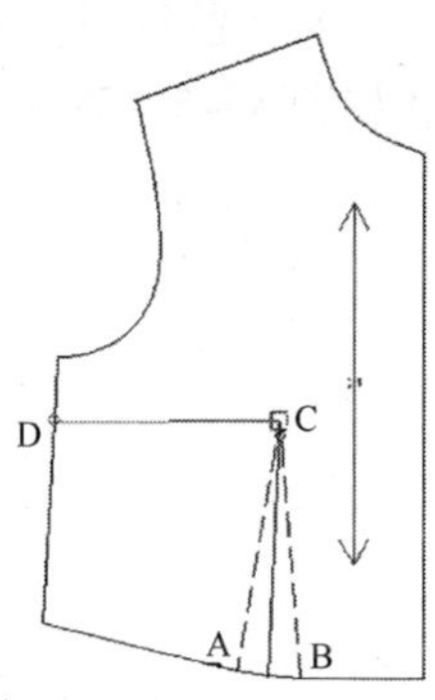

图 5－5－18

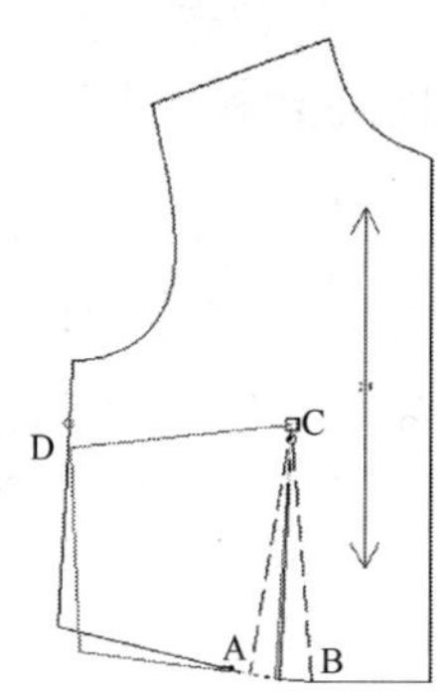

图 5－5－19

弹出【省转移】对话框，在对话框内输入要转移的省量，点击确定即可，如图 5－5－20 所示。

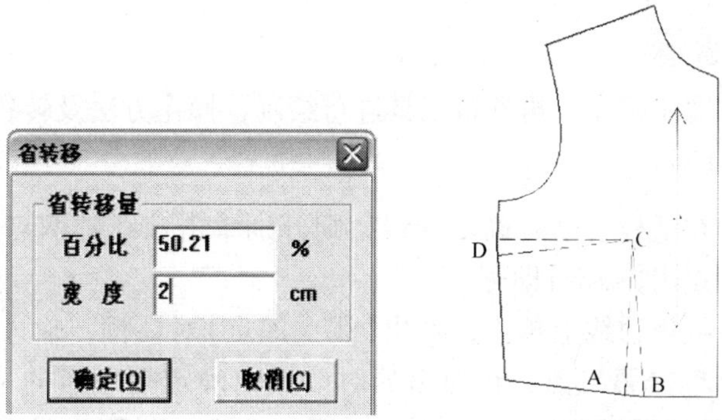

图 5－5－20

（三）单向尖省

先定出一条褶的定位线 A—B，选中该工具，单击 A 点、B 点，出现红色褶线，单击弹出【省道/尖褶】对话框，在对话框内输入省宽等，点击【确定】，作出一个单向尖省，如图 5 –5 –21 所示。

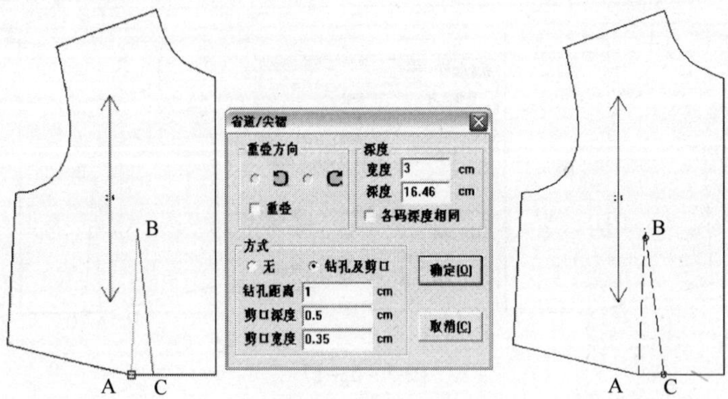

图 5 –5 –21

（四）不定位省

选中该工具，单击定位点 A 点、B 点，移动鼠标，出现红色省线，单击，弹出【省道/尖褶】对话框，在对话框内输入省深，单击【确定】即可，如图 5 –5 –22 所示。

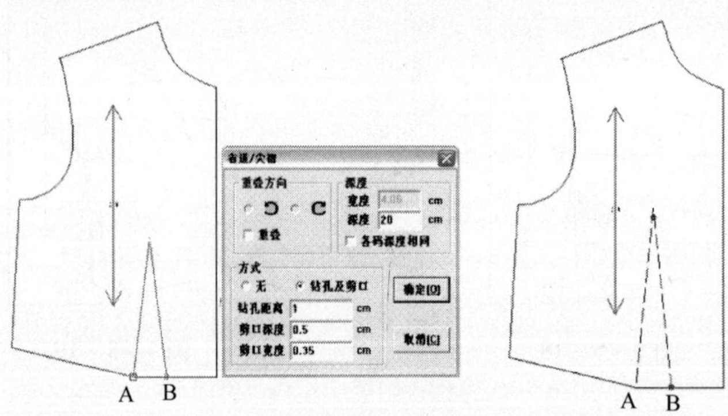

图 5 –5 –22

（五）不对称尖省

该工具需定出省宽定位点，再选该工具进行绘制，操作方法及转省方法同不定位省。

（六）单向刀褶

在左工作区：如在纸样上已有确定的线，则分别单击该线的两点，在弹出的【刀褶】对话框内输入数据，点击【确定】即可。

在右工作区：在纸样边线上单击，弹出【线上加点】对话框，输入数据确定该褶顶点的位置，拖动鼠标，单击第二点，在弹出的对话框内确定褶底点的位置，这时弹出【加褶】对话框，根据提示选择褶的类型、深度、个数、间距、排列方式等内容，输入完毕点击【确定】即可，如图 5－5－23 所示。

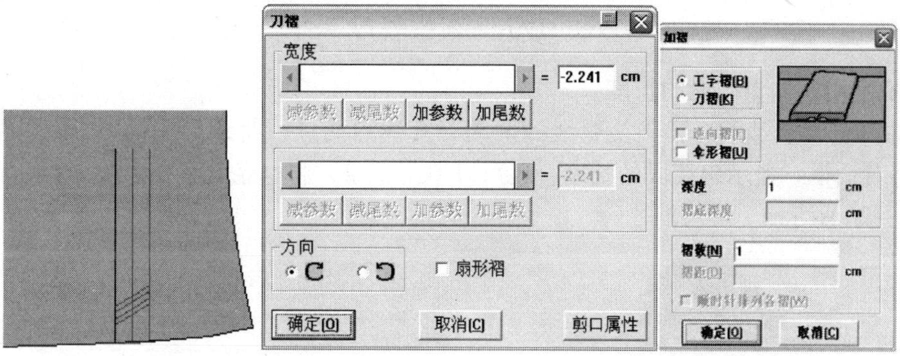

图 5－5－23

（七）双向刀褶

操作方法请参照【单向刀褶】工具。

（八）工字褶

操作方法请参照【单向刀褶】工具，弹出的对话框为【工字褶】对话框，如图 5－5－24 所示。

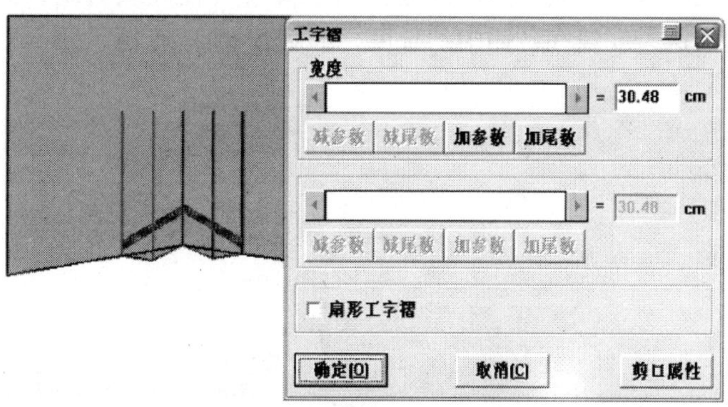

图 5－5－24

六、橡 皮 擦

该工具用于删除裁片工具栏工具所添加的褶裥、省道、剪口、钻孔等。

七、布纹线和两点平行

该工具用于改变布纹线方向和移动布纹线。在左右两边的工作区内，拖选需要布纹线与其平行线的两端，布纹线会自动跟其平行。在左边工作区里，如果要移动布纹线，则直接单击布纹线，布纹线就会跟鼠标移动。在左边工作区里，用该工具光标移至布纹线，布纹线变红色时，单击右键，布纹线会按顺时针 45°旋转。在左边工作区里，用该工具光标移至布纹线，单击左键布纹线变红色时，按数字键的【＋】号或【－】号可以将布纹线加长或减短。

八、皮尺/测量长度

该工具用来测量线段的长度。

在左工作区：直接单击要测量线的两端（直线点两点、曲线点三点），就会弹出【测量长度】对话框，显示出线段的长度，还可以单击记录，将这条线段的长度记录下来，如图 5－5－25 所示。

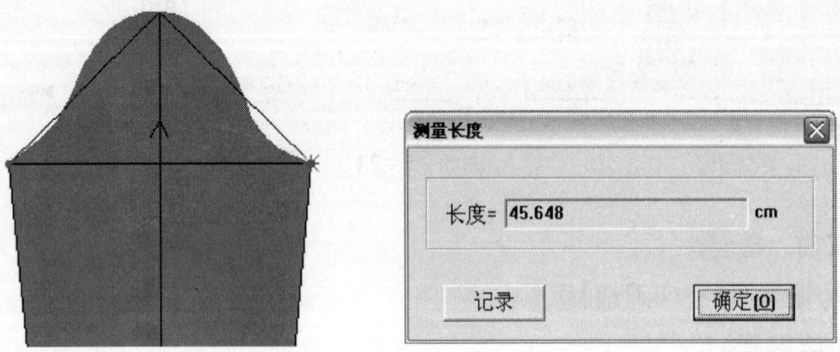

图 5－5－25

在右工作区：按顺时针（A—B）拖选要测量线段（直线或曲线）的两端，弹出【测量】对话框，显示出这条线段在各码中的长度，如图 5－5－26 所示。

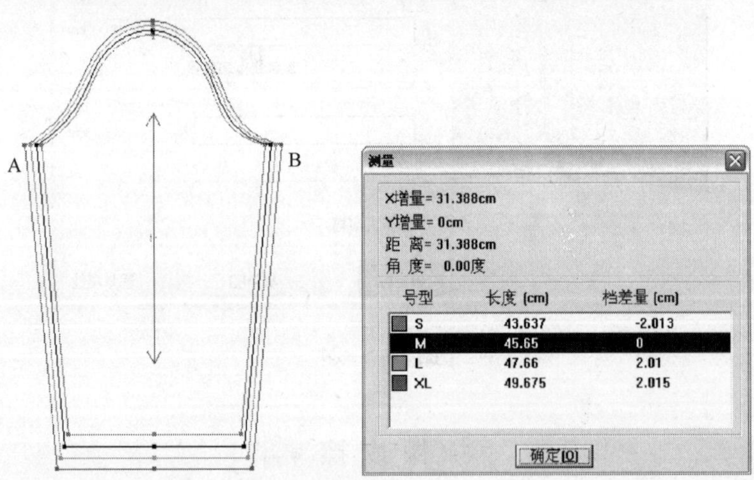

图 5－5－26

九、拷贝点放码量

该工具用于拷贝相同放码量。选中该工具，顺时针拖选点 1、点 2（即选中袖口线），松开鼠标，点 1 出现一个亮点，如图 5－5－27 所示。同方向拖选要粘贴放码量的对应点，系统自动为相对应的线段加上相同放码量，如图 5－5－28 所示。逆时针拖选点 2、点 1（即选中除袖口线外的线段），松开鼠标，点 2 出现一个亮点，如图 5－5－29 所示。同方向拖选要粘贴放码量对应点，系统自动为相对应的线段加上相同放码量，如图 5 –5 –30 所示。

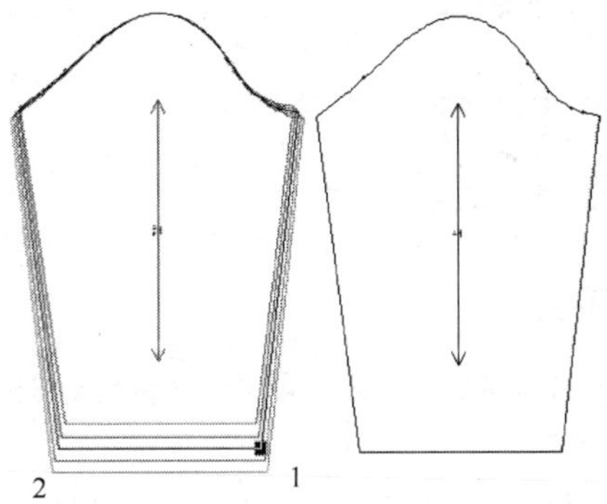

图 5 –5 –27

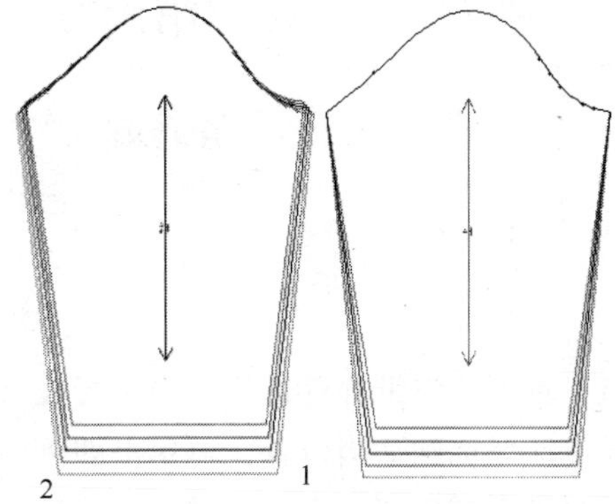

图 5 –5 –28

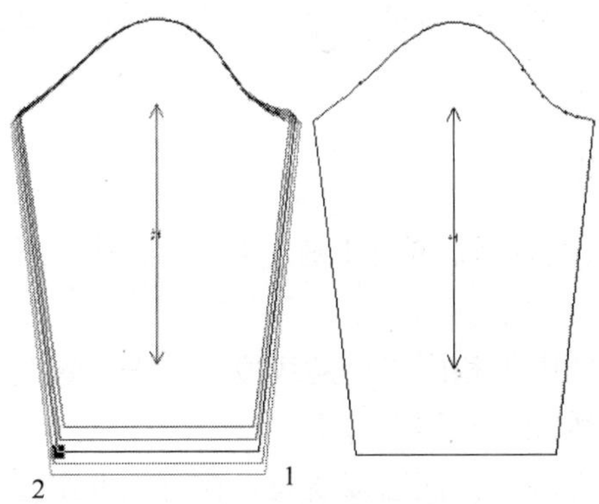

图 5 –5 –29

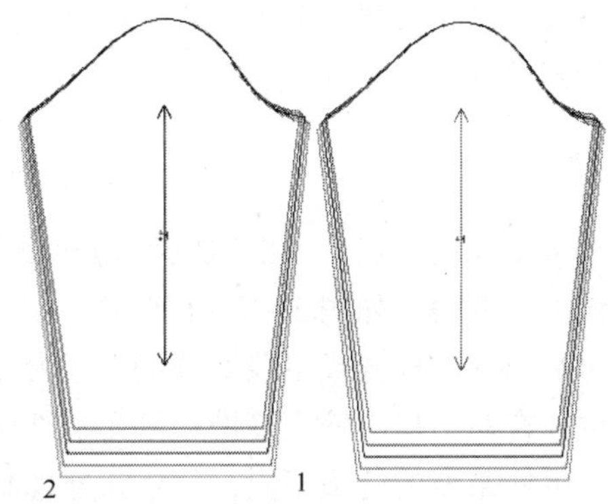

图 5 –5 –30

顺时针拖选点 A、点 B（即选中袖口线），松开鼠标，点 A 出现一个亮点，如图5 –5 –31 所示。同方向拖选要粘贴放码量的对应点，系统自动为相对应的线段加上相同放码量，如图 5 –5 –32所示。选择【拷贝点放码量】工具，单击 A 点，按住【Ctrl】键，单击 A′点、B′点，这时放码量被拷贝到 A′点、B′点上，如果需要拷贝 X 方向放码量，那么在按住【Ctrl】键的同时再按住【X】键，如果需要拷贝 Y 方向放码量，那么在按住【Ctrl】键的同时再按住【Y】键，如图 5 –5 –33 所示。

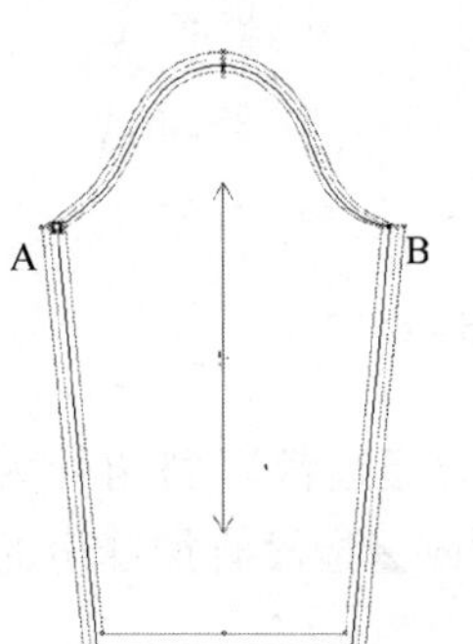

图 5 –5 –31

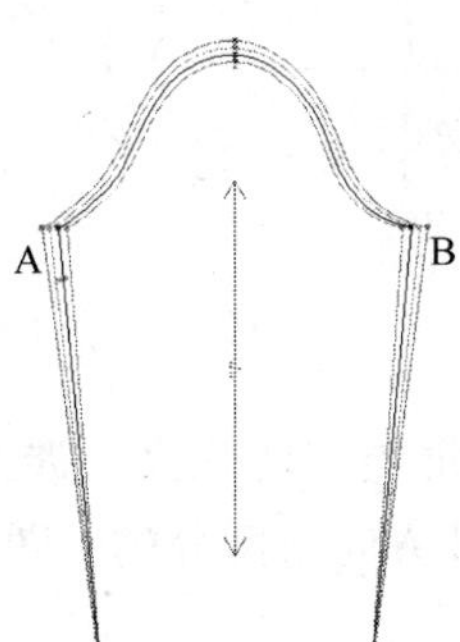

图 5 –5 –32

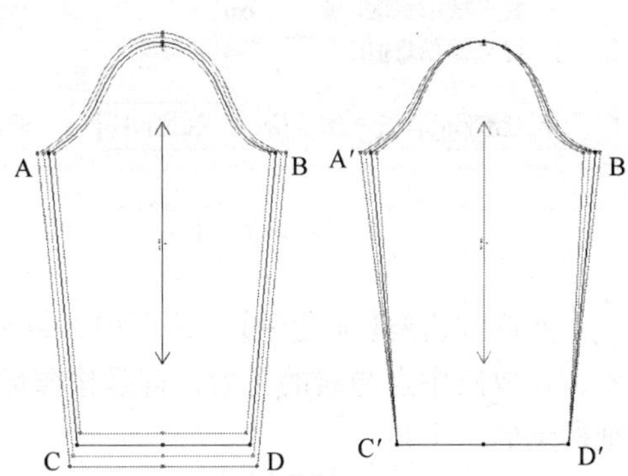

图 5 –5 –33

第六节　放码工具栏

一、移动纸样

该工具用于将纸样移动到适当位置或将两个纸样按照一点对应重合。选择该图标，单击纸样拖动鼠标到适当位置，再单击即可。

将两个纸样按照一点对应重合，选择该图标，单击选中纸样上一点，拖动到另一纸样上一点，当该点处于选中状态，再单击即可。

技巧：在用任何工具时，将光标放在纸样上，单击空格键，即变成移动纸样工具，移动鼠标到适当位置后再单击即可。

二、加缝份

单击纸样的某点，弹出【加缝边】对话框，输入数据后单击【确定】，即给整个纸样加上了统一的缝份，如图5-6-1所示。

也可以同时框选或单独框选工作区内几个纸样中加相同缝份的线段，单击右键后弹出对话框，在对话框中输入缝份，给几个纸样上的线段同时加上缝份。

当纸样某段的缝边不同，须单独处理某段。方法是：框选该线段，在对话框中输入缝边宽度及起点、终点缝份抹角类型，点击【确定】即可，如图5-6-2所示。

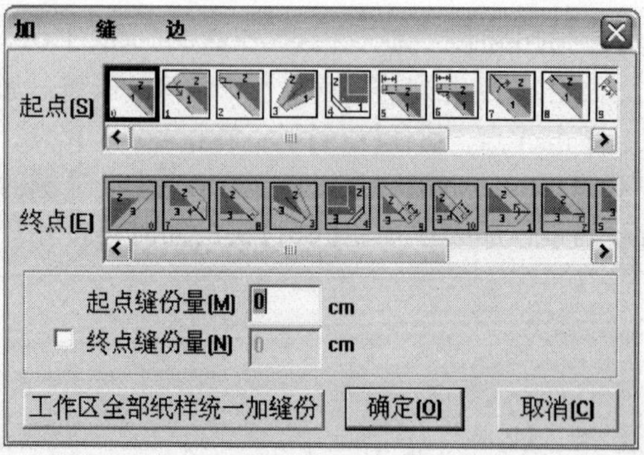

图5-6-1

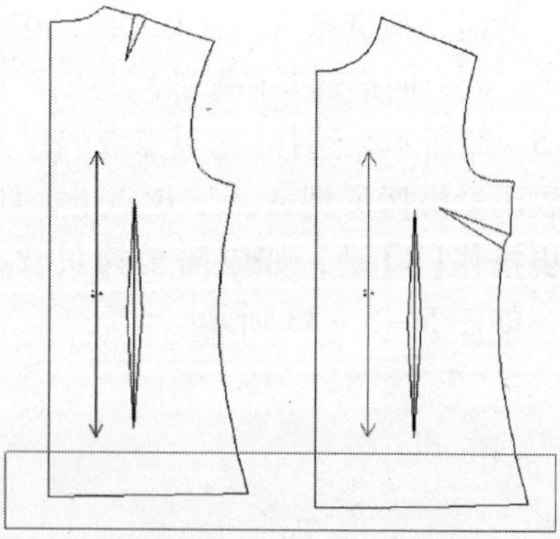

图5-6-2

下面详细讲解【加缝份】对话框中，缝份抹角类型的含义。涉及的缝边都以斜角处为分界，在放码中点与线的先后，都是按照顺时针方向来区分的，图◥或◢指没有加缝份的净纸样上的一个角。

（1）1、2边相交：缝边自然延伸并相交，不做任何处理，为最常用的一种缝份，如图5-6-3所示。

（2）2 边 90°角：如图 5 -6 -4 所示。

（3）按 2 边对幅：用于做裤脚、底边等。将 2 边缝边折起来，并以 1、3 边缝边为基准修正尖角，在 1、2 边交点 2、3 边交点处，输入缝份量，如图 5 -6 -5 所示。延长 2 边与 1 边缝边相交，自交点沿垂直 2 边缝线方向切掉尖角，多用于公主线袖窿处，如图 5 -6 -5所示。

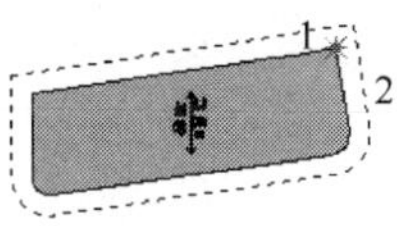

图 5 -6 -3

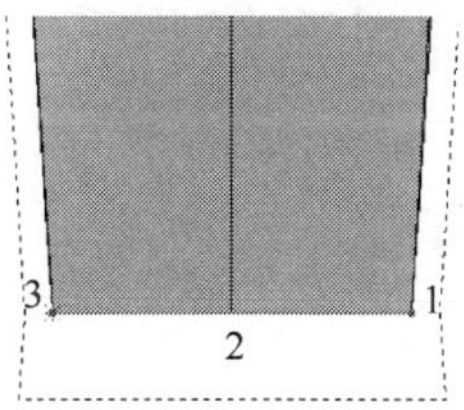

图 5 -6 -4

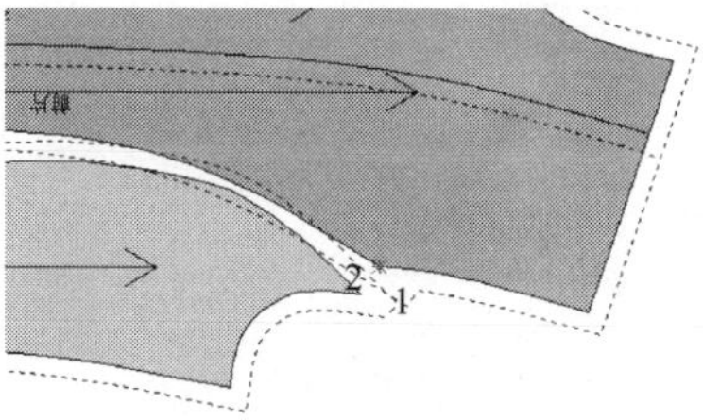

图 5 -6 -5

（4）角平分线切角：用于作领尖等处。沿角平分线的垂线方向切掉尖角，并可在长度栏内输入该图标中红色线段的长度值。

（5）斜切角：用于作袖衩、裙衩处的拐角缝边，可以在长度栏内输入该图标中红色线段以外的长度值，如图 5 -6 -6 所示。

（6）2 边定长：1 边缝边画至 2 边的延长线上，2 边缝份根据长度栏内输入的长度画出，并做延长线的垂线。

（7）2 边定长 1 边垂直：1 边缝边画至 2 边延长线处，2 边从拐角点到缝边的长度为输入数值，并作垂直修正，同时画顺相邻边的缝边，多用于公主线及两片袖的袖窿处，如图 5 -6 -7 所示。

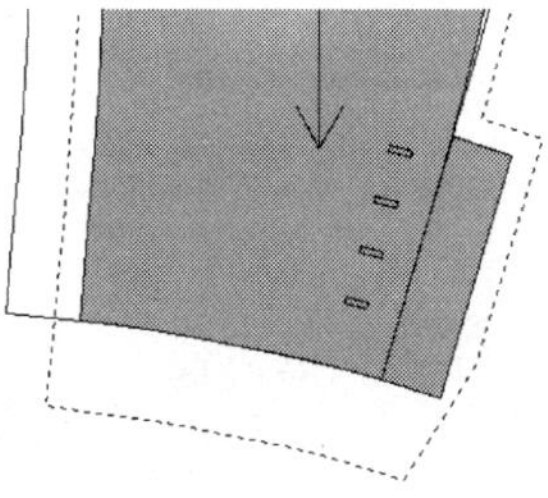

图 5 -6 -6

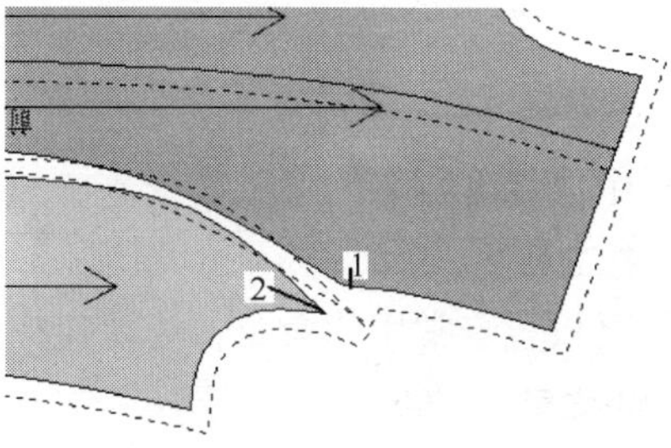

图 5 -6 -7

（8）两头都延长到边线：可将任意辅助线段两头延长到边线。选中该工具，单击或框选要延长的辅助线段，辅助线段的两头会自动延长到边线。

技巧：有单条辅助线的，可以单击该辅助线，有多条辅助线的情况下，可以一起框选，辅助线会一起延长到边线。如果只需一边延长到边线，另一边不延长到边线，请参看“编辑”菜单下的“线段延长”命令。

第六章　富怡服装排料系统

第一节　排料系统界面

一、总体界面介绍

排料系统的总体界面介绍如下图所示。

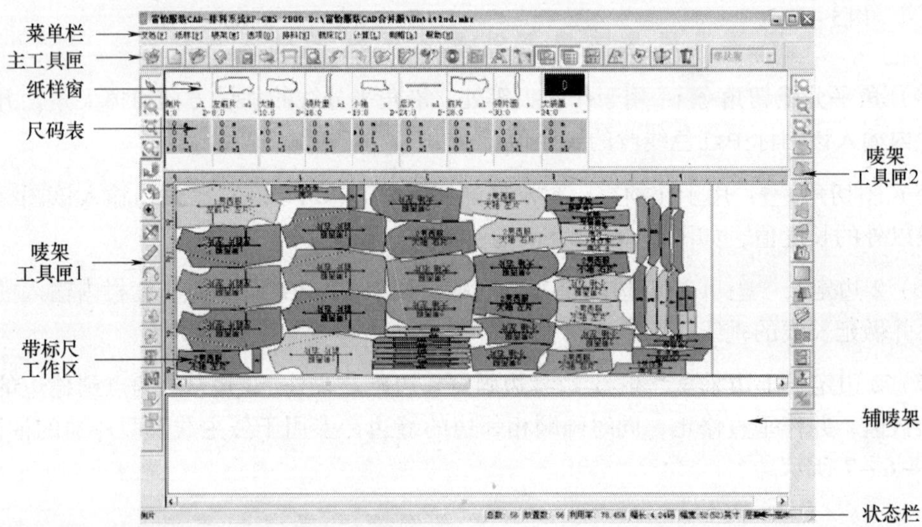

（一）菜单栏

菜单栏中放置着所有的菜单命令。

（二）主工具匣

主工具匣放置着常用的命令，为快速完成排料工作提供了极大的方便。

（三）纸样窗

纸样窗中放置着排料文件所需要使用的所有纸样，每一个单独的纸样放置在一小格的纸样框中。纸样框的大小可以通过拉动左右边界来调节其宽度，还可通过在纸样框上单击鼠标右键，在弹出的对话框内改变数值，调整其宽度和高度。注意改变一个小纸样框，其他的纸样框也跟着改变。

（四）尺码表

每一个小纸样框对应着一个尺码表，尺码表中存放着该纸样对应的所有尺码号型，和每个号型对应的纸样数。

（五）唛架工具匣 1/2

这两个工具匣存放着控制唛架上纸样的工具图标，这些图标命令可以完成纸样的移动、旋转、翻转、放大、缩小、测量等项操作。

（六）带标尺的工作区

工作区内放置唛架，在唛架上，可以按自己的需要来任意排列纸样，以取得最省布料的排料方式。

（七）辅唛架

将纸样按码数分开排列在辅唛架上，可以按自己的需要将纸样再调入主唛架工作区排料。

（八）状态栏

状态栏位于系统界面的最底部，它显示着本床唛架的一些重要的信息。

二、唛架工具匣 1

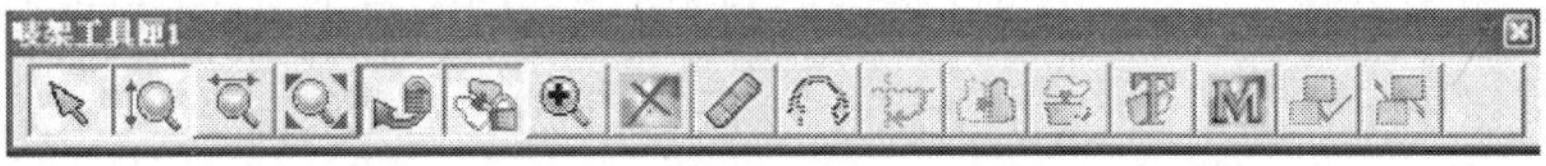

用该工具栏可完成对唛架上纸样的选择、移动、旋转、翻转、放大、缩小、测量、添加文字等项操作。

如果要把唛架上的一个衣片放入到唛架上的另一处空白位置（空白位置的面积大于衣片），可以在该衣片上单击右键，再拉动鼠标到该空白位置后，松开鼠标右键，这时将看到该衣片自动紧靠着其他衣片放入了工作区域。

在用该工具自动排料时，按【Ctrl】键，双击某纸样的某号型，可以将这个纸样的样片选择。

（一）样片选择 

该工具可选取及移动衣片。有以下几种使用方法：

1. 选取

单击该图标，单击某一个衣片。

2. 选取多个纸样

在唛架的空白处单击该图标拖动，使要选择的纸样包含在一个虚线矩形框内，释放鼠标。或按住【Ctrl】键用鼠标逐个单击所选纸样。

3. 框选多个纸样

一次框选尺码表内的样片拖动，可以是全部，也可以是某个样片的某个号型，单击右键，则可以将框选的样片自动排料。

4. 移动

单击该图标，单击衣片，按住鼠标再拖到所需位置处释放鼠标即可。

5. 将工作区的纸样放回纸样窗

单击该图标，双击想要放回纸样窗的纸样，纸样自动回到纸样窗，将这个号型的所有样片，一起放入带标尺工作区。按【Shift】键，双击某纸样的某号型，可以将这个纸样的这个号型的所有样片按布料宽度能排入这个样片数的最大量，将样片放入带标尺工作区，如果这个号型排料后，还有空位能排料进入其他号型的样片，系统会自动调入。例如，最多能排 3 个样片，而这个号型只有 2 个样片，就会自动将其他号型中最适合的 1 个样片加进去。

（二）唛架宽度显示

用鼠标左键单击该图标，按唛架宽度进行显示。

（三）全部纸样工具

用鼠标左键单击该图标，显示出全部纸样。

（四）整张唛架

用鼠标左键单击该图标，显示出整张唛架。

（五）旋转限定

该命令是限制工具匣中、依角旋转工具、90°旋转工具等旋转工具使用的开关命令。

（六）翻转限定

该命令是用于控制系统是否读取【纸样资料】对话框中的有关是否【允许翻转】的设定，从而限制工具匣中垂直翻转、水平翻转和上下或左右翻转工具的使用。

（七）放大显示

用【放大显示】工具可对指定区域进行放大。

（八）清除唛架

用【清除唛架】工具可将唛架上所有纸样从唛架上清除，并将它们返回到纸样列表框。

（九）尺寸测量

用【测量工具】可测量唛架上任意两点间的距离。

（十）依角旋转

在旋转限定工具凸起时，使用该工具对选中样片设置旋转的度数和方向。

（十一）顺时针 90°旋转

可用该工具对唛架上选中纸样进行 90°旋转。

（十二）水平翻转

可用该工具对唛架上选中纸样进行水平翻转。

（十三）垂直翻转

可用该工具对纸样进行垂直翻转。

（十四）样片文字

该工具用来为唛架上的样片添加文字。

（十五）唛架文字

用于在唛架的未放纸样处打字。

（十六）成组

该工具将两个或两个以上的样片组成一个单个的整体样片。

（十七）拆组

该工具是与成组工具对应的工具，起到拆组作用。

三、唛架工具匣 2

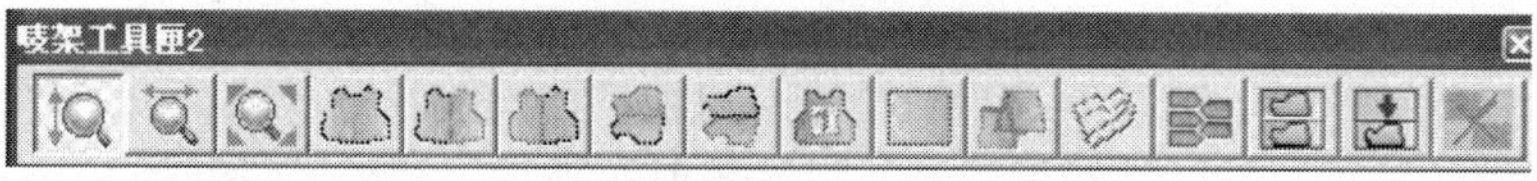

该工具匣设置辅唛架及对称的纸样进行折叠、展开等操作。

（一）显示辅唛架宽度

单击该工具，按辅唛架宽度显示。

（二）显示辅唛架所有样片

单击该工具，显示辅助唛架上所有样片。

（三）显示整个辅唛架

单击该工具，显示整个辅唛架。

（四）样片右折、样片左折、样片下折、样片上折

当对圆桶唛架进行排料时，可将上下对称的纸样向上折叠、向下折叠，将左右对称的纸样向左折叠、向右折叠。

（五）展开折叠样片

该工具用于将折叠的样片展开。

（六）裁剪次序设定

该工具用于设定自动裁床裁剪衣片时的顺序。

（七）画矩形

该工具用于画出矩形参考线，并可随排料图一起打印或绘图。

（八）重叠检查

该工具用于检查重叠纸样的重叠量。

（九）设定层

排料时如需要其中两片样片的部分重叠，则要给这两个样片的重叠部分进行舍取设置。

（十）制帽排料

该工具用于确定样片的排列方式，如正常、交错、倒插等。

（十一）主辅唛架等比例显示纸样

该工具用于将主辅唛架上的样片等比例显示出来。

（十二）放置样片到辅唛架

该工具用于将纸样框中的样片放置到辅唛架。

（十三）清除辅唛架样片

单击该工具可将辅唛架上的样片清除，并放回纸样窗内。

第二节　操作快速入门

一、自动排料

（1）单击，弹出【唛架设定】对话框，参照图 6－2－1 中所示设置各参数，在对话框内设置布幅宽（唛架宽度根据实际工作来确定）及估计的大约布长，最好略多一些，唛架边界可以根据实际情况自行设定。

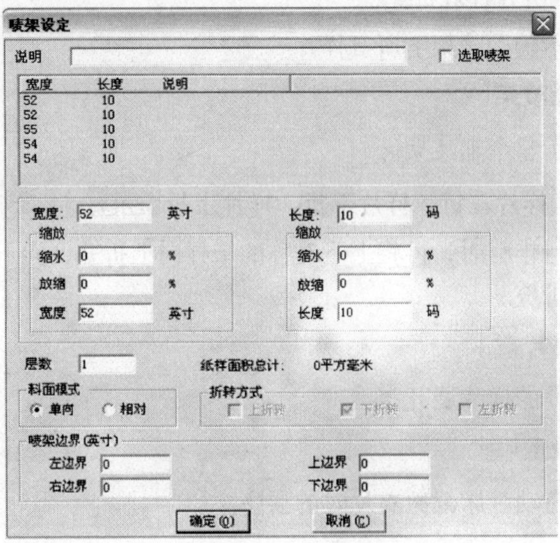

图 6－2－1

（2）单击【确定】，弹出【选取款式】对话框，如图 6－2－2 所示。

图 6－2－2

（3）单击【载入】，弹出【选取款式文档】对话框，单击文件类型文本框旁的三角按钮，可以选取文件类型是 PTN、PDS 的文件，如图 6－2－3 所示。

（4）单击文件名，单击【打开】，弹出【纸样制单】对话框。根据实际需要，可通过文本框进行补充输入或修改，如图 6－2－4 所示。

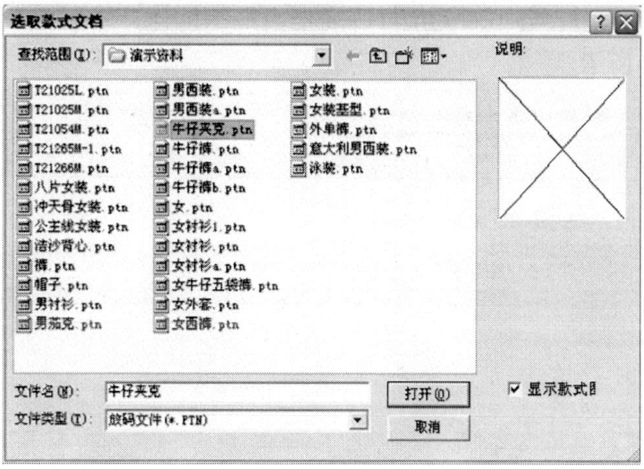

图 6－2－3

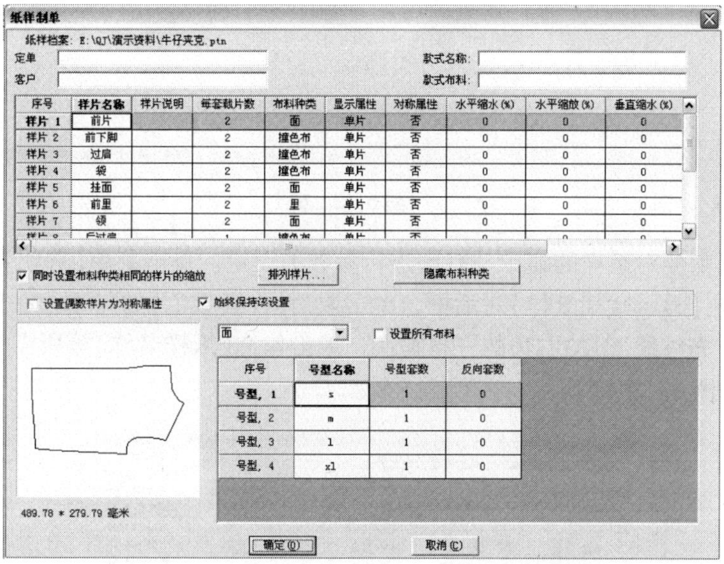

图 6－2－4

（5）输入各码的套数：单击【号型套数】栏，给各码输入需要的套数。

（6）单击【确定】，回到上一个对话框，如图 6－2－5 所示。

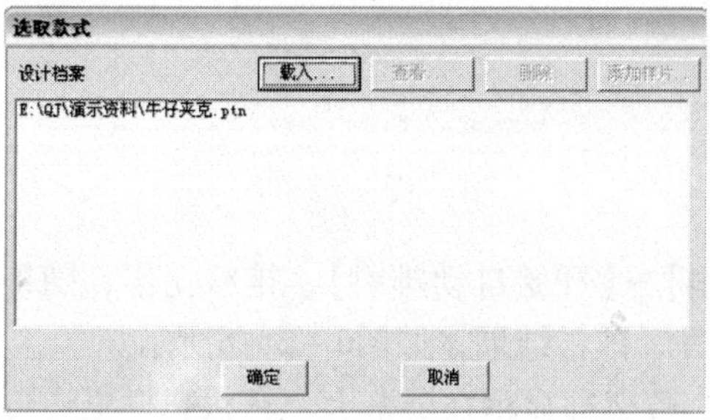

图 6－2－5

（7）再单击【确定】，即可看到纸样列表框内显示纸样，号型列表框内显示各号型套数，如图 6－2－6 所示。

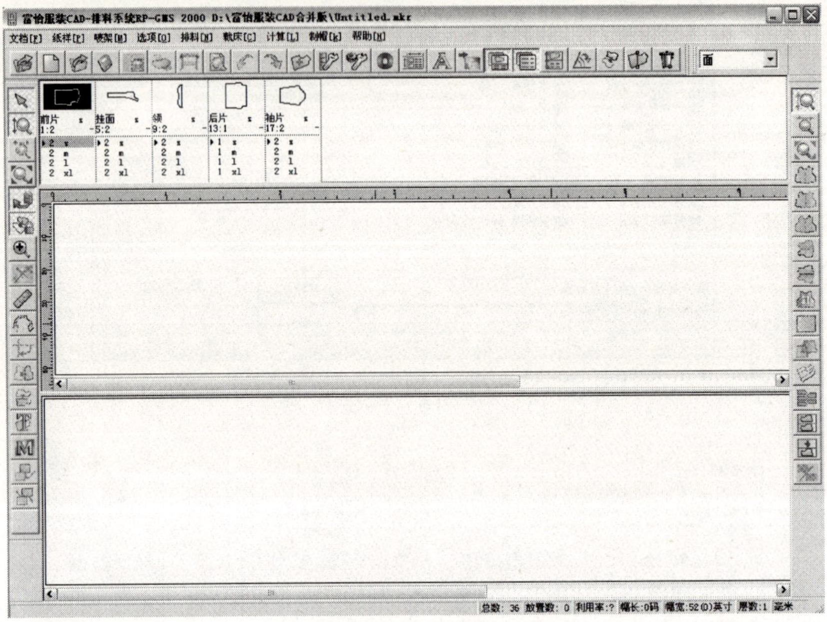

图 6－2－6

（8）这时需要对纸样的显示与打印进行参数的设定。单击菜单【选项】→【在唛架上显示纸样】，弹出【显示唛架纸样】对话框，单击取消【件套颜色】的勾选，在【说明】→【在布纹线上】和【在布纹线下】的右边的三角箭头，单击勾选【纸样名称】等所需在布纹线上下显示的内容，如图 6－2－7 所示。

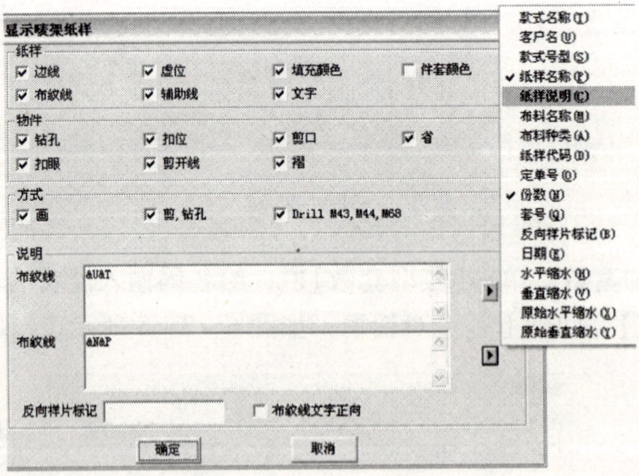

图 6－2－7

（9）单击菜单【排料】→【开始自动排料】，排料完毕，随即弹出【排料结果】对话框，拉动水平滚动条，可以查看排料结果，如图6－2－8所示。

（10）单击【确定】，唛架即显示在屏幕上，在状态栏里还可查看排料相关的信息，在【幅长】一栏里即是实际用料数，如图 6－2－9 所示。

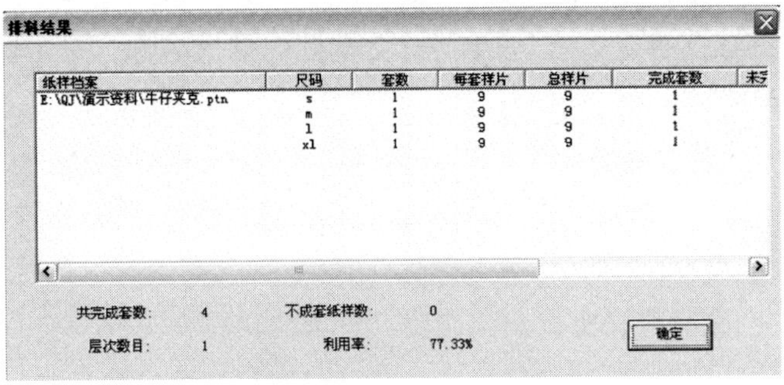

图 6－2－8

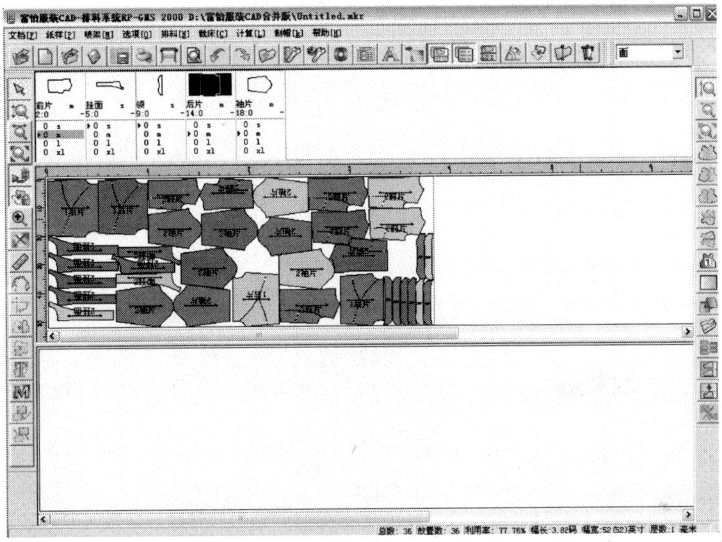

图 6－2－9

（11）单击菜单【文档】→【另存】，弹出【另存为】对话框，单击，建立新文件夹（注意新建文件夹这一步不必每次都建，下一次再存文件时只需打开该文件夹即可），修改新文件夹名称，如图 6－2－10 所示。

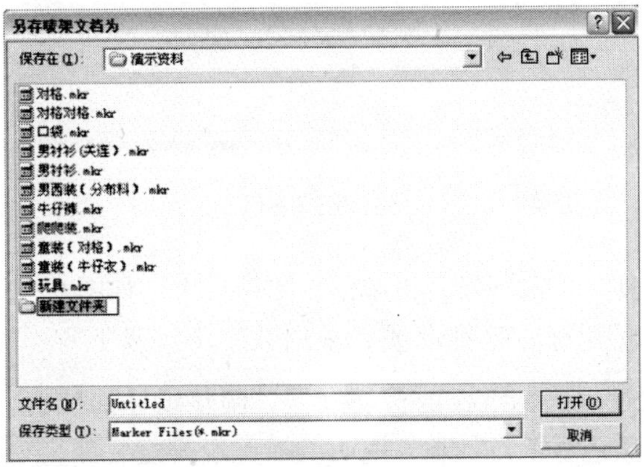

图 6－2－10

（12）双击打开该文件夹，在【文件名】文本框内输入名称，单击【保存】即可，如图 6－2－11所示。

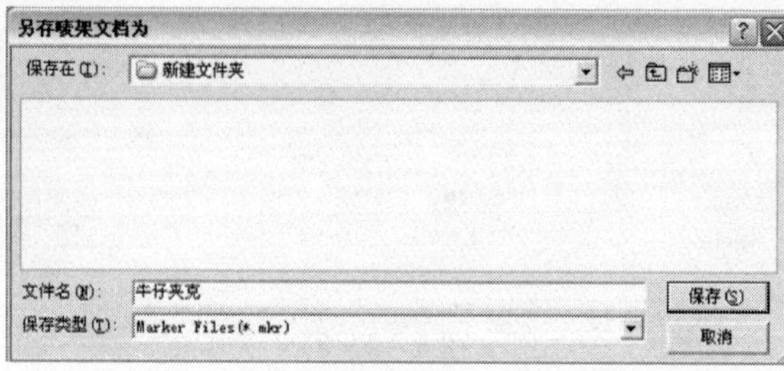

图 6－2－11

二、人机交互式排料

（1）自动排料部分参考以上介绍的内容，自动排料结束后，单击工具进行手动调整，单击并按住拖动纸样到空白文档位置，该纸样呈选中的斜线填充状态，如图 6－2－12 所示。

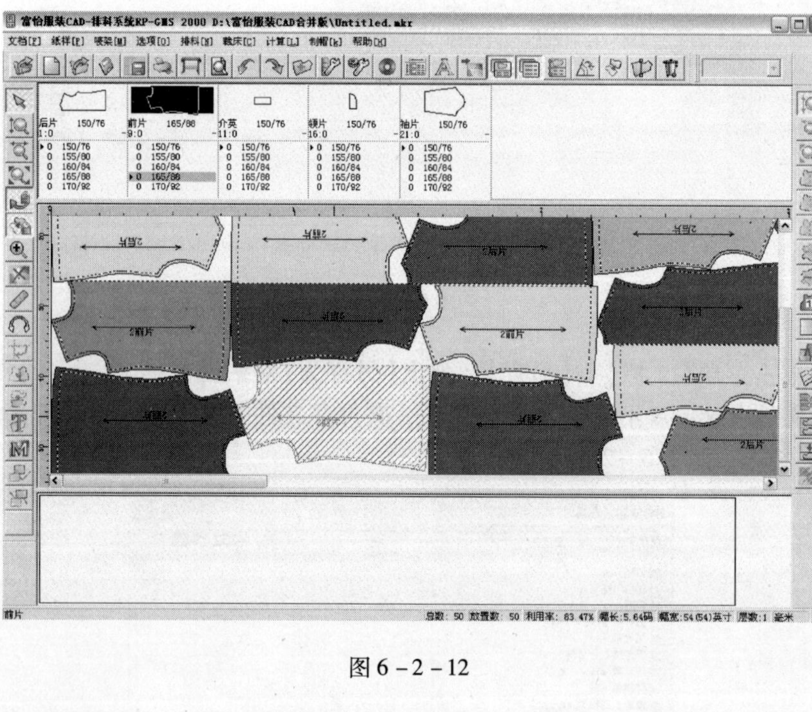

图 6－2－12

（2）单击工具，框选纸样，再单击，图像放大，如图 6－2－13 所示。

（3）根据情况选用鼠标右键拖动或者采用数字小键盘上 8、2、6、4 进行微调移动，也可使用，进行纸样的移动操作，调整纸样的位置。调整后在没有纸样的空白处单击，则纸样颜色呈填充状态，说明纸样已经排好，如果纸样呈未填充颜色状态，则表示纸样有重叠部分，需重新排料。

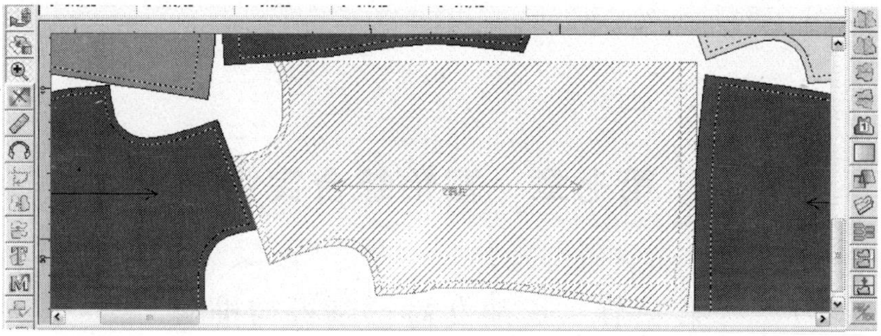

图 6 – 2 – 13

（4）再单击工具，显示整张唛架，参照以上方法，继续调整其他纸样至满意为止。

（5）保存该唛架。

三、手动排料

调入纸样部分可参考前面自动排料的说明。调入一个文件后，拖动纸样窗的滚动条，查找首先要放入的纸样，双击该纸样，纸样进入唛架上，并自动放置在左上角。在尺码列表框双击需排放的纸样，双击一次，表中的纸样数减少一个。在工作区中纸样自动弹开成靠紧状，不重叠。可以用以下几种方法摆放纸样：

（1）移动：用右键单击需要移动的纸样，向要移动的方向拖动鼠标，纸样会滑动直至碰到其他纸样。

（2）单击选中纸样，可用键盘数字键 8、2、4、6 键或分别单击调整位置。

（3）旋转：可单击键盘 5 键或鼠标右键旋转 90°或 180°。

（4）旋转一定角度：特殊纸样可用 1 或 3 键旋转一定角度。

（5）重叠：可用键之一或用键盘上的数字键 8、2、4、6 移动纸样使其与其他纸样重叠一定尺度。

（6）尺码列表框的纸样都显示为 0 时，说明纸样已经排放完毕，保存该唛架即可。

第七章　富怡综合实例

第一节　长袖女衬衫制板与推板

一、规　格　表

长袖女衬衫成品规格见下表。

女衬衫成品规格　　单位：cm

号型	部位	衣长	胸围	肩宽	背长	领围	袖长
160/84A	规格	64	98	40.5	40	35	53

二、后片制图

（1）选择【矩形】工具，作出衣长（64cm）、后胸宽（胸围 98cm/4 = 24.5cm），如图 7－1－1 所示。

（2）继续用【矩形】工具作后领宽（领围 35cm/5 =7cm）、后领深（2cm）。选择【智能笔】工具作出后领弧线，再选择【调整】工具对后领弧线进行调整，如图 7－1－2、图 7－1－3 所示。

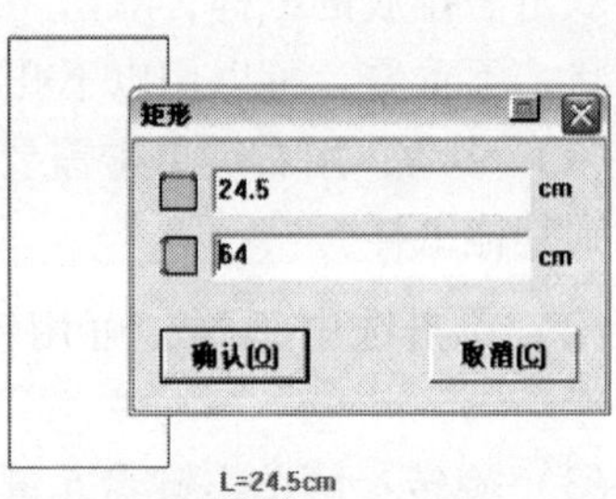

图 7－1－1

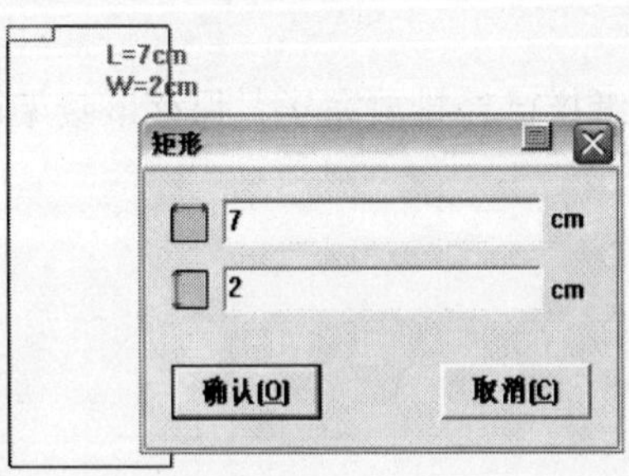

图 7－1－2

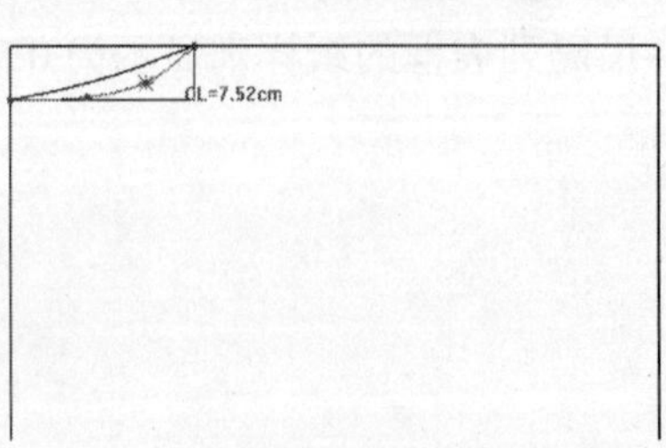

图 7－1－3

（3）选择【智能笔】工具，光标放在后中点的辅助线上，该点变红色，如图 7－1－4 所示，单击【Enter】键，弹出【偏移量】对话框，如图 7－1－5 所示，输入数据，点击【确认】。然后定后肩宽（肩宽 40.5cm/2 + 1.5cm = 21.75cm）、落肩（4.5cm），并与后侧颈点连接定作后肩线，如图 7－1－6 所示。

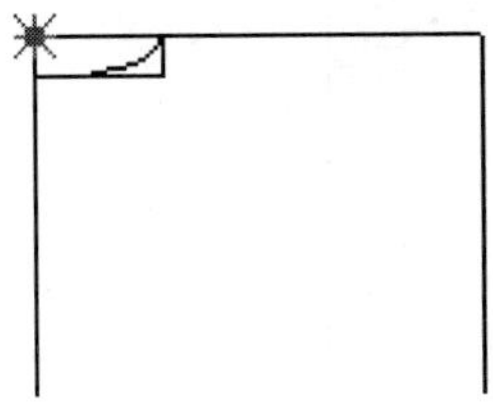

图 7－1－4

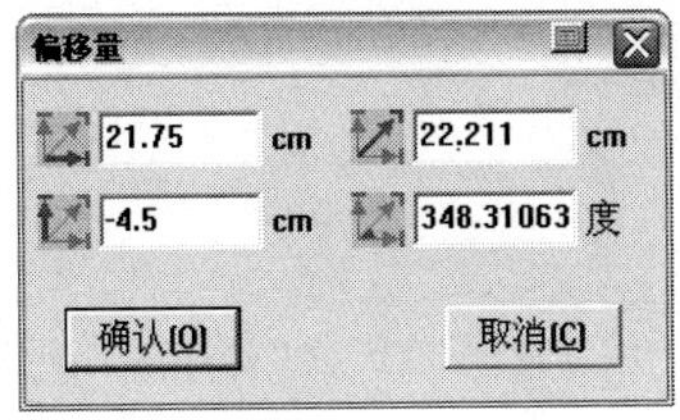

图 7－1－5

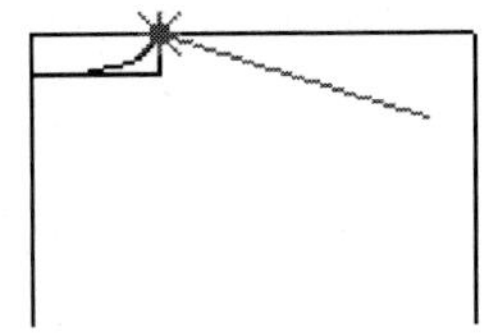

图 7－1－6

（4）选择【不相交等距线】工具，分别取胸围尺寸（98cm/6 + 7cm = 23.3cm）、背长尺寸（40cm），定胸围线、腰围线，如图 7－1－7 所示。

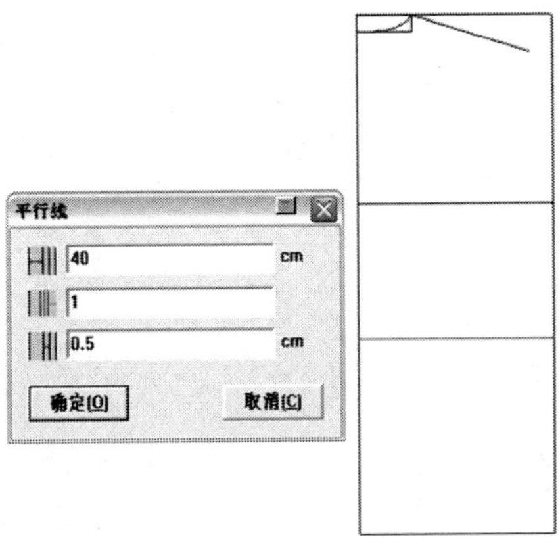

图 7－1－7

（5）单击【智能笔】工具，取胸围尺寸（98cm/6 + 2.5cm = 18.3cm），在胸围线上定后背宽，连接肩斜线，如图 7－1－8 所示。

（6）选择【等份规】工具，将后背宽线三等分，如图 7－1－9 所示。

（7）单击【智能笔】工具作后袖窿，再用调整工具调整，如图 7－1－10 所示。

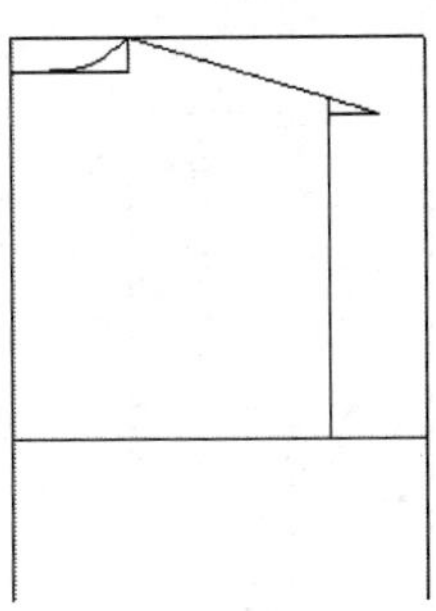

图 7－1－8

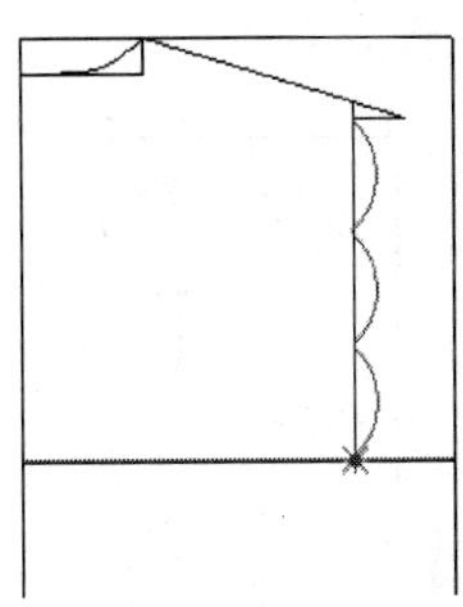

图 7－1－9

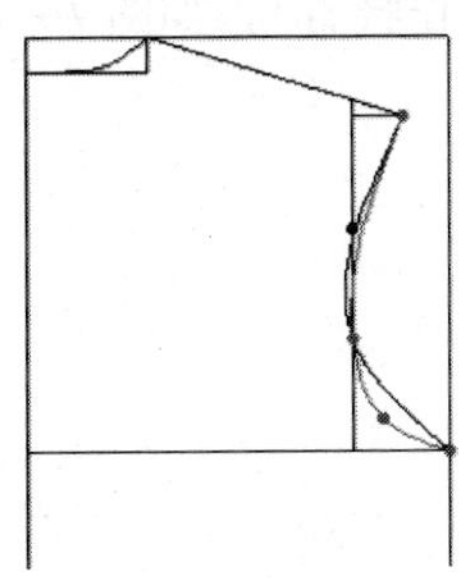

图 7－1－10

（8）继续选择【智能笔】工具制作后侧缝（用到该工具的偏移量功能，请参照前面章节的详细说明），再用【调整】工具调整，如图 7－1－11 所示。

（9）同样用【智能笔】工具作下摆，再用调整工具调整，如图 7－1－12 所示。

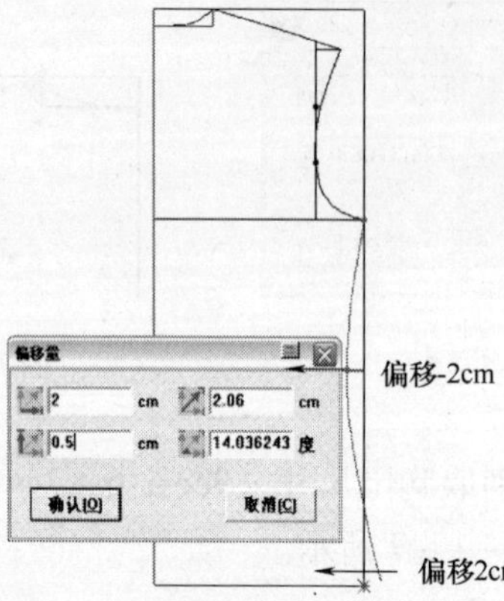

图 7－1－11

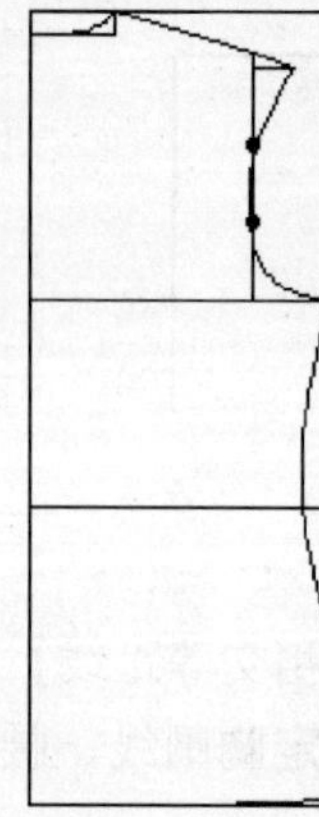

图 7－1－12

（10）选择【三角板】工具作肩线垂线定省长，再用【收省】工具作肩省，如图 7－1－13 和图 7－1－14 所示。

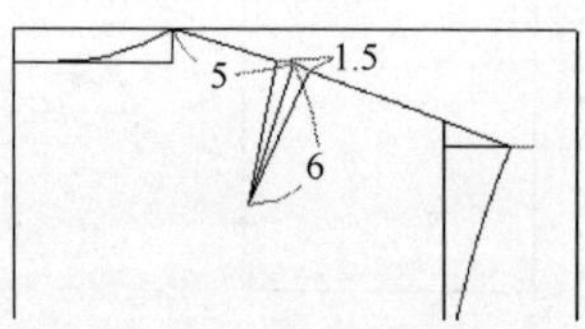

图 7－1－13

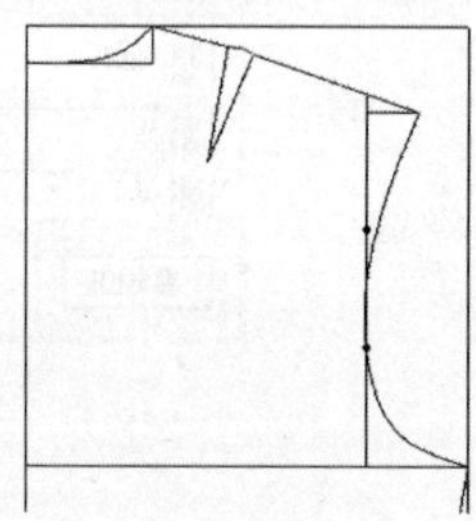

图 7－1－14

（11）选择【等份规】工具将后中线与后侧缝线之间的腰节线等分，再用【智能笔】工具画线定腰省长，选择【线上两等距】工具。

（12）用【点】工具找出两等距点（长度为省腰 3cm/2 = 1.5cm），如图 7－1－15 所示。

（13）单击【智能笔】工具连接其他部分作出腰省（也可拾取裁片以后用【菱形省】工具作腰省），如图 7－1－16 所示。

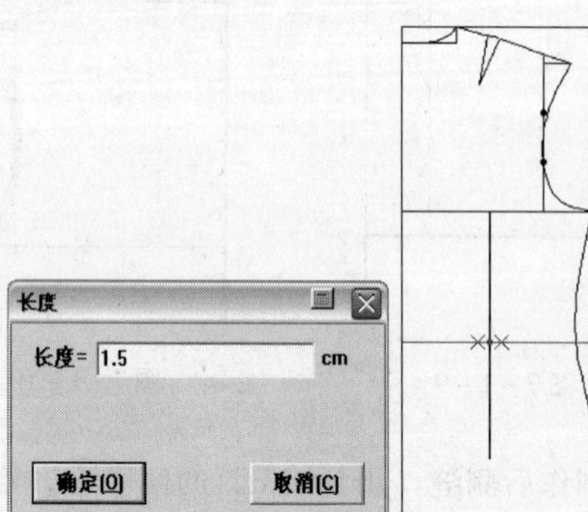

图 7－1－15

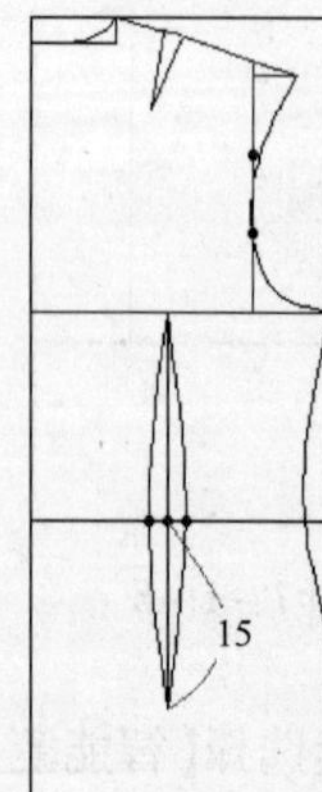

图 7－1－16

三、前片制图

（1）选择【成组粘贴】工具复制后片的辅助线及胸围线、腰围线，如图7－1－17所示。

（2）单击【矩形】工具定前领宽（领围35cm/5－0.3＝6.7cm）、前领深（领围35cm/5＝7cm），选择【智能笔】工具作前领弧线，再用【调整】工具调整，如图7－1－18所示。

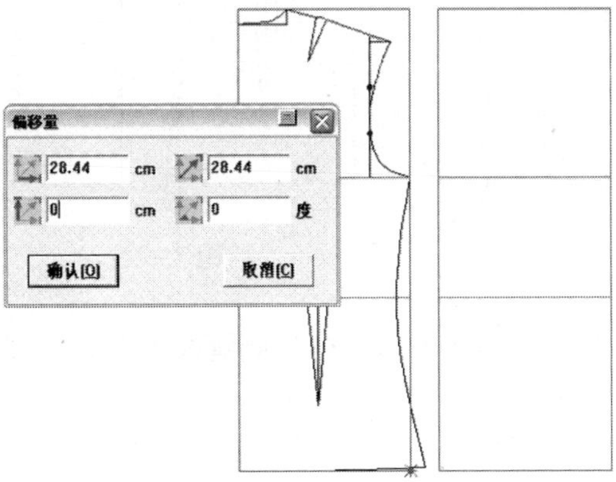

图7－1－17

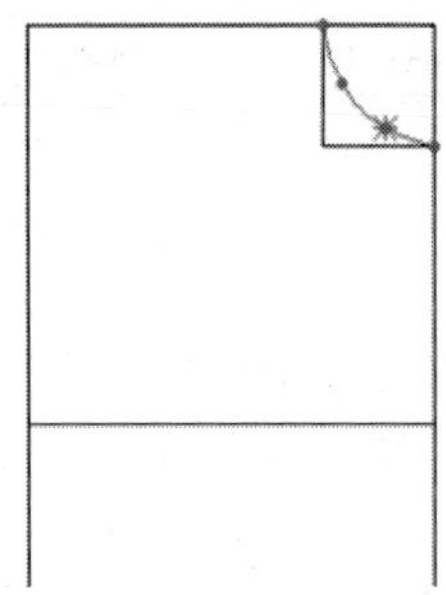

图7－1－18

（3）选择【智能笔】工具定前肩宽（肩宽40.5cm/2－0.7cm＝19.55cm）、落肩（5cm），如图7－1－19所示，并取（胸围98cm/6＋1.5cm＝17.83cm）的长度在胸围上定出前胸宽点，连接肩斜线，如图7－1－20所示。

（4）选择【不相交等距线】工具将胸围线向上平移2cm，如图7－1－21所示。

（5）单击【等份规】工具图标，将前胸宽线三等分，再用【智能笔】工具作前袖窿，用【调整】工具调整圆顺，如图7－1－22所示。

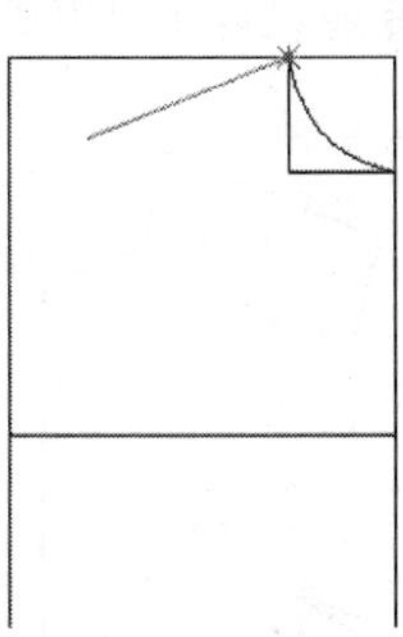

图7－1－19

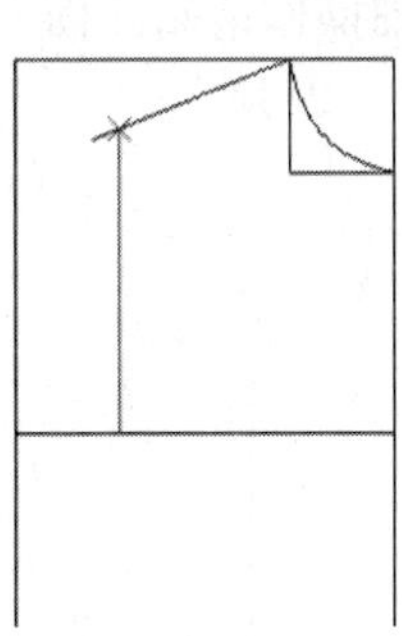

图7－1－20

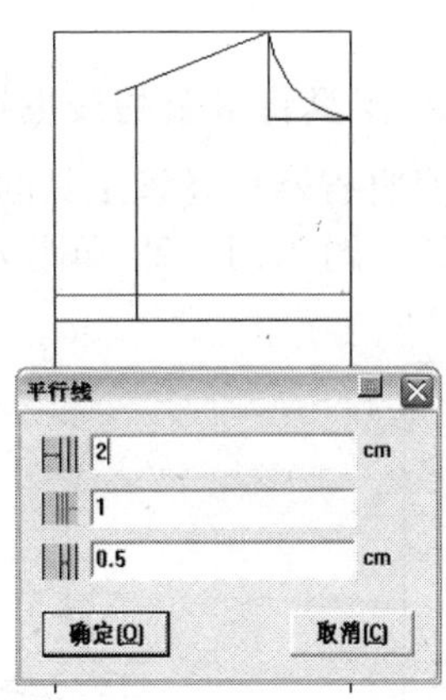

图7－1－21

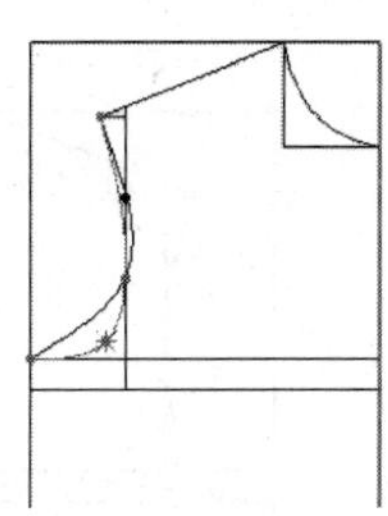

图7－1－22

（6）同样用【智能笔】工具作前侧缝线及前下摆线，再用【调整】工具调整圆顺，如图7－1－23和图7－1－24所示。

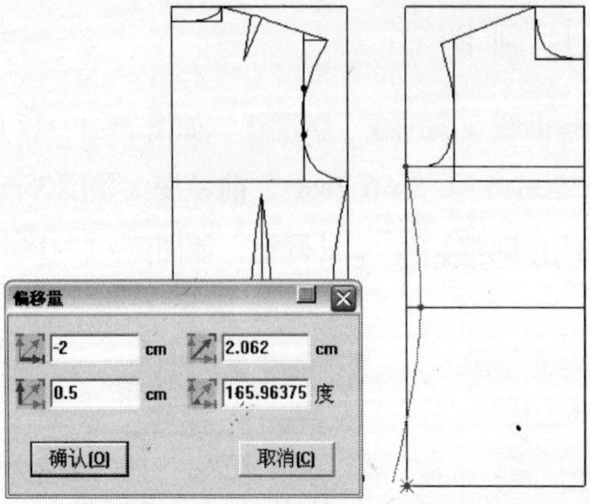

图 7－1－23

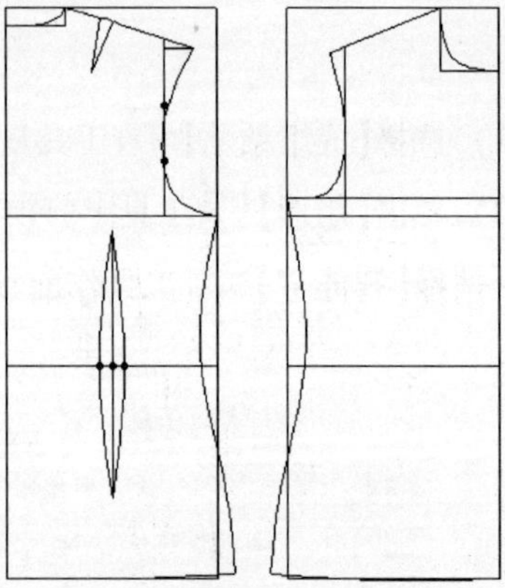

图 7－1－24

（7）单击【等份规】工具将胸宽线分成两等份，再从侧缝线上取 2cm 处与等分的中点相连，删除侧缝线的 2cm 长度，作腋下省，如图 7－1－25、图 7－1－26 所示。

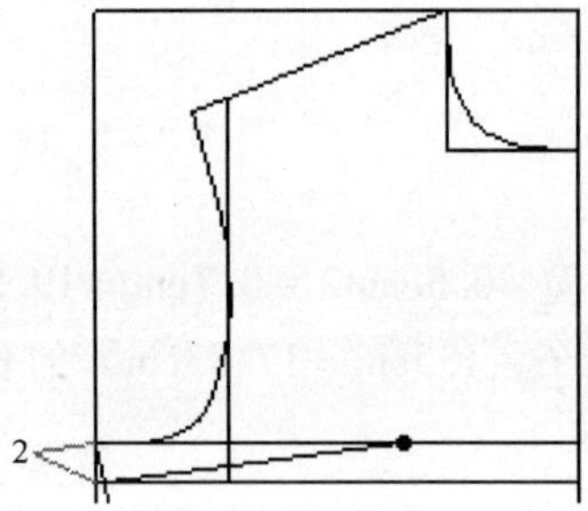

图 7－1－25

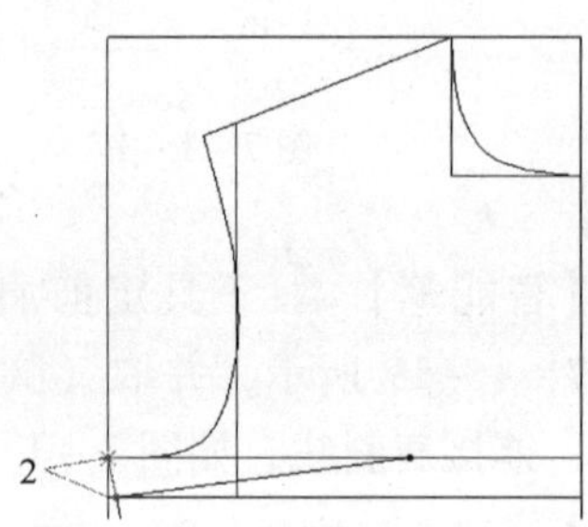

图 7－1－26

（8）用【偏移点】工具定出省尖 BP 点，单击【智能笔】工具在侧缝线上距腋下点 9cm 画省线。

（9）用【橡皮擦】工具将多余的线擦掉，将腋下省转移到侧缝线上距腋下点 9cm 处，选择【转移】工具将省转移（该工具的详细操作请阅前面章节专业设计工具栏的详细介绍），如图 7－1－27、图 7－1－28 和图 7－1－29 所示。

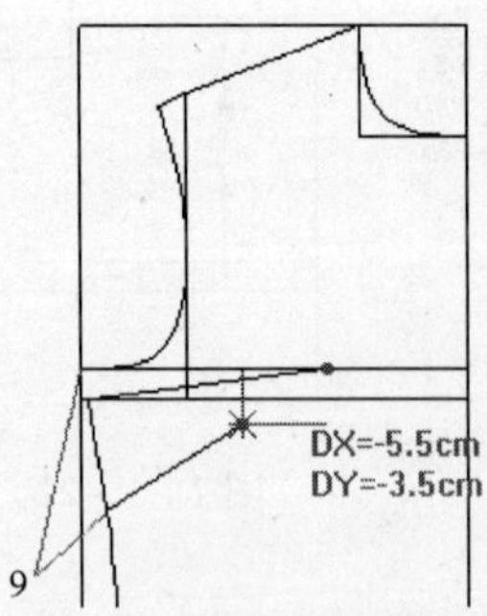

图 7－1－27

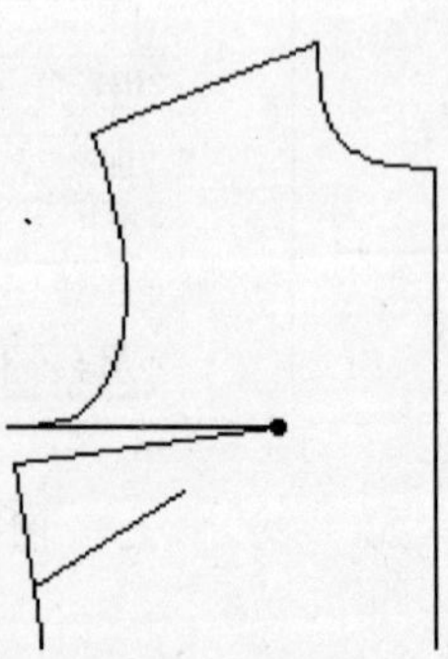

图 7－1－28

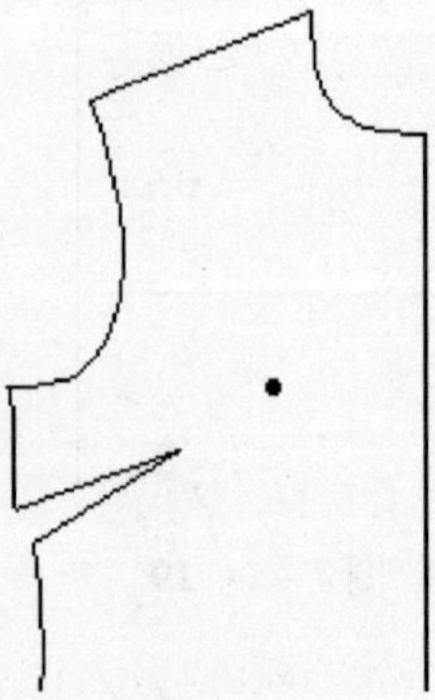

图 7－1－29

（10）将该省用【对侧缝线】工具进行调整，如图 7－1－30 所示，选择【加省线】工具补出省底，如图 7－1－31 所示。

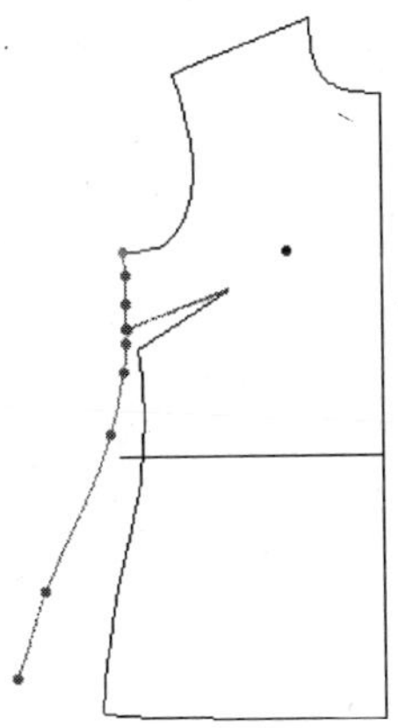

图 7－1－30

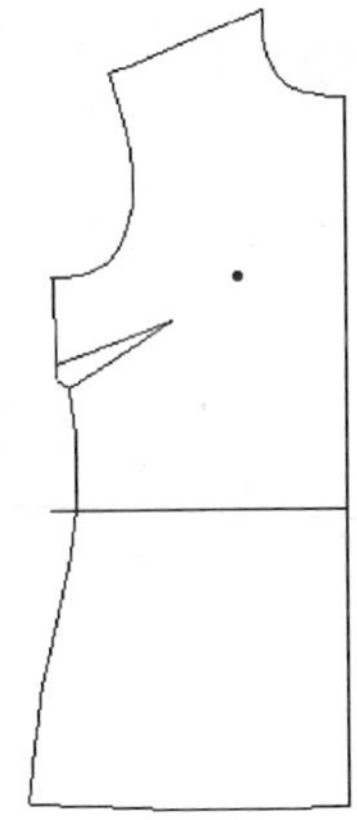

图 7－1－31

（11）选择【不相交等距离线】工具，与前中线平行处作搭门线，并用【智能笔】工具进行单向靠边，连接领口、下摆，如图 7－1－32 所示。

（12）选择【等份规】工具将前中线与前侧缝线之间的线段等分，用【智能笔】工具作腰省，如图 7－1－33 所示。

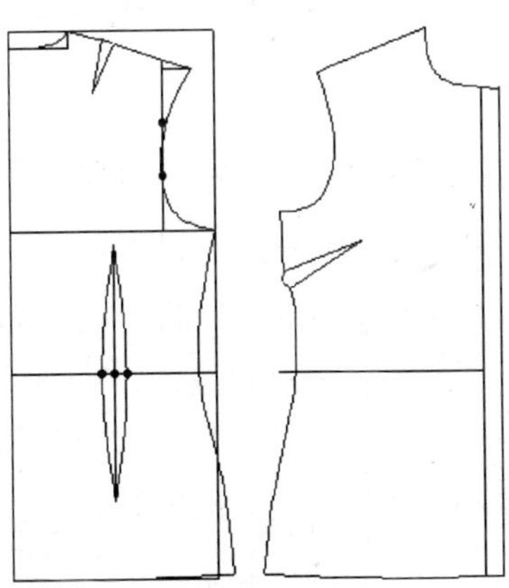

图 7－1－32

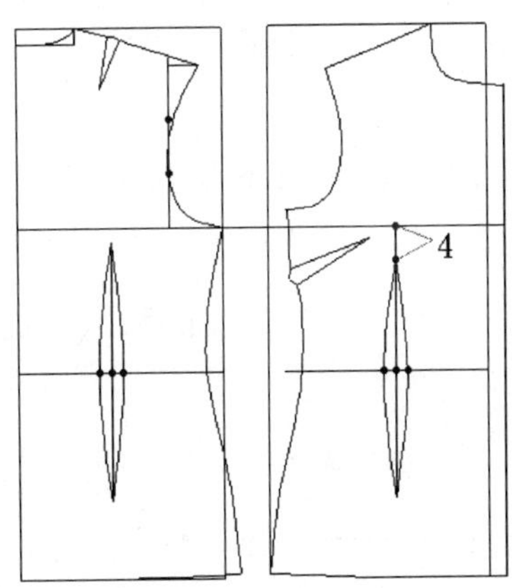

图 7－1－33

四、袖 子 制 图

（1）单击【皮尺】工具量取前后袖窿并记录，再用【智能笔】工具画出垂直线（袖长－4cm＝49cm），取（胸围 98cm/10＋2cm＝11.8cm）定出袖山高，并画水平线，如图 7－1－34 所示。

（2）选择【圆规】工具自袖山顶点到水平线取后袖窿＋0.5cm、后袖窿的量（注意：前袖窿用皮尺工具量取前后袖窿的长度，并记录，然后在下一步采用）的尺寸定袖山斜线，再用【智能笔】工具画出袖山弧线，如图 7－1－35 所示。

（3）单击【水平】、【垂直线】工具分别连接袖长下端点、袖肥端点，再单击【等份规】工具分别将前后袖肥、下辅助线两等分、四等分；用【智能笔】工具连接点，并作适当的偏移，再用【调整】工具调整，如图 7－1－36 所示。

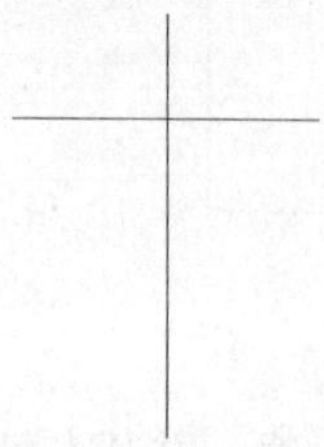

图 7－1－34

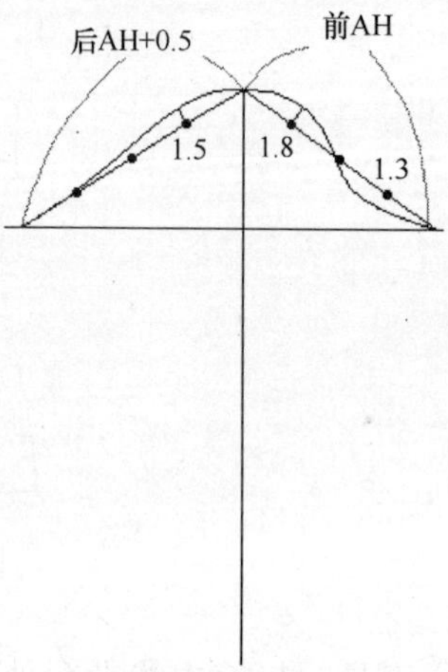

图 7－1－35

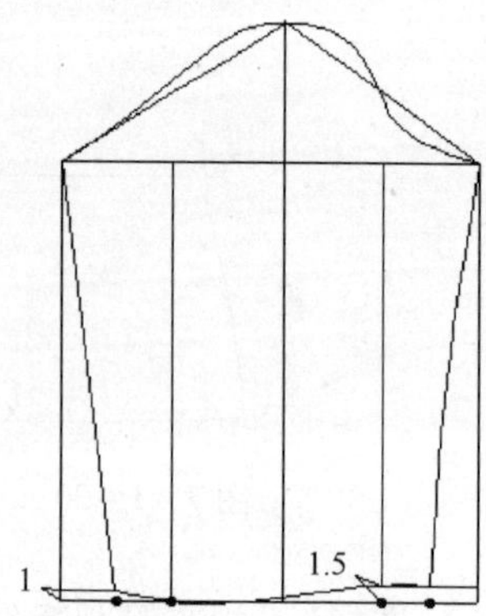

图 7－1－36

（4）选择【矩形】工具画出袖口，宽度为 4cm，长度为（胸围 98cm/5＋2cm＝21.6cm），如图 7－1－37 所示。

五、领子制图

同样用【皮尺】工具量取前后领口的长度，用【智能笔】工具画水平线长度为（后领＋前领/2），再用【智能笔】工具画垂直线，选择【不相交等距线】工具作平行线，长度分为 2cm、8cm，最后用【智能笔】工具连接即可，如图 7－1－38 所示。

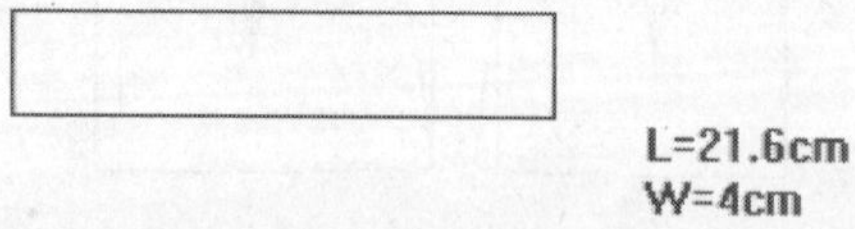

图 7－1－37

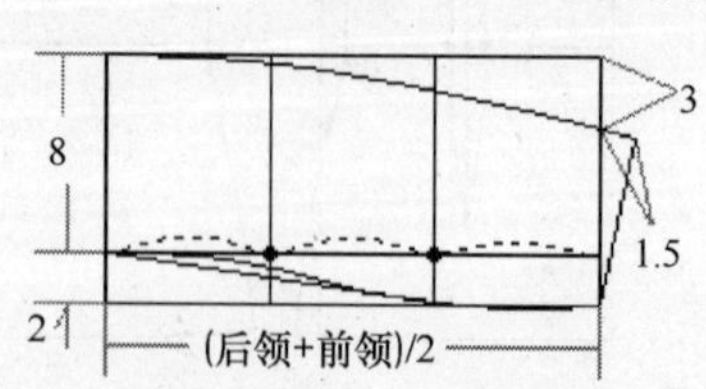

图 7－1－38

六、拾取裁片

以前片为例，用【剪刀】工具顺时针单击前颈点、前领弧线上任意一点、前侧颈点（直线直接单击两点即可），直到整个裁片闭合。选中前片，用【衣片辅助线】工具拾取内部辅助线。其他裁片的拾取方法相同。拾取完成后对前、后片上的腰省，我们还可以用【菱形省】工具作前、后片的腰省。

七、布　纹　线

完成纸样拾取后，可以看到在纸样内部已自动生成布纹线。在右工作区中，以选中纸样的布纹线颜色为蓝色来区分。如需修改布纹线角度，系统提供三种方法：

（1）用【布纹线和两点平行】工具，选择这个工具后，选中样片，用鼠标右键单击布纹线，将以45度的倍角进行变换。

（2）用工具，单击参考线的两端，可将布纹线调整成与参考线方向相同的形式。

（3）可以用【布纹线旋转到水平方向】工具和【布纹线旋转到垂直方向】工具两个方向改变布纹线方向。

另外，在右工作区如果想移动布纹线，选择工具单击布纹线，释放并移动鼠标到合适的位置再单击。

八、毛样制作

（1）以前片为例。选择纸样列表框中的纸样，将纸样放到右工作区，选择工具，单击边线上任意一点，弹出对话框，输入缝份量1cm，如图7-1-39所示，输入相应参数，其结果如图7-1-40所示。

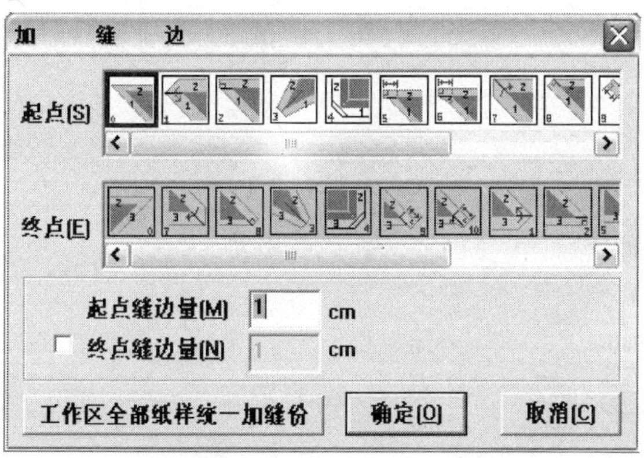

图7-1-39

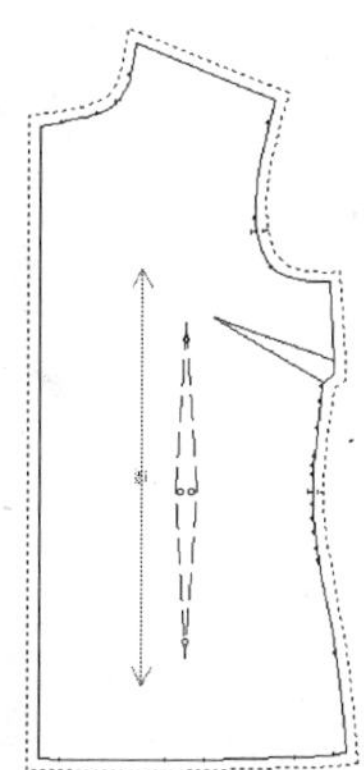

图7-1-40

（2）继续使用缝份工具，框选前片下摆线，下摆线变红，单击右键，出现【加缝边】对话框。在起点和终点上分别对应选择【按1、2边对幅】、【按2、3边对幅】，【缝份量】里输入2.5。单击【确定】，完成缝份加放，如图7-1-41所示。

九、加　剪　口

在需要加剪口的位置直接单击【加剪口】工具即可，直接用此工具可调整方向。系统里存储多种剪口类型，根据需要进行选择，也可设置剪口的深度和宽度。

十、建立纸样资料

（1）拾取好纸样后，在【纸样】菜单内选择【款式资料】后，就会看到有关下单生产的

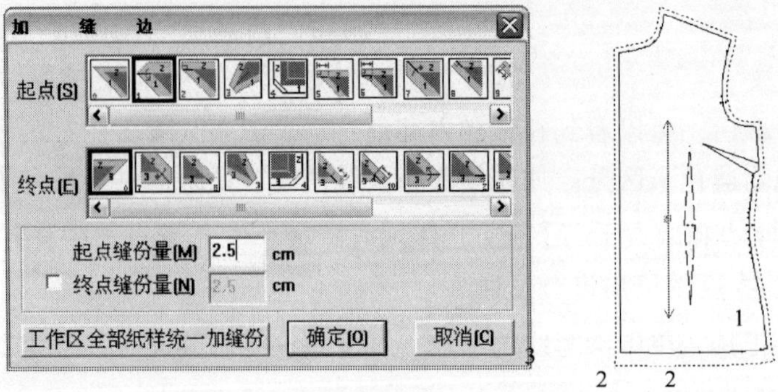

图 7－1－41

一些纸样和客户要求的资料等待建立，在相应的项目内根据需要输入即可。

（2）同理，在【纸样】菜单里选择【纸样资料】项或双击纸样列表框中的纸样，就会弹出【纸样资料】对话框，按照生产工艺建立详细的纸样资料，填写表单和设置纸样在排料系统中的排料限定。

（3）直接双击纸样栏中的裁片，就会弹出【纸样资料】对话框，如图 7－1－42 所示。

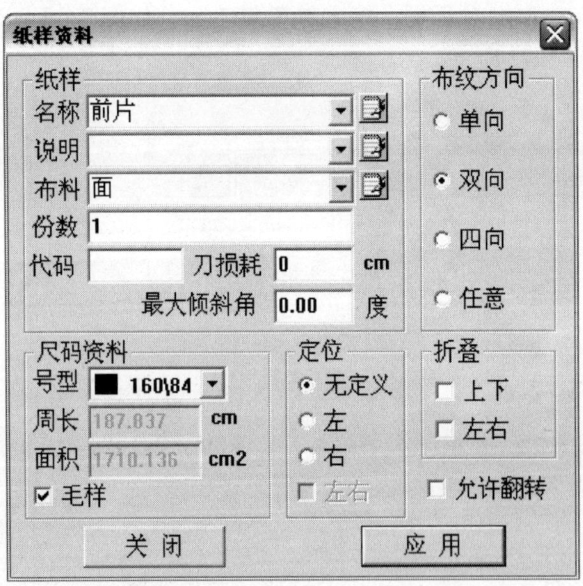

图 7－1－42

（4）相应的资料项目设置完毕，单击【应用】。

（5）在【系统设置】中单击【布纹线信息格式】，可以选择两种纸样说明格式：布纹线的上面或下面。单击布纹线后面的小三角，在弹出的菜单上勾选需要显示的项目，就可把在【款式资料】、【纸样资料】对话框中输入的相关内容显示在纸样上，也可以在文本框内直接输入文字。

（6）当确定了纸样上需要显示的文字说明后，还要通过菜单【选项】里的【字体】设置来调整显示和打印效果。

十一、存　　储

每新制作一款单击【保存】，系统里弹出【保存为】对话框，选择合适的路径，存储文件。再次单击【保存】即可。

十二、衬衫的点放码

（1）单击弹出对话框。

（2）找到所需文件，双击文件名，打开纸样文件，如图 7－1－43 所示。

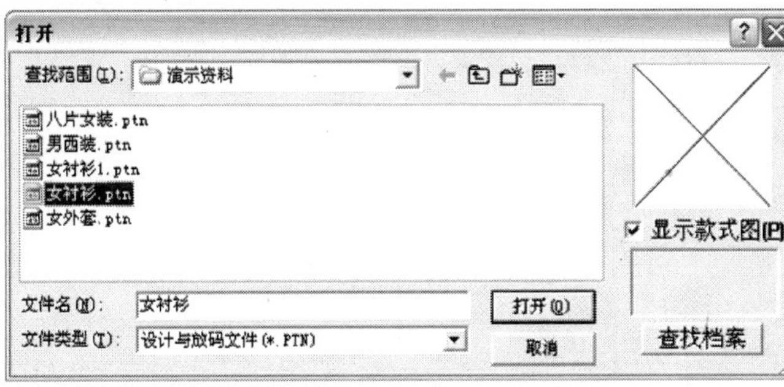

图 7－1－43

（3）单击菜单【号型】→【号型编辑】，弹出【设置号型规格表】对话框。将女衬衫的部件名称输入第一列表格内，在第二列表格输入 s 码的尺寸，再单击 s 码，单击【附加】添加第三列、第四列，设置为 m 码和 l 码，系统会自动为 m 码和 l 码加上和 s 码一样的尺寸。单击部件在 m 码或 l 码的尺寸，再在对话框右下角，【档差】旁边的文字栏内输入档差值，单击【档差】，系统会自动给 m 码和 l 码加上档差。单击【确定】即可，如图 7－1－44 所示。

（4）单击颜色设置工具图标，弹出【设置颜色】对话框。在对话框内，单击左边的号型名，再单击右边的颜色就可以为该号型加上颜色。分别为 s、m、l 码加上颜色，单击【确定】即可，如图 7－1－45 所示。

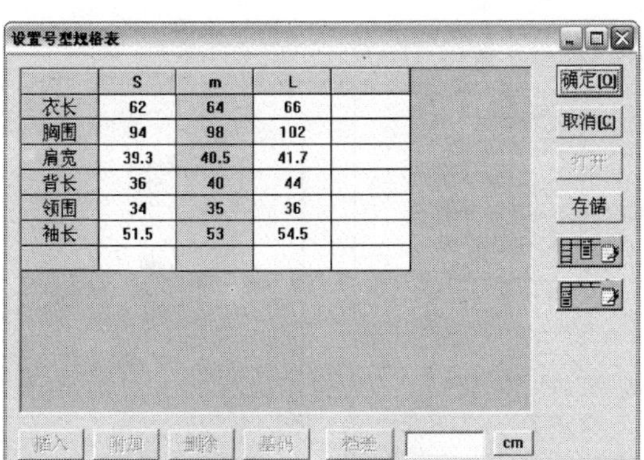

图 7－1－44

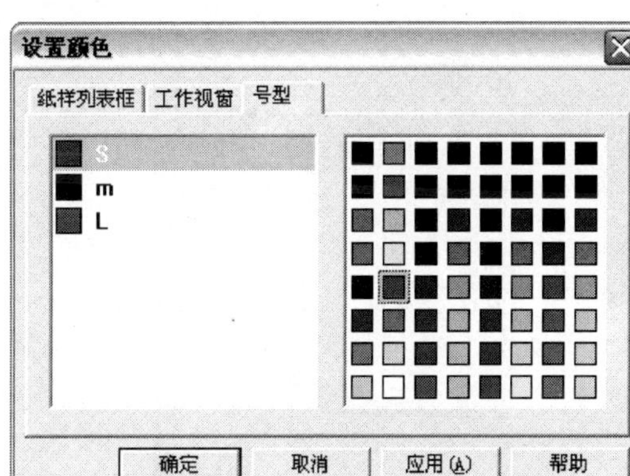

图 7－1－45

（5）单击快速栏中的【点放码】工具图标，弹出【点放码表】对话框，如图 7－1－46 所示。

（6）将前后片按同一个方向排好，单击【选择】与【修改】工具图标，框选前、后肩点及后肩省点，在点放码表中输入 s 码的 dX 量为－0.6，dY 量为－0.1，单击【XY 相等】图标，则系统会自动给框选的各点加上各码的放码量，如图 7－1－47、图 7－1－48 所示。

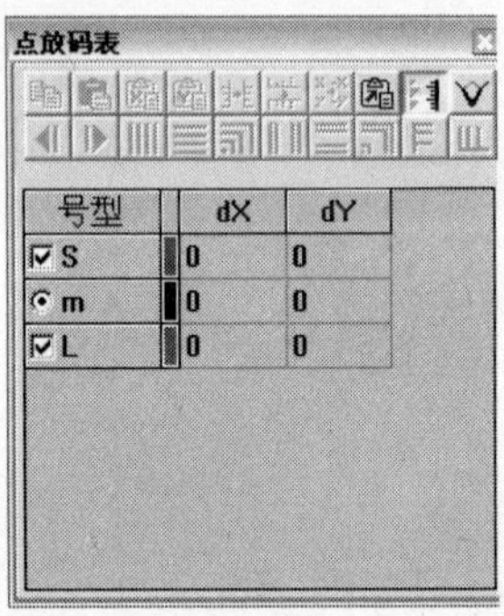

图 7－1－46

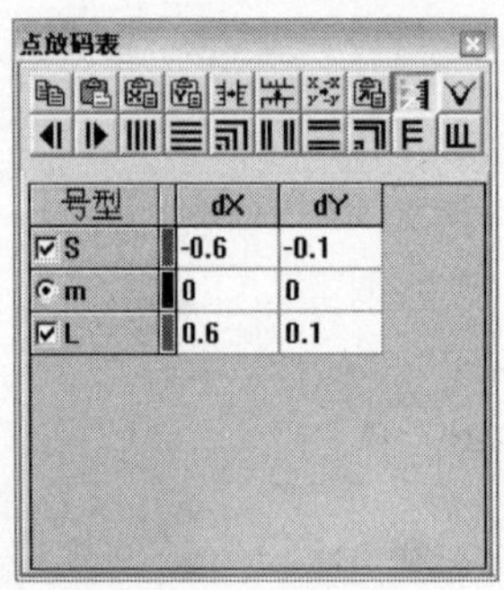

图 7－1－47

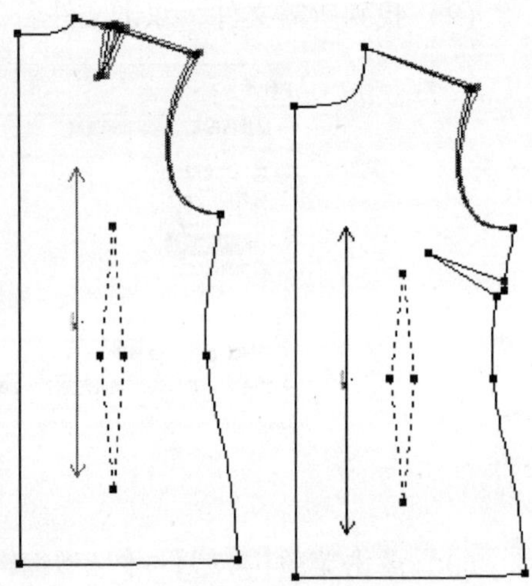

图 7－1－48

（7）用工具框选前后侧缝线上的放码点、前腋下省的放码点，在点放码表中输入 s 码的 dX 量为－1；单击【X 相等】图标，系统会自动给各点加上各码的放码量，如图 7－1－49、图 7－1－50 所示。

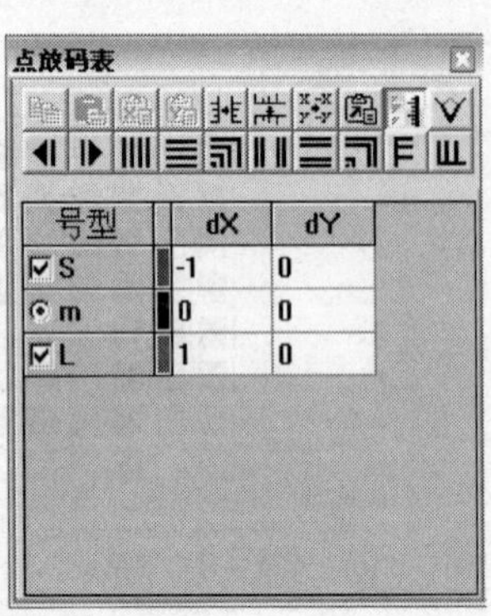

图 7－1－49

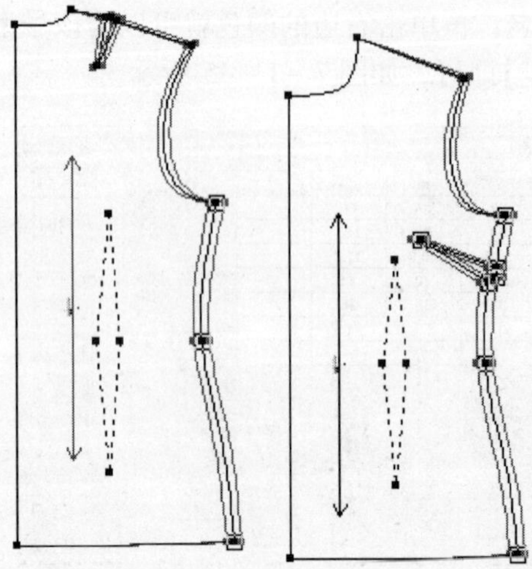

图 7－1－50

（8）用 工具框选前后片的腰省，在点放码表中输入 s 码的 dX 量为 -0.5，单击【X 相等】 图标，系统会自动给各点加上各码的放码量，如图 7-1-51、图 7-1-52 所示。

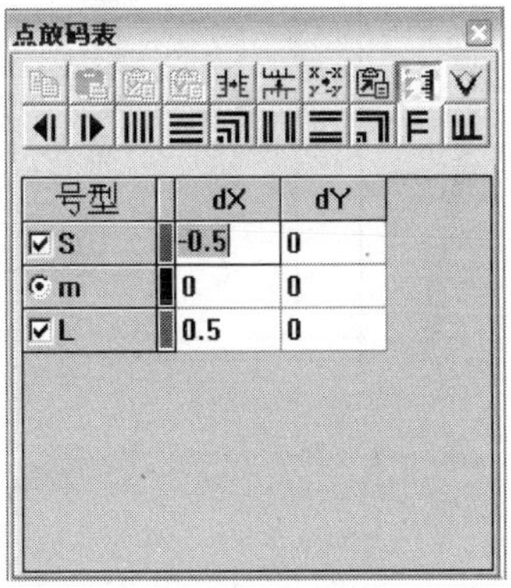

图 7-1-51

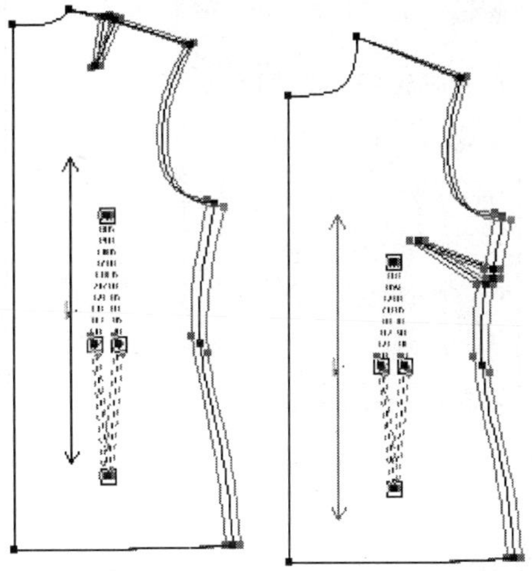

图 7-1-52

（9）用 工具框选前后片腰省的省尖点，在点放码表中输入 s 码的 dY 量为 2，单击【Y 相等】 图标，系统会自动给各点加上各码的放码量，如图 7-1-53、图 7-1-54 所示。

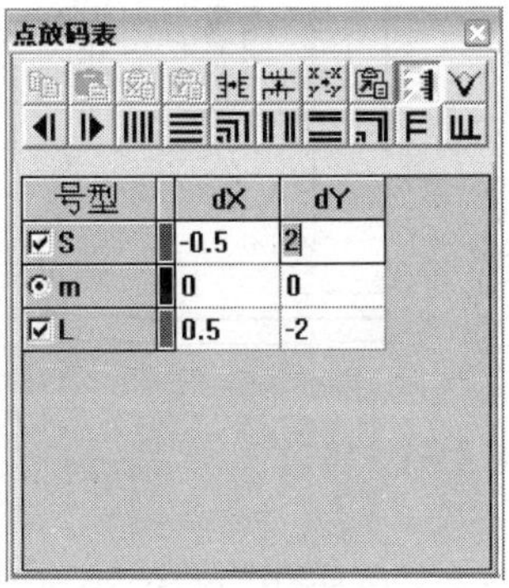

图 7-1-53

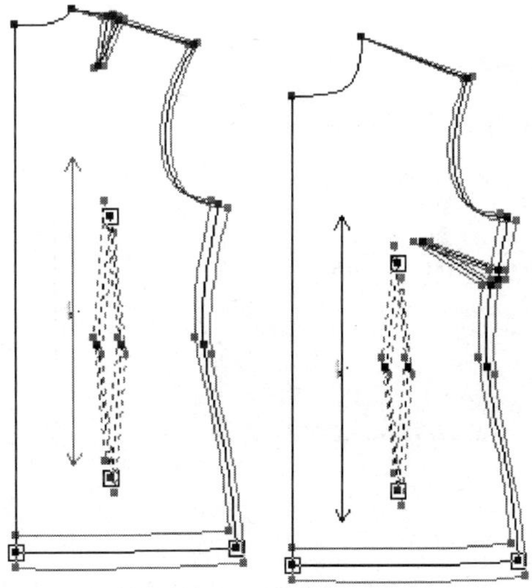

图 7-1-54

（10）用 工具框选前后片腰省的省腰及腰节点，在点放码表中输入 m 码的 dY 量为 1，单击【Y 相等】 图标，系统会自动给各点加上各码的放码量，如图 7-1-55、图 7-1-56 所示。

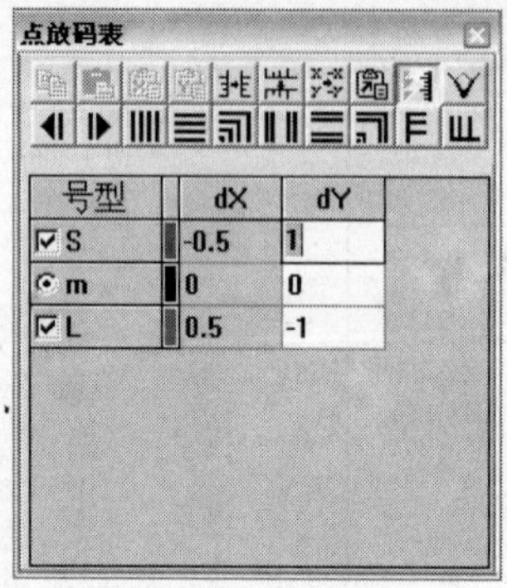

图 7－1－55

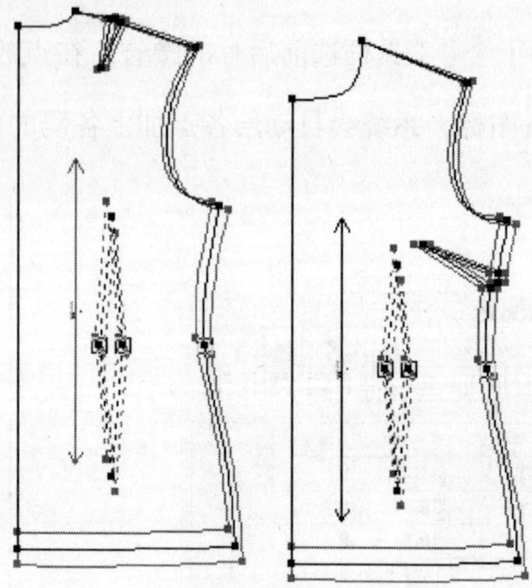

图 7－1－56

（11）用工具框选前后片腋下点，在点放码表中输入 m 码的 dY 量为 0.5，单击【Y 相等】图标，系统会自动给各点加上各码的放码量，如图 7－1－57、图 7－1－58 所示。

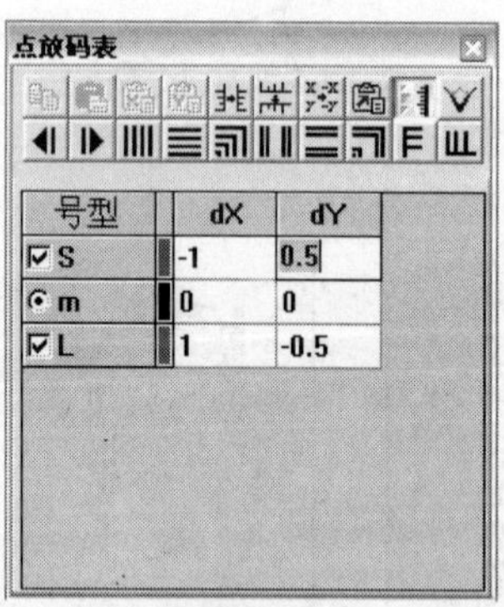

图 7－1－57

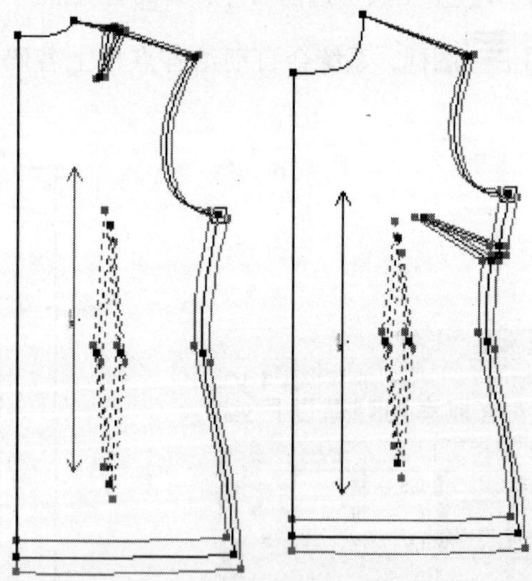

图 7－1－58

（12）用工具框选前后片的颈肩点，在点放码表中输入 s 码的 dX 量为 －0.2，单击【X 相等】图标，系统会自动给各点加上各码的放码量，如图 7－1－59、图 7－1－60 所示。

（13）用工具框选前片的前领深点，在点放码表中输入 s 码的 dY 量为 0.2，单击【Y 相等】图标，系统会自动给各点加上各码的放码量，如图 7－1－61、图

7－1－62所示。

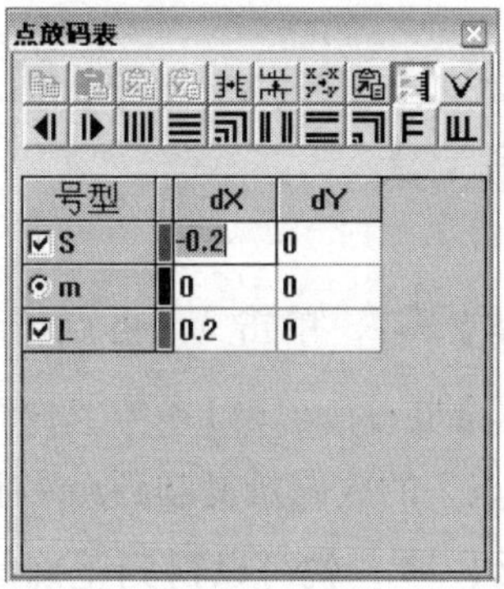

图7－1－59

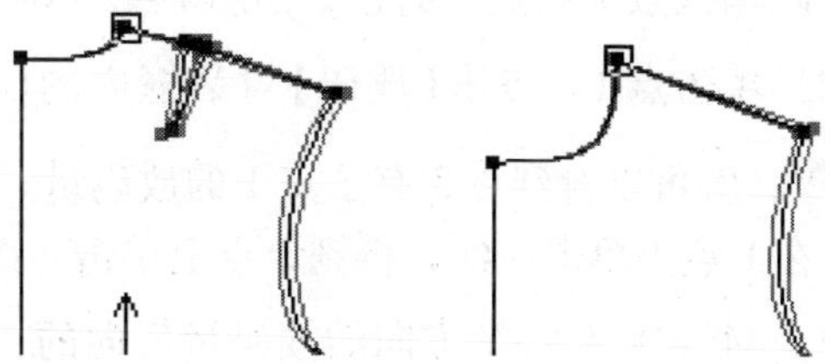

图7－1－60

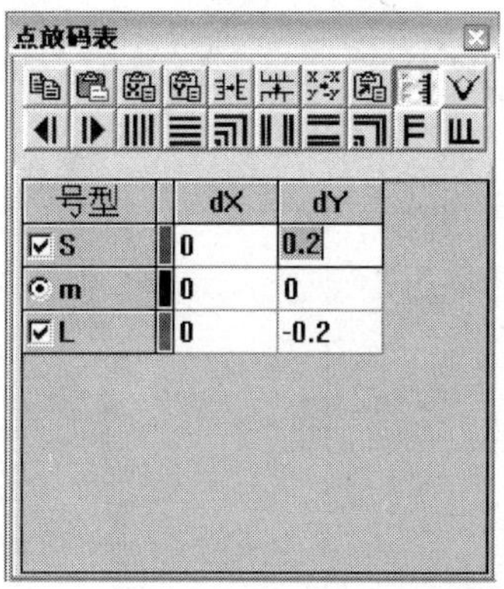

图7－1－61

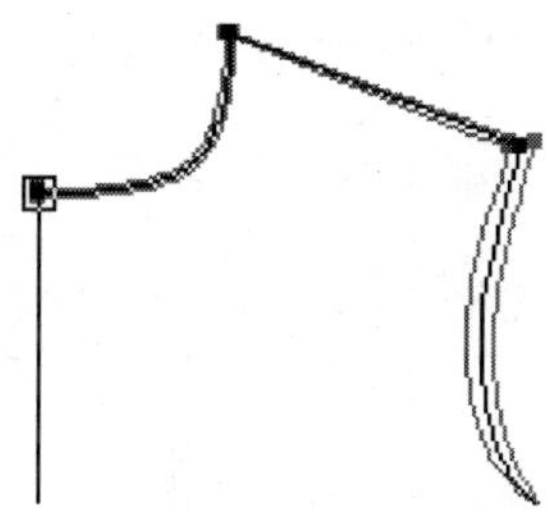

图7－1－62

（14）前后片完成了放码，如图7－1－63所示。

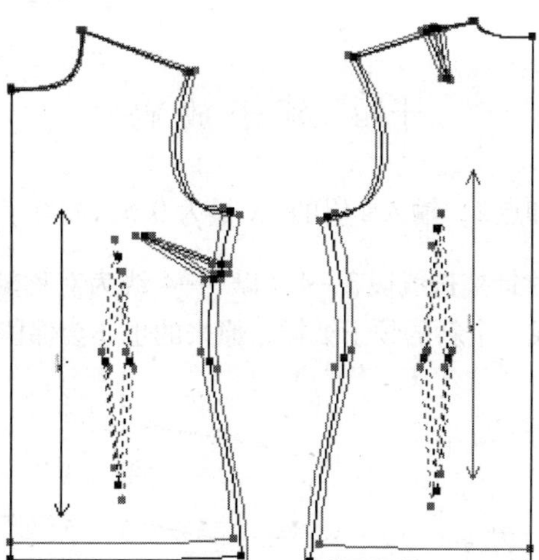

图7－1－63

十三、袖子放码

（注：1 点：输入 s 码的 dX 量为 0.3，dY 量为 0.4；2 点：选择【XY 相等】工具，输入 s 码的 dX 量为 0.4，dY 量为 1.5，选择【XY 相等】工具。）

（1）输入点 1 和点 2 的量，如图 7－1－64 所示。

（2）单击点 1，点击【放码】对话框内的【复制放码量】，单击 3，再点击【粘贴 XY】，就可以看到点 3 有了点 1 的放码量。或者采用【拷贝点放码量】工具，选择该工具在 1 点上单击一次，再到 3 点上单击一次。同样将点 2 的放码量复制到点 4 上。

（3）对于 X 方向 Y 方向的放码量反向的，按【X 取反】，就可以得到正确的放码量，如图 7－1－65 所示。

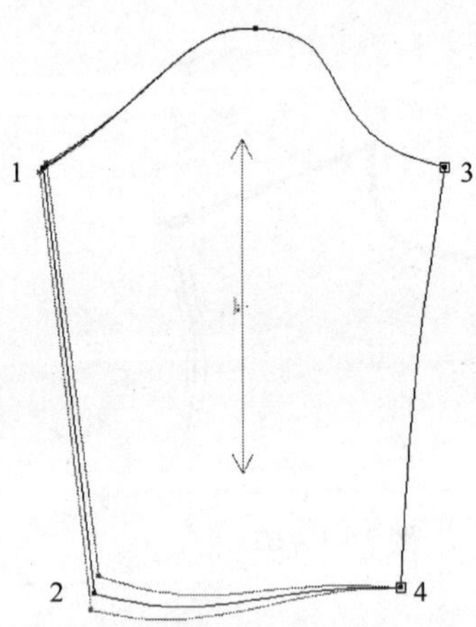

图 7－1－64

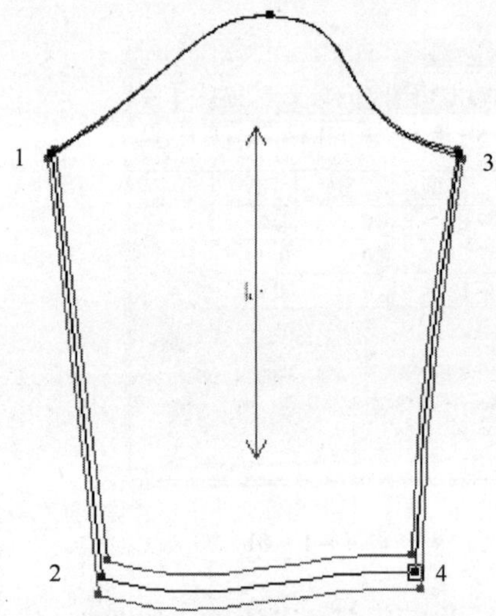

图 7－1－65

十四、领子放码

用工具框选点 1 和点 2，输入 s 码的 dX 量为 0.5。放好了半个领子，如图 7－1－66 所示，再用工具，顺时针拖选线段 3—4（以 3—4 线为对称轴），单击【对称复制】工具图标，系统会自动生成一个新的领子纸样，原来的也还会保留，如图 7－1－67 所示。

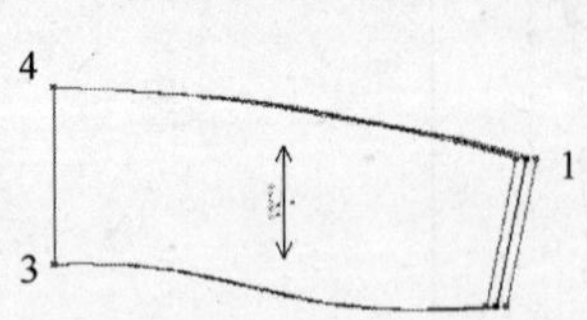

图 7－1－66

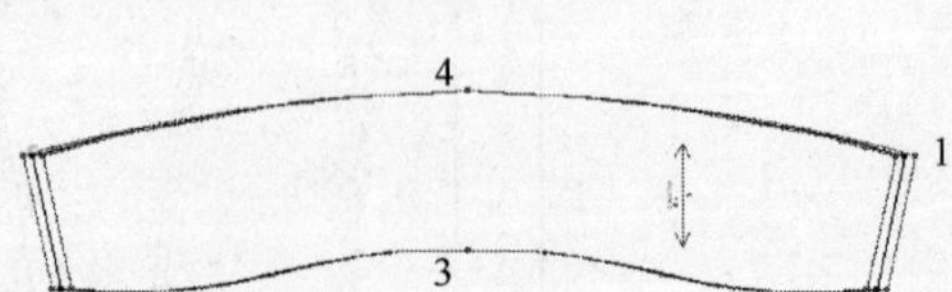

图 7－1－67

十五、袖克夫放码

用工具框选点1和点2，输入s码的dX量为0.8，如图7-1-68所示。

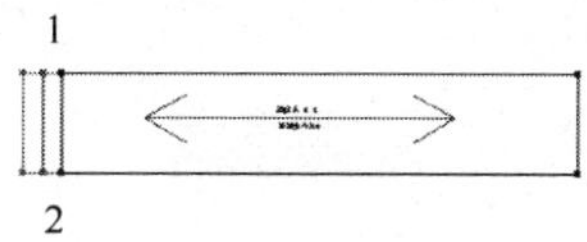

图7-1-68

第二节　无褶裤制板与推板

一、规　格　表

无褶裤规格尺寸见下表。

无褶裤规格表　　单位：cm

号型	部位	裤长	腰围	臀围	立裆	裤口
170/74A	规格	102	76	96	26	21

二、结构完成图

无褶裤结构图如图7-2-1所示。

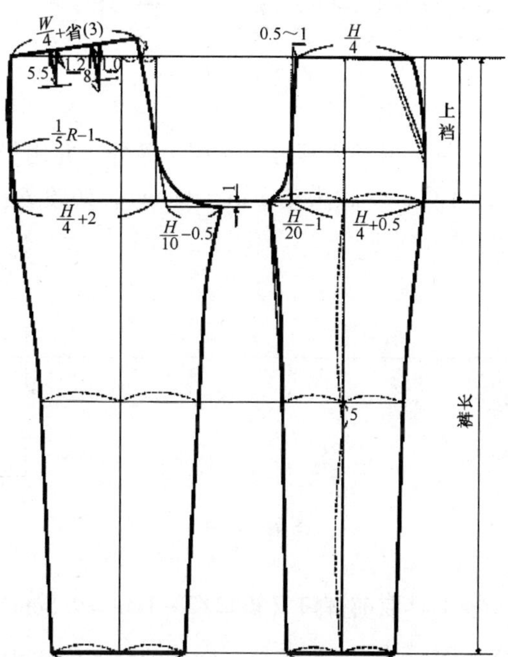

图7-2-1

三、制图步骤

（1）选择【矩形】工具定出上裆减腰头宽（26cm - 3cm = 23cm）、前腰围（W * /4 + 0.5cm = 23cm），如图7-2-2所示。

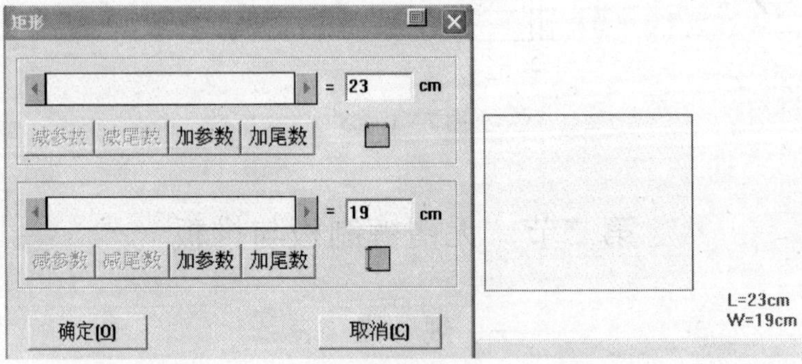

图7-2-2

（2）选择【智能笔】工具画出前小裆（臀围/20 - 1 = 3.8cm），如图7-2-3所示。

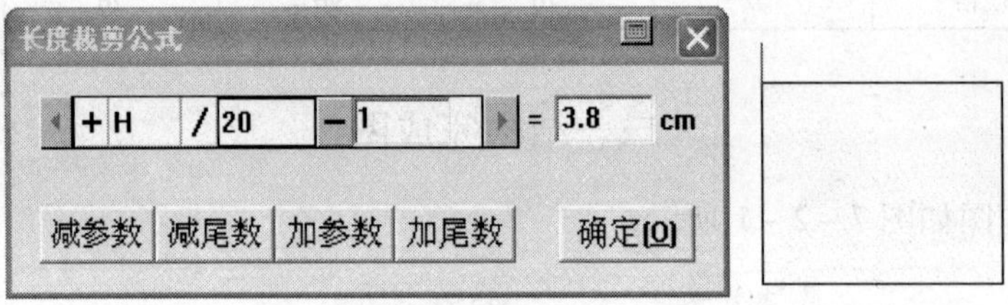

图7-2-3

（3）选择【等分】工具把横裆2等分、上裆3等分，并用【智能笔】工具分别引出臀围线和裤中线（裤长 = 102cm - 腰头宽3cm = 99cm），如图7-2-4所示。

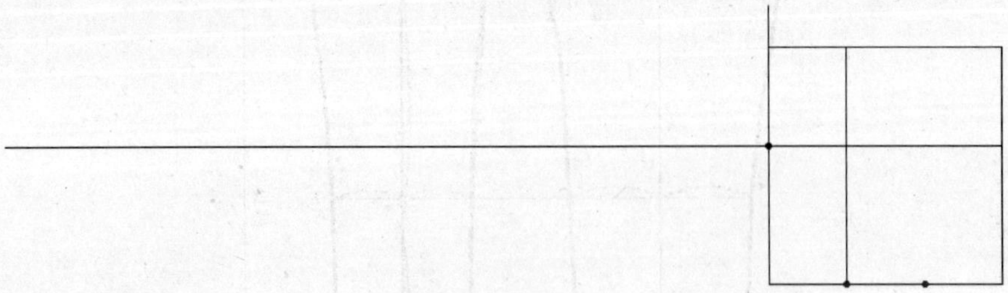

图7-2-4

（4）单击【智能笔】工具取前裤口（裤口/2 - 1cm = 9.5cm），用【等分】工具把横裆以下裤长部分2等分，用工具把等分点向上偏移5定出中裆线，在中裆线两边各定出裤口/2 + 1cm = 10.5cm，用工具连接内外侧缝线，并用【调整】工具调整，如图7-2-5所示。

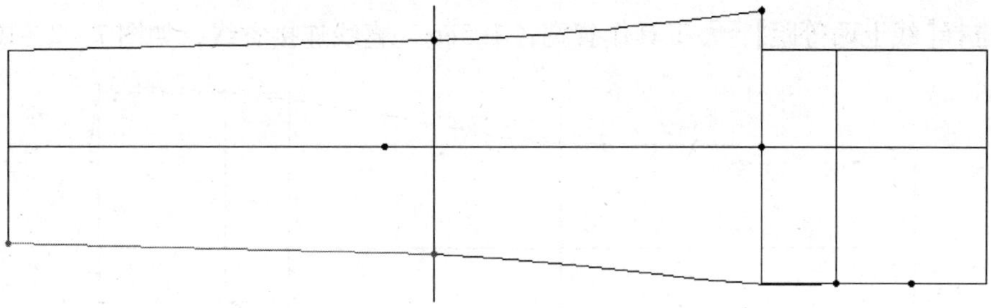

图 7 –2 –5

（5）用工具在前腰点偏进 0.5cm –1cm，选择工具画出前裆线，如图 7 –2 –6 所示。

（6）单击工具在腰围线上从前腰点向侧缝量取前腰围（腰围/4 =19cm），如图 7 –2 –7所示。

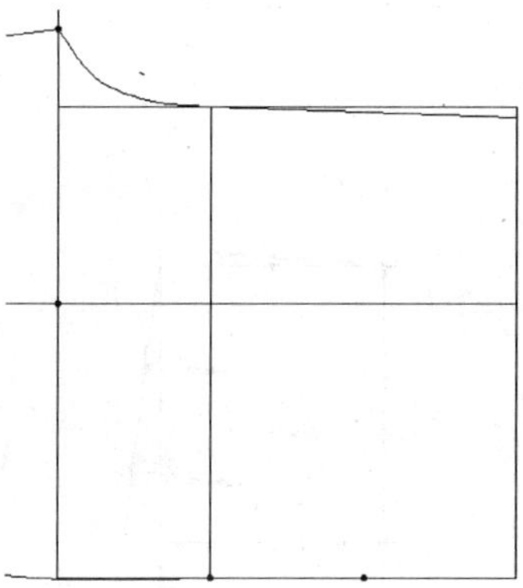

图 7 –2 –6

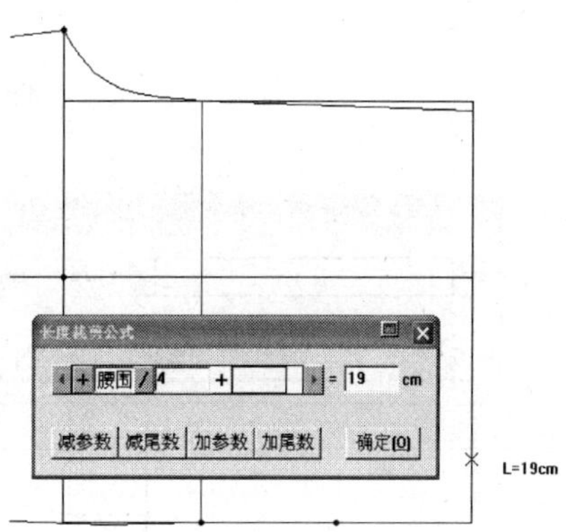

图 7 –2 –7

（7）继续选择【智能笔】工具制作侧缝，再用【调整】工具调整，如图 7 –2 –8 所示。

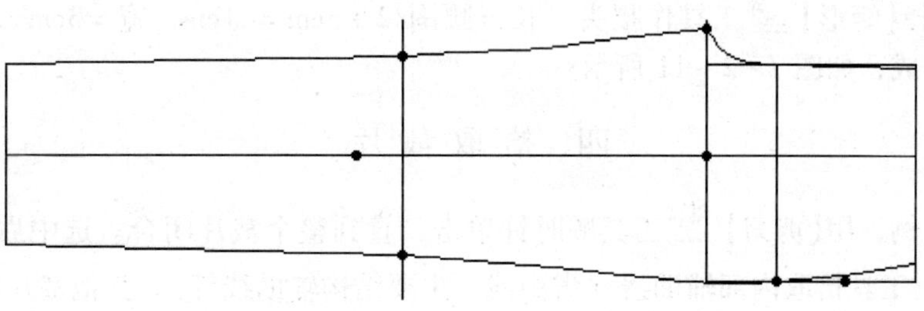

图 7 –2 –8

（8）同样依据结构图，主要应用【智能笔】工具，用【调整】工具调整绘制后片主要框架结构，如图 7 –2 –9 所示。

（9）选择【等分】工具 3 等分后腰线，选择【三角板】工具在后腰线上作垂线定省长，选择【线上两等距】工具作省宽各 1.5cm，直线连接省线，如图 7－2－10 所示。

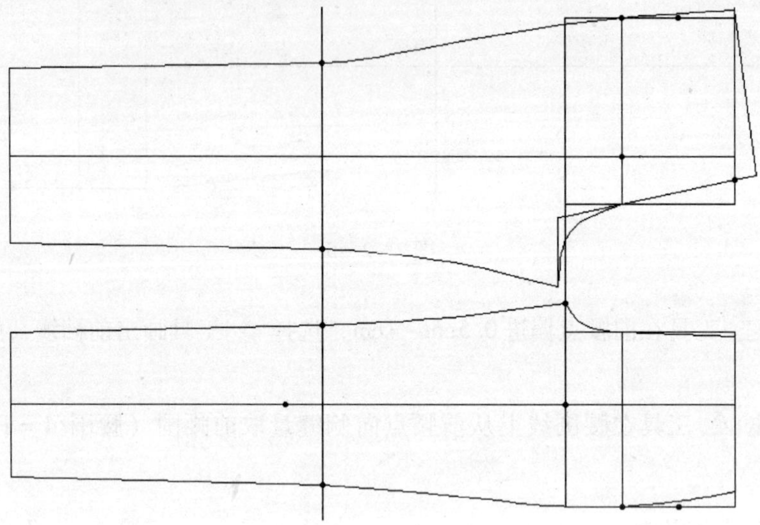

图 7－2－9

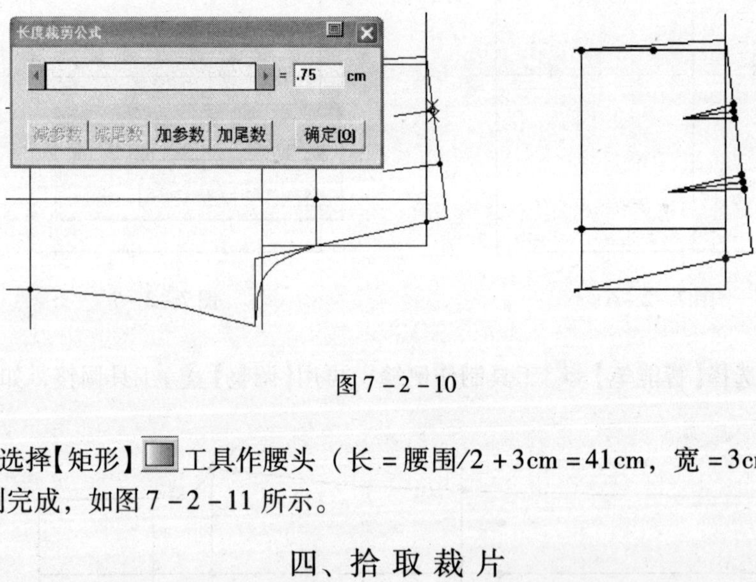

图 7－2－10

（10）选择【矩形】工具作腰头（长＝腰围/2＋3cm＝41cm，宽＝3cm），裤片基础结构图绘制完成，如图 7－2－11 所示。

四、拾取裁片

以后片为例，用【剪刀】工具顺时针单击，直到整个裁片闭合。选中后片，用【衣片辅助线】工具拾取内部辅助线（省中线、主要结构辅助线等）。其他裁片的拾取方法相同。拾取完成后对后片上的腰省，还可以用菱形省作前、后片的腰省（详见前面章节的专业工具介绍）。

五、布纹线

完成纸样拾取后，可以看到在纸样内部已自动生成布纹线。在右工作区中，以选中纸样的布纹线颜色为蓝色来区分。如需修改布纹线角度，系统提供三种方法：

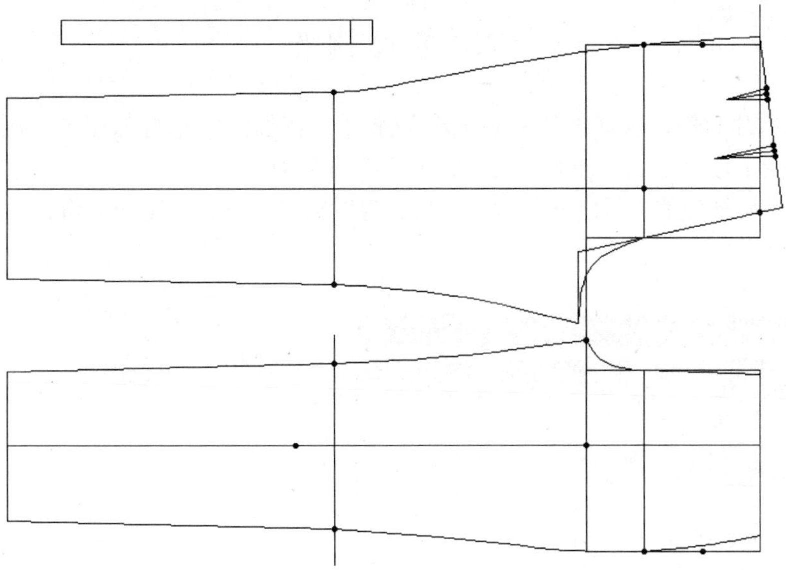

图 7 -2 -11

（1）用布纹线和两点平行工具，选择这个工具后，选中样片，用鼠标右键单击布纹线，将以 45°的倍角进行变换。

（2）用工具，单击参考线的两端，可将布纹线调整成与参考线方向相同的形式。

（3）可以用【布纹线旋转到水平方向】和【布纹线旋转到垂直方向】两个方向改变布纹线方向。

另外在右工作区如果想移动布纹线，用【选择】工具单击布纹线，释放并移动鼠标到合适的位置再单击，如图 7 -2 -12 所示。

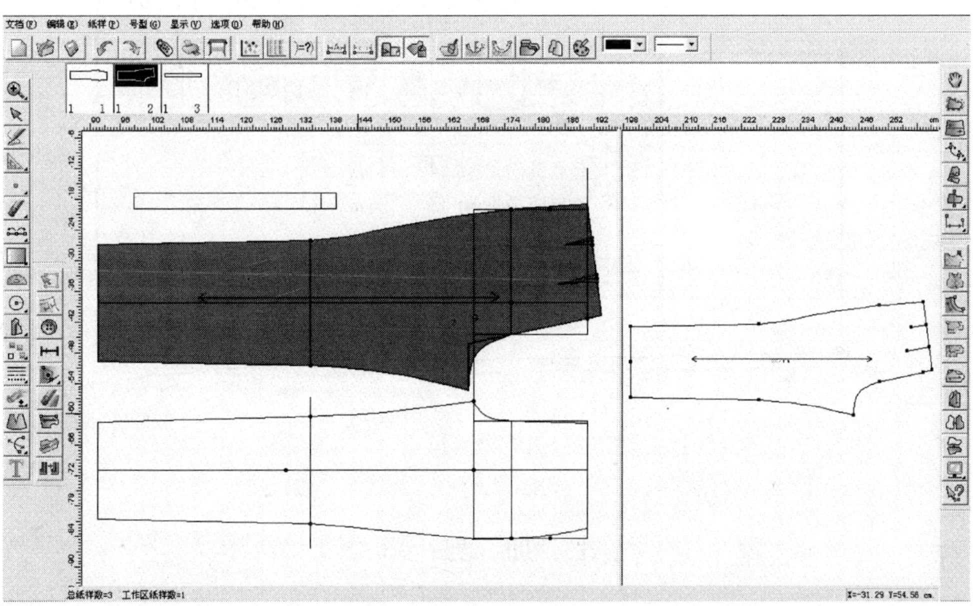

图 7 -2 -12

六、毛样制作

（1）以后片为例，选择纸样列表框中的纸样，将纸样放到右工作区，用【选择】工具单击边线上任意一点，弹出对话框，输入缝份量 1cm。

（2）有特殊缝份的，可以分段输入。我们为后裆缝边输入较宽的缝份，如图 7－2－13 所示。

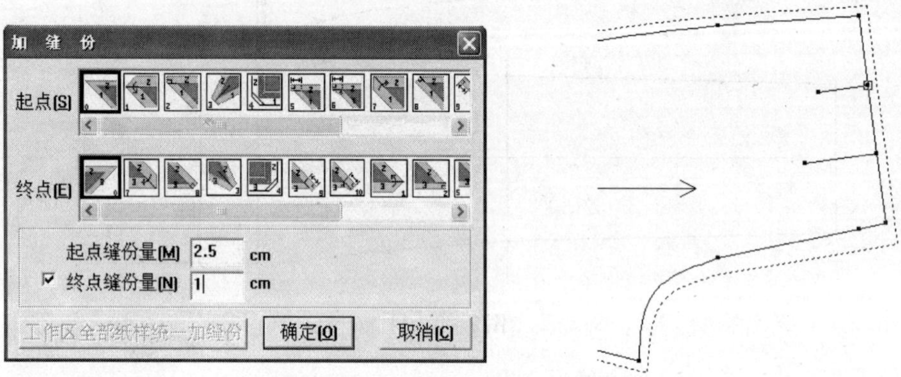

图 7－2－13

（3）继续使用缝份工具，框选后片下摆线，下摆线变红，单击右键，出现【加缝份】对话框。在起点和终点上分别对应选择【按 1、2 边对幅】、【按 2、3 边对幅】，【缝份量】里输入 4。按【确定】结束操作，如图 7－2－14 所示。

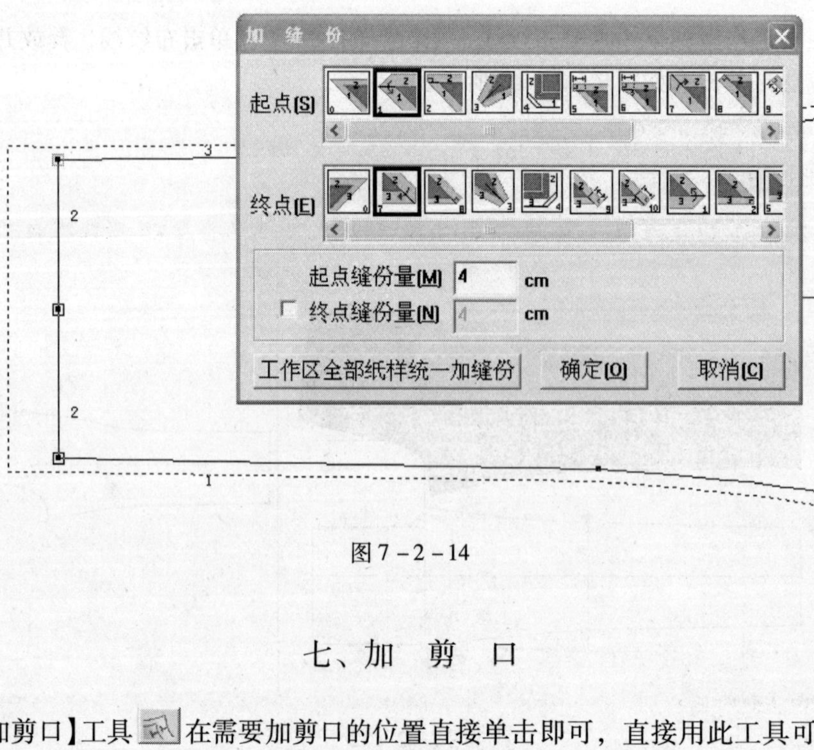

图 7－2－14

七、加 剪 口

用【加剪口】工具在需要加剪口的位置直接单击即可，直接用此工具可调整方向。

系统里存储多种剪口类型，根据需要进行选择，也可设置剪口的深度、宽度。

八、建立纸样资料

（1）拾取好纸样后，选择菜单【纸样】→【款式资料】后，就会看到有关下单生产的一些纸样和客户要求的资料等待建立，在相应的项目内根据需要输入即可。同样，在【纸样】菜单里选择【纸样资料】，或双击纸样列表框中的纸样，就会弹出【纸样资料】对话框，按照生产工艺建立详细的纸样资料，填写表单和设置纸样在排料系统中的排料限定。

（2）相应的资料项目设置完毕，单击【应用】。

九、存　　储

每新制作一款单击【保存】，系统里弹出【保存为】对话框，选择合适的路径，存储文件。再次单击【保存】。

十、无褶裤的点放码

（1）单击 弹出对话框，找到所需文件，双击文件名，打开纸样文件。

（2）单击【号型】→【号型编辑】弹出【设置号型规格表】对话框，将裤子的部件名称输入第一列表格内，在第二列表格输入 S 码的尺寸，再单击 S 码，单击【附加】添加第三列、第四列，设置为 M 码和 L 码，系统会自动为 M 码和 L 码加上和 S 码一样的尺寸。单击部件在 M 码或 L 码的尺寸，再在对话框右下角，【档差】旁边的文字栏内输入档差值，单击【档差】，系统会自动给 M 码和 L 码加上档差。单击【确定】即可，如图 7－2－15 所示。

（3）单击【颜色设置】 工具图标，弹出【设置颜色】对话框。在对话框内，单击左边的号型名，再单击右边的颜色就可以为该号型加上颜色。给 S、M、L 码加上颜色，单击【确定】即可，如图 7－2－16 所示。

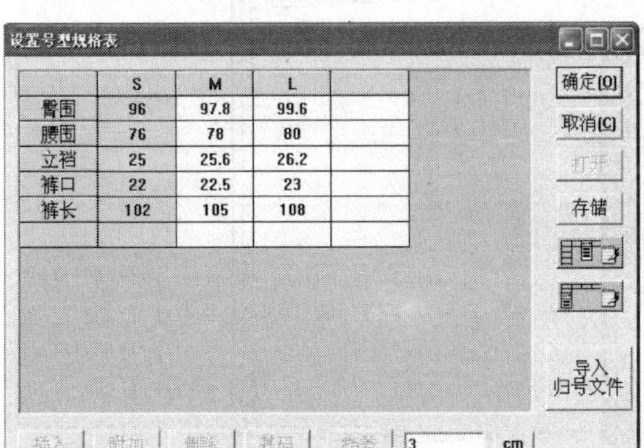

图 7－2－15

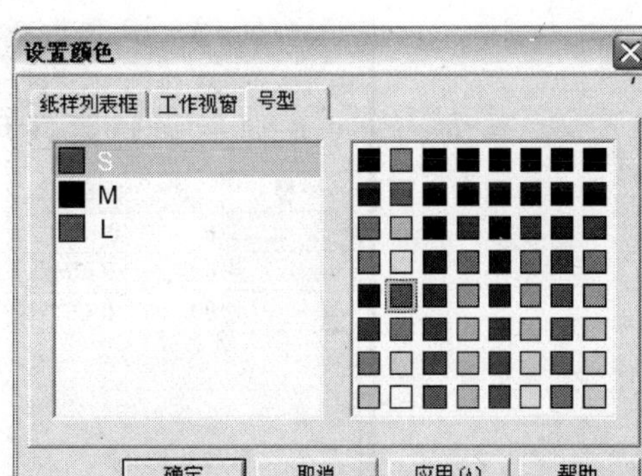

图 7－2－16

（4）单击快速栏中的【点放码】工具图标，弹出【点放码表】对话框，如图 7－2－17 所示。

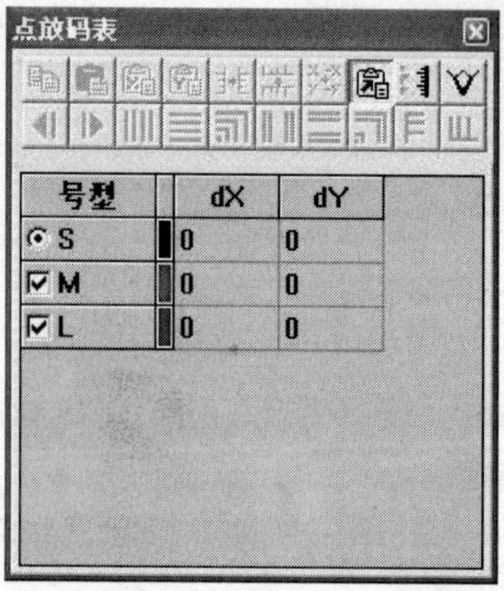

图 7－2－17

（5）前后放码：单击【选择】与【修改】工具图标，选前中点，在点放码表中输入 M 码的 dX 量为 0.6、dY 量为 0.35，单击【XY 相等】图标，则系统会自动给选的点加上各码的放码量，如图 7－2－18 所示。

（6）用工具框选前侧缝线上点，在点放码表中输入 M 码的 dX 量为 0.6、dY 量为 -0.65，单击【XY 相等】图标，则系统会自动给选的点加上各码的放码量，如图 7－2－19 所示。

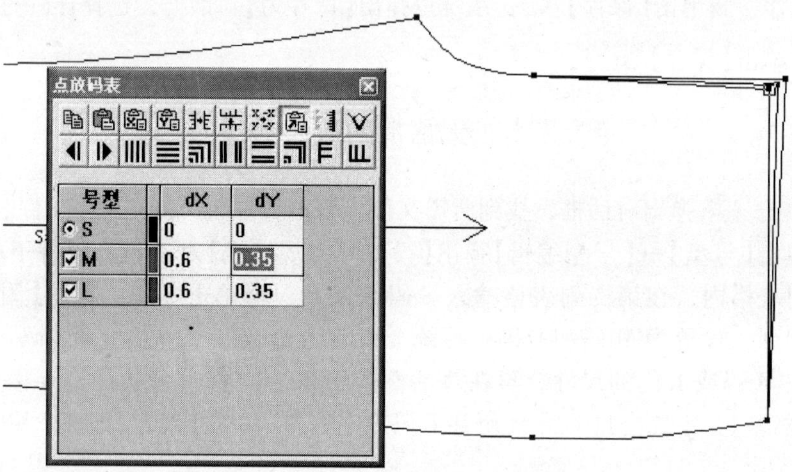

图 7－2－18

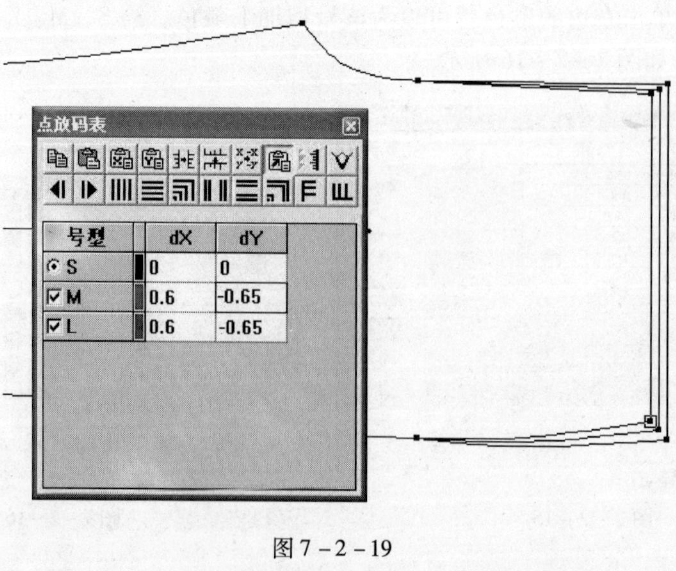

图 7－2－19

（7）用工具框选前片的其余各放码点，并分别在点放码表中输入相应放码值，系统会自动给各点加上各码的放码量，后片的点放码同样操作，前后片放码完成图如图7－2－20所示。

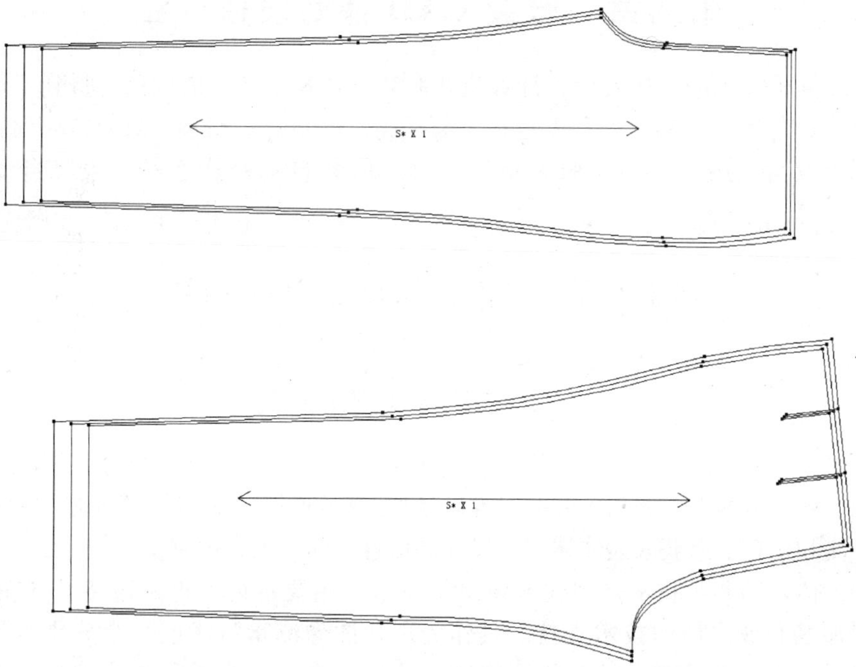

图7－2－20

注意：在本CAD系统中进行放码，各放码点数值是按照以基准线为坐标系的相对值，数值的正负决定放码方向。

第八章　服装 CAD 辅助设备介绍

随着计算机技术的飞速发展，计算机在服装设计及生产上的应用也得到了迅猛的发展，服装设计与生产自动化的程度也在不断提高，一系列的服装 CAD/CAM 的相关辅助设备得到开发与应用，如三维服装量体系统、服装自动裁床系统，服装自动缝纫系统等。

第一节　三维人体自动测量系统

一、三维人体自动测量的概念

人体测量是通过测量人体各部位的尺寸来确定个体之间和群体之间在人体尺寸上的差异，三维人体测量即人体表面轮廓的三维尺寸与形状的测量。利用三维测量技术通过对人体图像检测和信息传递获取人体体型、尺寸等信息，即三维人体测量。

三维人体自动测量技术是现代人体测量技术的主要特征，也是服装 CAD 的发展趋势，更是服装行业发展的技术支持。其作为现代图像测量技术的一个分支，是以现代光学为基础，融光电子学、计算机图像学、计算机视觉等多种科学技术为一体的现代测量技术。其目的是从图像中提取体型、尺寸等信息，用以研究人的形态特征，从而为服装设计，甚至工业设计、人机工程、人类学、医学、考古学、建筑学等研究提供人体基础资料。三维人体测量技术经过几十年的发展，现在进行自动测量和计算机处理并分析数据已成为现实。

（一）三维人体自动测量的功能

（1）三维人体自动测量系统测量客观，测量时间短，数据采集广泛，不受测试人体的部位限制，不受测量者影响。

（2）三维人体测量系统灵活、操作方便，可准确地对不同客体人群、地域、国家的人体进行测量，获得有效数据。

（3）三维人体测量系统测量效率和精度高，并能细分测量部位，可以储存大量准确、精细的数据。

（4）人体数据方便易查、便于管理和使用（比较、分析、应用），并可以追踪、研究客体、客体群组的整体变化情况。

（5）人体数据测量结果反映体型的三维特征，可进行更深入的研究。

（6）三维人体测量能够准确、快速、全面、真实地反映三维人体信息，同时提供可用计算机直接处理的数字化数据。

（二）三维人体自动测量系统的意义

1. 能快速、准确地进行大量人体的测量

三维人体自动测量系统能为服装行业及服装科研提供基础的人体数据依据，生产舒适、合体、美观的服装。

2. 促进服装号型标准化

人体测量是服装号型标准制定的基础，服装号型是服装行业进行设计、生产的重要依据。批量生产的服装的合体性差的关键原因在于目前所使用的号型系列不能够正确反映目标客户人群的体型特征，而传统人体普测受测试工具及方法等的影响，三维人体自动测量系统的应用对加快建立各国体型的原型、标准人台、人体数据库有重要的作用。

3. 促进人体数据库的建立

三维人体测量系统测量效率和精度高，并能细分测量部位，从而为体型的分类、分析、研究及建立各国人体体型数据库提供更为细致准确的数值依据。

4. 加快实施服装快速反应系统

建立服装快速反应系统是当今世界服装业取得竞争胜利的关键措施，而三维人体测量系统能够提供准确的数据，并建立三维人体模型，显示所设计的衣服穿着后的直观效果，再根据面料和花型的输入，瞬时显示虚拟的样品，在图案设计者、款式设计师、顾客或零售商的参与下对样品进行充分的探讨、变更直至满意，这些使得服装快速反应系统能够成为现实。

5. 加快实现服装电子商务

随着计算机技术及服装 CAD/CAM 等技术的发展，三维人体测量技术的进一步的发展将推进研制虚拟试衣系统、量身定制系统（MTM），促进服装网络辅助设计（NAD）等技术的迅速发展，从而实现服装电子商务。

二、三维人体自动测量技术的分类

近几十年来，随着科技的进步，各项技术被广泛应用到三维测量技术中，特别是激光技术、精密计量光栅制造技术、计算机软硬件及计算机图像处理技术的发展，致使大量非接触式测量方法涌现，也使得三维测量技术迅速成长为一门以现代光学为基础，融光电子学、计算机图形学、信息处理、计算机视觉、数值分析等科学技术为一体的新兴学科。而三维测量技术的分类，由于各个学科的交叉以及各项技术的结合，某一类中的技术也会渗透到其他类中，因此不同的分类方式有着不同的分类结果。

（一）根据人体测量方法分类

1. 接触式三维测量

用探针感觉被测者表面并记录接触点的位置，获取人体三维信息。

2. 非接触式三维测量

用各种光学技术检测被测者表面点的位置，获取人体三维信息，并配备完善的图形处理软件。

（二）根据测试工作原理分类

1. 立体摄影测量法

通过位于不同位置的两台摄像机同时对人体进行摄影，分析人体表面上同一点在两幅图像上成像点的对应关系，再利用几何光学三角测量原理计算得到该成像点的三维坐标。

2. 莫尔等高法

莫尔等高法是建立在几何光学基础上，应用光栅的阴影（投影）和光栅形成的莫尔条纹来进行人体数据测量。最早应用于医学上，已被证明是三维物体表面测量的有效手段。

3. 激光扫描法

利用光电设备及计算机组成的人体检测装置，用多个激光测距仪对站立在测量箱内的人体从多个方位进行测量。摄像机接受激光光束射向人体表面的反射光，与测距仪同步移动时，可根据受光位置、时间间隔、光轴角度，通过计算机算出人体同一高度若干点的坐标值，将人体体型摄入至计算机，进行计算机图形图像分析计算，从而测得人体表面的全部数据。

4. 投影条纹相位测量法（PMP）

投影条纹相位测量法是一种基于光学干涉计的相位测量技术，采用一般的白光照明，是现代高精度零件轮廓测量技术中较常用的一种方法。它将光栅投影到人体表面，对投影在人体表面的光栅图像进行相位测量，获得人体三维尺寸，具有很高的灵敏度。

5. 光电法

光电法主要是经 CCD 或 CMOS 成像实现三维人体尺寸的非接触测量，与光学图样法相比，它具有环境适应性好、柔性好、测量范围宽、图像信息易于管理等特点。

6. 红外线测量法

利用人体本身为一热源，皮肤表面能够发出波长在 8. 14um 的红外射线，采用相应的红外传感器接收这些红外射线，获得人体热象后再通过计算机分析处理，得到准确的人体净尺寸。此方法优点是被测者无须脱衣就可以测量，避免对人体造成的伤害。

（三）根据测量光结构特点分类

1. 点测量法

点测量法是利用激光等光斑对人体进行照射，同时测出光斑位置从而得到形状的测量方法，具有测量点易于固定的优点，但却有耗时多的缺点，在这种情况下，可以利用超声波代替激光。如果能组装超声波传感器，测量就可能变得简便，但与激光等可见光相比，超声波有容易受外界干扰而使测量精确度降低的缺点。

2. 线测量法

线测量法是以光切断法为代表的测量方法，利用激光等制成光栅向人体进行投射，就能得到恰似光栅切断人体时的断面，如果依次移动光切断面，就能够得到全身形状。也可以利用复式光栅即利用很多光栅同时投射，可一次获得所需要的全部信息。但光切断法得不到光栅与光栅之间的信息。

3. 面测量法

面测量法是以图案投影法为代表的测量方法。将一基准图案向人体进行投影，用 CCD 摄影机拍下对应人体表面形状的变形情况（即所谓变形格子像），对变形格子进行解析处理的三维测量方法，运用投影图案和解析法，可以在瞬间测得人体形状，此种方法应用比较广泛。

（四）根据扫描技术的特点来分类

（1）基于激光的扫描技术，如激光测量法、三角法等，其代表性产品有英国的

Cyberware系统。

（2）基于普通光的扫描技术，如莫尔条纹测量法、白光相位法，其代表性产品有美国的 TC^2 公司的测量系统。

（3）基于红外线的扫描技术，如基于 PSD（PhaseSensitive Demodulator）的光电二极管测量法，其代表性产品有日本的 Hamamatsu 人体扫描系统、日本的 Cousette 红外线人体扫描系统。

（4）基于 X 射线的扫描技术，用于测量人体头颅部位的数据。

三、三维人体测量技术的发展

（一）国外三维人体测量技术

三维人体测量技术起源于 20 世纪 50～60 年代，最早人们用绘制航测地图的方法进行人体测量，称之为“立体摄影法”，随后三维测量技术的发展带动了人体测量方法的发展。70 年代初，日本静冈大学利用莫尔拓扑法首先完成了对人体进行三维自动测量的实验。70 年代中期，美国海军航空发展中心采用 X 光扫描对人体进行了测量。80 年代，法国利用红外光测量系统测量人体尺寸，日本电气公司利用激光扫描系统测量了人体，它是专门针对服装设计而研制的。80 年代末，美国 Technotallors 和 Second SkinSwlmeer 公司基于结构光和相位移动原理，研制出非接触式人体测量系统。该系统可在半秒钟之内完成对站立的人体的扫描，并在一分钟之内就可以获得人体轮廓的数字化的高精度的信息，并可显示在屏幕上并传送到远距离工作站。

近几十年非接触式三维人体测量技术已取得了很大的发展，正逐步走向实用化阶段。1992 年，法国 TELMAT Industries 公司研制出用计算机处理的 3D 身体测量系统，命名为 Symcad。并于 1995 年 1 月，Symcad 由法国海军首次用于制服的设计。TELMAT 的产品可分成许多大类，在纺织服装领域，主要产品是Symcad，如图 8－1－1 所示。该系统通过扫描、成像、三维测量编辑等操作可方便快捷地得到平面人体图像（Images）、三维人体网格图（3D Point Cloud）、三维人体模型（Body Models）以及三维测量数据（Extracted Measurements）。近几年，该公司的 Symcad 系统采用3D 传感器，可以在不到 2.5 秒的时间里，自动地测量和记录人体的尺寸数据，然后再通过 Morpho—Army 软件，对人体测量数据进行统计分析。

图 8－1－1　Symcad 三维人体测量系统

2000 年 7 月，美国纺织及服装技术公司（Textile/clothing Technology Corporation，TC^2）和 Turefinds. com 公司宣布成立合资企业 ImageTwin。TC^2 公司的三维人体测量仪拥有 3T6、2T4、2T4s 三种型号。TC^2 系统开发了白光相位测量轮廓（Phase Measurement Profilometry，PMP）技术。PMP 技术利用白色光源来投射正弦曲线在物体表面，当物体不规则的形状令投射的光斑变形，产生的图像将可以表示其物体表面的轮廓，通过多部摄像机进行检测，如图 8－1－2 所示，然后将所有的图像合成完整的人体轮廓。

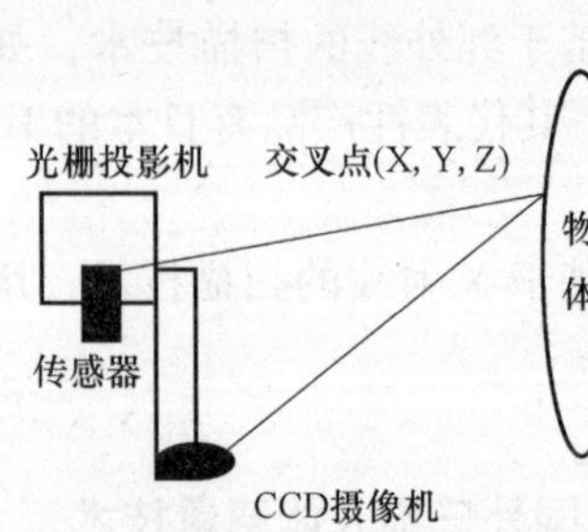

图 8-1-2　TC² 三维人体测量系统和测量原理

德国 Vitronic 公司也一直致力于三维人体扫描系统的开发，最近的新一代产品 Vitus 人体扫描仪，由于体积小，可以将它放在更衣室中。Vitus smart 能够提供足够的人体尺寸，以便进行量身定做和大规模定制。同 Vitus 其他产品一样，Virus smart 使用光线条纹扫描方法，如图 8-1-3所示，八个三角形的探头能够在 10s 内扫描 1m×1m 和 2.1m 高的区域，而分辨率可以选到 0.5mm，Vitus 除了全身 3D 扫描仪之外，还有 3D 脚部扫描仪（Pedus）、3D 头部扫描仪（Vitus a-head）。这些仪器已经在大规模人体测量、汽车驾驶研究等方面得到了应用。

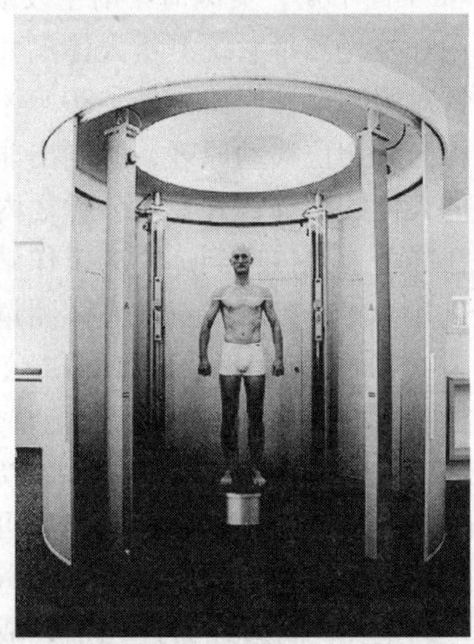

图 8-1-3　Vitus Smart 三维人体扫描系统

美国的 Cyberware 全身 3D 扫描仪，较 Vitus 而言，Cyberware 数字化扫描仪种类更齐全，系统更复杂，价格更昂贵。它最初是由斯坦福大学 Marc Leov 研制的，Cyberware 数字化仪由平台（载体）、传感器（光学系统）、计算机工作站、Cyberware 标准接口（SCSI）及CYSURF 处理软件构成。平台一般有 3 个自由度（X、Y、Z），伺服电机驱动，典型的分辨率为 0.5mm。Cyberware 全身彩色 3D 扫描仪主要由 DigiSizc 软件系统构成，主要有人体头部/面部彩色三维扫描仪（3030RGB/PS，3030sRGB/PS）、WB4 人体三维扫描仪、WBX 型人体数字化（人体扫描仪），如图 8-1-4 所示，它能够测量、排列、分析、存储、管理扫描数据。扫描时间只需几秒到十几秒，整个扫描参数的设置及扫描过程全部由软件控制。Cyberware 3D 扫描仪和软件已经在产品设计、CAD/CAM、研究、动画、电影、重建、化妆品调查、医疗器械设计、人体测量、人机工程、雕塑等方面得到了应用。

（二）国内三维人体测量技术

在我国，针对非接触式人体测量装置的研究起步较晚。近几年来，虽然相关技术也取得了许多进展，但总体来说，与国外相比，还是存在很大差距。许多大学和科研机构虽然

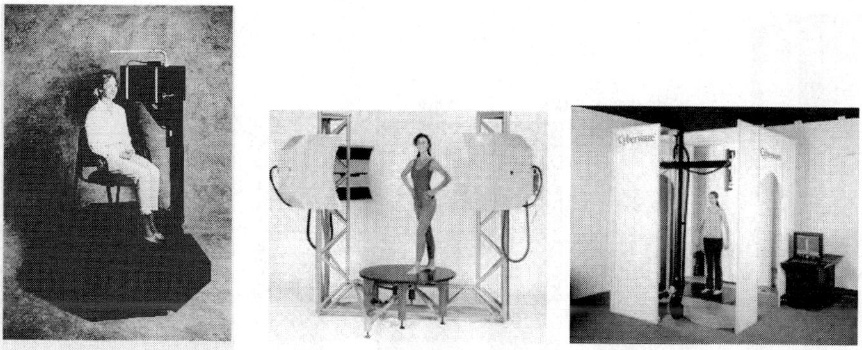

人体头部/面部彩色3D扫描仪　　WB4人体三维扫描仪　　WBX型人体数字化扫描仪

图 8－1－4　Cyberware 3D 人体测量系统

对其做了些研究，但是成型应用到实际并不多，部分还是停留在实验研究阶段。香港理工大学于 1995 年设计和建造了密栅云纹的原型摄影器材来测量胸围，随后进一步研制出 Cubicam 人体三维扫描系统，如图 8－1－5 所示。该“立体映”（Cubicam）是一部能准确测量身体部位活动的仪器，只要一些红外线反射珠放在模特儿身上，然后用强光透过一块有坑纹的玻璃片照向模特儿，红外线反射珠将光线反射时，仪器就可以根据光线反射的纹理计算出各身体部位的移动。

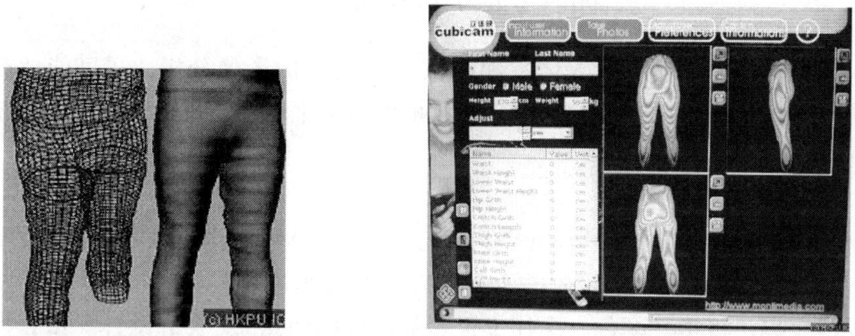

“立体映”得出的三维人体模型　　“立体映”软件界面

图 8－1－5　“立体映”三维人体测量系统

中国内地在 20 世纪 80 年代中后期有一些高等院校与研究所进行过这方面的研究，主要有总后军需装备研究所和北京服装学院共同研制的“双视点投影光栅”人体尺寸测量系统，如图 8－1－6 所示。青岛大学也研制了人体三维测量系统，此外吉林大学、东华大学也做了一些相关研究。

但这些三维人体测量系统还都存在着大量的不足，制约其发展的主要因素有：

（1）CCD 摄像机的分辨率及其定标过程制约了系统测量精度。CCD 摄像机的内外参数都是未知的，利用针孔模型的求解结果误差较大，而且与计算机的接口复杂，同时较低分辨率也影响了系统的测量精度和测量范围。

（2）现有的测量系统的价位普遍较高，几乎都在几十万元以上，其成本明显高于所能带来的使用价值，实用性不强，且系统的测试空间相对庞大，不可拆装，不便于众多行

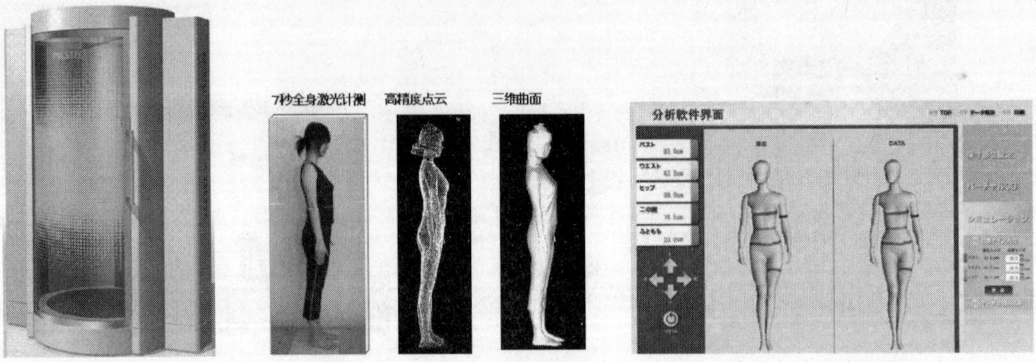

图 8-1-6 双视点投影光栅人体测量系统

业的使用，因而没能被大范围推广。

(3) 测量系统操作起来，准备工作时间长、工作量大、过程复杂，所得人体点云数据量大，处理速度慢，且系统仅停留在测量阶段，对测量结果的处理仍不够深入。

虽然，国内的研究还处于起步阶段，真正商品化的三维人体测量系统市场上还没有出现。随着目前科技的进步，各种新技术的出现，以及人民生活水平的提高和消费观念的转变，三维人体测量系统的发展必将进入一个新阶段。

四、三维人体测量系统

三维人体测量系统是通过对人体平面图像（多幅）的图像分析，尽可能地获取、还原人体三维数据信息，可以在短时间内自动测量出多项不同人体尺寸，其主要系统功能模块有以下几种。

（一）系统管理

系统管理模块提供对系统参数的设置和管理，包括设置图像获取参数（如相机参数、扫描参数等）、测量参数设置（设置需要自动采集的人体尺寸参数）、服装项目设置（设置服装种类、尺码、规格、颜色、图片位置等基础数据信息）、人员设置（设置操作人员账号、密码、权限）、模拟规则设置（设置定义人体尺寸与服装号码对应的基本规则关系）、数据备份与导入（提供对数据库数据的快速文件方式备份与恢复功能）。

（二）前端操作

前端操作包含了一组系统操作人员实际使用的功能，包括被拍摄人员信息登记（登记人员基本信息，如姓名、单位、性别、年龄等信息）、人体参数自动获取（照片拍摄、人体参数自动获取、信息保存等）、服装信息登记（登记服装数据，如型号、颜色、尺码、规格、图片等信息）、合适衣型推荐（根据人体尺寸数据自动选择合适的衣服）。

（三）后台服务

后台服务包括了一组系统高级管理人员使用的功能，包括人员信息查询（查询数据库中已登记人员基本状况，如年龄分布、性别构成等）、人员参数查询（查询数据库中已测量人员的人体尺寸信息）、服装信息查询（查询数据库中已登记服装信息，如颜色、规格、尺寸、面料、款式、图片等）、推荐结果查询（查询数据库中已测量人员的系统推荐衣型结果、用户满意程度等信息）、数据统计分析（利用数据库数据，根据用户要求生成各类统计分析图表)。

(四) 相关硬件控制

系统相关硬件包括试衣间（内有各种图像获取系统)、计算机、试衣间与计算机之间的物理 USB 连接线等。要求实现计算机通过软件对试衣间内各种图像获取系统的控制，如拍摄、扫描参数设定等功能。

第二节　服装自动裁床系统

一、服装自动裁床概念

作为与计算机科技相结合的高科技产品，服装自动裁床技术是利用服装 CAD 系统的衣片设计与排料的数字化信息直接与自动生产制造系统联机作业，制成数字控制（NC）加工指令，控制自动生产制造系统，即目前服装企业应用较广的衣片自动裁剪机以及样板自动裁割系统。

(一) 服装自动裁床功能

服装自动裁剪技术与目前广泛应用的手工裁剪（电剪刀）相比，有着独特的功能。

1. 提升裁剪质量

在传统的手工裁剪中，最常遇到的问题是手误，同时手工裁剪时最难以保证的是精确度，如果是大批量、多层数的裁剪任务，其上下层尺寸误差等后果将会导致整个生产工序被延长，还会影响到同期产品的质量，通过自动裁剪系统，衣片裁剪的准确性及产品质量得到大大提高。

2. 提高成本控制率

由于手工裁剪不可避免的误差，检验和修正工序导致人工成本增加，在增加中小服装企业的经营成本的同时，也严重影响产品质量。使用自动裁剪技术，可大大节约企业的经营成本，提高生产效率。

3. 提高面料节约率

自动裁剪系统对面料的节约也是企业不可忽视的因素。在直观的可操作的计算机排料后，第一次节料已经形成。自动裁剪系统的零误差使整个裁剪工作再一次节省大量的布料，当企业最大限度、最高效率地应用面料，企业的成本也同样被高效率的利用。

4. 提升资料存储性

在小批量、短周期、高精度的生产订单中，自动裁剪系统在资料参阅与存储等方面尤为便捷，为企业应付快速生产提供了快捷的帮助。

5. 改善操作环境

使用自动裁剪系统时，车间里不再是繁杂的景象，而是井井有条的流水管理。改善了工作的环境，提升了工作速度，也美化了车间的形象。

6. 提升资源利用率

传统裁剪过程的生产现场，裁剪车间和缝制车间的矛盾是长期存在的，利用自动裁剪系统便能有效地对资源进行统筹分配，有效减少部门间的矛盾冲突。

7. 提高企业效率

从裁剪环节的改进，保证了缝制等环节的供给，也保证了其他各部门的正常运作，可以提高企业的综合效率。

8. 提高市场竞争力

先进装备的高科技设备，高效率的资源运作，也为企业的发展增加了一份竞争的筹码。

（二）自动裁床的分类及其特点

目前使用的自动裁床可按照不同方式分类，按照裁剪的方式可以分为接触式与非接触式自动裁床；按裁剪头的动力形式有机械刀、水刀及激光刀自动裁床。自动裁床的主要性能如下：

1. 压力水式裁剪裁床

压力水式裁剪裁床的特点是切割精度较高，能精确地切割裁片的圆角、尖角，切割速度快。但设备复杂、笨重，造价成本高，故障处理难度大，而且不能用于切割能吸水的面料，使用范围局限性较多。法国力克20世纪70年代有压力水切割的产品，但后来都没有再采用。

2. 激光式裁剪裁床

激光式裁剪裁床的特点是材料适用范围小，速度慢，并且切割温度、光束控制难度大，造价成本高，耗材高，维护保养不易。

3. 机械刀片式裁剪裁床

机械刀片式裁剪裁床的特点是操作简单，速度快，易于维护，耗材低。但切割时难以处理面料的圆角、尖角，需要进行让刀或二次进刀，效率低，且存在材料浪费。目前的服装、制鞋裁床主要采用这种方式。

4. 钢丝超声波振动式裁剪裁床

钢丝超声波振动式裁剪裁床的特点是该方法克服了划丝、飞沫、尖角、圆角等技术难题，同时吸取了机械行业中线切割的优点，易于操作，切割速度快，切割精度高，维护简单，设备体积较小，制造成本低，并且减小了现在裁剪车间粉尘大的弊端，改善了工作环境，是未来发展的趋势。

二、自动裁床技术的发展

自动裁床是作为传统密集型企业向技术型企业转变的重要工具，其已逐步成为大中型服装企业生产的一个重要转机，并且自动化裁床是未来服装企业生产技术革新的新宠。自动裁床的使用和发展，必定会促进和提升社会生产力的提高。

（一）国外自动裁床技术的发展

目前，欧美、日本等国家与地区在自动裁床开发与制造领域中掌握着先进的技术，他们通过几十年的发展积累了大量的经验。无论是在技术研发领域还是在市场开拓方面，都处于行业领先地位。主要有美国的格柏（Gerber）、法国的力克（Lectra）、日本的高鸟（Takatori）、德国的Humantec及意大利的Taglio等。

世界上最早裁床的制造商，美国格柏科技有限公司其产品也体现了当今裁床发展的最高水平，如图8-2-1所示。以格柏的典型产品DCS2500为例，其主要技术参数为：最大裁剪速度为 1.1m/s，加速度为 0.5m/s²，裁剪精度为几千分之一英寸，有效裁剪长度为 2.7～35.6m，有效裁剪宽度为 0.91～4.3m，裁剪头具有多工位工具架，一次可安装三个工具和一支笔，可裁剪布料、复合材料、皮革、工业面料等，可见其性能是十分优异的。

法国力克公司是目前服装裁剪系统市场占有率最高的公司，近年来，力克公司又开始涉及汽车、航天、家具家饰业，并于 2004 年收购了当时世界排名第三的西班牙艾维斯公司，又于 2006 年并购了德国 Humantec 公司。目前，力克公司的裁剪系统占据我国高端裁床市场 35% 的份额。Vector Fsshion FX 系列的裁剪机是力克公司推出的适用于多种柔性材料的先进裁剪系统，可通过不间断的裁剪保证很高的生产效率，内置的裁剪软件可以优化裁刀路径，提高面料的利用率，还可以适应曲线及其他复杂的形状，如图 8－2－2 所示。

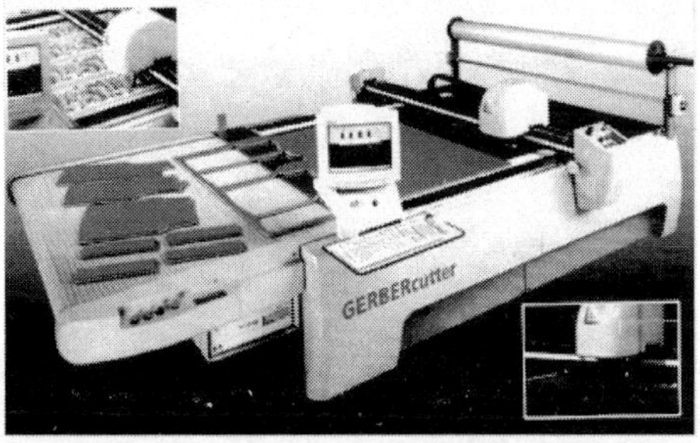

图 8－2－1　美国格柏自动裁床

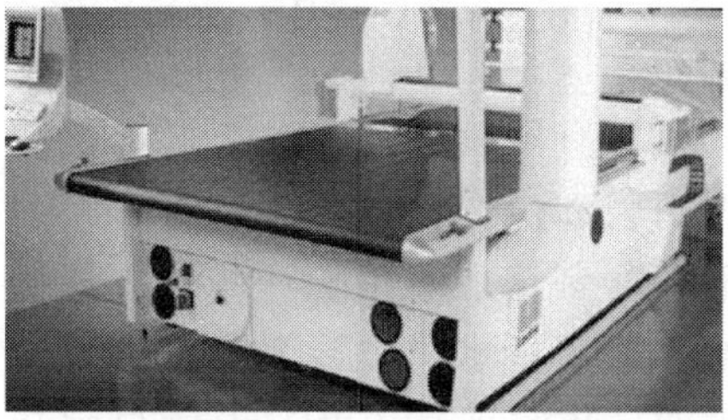

图 8－2－2　法国力克自动裁床

日本高鸟株式会社是专业从事开发、生产高端自动化裁剪系统生产设备的公司。早在 1989 年，高鸟株式会社就根据服装行业“多品种、小批量、短周期”的发展趋势，研制出了自动裁剪系统，如图 8－2－3 所示。经过十多年发展，高鸟自动裁剪系统已有三大类四十多个品种。有适用于大批量生产的 TAC－N 系列裁床和适用于少量裁剪和定制服装的 TAC－M 系列裁床等。

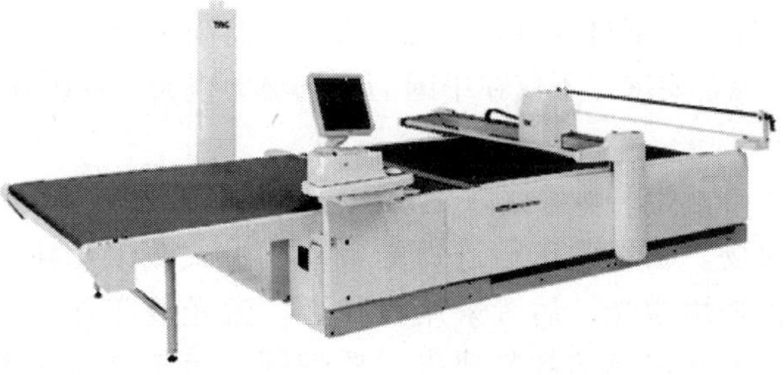

图 8－2－3　日本高鸟裁床

德国 Humantec 公司主要致力于开发汽车坐椅、内饰、家具、家饰以及工业纺织品领域的自动化设备，其在 1994 年推出的 Lasemest 系统，是当时世界上第一个用于全皮革的自动皮革裁剪系统。目前，在北美和欧洲市场地位稳固，还进入了亚洲市场。Humantec 公司的 Autonest 系统不仅产量高（最高可达 160 张/8 小时），而且操作简便，是市场上最为成功的皮革裁剪解决方案之一。

意大利 Taglio 公司主要从事皮鞋制品裁剪设备研制工作，并开始向家具、家饰及汽车行业进行拓展。Taglio 公司的 Cutvision 系列裁剪系统可以实现皮革快速、准确、大批量的裁剪，但与前面介绍的裁剪系统不同的是，Cutvision 系列裁剪系统采用了高压水刺的解决方案，为此，Cutvision 裁剪系统提供了皮革干燥、清洗功能，并在裁片区下方设有水洗系统。

（二）国内研究现状

国内自动裁剪技术的发展总体上落后于国际先进水平，目前还主要停留在二维服装 CAD 系统的研发上，出现了一些达到实用化水平的产品，但是在自动化裁剪系统的研制方面却并不多见。1992 年东北大学开始研制自动化裁剪机床，1994 年上海大学与宁波大学合作进行服装裁床的研制工作，长春理工大学也开展过服装自动裁床的研制。

基于市场的导向作用，国内的服装机械生产商也在谋划自动化电脑裁床产品的蓝图，积极进军这一新兴领域。深圳盈宁科技有限公司与日本株式会社高鸟合资组建了上海高鸟机电科技有限公司，专注于自动裁剪产品的开发和生产，已推出了 TAC 系列的多种型号裁床。但系统一些核心部件仍然要依靠从日本进口，关键技术来自日本高鸟，离实现真正意义上的自主知识产权产品还有一定距离。1998 年温州市奥科（AOKE）计算机切割设备厂推出了中国第一台计算机切割机以后，相继又推出了中国第一台计算机裁床，如图 8-2-4所示，填补了国内自动裁床的空白。该裁床采用进口钢带作为传动带，精确度和工作速度大大提升，能满足行业精度的要求。采用人性化操作面板，使操作更加简单方便，切割和计算机操作可同时进行，且具有极高的稳定性和操作性。切割材料可多样化，大大提高制作能力和实用性。产品的各项技术指标均达到产品的规定要求，不仅在中国的市场潜力很大，在国际市场的竞争力也非常明显。

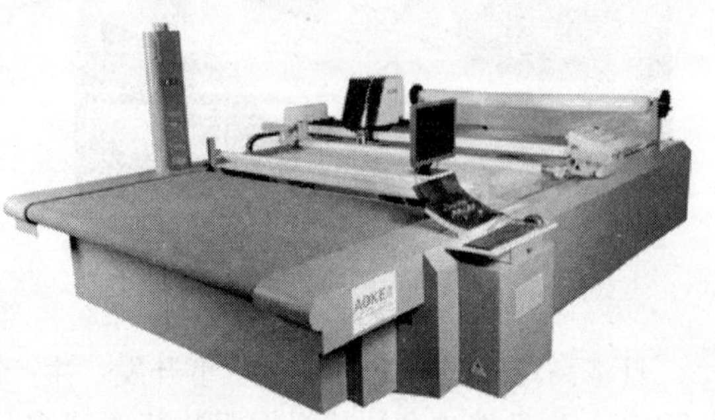

图 8-2-4　奥科（AOKE）电脑裁床

国内还有一些公司，如广东粤铭激光集团公司，还开发了不同于传统机械刀片式的激光裁床，并投入市场。激光裁床与进口的自动机械式裁床相比，主要是裁剪的动力执行方式不同，前者采用激光，后者采用刀片心。激光裁床在目前尚不能完全替代自动计算机裁床，是因为其裁剪的物料要求材质偏硬，对于普通的柔软服装布料裁剪效果还不理想。

总之，服装行业和市场激烈竞争的特点，决定了今后自动裁床系统的发展趋势，必然是朝着高速、高精度、开放式、柔性化的方向前进。随着各种新型加工手段和复合型材料的不断出现，机械零部件的加工质量和性能将达到新的高度。计算机技术从 32 位向 64 位处理迈进，从单核向双核甚至多核演变，电子技术也将经历一次新的革命。软件技术也在向着更大的运算规模、更高的效率和更人性化、智能化的目标前进。作为这些先进技术的综合体现，自动裁床系统综合性能也将实现质的飞跃，前景十分光明。

三、服装自动裁床系统

一个完整的自动裁床系统由三大部分组成：机械硬件、电气控制、软件系统组成。因此，先进机电一体化技术都在自动裁剪系统中得到了最充分的体现和应用。

机械硬件搭建了计算机裁床系统的骨架，是裁床作业的最终执行者。电气控制是计算机裁床软件系统与机械硬件联系的纽带。软件系统模块包含了与服装 CAD 软件的接口和对裁床作业的控制。通过搭建兼容性优异的数据接口，裁床可与各种 CAD 实现数据文件的输入输出，支持的格式包括 DXF、HPGL、IGES 等，然后通过编译生成裁床路径文件和动作控制程序，最后完成裁床裁剪作业。

（一）自动裁床系统的硬件平台

自动裁床系统的硬件部分，主要由以下几个部分构成，如图 8－2－5 所示。

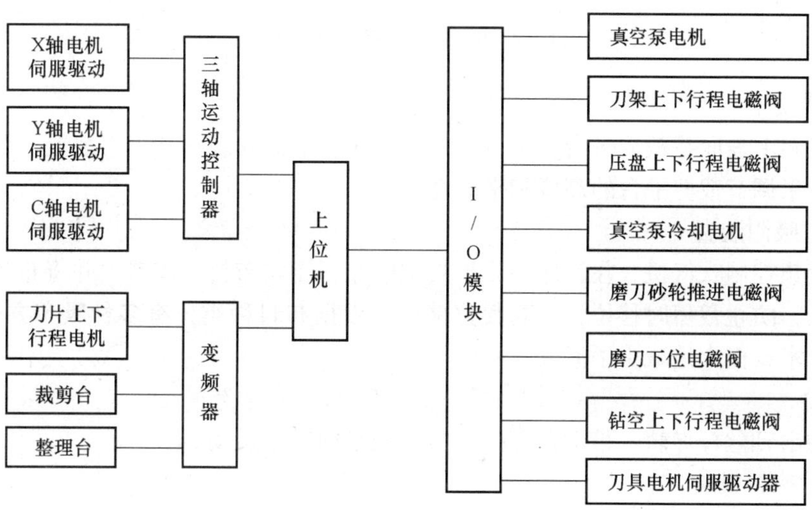

图 8－2－5　自动裁床系统硬件结构

1. 上位机（PC 机）

上位机包含 32 位处理器、标准键盘与显示器等。主要完成人机界面功能，如图形文件的打开、预览以及图形文件的数控加工数据的编译、裁床参数数据的设置、模拟加工、加工控制、机器控制、机器故障诊断等功能。

2. 运动控制器

运动控制器是运动控制器机平台上的运动控制器，能完成多轴运动控制功能。

3. 输入/输出卡（I/O 卡）

输入/输出卡接收来自裁床控制面板的各种信号，如急停开关信号，手摇脉冲发生器信号等。

4. C 轴、X、Y 轴的运动控制驱动系统

裁剪机进行加工时，先通过系统控制软件导入标准格式（DXF 格式）的排板优化图形，通过编写的接口程序生成控制卡能识别的数控加工文件，并下载到运动控制器的存储器中，由控制器的高速 DSP 芯片进行轨迹插补运算，生成控制指令，并输出到伺服单元，控制刀头的平面轨迹运动及裁刀的切割运动。为了保证裁剪顺利进行，采用真空吸附方式辅助定位。

（二）自动裁床系统的硬件结构

1. 裁床系统的机床整体结构

自动裁床系统的硬件系统包括机器支架、真空吸附装置、导轨、裁剪执行机构以及控制电路五大部分组成，如图 8-2-6 所示。

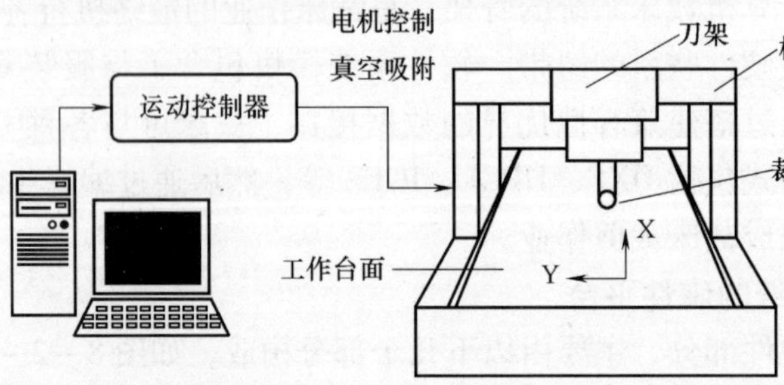

图 8-2-6　裁剪系统工作示意图

2. 机器支架

机器支架上表面是裁剪平台，平台上放置针床，下面安装真空吸附装置，可以通过调节地脚螺钉来调节裁剪平台的高度和平面度。

3. 真空吸附装置

利用变频控制吹气机，在针床上产生真空吸布，压实布料或皮料，并将布料或皮料固定在针床上，防止裁剪时移位，提高裁剪精度。根据布料种类，有多种吸布方式供选择，采用覆片技术，极大地减少了漏气。

4. 导轨

精密的滚轴丝杆导轨，带动裁剪执行机构做平面二维运动。

5. 裁剪执行机构

裁剪执行机构主要有电机、凸轮传动机构、刀片、刀片夹具、磨刀装置、压盘（切割时压布料用）。电机的旋转运动通过凸轮传动机构转化为刀片夹具的上下运动，从而带动刀片做上下切割运动。凸轮电机每转一圈，刀片上下运动一次。当裁剪一定距离的布料或皮料或进刀阻力较大时，就停止裁剪，自动启动磨刀装置，进行磨刀。

6. 控制电路

控制电路通过 X 轴导轨、Y 轴导轨、裁剪执行机构上的凸轮电机带动刀片做三维运动。裁剪时，根据已经排好的样片进行路径规划，计算优化裁剪路线，在裁剪过程中计算机上有实时提示功能，随时显示出目前的刀位、裁剪路线、自动监控裁剪过程。在裁剪时如果出现异常状况可以马上停机，并显示故障代码和位置，同时启动计算机中断处理程序，保存相关信息，在排除故障以后可以在原中断点继续，可确保裁床上的布料或者皮料能够按照设计顺利裁剪完成。

7. 裁床系统的加工运动状态

裁床在加工过程中，刀具机头与刀具具有沿 XY 平面方向的运动，即裁床加工平面的 X 轴运动和 Y 轴运动，在刀具具有沿 XY 平面运动的同时，刀具本身还可以有在 C 轴方向的运动，其运动分为 C 轴的上下运动切割运动和 C 轴的旋转运动。自动裁床系统的运动示意图如图 8-2-7 所示。

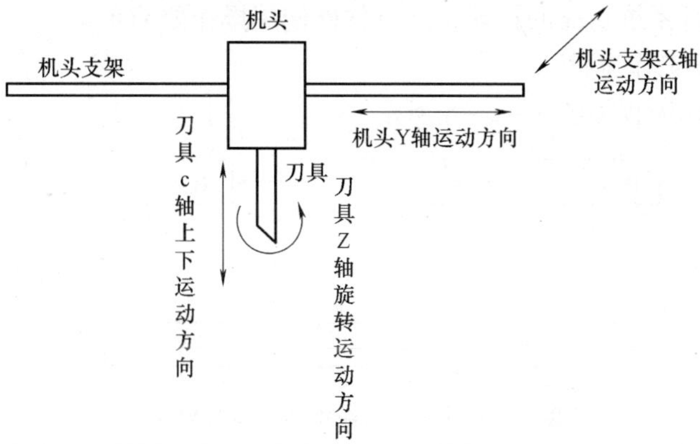

图 8 –2 –7　自动裁床系统的运动示意图

（三）自动裁床系统的软件结构

1. 软件的功能

自动裁床的软件主要具备下列基本功能：

（1）读取图形文件的 TXT 文件，并对图形文件的 TXT 文件进行预览，以方便用户对加工的图形文件进行观察与选择或调整加工文件。

（2）对预览的图形文件进行编译，以生成图形加工工艺数据文件。

（3）参数定义智能化，启动该系统后系统会调用默认参数设置，但是如果裁床的某些参数需要改变，用户可以进入参数设置模块，在参数数据对话框里进行修改，以达到重新调整裁床参数的目的。

（4）系统能够自动读取加工代码，并进行相应的裁剪控制。

（5）系统能够在界面上实时反馈裁刀的加工位置轨迹以及加工图形轨迹的实时重绘。

（6）裁床系统的故障诊断。

（7）操作界面友善，操作简单。

2. 软件总体结构

自动裁床系统是以微型计算机为主体，其主要功能是由软件来实现的，其控制软件采用了软件工程的先进思想和技术，并且充分利用了多任务并行处理和实时中断处理，完成系统的管理、实时显示和系统控制任务，同时协调处理各种内部中断、外部中断和定时器中断、故障中断等。软件是系统的灵魂，在实时工业控制中，高质量的硬件体系固然十分重要，但控制系统中的控制任务的实现，最终还是要靠程序的执行来完成。因此，应用软件的性能优劣就与整个系统关系极大，并在很大程度上决定了整个控制系统的运行效率和各项性能指标的最终实现。

对于不同的控制对象，软件设计的具体要求有所不同，主要方面有：

（1）实时性：要求软件系统实时监测外部环境，对不同的环境变化做出快速的决策，并形成相应的输出控制。

（2）可靠性：一旦系统出现故障，将造成控制过程的混乱，引起严重后果。可靠性指标一般用系统的平均无故障时间来表示。

（3）扩展性和操作性：对用户而言，软件系统应有良好的接口，在不知道过多细节的情况下，即可进行系统功能的扩展，并且软件使用操作要简单。

(四) 自动裁床工作流程

自动裁床的工作流程如图 8-2-8 所示。

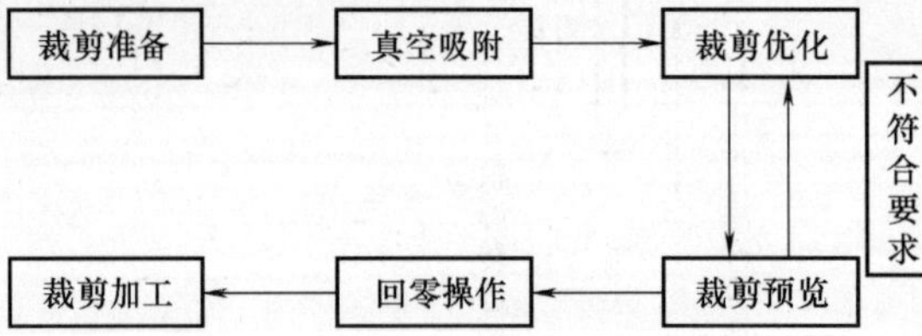

图 8-2-8　自动裁床的工作流程图

1. 裁剪准备

将服装面料铺在加工台面上摊平，并覆盖上透明塑料薄膜（防止真空吸附时漏气）。

2. 真空吸附

通过真空泵在面料下方抽真空，使服装面料在负压下压实，确保在裁剪时不会移动，保证裁剪质量。

3. 裁剪优化

导入排板文件，进行文件预处理、裁剪参数设置（包括电机类型、编码器类型、软限位范围、电机启动、各控制轴的速度、加速度预设等）、下刀路径优化、拐角过渡处理等操作。

4. 裁剪预览

预览加工效果。若符合要求，生成加工控制代码，并向下执行步骤 5；若不符合裁剪要求，返回步骤 3。

5. 回零操作

裁剪系统置零，消除累计误差，准备裁剪。

6. 裁剪加工

将加工控制代码下载至运动控制器存储器中，控制器根据指令控制裁刀沿一定轨迹运动，将材料裁剪成要求样片。

基于提高系统生产效率的考虑，裁剪系统在结构上采用双工作台设计。当一工作台进行裁剪加工时，可在另一工作台进行铺料、抽真空、裁剪路径优化等操作，待一工作台裁剪完成时，可以立即开始另一工作台的裁剪加工，提高系统加工效率。

第三节　服装自动缝纫系统

一、服装自动缝纫概念

服装自动缝纫技术一般由 NC（数控技术）、CAPP（计算机辅助工艺设计）、FMS（柔性吊挂制造系统）组成。其中数控技术应用较为成熟，而 CAPP 及 FMS 由于其复杂性还处于不断研究中，但其应用前景非常光明，是服装自动缝纫技术发展的必然趋势。

(一) 服装自动缝纫技术的功能

1. 提高智能性

计算机控制不仅代替了普通缝纫技术中的某些传统的机械部件，还使该类机器具有更好的智能化和自动化。

2. 提高可控制性

采用以单片微处理机为核心的计算机控制系统，不仅具备自动切线、自动挑线、自动反缝、自动停针、自动拨线、自动倒针、用户合理的设定缝制针数，还能由用户操作完成多种模式的操作，实现多种式样的重叠缝和程序缝等。

3. 提高可操作性

计算机控制的机电伺服系统所特有的无级调速、轻柔启动、精确定位、故障自动诊断和显示等优越性能，给操作和维修带来极大方便。

4. 提升生产效率

采用计算机自动控制系统，大大提高了服装缝制加工的生产效率、减轻操作工人的劳动强度。

5. 改善工作环境

自动缝纫系统大大提升了服装缝纫生产环境的改善，同时对服装缝制质量也大大得到了改观。

（二）服装自动缝纫技术的表现形式

用于缝纫技术的计算机控制系统种类基本上有以下五种形式。

（1）成套的计算机控制系统产品。目前世界上已出现了许多与硬件产品配套的，具有不同特点、适用于不同控制对象的软件产品，像 HONEYWELL 等系统，这种系统通用性较差，应用很少。

（2）以实时操作系统为基础，由控制系统设计人员设计在操作系统上运行的实时应用软件。这类系统由用户自己编写应用程序，而由专用操作系统对应用程序进行实时调度，循环处理，因此减少了应用软件开发的难度，但要求程序员熟悉实时多任务编程技术，而且图形界面不太好。

（3）集成的实时系统开发软件，由软件制造商提供，是专门为实时服务的开发环境和运行环境。系统本身已经构建了实现不同功能的软件包、程序模块和控制键。用户只需要按照规定方式，根据实际对象要求，调用相应模块，即可构成应用程序，这种系统特点跟第一种类似。

（4）在通用操作系统例如 DOS、Windows 环境下，采用实时程序实现控制的实时多任务特性，虽然操作系统通用，但具体程序也面临着通用性不强的问题。

（5）直接从系统的最低层采用高级语言或汇编语言编制实时应用程序。把系统划分层次，明确目标任务，对各个任务的子过程进行结构化编程，然后编写计时、中断、调度等控制程序。由于针对性较强，而且变化较多，并且易于保密，所以应用比较广泛。

（三）服装自动缝纫技术分类

1. NC 技术

NC 技术是利用计算机对缝纫设备进行自动控制，也就是机电一体化。该技术通过计算机不同程度的辅助参与，使服装缝纫机械的运转更加快速和智能，缝制质量更加精良，工人操作更加容易，可节约较多的生产人员和管理人员，大幅提高了针织服装缝纫生产的效率和质量。

2. FMS 技术

FMS 技术是服装缝纫柔性吊挂系统的应用。该技术利用计算机控制的柔性吊挂系统代替人工进行运输衣片、安排工序、搬运缝纫成品等，可以使服装缝纫工作高效准确完成。该技术在我国的大型服装企业已经得到应用，并取得良好效果。

3. CAPP 技术

CAPP 技术是计算机辅助工艺规划技术。该技术利用计算机辅助设计缝纫工艺、安排工序和排列设备、打印工艺各种表格等，可以消除人工安排工艺产生的主观错误，提高工艺规划的效率。该技术在我国很多服装企业都得到应用，但仍需不断完善。

二、服装自动缝纫技术发展

服装自动缝纫技术是一门新兴综合性计算机应用技术，位列近年来全球十项最杰出工程技术成果的第四项，也是计算机集成制造 CIMS 的核心技术之一，其发展和应用水平已成为衡量一个企业现代化水平的重要标准之一。它改变了过去整个生产的操作方式，给制造领域带来了深刻的变革。

早在 1790 在英国出现了缝纫机，当时虽是手摇的，但是仍大大提高了缝纫速度，脚踏式缝纫机于 1859 年在美国出现，进一步提高了缝纫的操作方便性和速度，而 1889 年电动机驱动缝纫机在美国的出现，则被誉为开创了缝纫机工业的新纪元。随后的较长时期，电动缝纫机得到了充分的发展，产品种类和性能都不断提高，但真正有重大技术突破的是 1975 年美国胜家公司发明了计算机控制缝纫机，这一发明标志着 NC 技术在服装缝纫生产中的应用开始。NC 技术在缝纫机上的应用使缝纫机的速度、缝纫质量以及操作性都得到了大幅度提高，对服装缝纫技术带来了巨大影响。

最初服装自动缝纫技术所采用的计算机大多功能单一，采用机器语言和汇编语言，操作界面较为专业，对使用人员要求较高。现在的计算机系统则大多界面美观简单且功能强大，并有相当好的人工智能，使用人员学习和操作这些设备非常简便。目前服装自动缝纫技术正在向控制智能化、操作人性化、功能强大化方向发展。国际上该技术应用著名厂商主要分布在意大利、德国、英国、瑞士、法国、日本等国家；我国则主要集中在台湾地区，大陆所开发的自动缝纫产品还相对较少，并且和国外相比有一定的差距。

我国服装自动缝纫技术的应用起步较晚，20 世纪 70 年代主要应用在研究方面，NC 技术应用于缝纫生产在我国最早可追溯到 1975 年上海手套一厂利用计算机进行设备控制，随后逐渐扩大到服装缝纫生产的各个领域；1980 年至 1992 年出现了快速扩大趋势，但由于受当时计算机技术水平和成本的限制，整体应用水平不高，计算机所发挥的作用非常有限。1992 年以后，随着计算机软硬件技术的飞速发展以及成本的直线下降，计算机在服装生产的应用发展迅速，对服装企业的发展产生了积极影响。

三、服装自动缝纫系统

（一）服装缝纫的 NC 技术（数控技术）

1. NC 技术

NC（Numerical Control）即数控技术，指利用计算机对机械运动及加工过程进行控制的一种方法。NC 技术是 CAM 技术的一个组成，在服装自动缝纫技术的应用是指采用计算机控制缝纫机械。通过计算机不同程度的辅助参与，服装缝纫机械的运转更加快速和智能，缝制质量更加精良，工人操作更加容易，可节约较多的生产人员和管理人员，大幅提高了服装缝纫生产的效率和质量。

NC 技术在缝纫机械的应用方面十分普及，种类非常繁多，如图 8－3－1 所示。其中平缝机的使用率最高，计算机平缝机是计算机技术之上形成的机电一体缝纫机械，计算机控制不仅代替了普通平缝机中的某些传统的机械部件，还使机器具有某些智能。计算机平缝机普遍采用以单片微处理机为核心的计算机控制系统，机器不仅具备自动切线、自动挑线、自动反缝、自动停针、自动拨线、自动倒针、用户合理的设定缝制针数，还能由用户操作完成多种模式的操作，实现多种式样的重叠缝和程序缝等，同时计算机控制的机电伺服系统所特有的无级调速、轻柔启动、精确定位、故障自动诊断和显示等优越性能，给操作和维修带来极大方便，对提高生产效率、减轻劳动强度等方面有着特别重要意义。

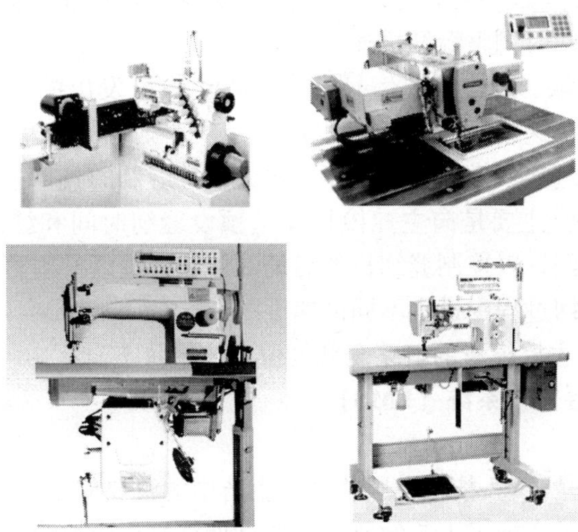

图 8－3－1　全自动缝纫机

2. 工作原理

计算机平缝机的一般工作原理图如图 8－3－2 所示。

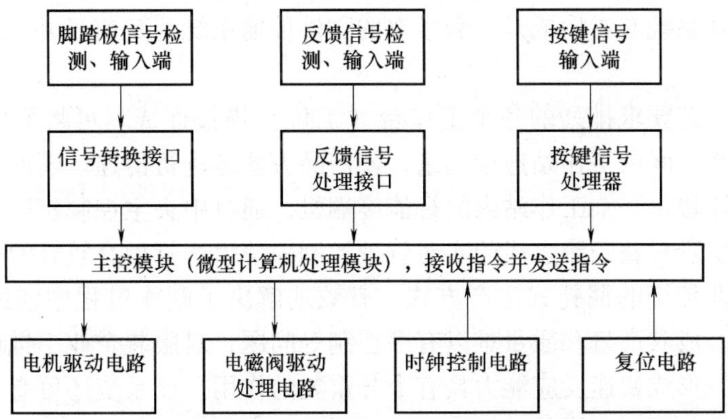

图 8－3－2　计算机平缝机工作原理

（1）主控模块。由微型单片机以及外围接口电路组成，负责接受指令信息并且发出控制缝纫机的指令，微型单片机是核心。主控模块发出的指令包括两大部分，第一是电机驱动电路模块，这一模块驱动电机使缝纫机运转工作，是整个缝纫机运动的主要控制部分；第二是电磁阀处理电路，这一模块包括电磁离合器以及各种功能电磁阀（挑线阀、剪线阀、反缝阀等），通过主控模块发送的指令完成各种智能工作，如挑线、剪线、反缝等，这一过程和输入指令中的按键信号部分一起体现了计算机缝纫机的智能化和自动化。

（2）脚踏板信号检测输入端。这一电路模块将缝纫机脚踏板的信号通过信号转换接口转换成数字信号，一般情况下，计算机平缝机的脚踏板信号有模拟信号和数字信号两种。模拟信号类似于一般脚踏缝纫机，是指连续蹬脚踏所产生的信号；而数字信号则是脚踏位于固定位置时所发出的信号，这两种信号都是用来控制缝纫机缝针速度的。模拟信号需转换成数字信号才能被主控模块接受。

（3）反馈信号模块。主要是对缝纫机运行速度测量以及缝纫机机头限位信号采集，及时反馈给主控模块以随时调整缝纫机速度。

（4）按键信号输入端。通过按键信号处理器将用户所发出的运行、停止、暂停、挑线、剪线、反缝等指令传递给主控模块，以使主控模块处理并发送指令控制缝纫机的动作。有些缝纫机还可通过这一模块编写程序，预先设计缝制的具体过程和具体参数。

（5）时钟控制电路。主要是向主控模块发送预设缝纫时间和缝纫节奏的。预设时间可设定缝纫机的工作时间，以控制缝纫机的启动和停止；缝纫节奏可控制缝纫机的缝纫间歇即速度，可在一个缝纫过程中设定不同的速度等。

（6）复位电路。将主控模块的电路全部复位到初始状态。

（二）服装缝纫柔性吊挂系统（FMS）

1. FMS 技术

服装缝纫吊挂系统是 CAM 技术在服装缝纫生产中的重要应用，也是服装 CAM 技术研究的热点。该系统根据生产加工工艺的要求，通过计算机程序控制，自动将衣片、半成品及成衣按加工顺序输送到各个加工工位，并且直接输送到每个操作人员最方便的位置上。这种系统实现了缝纫中的运送过程自动化，使以前人工捆绑运送衣片配件等工作由计算机控制机械装置自动快速准确地完成。

2. 系统工作原理

服装柔性吊挂系统基本构成是一套悬空的物件传输系统，其前视外观图如图 8－3－3 所示。

系统由按照工艺要求排列的各个工作台（工位）连接而成。可将不同工序、不同层面甚至不同建筑物之间的工作站连接起来，使产品方便地进行传递。软件部分是由中央主控机以网络形式连接每一个工作站内的智能终端机，通过中央主控制机屏幕可即时了解当前生产情况，以实现对整条流水线的实时管理控制，使生产管理有较好的可见度。系统根本改变了服装行业传统的捆扎式生产方式，有效地解决了制作过程中辅助作业时间比例大、生产周期长、成衣产量和质量难以有序控制等问题，对服装企业小批量、多品种、短周期的市场需求，形成快速反应能力具有十分重要的作用。该系统还可避免传输过程中的折皱、污损、错号，保证了服装的加工质量，同时工艺编排方便灵活，非常适用于多品种小批量的生产。

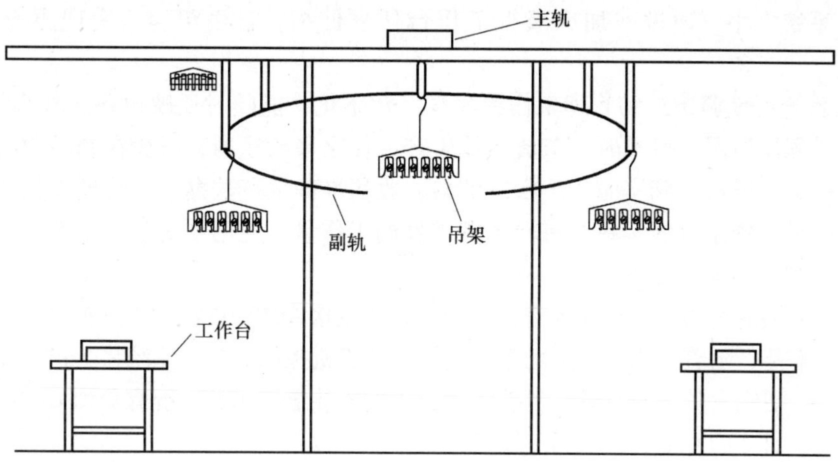

图8－3－3　FMS前视图

3. 系统工艺排列

服装缝纫吊挂系统的工艺排列图如图8－3－4所示，具体生产工艺程序为：发料台→配料→上挂架→编码→主传动系统→进料系统检码→工位进料→进料系统出码→工位出料→主传动系统。

以上依次循环，对于多品种加工其工作程序是不变的。

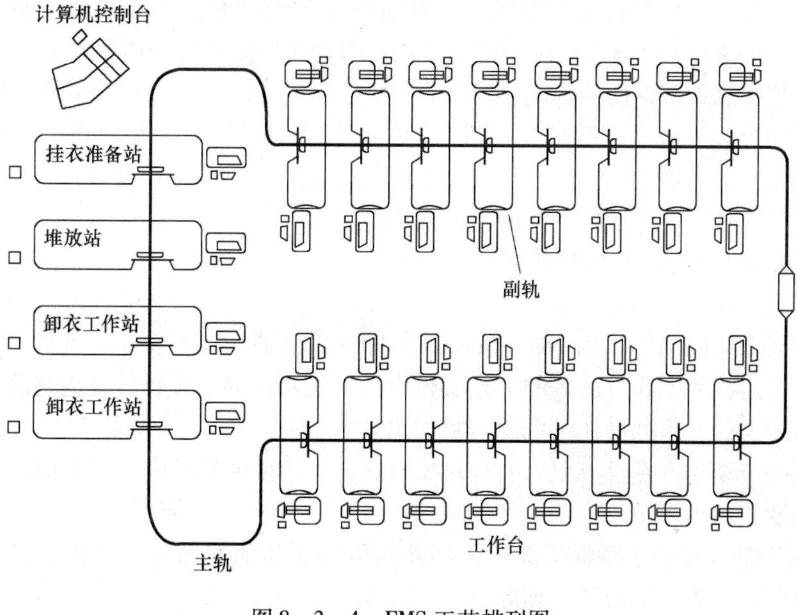

图8－3－4　FMS工艺排列图

4. 系统功能

服装缝纫吊挂系统与传统的流水线比较起来优点非常突出，主要有以下几点：

（1）吊挂系统非常适合生产工艺组合的灵活性及服装多品种、小批量的工艺编排复杂性，可实现加工工件自由传输，工时平衡性好，平衡编排效率高。

（2）吊挂缝制系统对品种更换同样方便，无须搬动机器。

（3）系统大小可通过增加或减少工作台任意伸缩，自由组合，实现原有流水节拍不变。

（4）系统可使服装缝纫管理工作程序化、数字化，能随时反映出各工作台生产产量、生产储备、积压情况，可及时调节流水线生产，使之平衡畅通，减少在制品积压，通过中央主控制机荧光屏可得到实时生产状况资料，收集准确生产数据，供管理人员作分析和计划，而且提供工资结算的资料，减轻工资结算的工作量。使用系统后由于产品不落地，使得成品的折皱和污垢均减少。

所以，服装缝纫吊挂系统作为现代化服装生产流水线的一种高效管理控制手段，已经表现出非凡的潜能，随着计算机工业的迅猛发展，计算机控制的吊挂系统将会进一步发展成为一种更先进、更完善的生产系统。目前较为先进的服装缝纫吊挂系统有美国GM－300、法国的立克系统、日本的QRS－11等系统。

5. 系统的发展

服装缝纫吊挂系统虽然有效地提高了服装缝纫生产的效率，已有的系统也得到了生产企业的肯定，但是至今为止世界上还没有一套非常成熟的服装缝纫吊挂系统。即使一些服装企业已经配备了缝纫吊挂系统，但也存在着一些问题。

（1）其功能到目前为止还不够完善，主要是缝纫吊挂生产线的作业工序的编制和工时的确定以及作业人员工作的数量的配置还无法实现自动化，仍需依靠人工估算和拼凑，然后再输入吊挂线，使吊挂生产线难以达到其应有的生产效率。

（2）企业引进服装吊挂生产系统后，在进行工艺设计时，不能完全按照说明书的工艺组合方式，还需针对企业的实际情况，结合工厂的人员素质、管理水平，进行工艺设计，因此经常不能正常操作系统。

（3）我国服装企业传统缝纫流水线上的生产工人，长期以来是只做一道或少数几道工序，没有能力机动顶岗，并且有些企业生产设备相对比较落后，没有先进的装备与吊挂线相配套，往往会影响吊挂生产线的生产能力。

（三）服装缝纫生产CAPP技术

1. CAPP技术

CAPP（Computer Aided Process Planning）即计算机辅助工艺设计。指利用计算机进行产品制造工艺过程和操作方法等的工艺文件设计，将对产品的设计转换为将原材料制造成这样产品所需要的一系列操作及资源需求的描述。

我国服装缝纫生产在没有引入CAPP技术前，工艺设计都是由手工完成的，存在一些无法克服的缺点。

（1）效率低，每一个新款式都要从零开始编制全新的缝纫工艺过程，工艺人员进行大量的重复劳动，大大降低了工作效率。

（2）工艺过程缺乏一致性，由于缝纫工艺过程的编制完全是手工劳动，因此质量很大程度上依赖于人的知识水平和经验，而不同的工艺人员对同一款式往往会编制出不同的缝纫工艺过程，这样人为地使一些相同或相似款式的工艺过程产生了不必要的多样化，从而使生产准备工作复杂化，以至拖长了生产准备周期，增加了生产成本。

（3）缝纫工艺文件很难实现优化和起到引导作用。

正是由于这样的原因，服装企业要求有一个高效率的缝纫工艺生产管理系统，CAPP

正是这样的一个系统，它为服装企业寻求有效的缝纫工艺设计方法提供了可能，可有效缩短生产准备周期，提高工艺文件质量，使广大工艺人员从繁琐而重复的劳动中解放出来。

服装企业缝纫 CAPP 的研究还正在不断探索中。传统的算法主要有检索法（基于已有的典型工艺库设计新的工艺，通过检索获得相似的典型工艺并经过修改形成新的工艺文件，较为常用）、成组技术（对工艺特征进行编码，根据编码的相似性来查找典型工艺，并经过修改形成新的工艺文件，较为复杂）、创成法（根据工艺要求，自动生成工艺文件，系统依赖于特征识别技术和人工智能技术）。由于后两者的研究到目前还不完善，所以实用化程度不高。除此之外，新的算法研究也越来越多，如采用计算机数据挖掘理论研究服装缝纫工艺的优化，采用遗传算法研究纺织服装企业的最佳工艺流程和生产安排，采用计算机神经网络理论研究纺织服装企业的最佳工艺状态和最佳设备布局等。由于国内国外纺织服装企业生产工艺的巨大差异，所以我国目前工艺规划计算机系统几乎全为国内软件，并且每个企业软件的个性化差异非常大，每种 CAPP 系统都有自己的适用面。

2. 系统工作原理

服装缝纫 CAPP 系统的一般构成如图 8－3－5 所示。

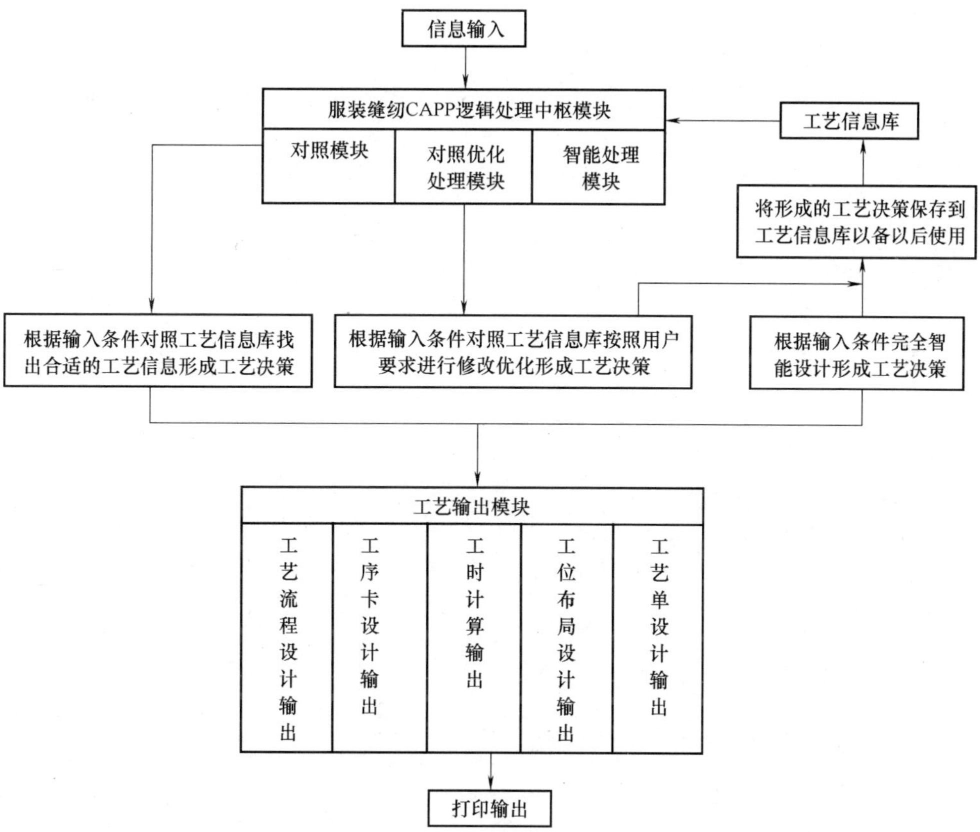

图 8－3－5　服装缝纫 CAPP 构成图

该系统由中枢模块、工艺输出模块及查找存储等辅助模块组成。中枢模块包含对照模块、对照优化处理模块、智能处理模块，工艺输出模块包括工艺流程设计输出模块、工序卡设计输出模块、工时计算输出模块、工位布局设计输出、工艺单设计输出模块。